LIEZHI ZHONGYOU FEITENGCHUANG
JIAQING JISHU

劣质重油沸腾床加氢技术

冯光平　主编　　　　连奕新　孙昱东　副主编

化学工业出版社
·北京·

内容简介

本书对劣质重油加工的意义、劣质重油加氢的方法和沸腾床加氢的特点进行了总结，重点阐述了劣质重油的性质及分类、劣质重油加氢反应、劣质重油加氢催化剂、典型劣质重油沸腾床加氢技术、NUEUU®技术、环境保护、NUEUU®装置开停工规程等内容。

本书可供化工、石油领域的科研及技术人员使用，同时可供相关专业高等院校的师生参考。

图书在版编目（CIP）数据

劣质重油沸腾床加氢技术／冯光平主编；连奕新，孙昱东副主编. — 北京：化学工业出版社，2024.4

ISBN 978-7-122-45069-2

Ⅰ.①劣… Ⅱ.①冯… ②连… ③孙… Ⅲ.①重油-加氢 Ⅳ.①TE624.9

中国国家版本馆CIP数据核字（2024）第033548号

责任编辑：张 艳 仇志刚　　文字编辑：郭丽芹
责任校对：宋 夏　　装帧设计：王晓宇

出版发行：化学工业出版社
（北京市东城区青年湖南街13号 邮政编码100011）
印 装：北京建宏印刷有限公司
710mm×1000mm 1/16 印张26¼ 字数485千字
2024年6月北京第1版第1次印刷

购书咨询：010-64518888　　售后服务：010-64518899
网 址：http://www.cip.com.cn
凡购买本书，如有缺损质量问题，本社销售中心负责调换。

定 价：198.00元

前言

据统计，全球常规原油资源储量为3万亿～4万亿桶（石油单位，1桶＝158.98升），而非常规原油资源，包括重油、超重油和油砂沥青的储量接近8万亿桶，我国进口原油愈来愈劣质化、重质化，同时环保法规日益严格成为“新常态”，实现能源清洁生产与高效利用是我国炼化企业绿色清洁可持续发展面临的主要难题。

劣质重油（重劣质原油）加氢技术在重油轻质化、清洁化等方面具有诸多优势，已成为劣质重油加工最合理也最有效的关键技术，得到愈来愈多的关注。目前，按照加氢反应器形式分类，劣质重油加氢技术可分为固定床、移动床、沸腾床和悬浮床四种类型。

经对比，沸腾床加氢技术具有如下优点：①操作灵活，根据原料油的性质差异可在较宽的范围内调节转化率，重劣质原料适应性强；②采用催化剂在线加排系统，周期性地从反应器内回收或添加催化剂，在不停工的情况下保持催化剂的反应活性，产品质量稳定，运转周期长；③反应器内设计循环系统，催化剂处于均匀膨胀全混状态，避免床层堵塞和床层压降变化速率增大，具备良好的等温操作性能。

劣质重油的有效深度转化是炼化行业追求的目标。目前深度加工技术路线呈多样化发展，综合来看，加氢技术因其液体产品收率高、投资回报率高而得到越来越多的重视和应用。渣油沸腾床加氢技术因其催化剂床层温度均匀、装置运转周期长、易灵活操作，在工业上得到了日益广泛的关注。国内外新建重油加氢裂化装置中，沸腾床加氢装置数量增幅高于固定床加氢装置数量，以满足劣质重油深度加工的需要。

劣质重油沸腾床加氢技术是加工高硫、高残炭、高重金属原料的重要技术，在解决固定床加氢空速低、催化剂失活快、系统压降大、易结焦、装置运行周期短等问题方面具有明显的优势。虽然沸腾床加氢技术已有相当长的发展历史，但相对于固定床加氢技术，能支撑大规模劣质重油清洁高效转化利用的现代工业化技术研究起步较晚，国内外论述沸腾床加氢关键技术的书籍较少。为顺应相关研究、教学和企业人员的迫切需求，我们立足沸腾床加氢技术工业化多年的研究、设计和生产实践，在查阅国内外相关技术研究资料的基础上，总结相关最新科技成果及其工业化示范案例，编著了本书。

一、本书主要内容

本书共分为8章：第1章绪论，对劣质重油加工的意义、劣质重油加氢的方法和沸腾床加氢的特点进行了论述总结；第2章劣质重油的性质及分类，主要对常规和非常规劣质重油进行了介绍说明；第3章劣质重油加氢反应，对劣质重油的反应、反应动力学及影响因素进行了阐述；第4章劣质重油加氢催化剂，对劣质重油加氢催化剂的分类、制备、特征及工业化应用做了详细叙述；第5章典型劣质重油沸腾床加氢技术，对国内外不同沸腾床加氢技术进行了详细叙述，包括H-Oil技术、LC-Fining技术、T-Star技术、STRONG技术及NUEUU®技术；第6章NUEUU®技术，主要论述了NUEUU®技术工业应用工程实例；第7章环境保护，对沸腾床加氢工业应用中的污染源及防治措施进行了详细论述；第8章NUEUU®装置开停工规程，对NUEUU®技术工艺装置开停车程序要点进行了论述。

二、本书的主要特点

① 对劣质重油的来源、种类、特征进行系统的论述，并对发展我国劣质重油沸腾床加氢技术的意义和方向进行讨论。

② 对劣质重油沸腾床加氢技术的化学反应、反应机理、催化剂特征、反应动力学影响因素等进行分析论证。

③ 通过对沸腾床加氢的典型工程实例的介绍，对其装置内主要设备结构特点、工艺组合和优化作出分析论述。

④ 在对生产过程的污染源和特征进行分析讨论的基础上，对其防治方法和措施作出系统叙述。

⑤ 对生产操作要点和开停工基本规程进行叙述。

本书是目前国内外较早涉及劣质重油沸腾床加氢技术的著作，对促进相关技术发展具有一定的意义。本书可供从事油品加工尤其是劣质重油加工科研、生产和设计的技术人员及相关专业师生参考。本书理论联系实际，重点突出科学性、可行性、实用性。

三、NUEUU®技术的主要特点和应用

(1) NUEUU®技术的主要特点

① NUEUU®加氢过程无床层结焦堵塞等问题，适用于处理煤焦油、渣油等多种劣质重油原料，有利于后续固定床加氢或其他后续装置的长周期平稳运转。

② NUEUU®操作温度、压力均高于固定床渣油加氢技术，尤其是反应温

升远大于固定床渣油加氢，但却更易操作，装置运行安全性更高。能够保证关联装置的长周期稳定高效运行。

③ NUEUU® 加氢技术处理劣质重油，NUEUU® 装置承担预处理功能，脱除原料中大部分硫、氮、氧等杂原子，并使烯烃、芳烃大量饱和，脱除原料中的胶质、沥青质。原料油中的大分子缩聚物在 NUEUU® 加氢装置中充分氢解，其反应产物在固定床加氢或其他后续装置中更易实现进一步转化。

④ NUEUU® 反应器操作灵活，可根据原料性质适当改变反应条件，以调节 NUEUU® 反应深度，从而实现在原料变化的情况下 NUEUU® 装置仍能为固定床加氢或为其他后续装置提供更加稳定的原料。

⑤ NUEUU® 反应器采用微球形催化剂，有利于其流化沸腾，反应器内催化剂膨胀沸腾依靠气液进料提升，通过调整反应器稳定泵的流量来调整催化剂的膨胀效果。操作简单，反应充分，转化率高。

⑥ NUEUU® 加氢技术采用压差输送催化剂在线加入反应系统和高温高压催化剂在线排出反应系统，利用了高压氢气，避免设置单独的高压输送油泵，降低了投资、占地和能耗。

⑦ NUEUU® 加氢技术能处理多种全馏分劣质重油，可充分提高资源利用率，获取较高的液体产品收率，使得劣质重油不再难以加工。

（2）NUEUU® 技术应用实例

2015 年国内自主研发的劣质重油沸腾床加氢技术 NUEUU® 在河北 10 万吨/年煤焦油加氢装置一次开车成功，成为首套国内自主研发的工业化沸腾床加氢装置。装置连续运行一年后，中国石油和化学工业联合会组织中石油及中石化权威专家于 2016 年 8 月 15 日至 8 月 18 日对该装置进行了连续 72 小时的装置标定，并于 2016 年 9 月 11 日在北京召开科技成果鉴定会，专家委员会评定“该技术先进，创新性强，总体达到国际先进水准”。首套 NUEUU® 装置的顺利投产标志着由国内自主研发的沸腾床加氢技术空白被填补。

2018 年 9 月，第二套采用 NUEUU® 技术的 20 万吨/年劣质油轻质化装置一次开车成功。

2019 年 9 月，第三套采用 NUEUU® 技术进行扩能改造的 30 万吨/年劣质油加氢装置一次开车成功，避免了固定床工艺因床层压降过大导致装置停工的问题。

2019 年 12 月，第四套采用 NUEUU® 技术的 60 万吨/年劣质油加氢装置一次开车成功。

2020 年 9 月，第五套采用 NUEUU® 技术的 30 万吨/年劣质油加氢装置一次开车成功。

四、本书编写分工

本书第 1 章、第 5 章由马宝岐完成；第 2 章、第 3 章由孙昱东完成；第 4 章由韩保平、连奕新、赖伟坤完成；第 6 章由冯光平、郭玲聪、方丽、李欢龙完成；第 7 章由张周岁完成；第 8 章由冯光平完成。全书由韩保平、冯光平、马宝岐、郭玲聪负责制定提纲、统稿、定稿。

由于本书内容涉及大量新技术，外部技术又受限于详尽资料获取，特别是编者经验不足、水平有限，书中难免有不妥之处，敬请广大读者给予指正。

编者

2024 年 1 月

目录

1 绪论

1.1 我国炼油业的主要发展趋势

中国的原油加工能力、石油消费能力均居世界第二位。炼油业作为石油资源的加工转换环节，具有承上启下的重要地位，为国家经济发展、人民生活提供能源保障，为石油产业链延伸提供基础原料。在市场经济环境下，中国炼油行业竞争激烈，企业面临优胜劣汰的生存危机。由于炼厂（炼油厂）成本构成中原油成本约占 90％，在提升竞争力的过程中，炼油企业高度关注原油成本，并竞相以加工劣质重油、低价格原油为经营方向，这种趋势在一定程度上对我国炼油业的发展提出了挑战。

1.1.1 劣质重油供应呈增长之势

多年来随着我国经济的迅速发展，对原油的需求量不断上升，其对外依存度也大幅攀升，2020 年对外依存度为 73.5％（见表 1-1）。郑明贵等的研究预测表明，2025 年和 2030 年我国原油对外依存度均值仍将大于 72％，由此说明未来的原油供需矛盾极为尖锐。

表 1-1　2015～2020 年我国原油产量与消费量

年份	原油产量/亿吨	原油进口量/亿吨	原油消费量/亿吨	对外依存度/％
2015 年	2.14	3.35	5.49	61
2016 年	1.99	3.81	5.8	65.7
2017 年	1.91	4.2	6.11	68.7
2018 年	1.9	4.61	6.51	70.8
2019 年	1.91	5.03	6.94	72.5
2020 年	1.95	5.42	7.37	73.5

世界重油（API度[1]＜22°，即相对密度＞0.9218）产量变化见表1-2，其原油品质变化如表1-3所示。由表1-2可知，长远来看，世界原油质量劣质化的趋势将不断加剧，其中重劣质原油的加工比例将越来越大，因而迫切需要增加重劣质原油的加工能力。由表1-3可知，世界原油的API度已由2000年的32.5°（相对密度0.8628）变化为2020年的31.8°（相对密度0.8680），预计到2030年将为31.2°（相对密度0.8736）。劣质重油的主要特征是：高密度、高黏度、高硫、高氮、高残炭、高芳烃含量、高重金属含量等。

表1-2　世界重油（API度＜22°）产量变化

年份	2000年	2010年	2020年	预计2030年
产量/亿吨	2.1	4.6	6.2	6.6
占世界原油供应量/%	10.3	12.6	13.32	14.1

表1-3　世界原油品质变化

年份	2000年	2010年	2020年	预计2030年
平均API度/（°）	32.5	32.4	31.8	31.2

当今世界炼油工业面临石油资源短缺、质量劣质化以及对油品质量要求日趋严格的严峻挑战，同时也处于加工利用劣质重油资源的重要机遇期。作为实现重油清洁高效利用的重要技术手段，重油加氢技术是应对挑战、抓住机遇的关键，是炼油工业绿色可持续发展的必然选择。

1.1.2　油品质量清洁化不断加快

生产清洁燃料、满足环保要求是全球炼厂面临的共同问题，也是关系到提高炼厂竞争能力的一项重要措施。20世纪90年代以来，欧美及亚洲一些发达国家对发动机燃料不断提出符合环保要求的新的质量标准，这些国家的炼厂也为适应新的要求不断进行装置改造。

虽然我国的油品质量升级起步较晚，油品质量与发达国家相比还有差距，但是升级步伐在不断加快，尤其是从国Ⅲ到国Ⅴ油品升级的进程要短于欧盟、美国等同类指标升级的进程。美国自20世纪70年代开始推行无铅车用汽油，到1996年实现全面禁铅，耗时21年；欧洲从1987年开始车用汽油无铅化，到2005年彻底废除含铅汽油，历时18年；日本1975年对车用汽油禁铅到无铅化的全面实现大约

[1] 是由美国石油学会（API）定义的，用以表示石油和石油产品密度大小的量，见本书2.1.3小节中与相对密度的关系式。

用了17年。中国自2000年开始实行无铅化汽油以来，从2003年至2017年，用14年完成了车用汽油Ⅰ、Ⅱ、Ⅲ、Ⅳ、Ⅴ的油品质量标准升级；从2005年至2017年，用12年完成了车用柴油Ⅱ、Ⅲ、Ⅳ、Ⅴ的油品质量标准升级。

我国启动的第六阶段机动车排放标准及油品标准，于2016年正式发布，2019年在全国实施。其中，国Ⅵ汽油标准严控烯烃、芳烃含量以及蒸气压范围，同时规定了T_{50}限值。如汽油烯烃含量将由国Ⅴ标准的24%进一步降至18%，芳烃含量将由40%降至35%，T_{50}限制在不大于110℃（见表1-4）。国Ⅵ柴油标准则严控多环芳烃含量以及密度范围，如多环芳烃含量将由国Ⅴ标准的11%降至7%，密度范围也有所收窄（见表1-5）。与此同时，内河及沿海直达的船舶及移动工程机械使用的普通柴油也将要求硫含量小于10μg/g，并规定十六烷值不小于45，柴油调和组分中大量的低十六烷值催化柴油，又使柴油质量升级面临较大的难度。综合来看，国内汽柴油质量标准已从以往的限制杂质含量为主进入到优化烃类组成为主的新阶段。

表1-4 国Ⅵ车用汽油指标

项目		国Ⅴ标准指标	国Ⅵ标准建议指标	
			ⅥA	ⅥB
蒸气压/kPa	冬季	45～85	45～85	45～85
	夏季	40～65	40～65	40～65
馏程/℃	T_{50}①	≤120	≤110	≤110
	T_{90}②	≤190	≤190	≤190
烯烃含量（体积分数）/%		≤24	≤18	≤15
芳烃含量（体积分数）/%		≤40	≤35	≤5
苯含量（体积分数）/%		≤1.0	≤0.8	≤0.8

① T_{50}为50%蒸发温度；

② T_{90}为90%蒸发温度。

注：ⅥA于2019年1月1日起执行，ⅥB于2024年1月1日起执行。

表1-5 国Ⅵ车用柴油指标

项目	国Ⅴ标准指标	国Ⅵ标准建议指标
馏程（T_{50}）/℃	≤300	≤300
多环芳烃含量（质量分数）/%	≤11	≤7
总污染物含量/（mg/kg）	—	≤24
20℃密度/（kg/m^3）	810～850/790～840	820～845/800～840

为不断加快汽柴油质量升级步伐，国内炼油企业成功研发出一批先进实用的针对降低汽油硫含量、烯烃和芳烃含量和降低柴油硫含量、提升十六烷值的工艺技术和催化剂，为质量升级提供了技术支撑。在装置新建与改造方面，调整装置结构，建设了一批汽油吸附脱硫（S-Zorb）、催化裂化原料加氢预处理和催化汽油选择性加氢等装置，提升汽油质量；新建和改造了一批柴油深度脱硫脱芳加氢精制装置提升柴油质量。2000～2020 年，国内催化裂化装置比例已从 35.1%降至 24.1%，催化重整装置比例由 6.5%提高到 12.3%，加氢裂化装置比例由 4.7%提高到 15.2%，加氢精制装置比例由 11.2%提高到了 82.3%。今后每年还要投入数百亿元进行装置升级改造，不断全面提升油品质量。

1.1.3 成品油市场需求变化增大

随着中国炼化行业的快速发展，中国炼油加工能力不断提升，成品油的产量随之增加。但近年来成品油市场的供需情况发生了较大变化，特别是作为成品油主体的汽柴油市场情况，发生了趋势性的改变。

（1）生产

截至 2020 年，中国炼油总能力达 9.0 亿吨/年，原油加工量达到 6.7 亿吨/年，全年装置产能利用率为 74.4%。但中国原油加工量的上升并未带动国内汽柴油总产量的上升，由于需求疲软，汽柴油总产量反而有所下降，见表 1-6。

表 1-6 中国原油加工量和汽柴油产量情况

年份	原油		汽油			柴油		
	加工量/（万吨/年）	增速/%	产量/（万吨/年）	原油加工量中占比/%	增速/%	产量/（万吨/年）	原油加工量中占比/%	增速/%
2013	47860	2.28	9833	20.55	9.55	17273	36.09	1.22
2014	50277	5.05	11030	21.94	12.17	17635	35.08	2.10
2015	52199	3.82	12104	23.19	9.74	18008	34.50	2.12
2016	54101	3.64	12932	23.90	6.84	17918	33.12	−0.50
2017	56777	4.95	13276	23.38	2.66	18318	32.26	2.23
2018	60357	6.31	13888	23.01	4.61	17376	28.79	−5.14
2019	65198	8.02	14121	21.66	1.68	16638	25.52	−4.25
2020	67441	3.44	13180	19.54	−6.66	15905	23.60	−4.41

由表 1-6 可知，中国原油加工量近几年来一直保持较快增长，特别是 2017 年以后，随着国内新建大型炼化装置的陆续上马，中国原油加工能力进入快速

发展阶段，2019 年原油加工量增速达到 8.02%，为近十年最高。2020 年虽然受疫情严重影响，其原油加工量仍增速 3.44%。

与之相比，汽油的产量增速快速下降，从 2014 年最高值的 12.17%降到 2020 年的－6.66%，在原油加工量中的占比也从 2016 年的 23.9%降到 2020 年的 19.54%。

中国柴油的产量在 2016 年首次出现负增长；2017 年因国内基建建设有所回暖，增速重回正向，但传统的高耗油行业需求回落，交通运输业的柴油需求增长动力不足；自 2018 年后产量再次大幅缩减，在原油加工量中的占比也从 2013 年最高峰值的 36.09%下降到 2020 年的 23.60%。

从汽柴油的整体情况看，二者总量在中国原油加工量中的占比也在不断下降。2020 年汽柴油生产总量为 29085 万吨/年，同比下降了 5.44%，汽柴油总产量连续出现负增长。汽柴油产量在原油加工量中的占比也从 2015 年最高峰的 57.69%，下降到 2020 年的 43.14%，5 年的时间里，占比下降了 14.55 个百分点。

同时，中国炼油生产柴汽比的情况也发生改变，2015 年以前，因中国大力发展基础建设及房地产等大型工业，中国炼化企业以生产柴油为主，但随着对大气环境治理的重视以及中国私家轿车的普及，汽油需求量不断增加，并成为当前炼化企业的主要生产方向，中国的生产柴汽比从 2013 年的 1.76 下降到 2020 年的 1.21。

（2）市场

汽柴油产量的变化主要是由中国市场需求决定的。近年来，受国际经济低迷影响，中国经济增速逐步放缓，经济下行压力较大，同时随着中国汽车行业降温以及新兴替代能源的快速发展，中国汽柴油的消费呈现下降趋势，见表 1-7。

表 1-7　中国成品油及汽柴油消费情况

年份	成品油（汽柴煤）		汽油		柴油	
	消费量/（万吨/年）	增速/%	消费量/（万吨/年）	增速/%	消费量/（万吨/年）	增速/%
2013	28647	3.56	9365	7.84	17022	0.30
2014	30171	5.32	10535	12.49	17272	1.47
2015	31644	4.88	11539	9.53	17334	0.36
2016	31479	－0.52	11983	3.85	16470	－4.98
2017	32188	2.25	12226	2.03	16674	1.24
2018	31954	－0.73	12645	3.43	15594	－6.48
2019	31014	－2.94	12517	－1.01	14619	－6.25
2020	28975	－6.57	11620	－7.17	14048	－3.91

由表1-7可知，从2016年开始，中国成品油市场需求渐渐走向低迷，成品油和柴油消费量首次出现负增长，在2017年小幅反弹后，从2018年起，成品油及柴油的消费量连续负增长，2019年汽油需求增速也进入负增长，中国成品油市场低迷，需求疲软态势初步形成。

汽柴油作为当前国内炼厂主要产品，其产销情况直接影响炼厂的效益，更是能直接影响到炼化装置的开停车。面对当前过剩情况日趋严重的国内市场，炼化企业既要重视汽柴油的生产及销售，同时也要加快工艺改进，优化产品结构，将"减油增化""控油增化"作为企业今后发展的主要方向。

1.1.4 炼油厂转型升级技术路线

我国炼油厂加工原油重质化趋势的加剧、汽柴油质量标准日益严格和产品结构调整都对资源的深度清洁转化利用提出了更高的要求，生产过程中加氢改质转化的程度会进一步提升。

孙丽的研究认为，转型发展是中国炼油厂实现可持续发展的关键。目前，众多炼油企业已经向炼-化结合方向迈进，新建炼油产能以炼-化一体化深度融合为主。

炼油厂化工转型路线有多种，实质为多种加氢技术、裂化技术和多种裂解技术的集成优化，主要有以下四种关键技术路线。

（1）以"渣油加氢裂化＋催化裂解"为核心的技术路线

减压渣油采用浆态床渣油加氢裂化或沸腾床渣油加氢裂化工艺处理，生产的重蜡油馏分进一步加氢处理后作为催化裂解原料，催化裂解油浆可循环返回渣油加氢裂化装置继续加工。对于催化裂解柴油馏分，可与渣油加氢裂化柴油共同送至加氢改质装置生产油品，或采用柴油加氢转化工艺（如RLG、FD2G等，RLG——催化裂化柴油加氢裂化生产高辛烷值汽油的技术；FD2G——催化裂化柴油加氢转化生产高辛烷值汽油组分技术）生产芳烃组分。

图1-1展示了以"渣油加氢裂化＋催化裂解"为核心的技术路线。该路线对原油适应性强，可维持现有炼油厂加工重质油现状和原油成本优势，增产化工产品；适合替代炼油厂原有延迟焦化工艺，可实现全厂零石油焦产品、提高全厂轻油收率、大幅降低全厂汽柴油产量和柴汽产量比的目的。该技术路线正在工业化应用中。

（2）以"蜡油、柴油加氢裂化＋催化裂解"为核心的技术路线

对于渣油部分仍采用脱碳技术加工的炼油厂，采用"蜡油、柴油加氢裂化＋催化裂解"路线可最大化满足企业对芳烃和烯烃原料的需求，同时实现企业油品最小化。

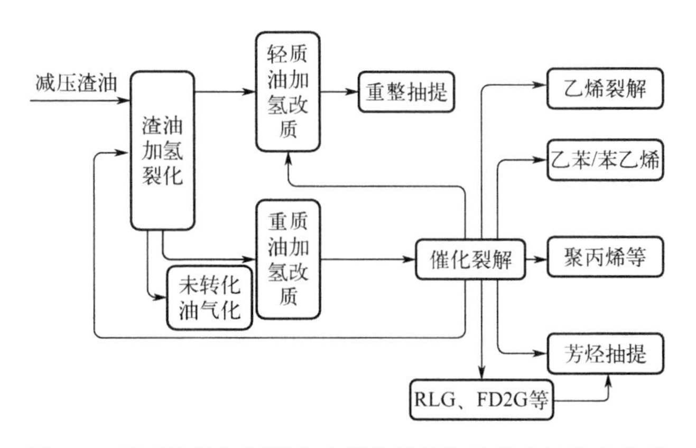

图 1-1 以“渣油加氢裂化+催化裂解”为核心的技术路线

图 1-2 展示了以“蜡油、柴油加氢裂化+催化裂解”为核心的技术路线。该路线适用于重质原油的加工。减压渣油经溶剂脱沥青后，脱沥青油和减压轻蜡油可直接送至催化裂解装置加工，减压重蜡油采用加氢裂化技术生产催化裂解原料和芳烃原料；直馏油馏分采用加氢改质技术生产芳烃原料和部分柴油产品；石脑油馏分则送至重整装置生产芳烃，化工产品仍以苯乙烯和聚丙烯为主。

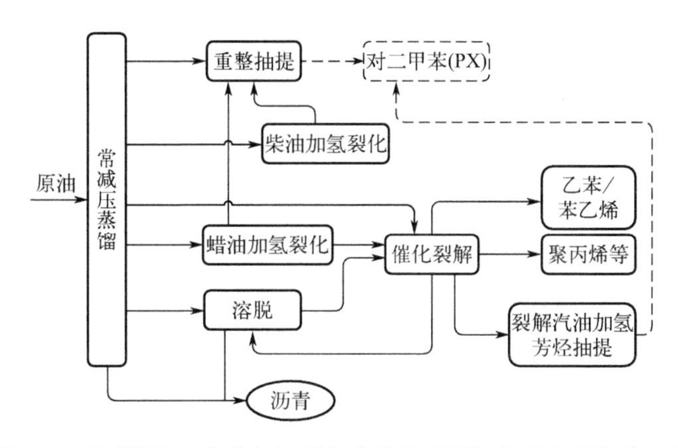

图 1-2 以“蜡油、柴油加氢裂化+催化裂解”为核心的技术路线

该路线油品产量少，化工产品以芳烃、聚丙烯和苯乙烯为主，以较少的装置和投资构建化工型炼油厂，目前已得到工业化应用。

(3) 以“渣油加氢处理+催化裂解”为核心的技术路线

配置固定床渣油加氢处理装置生产部分催化裂解原料。该方案适合替代炼油厂原有延迟焦化工艺，并且投资略低，但对原油的适应性略差。与常规的蜡油催化裂解相比，掺入部分加氢重油的催化裂解装置，由于原料性质略有劣化，乙烯和丙烯收率会受到一定影响。图 1-3 是以“渣油加氢处理+催化裂解”为核心的技术路线。

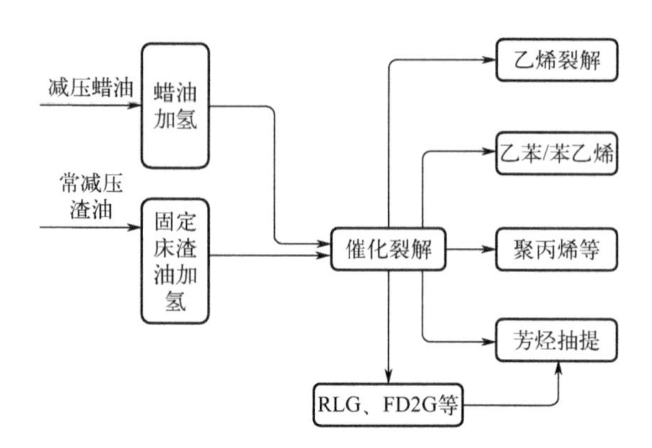

图 1-3　以“渣油加氢处理＋催化裂解”为核心的技术路线

表 1-8 是该技术路线的催化裂解原料性质及烯烃收率的典型对比案例。由表 1-8 可见，原料相对密度由 0.8890g/cm^{3}提高至 0.9130g/cm^{3}时，乙烯和丙烯的收率之和由 24.0%降至 21.8%。

表 1-8　以“渣油加氢处理＋催化裂解”为核心的技术路线的催化裂解原料性质及烯烃收率对比

原料	原料油密度（20℃）/（g/cm^3）	原料中氢（质量分数）/%	乙烯收率/%	丙烯收率/%
加氢蜡油混合进料	0.8890	12.99	4.5	19.5
加氢渣油混合进料	0.9130	12.56	4.0	17.8

（4）以“全加氢裂化”为核心的技术路线

为了最大化生产芳烃和化工原料，炼油厂可选择“全加氢裂化”型的加工路线。渣油采用浆态床渣油加氢裂化或沸腾床渣油加氢裂化处理，直馏蜡油、直馏柴油以及二次加工装置的蜡油、柴油馏分采用加氢裂化工艺继续转化。采用沸腾床渣油加氢，未转化油可经溶剂脱沥青后外甩沥青，脱沥青油（DAO）进加氢裂化，其尾油可用于生产润滑油基础油。

图 1-4 为以“全加氢裂化”为核心的技术路线。该技术路线对原油适应性强，加氢裂化程度高，液化气和石脑油收率高，相对乙烯规模，芳烃的产量更高，但全厂氢耗较高，目前已得到工业化应用。

某炼化企业采用了“蜡油、柴油加氢裂化”＋“渣油加氢处理-催化裂化”组合路线，实现了全厂对二甲苯（PX）和乙烯原料收率达到 40%以上，同时保

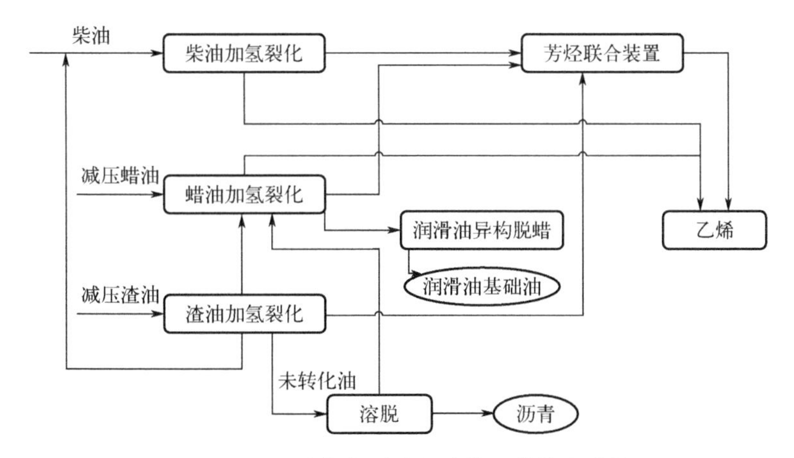

图 1-4 以“全加氢裂化”为核心的技术路线

证了 45%汽煤柴油品收率。某炼化项目采用了“浆态床渣油加氢裂化-催化裂解”＋“固定床渣油加氢处理-催化裂化”＋“柴油加氢裂化”组合路线，实现了 2000 万吨/年炼油量，每年生产 PX300 万吨、乙烯 300 万吨、油品 350 万吨、特种油 170 万吨、来自气体分馏装置的 C_4和丙烯产品 210 万吨。

1.2 劣质重油的资源和加工路线

1.2.1 基本范畴

劣质重油的基本范畴如图 1-5 所示。

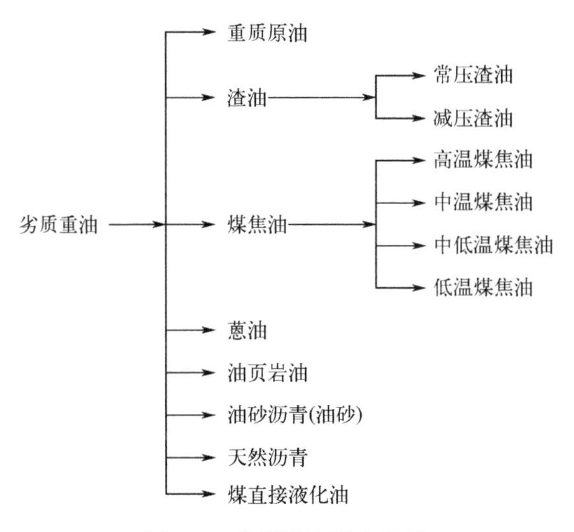

图 1-5 劣质重油基本范畴

目前国内外对重油定义存在较多分歧，各个国家、机构、石油公司甚至学者都有各自不同的定义和解释，往往与油砂的定义相互关联。其中包括联合国训练研究所（UNITAR）、美国地质调查局（USGS）、加拿大国家能源署（NEB）等都在各自研究领域提出了不同的重油定义。各种定义主要用到的划分参数为API度和黏度。

黏度用于表示石油流动时分子之间相对运动引起的内摩擦力的大小。动力黏度的国际单位为Pa·s，常用单位有mPa·s和cP，两者关系为1cP=1mPa·s。运动黏度的国际单位为m^2/s，常用单位为mm^2/s。动力黏度=运动黏度×密度。

（1）国际常用定义

① 美国地质调查局（USGS，2007）　定义如下。

常规（轻质）石油［conventional（light）oil］：API度大于25°。

中质油（medium oil）：API度为20°～25°。

重油（heavy oil）：API度为10°～20°，同时黏度大于100mPa·s。

天然沥青（natural bitumen）：API度小于10°，并且黏度大于10000mPa·s。天然沥青不能单独用黏度来定义，黏度和温度之间有很强的关联性，因此必须知道所测黏度是在储层中的还是地面储存设备中的。俄罗斯天然沥青（natural bitumen）的定义包括软沥青（maltha）和石油沥青（asphalt），而不包括地沥青（asphaltite）。

② 联合国训练研究所（UNITAR）　1979～1982年，联合国训练研究所（UNITAR）先后召开了两次国际重油及沥青研讨会，会上讨论了重油的分类标准，提出了一个比较统一的定义及分类标准。

轻质油（light oil）：原始油藏温度下脱气原油黏度小于50mPa·s，或者在15.6℃及大气压下密度为0.904g/cm^3（API度大于25°）。

中质油（medium oil）：原始油藏温度下脱气原油黏度在50～100mPa·s之间，或者在15.6℃及大气压下密度为0.904～0.934g/cm^3（API度为20°～25°）。

重质油（heavy oil）：原始油藏温度下脱气原油黏度在100～10000mPa·s之间，或者在15.6℃及大气压下密度为0.934～1.0g/cm^3（API度为10°～20°）的原油。

自然沥青（natural bitumen）：原始油藏温度下脱气原油黏度超过10000mPa·s，或者在15.6℃及大气压下密度大于1.0g/cm^3（API度<10°）。

③ 世界能源理事会［World Energy Council（WEC），2007］　定义如下。

常规石油（conventional oil）：API度大于20°，密度小于0.934g/cm^3。

重油（heavy oil）：API度为10°～20°。

超重油（extra-heavy oil）：API度小于10°，并且黏度小于10000mPa·s。

天然沥青（natural bitumen）：API 度小于 10°，并且黏度大于 10000mPa·s。

（2）我国常用定义

① 中石油勘探开发研究院“十一五”评价（2010 年） 油藏条件下，黏度大于 10000mPa·s 的石油称为油砂，黏度 50～10000mPa·s 的石油称为重油，当没有黏度数据时，API 度小于 10°为油砂，API 度为 10°～20°（相对密度 0.934～1.0）的称为重油。

② 贾承造等《油砂资源状况与储量评估方法》（2007 年） 油砂的定义为：油砂又称沥青砂，是一种含有天然沥青的砂岩或其他岩石，通常是由砂、沥青、矿物质、黏土和水组成的混合物。不同地区油砂矿的组成不同，一般沥青含量为 3%～20%，砂和黏土占 80%～85%，水占 3%～6%。油砂比一般原油的黏度高，由于流动性差，需经过稀释后才能通过输油管线输送。

③ 单玄龙等《中国南方沥青（油）砂地质特征与成藏规律》（2009 年） 油砂定义有两种：第一种为油和砂的混合物；第二种为油和砂混合物中的原油。当表示第二种含义时，油砂和天然沥青是等同的。这个定义在 2004 年全国油气资源评价项目中（ZP-S-06）得到了广泛的应用，并且随着资源评价的进展，项目组扩展了油砂（oil sand）的定义，广义上指出露地表或近地表（常规油气资源深度以浅范围）的砂岩和碳酸盐岩中烃类，烃类可以是轻油、重油、固体沥青等，且烃类的含量（含油率）不低于 3%。在评价过程中，按油砂含油率 3%～6%、6%～10%、大于 10%三个级别分别统计不同品级特征油砂的资源量，埋藏深度 0～100m、100～500m 两个深度范围的油砂资源量。

原油在常压蒸馏的条件下，只能够得到各种轻质馏分。常压塔底产物即常压渣油（或称常压重油，AR）是原油中比较重的部分，沸点一般高于 350℃。将常压渣油在减压条件（低于 100kPa 的负压）下蒸馏，蒸馏温度一般限制在 500℃以下。降低压力使油品的沸点相应下降，上述高沸点馏分就会在较低的温度下汽化，从而避免了高沸点馏分的分解，减压塔底产物即减压渣油（或称减压重油，VR）。

渣油的密度与运动黏度实例如表 1-9 所示。

表 1-9 渣油密度与运动黏度实例

项目	塔河常压渣油	绥中常压渣油	抚顺减压渣油	胜利减压渣油
密度（20℃）/（g/cm^3）	1.0187	0.9888	0.9326	0.9773
运动黏度（100℃）/（mm^2/s）	424.76	424.68	127.67	690.12

煤焦油是煤炭在干馏或热解及气化过程中得到的液体产品。根据生产方法

的不同可得到以下的焦油：高温煤焦油，简称高温焦油（900～1000℃）；中温立式炉煤焦油，简称中温焦油（700～900℃）；低温、中温发生炉煤焦油，简称中低温焦油（600～800℃）；低温热解煤焦油，简称低温焦油（450～650℃）。

煤焦油的密度和运动黏度如表1-10所示。

表1-10 煤焦油的密度与运动黏度

项目	低温煤焦油（600℃）	中低温煤焦油（700℃）	中温煤焦油（800℃）	高温煤焦油（1000℃）
密度（20℃）/（g/cm^3）	0.9427	0.9742	1.0293	1.1204
运动黏度（100℃）/（mm^2/s）	59.6	114.6	124.3	159.4

蒽油是高温煤焦油蒸馏出的300～360℃馏分，其密度为1.08～1.18g/cm^3，运动黏度为12～13mm^2/s；油页岩油是油页岩在500～600℃条件下热解的产物，其密度0.86～0.91g/cm^3，运动黏度为9.6～11mm^2/s；煤直接液化油是煤在455℃、200MPa条件下加氢制油的产物，其密度为0.94～0.99g/cm^3，运动黏度为4.5～6.4mm^2/s。

1.2.2 资源概述

1.2.2.1 重油、天然沥青和油页岩油的资源

邹才能等对全球常规和非常规汽油的资源潜力等作了深入研究，由表1-11和表1-12可知：重油、天然沥青和油页岩油的可采资源总量是石油剩余探明储量的208%，是石油待发现资源量的270%。

表1-11 全球石油剩余探明储量

地区	累计产量/亿吨	剩余探明储量/亿吨	待发现资源量/亿吨
中东	503	1094	377
俄罗斯	273	179	316
北美	444	77	141
拉丁美洲	159	157	204
非洲	166	173	113
亚太	141	56	88
欧洲（不含俄罗斯）	87	20	111
合计	1773	1756	1350

注：资料来源于USGS2000，USGS2007，IEA2008，IEA2009，BP2014；累计产量扣除加拿大油砂；剩余探明储量扣除加拿大油砂、委内瑞拉重油。

表 1-12 全球重油、天然沥青和油页岩油可采资源总量

地区	重油/亿吨	天然沥青/亿吨	油页岩油/亿吨	可采资源总量/亿吨
北美	53.5	870.3	1011.1	2044.0
南美	823.5	0.2	39.1	944.2
非洲	10.9	70.5	77.7	217.6
欧洲（不含俄罗斯）	7.4	0.3	56.3	83.5
中东	118.5	0.0	46.8	165.4
亚洲	44.8	70.2	152.1	367.9
俄罗斯	20.3	55.2	118.2	297.1
合计	1078.9	1066.7	1501.3	4119.7

注：根据美国联邦地质调查局、美国能源部等相关资源整理。

1.2.2.2 煤焦油资源

周秋成等对我国煤焦油加氢产业的发展作了系统论述。

（1）高温煤焦油

2019 年，全国焦化总产能达 6.5 亿吨，焦炭产量达 4.6 亿吨，经计算高温煤焦油产能约 2600 万吨、产量约 1850 万吨。高温煤焦油的传统加工方法是采用蒸馏法，将其分馏成轻油馏分（<170℃）、酚油馏分（170～210℃）、萘油馏分（210～230℃）、洗油馏分（230～300℃）、蒽油馏分（300～360℃）和沥青（>360℃），再进一步加工提取多种化工产品。按照蒽油馏分产率为 22%计算，其总产量约为 410 万吨，可加氢利用。我国高温煤焦油产能、产量统计及预测（按焦化行业发展趋势预测）见图 1-6。

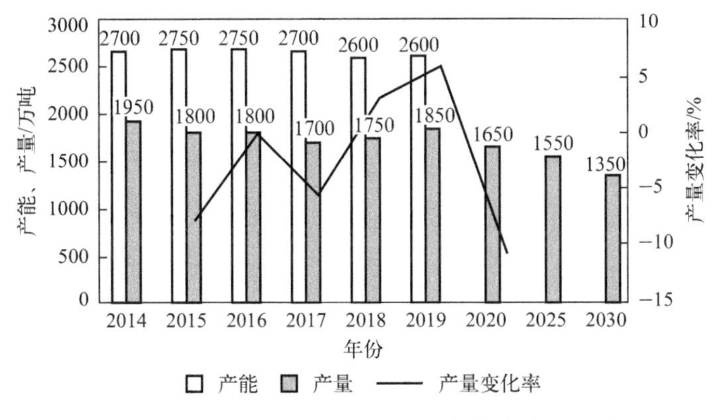

图 1-6 我国高温煤焦油产能、产量统计及预测

从图 1-6 可以看出，2014～2019 年，我国高温煤焦油产能、产量基本保持平稳，其产量变化最大幅度仅为 7.69%（2015 年产量同比降低 7.69%）。自 2014 年开始，高温煤焦油产量逐年递减，其中 2017 年高温煤焦油产量达到最低，这主要是由国家淘汰落后产能政策及焦炭行业开工率较低所致；之后 2018 年，随着国家供给侧结构性改革效果显现、焦炭行业效益好转，煤焦油产量明显增加。从长期看，随着我国钢铁消费需求下降以及钢铁结构调整、电炉钢比例增加，国内对焦炭的需求将呈现逐渐下降趋势，未来高温煤焦油产量将逐渐减少。

（2）中温煤焦油

2019 年，我国中温热解生产兰炭（半焦）的总产能约 1 亿吨，兰炭产量约 5600 万吨，经计算中温煤焦油产能约 1000 万吨、产量约 560 万吨。我国中温煤焦油用途较为单一，除少部分用于提取酚类化合物外，绝大部分用于加氢生产清洁油品。我国中温煤焦油产能、产量统计及预测（按焦化行业发展趋势预测）见图 1-7。

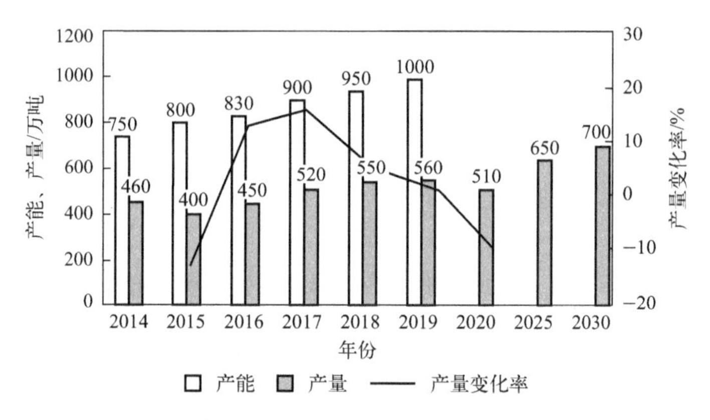

图 1-7　我国中温煤焦油产能、产量统计及预测

由图 1-7 可以看出，2014～2019 年，我国中温煤焦油产能、产量逐年增加，但其总量仍较小。

中温煤焦油产量的变化主要取决于煤热解产业发展及兰炭产品市场。当前，兰炭主要用于传统高耗能的电石、铁合金、合成氨等领域，其高炉喷吹料、民用洁净煤市场仍有待进一步开拓。在传统产业环保治理及转型升级的政策要求下，兰炭行业现有较低的开工率及萎缩的市场需求，将难以保障中温煤焦油的稳定供应。从长期看，煤热解分质利用属于国家政策鼓励类型，加之兰炭产品具有一系列优良的特性，且价格较为低廉，国内对其需求将呈现递增趋势，未来中温煤焦油产量还将有一定程度的增长。

（3）中低温煤焦油

目前，国内大多数煤气发生炉产生的中低温煤焦油未能进行有效利用，仅有大型的、采用鲁奇固定床气化技术生产化工产品的企业，会副产一定量的中低温煤焦油。另外，新型煤制天然气项目也副产一定量的煤焦油。2019 年，我国中低温煤焦油产量约 100 万吨，其中煤制天然气项目副产焦油约 40 万吨。

1.2.2.3 渣油和其他资源

按我国每年加工 6 亿吨原油计，其渣油的生成量约为 1.3 亿吨。李术元等对世界油砂资源作了综述：世界油砂资源折算为油砂稠油约 4000 亿吨，大于天然石油探明储量（2000 亿吨）。

世界上最大的油砂矿在加拿大西部的沉积盆地，以阿萨巴斯卡（Athabasca）的白垩统油砂闻名于世，其他还有和平河（Peace River）、冷湖（Cold Lake）等，早已开发利用、大规模工业生产，总储量约占世界储量的 50%。委内瑞拉也拥有巨大的油砂稠油资源，并有小规模的工业开采，如摩莱卡（Morichal）等。俄罗斯的油砂矿藏分布较广，多数矿藏尚未评价，主要产地在伏尔加—乌拉尔盆地，其他还有西伯利亚等盆地。美国的油砂布及 16 个州，主要是犹他（Utah）、阿拉斯加（Alaska）、得克萨斯（Texas）、加利福尼亚（California）等，但没有工业生产。世界各国油砂矿储量见表 1-13。

表 1-13 世界油砂矿储量

国家	矿藏数（1981 年）	1981 年储量（折算为油）/（$\times10^6 m^3$）	2007 年储量（折算为油）/（$\times10^6 m^3$）
加拿大	7	186752.5	270000
委内瑞拉	4	158989.2	120000
苏联	10	88559.6	
美国	53	5467.6	8600
马达加斯加	2	3942.9	
意大利	4	2250.5	
阿尔巴尼亚	1	39.0	
秘鲁	1	10.5	
特立尼达和多巴哥	1	9.5	
罗马尼亚	1	4.0	

2007年，贾承造等在《油砂资源状况与储量评估方法》中，较详细地阐述了世界和中国的油砂资源。关于中国油砂的品位，含油率3%～6%者占可采资源量11.67亿吨的51.7%；含油率6%～10%者占46.4%；含油率大于10%者只占1.9%。研究表明，中国油砂资源的层系主要集中于新生界及中生界。

由于蒽油属于高温煤焦油中的一个组分，而煤直接液化油现已采用沸腾床加氢技术进行加工，故在此对这两种油的资源不再叙述。

1.2.3 脱碳路线

轻质油与重质油的最重要的差别在于分子量不同和H/C不同。表1-14列出各类油品的大约H/C。

表1-14 石油及其他油的H/C（原子数比）

油品	普通原油	重质原油	高温煤焦油	中温煤焦油	减压渣油	油页岩油	油砂重油
H/C	1.8	1.5	0.60	1.34	1.4～1.7	1.4～1.6	1.46

一般来说，从重质油转化为轻质油，除了从大分子分解为较小分子外，还从低H/C的组成转化成较高H/C的组成。分子量的变化主要依靠分解反应（热反应或催化反应），而H/C的变化则不外乎通过两个途径：脱碳和加氢。所谓脱碳，即脱去其中H/C最低的部分，例如溶剂脱沥青等；或经化学转化使一部分产物的H/C降得更低，而另一部分产物的H/C有所提高，例如催化裂化、焦炭化等。至于加氢则是借助于外来的氢来提高整个产物的H/C，例如加氢裂化等。对于减压馏分油的轻质化，一般都采用催化裂化或加氢裂化，对于劣质重油的轻质化，则根据原料的特点可以有多种加工方案。

为了充分利用石油资源，劣质重油加工已成为石油加工技术发展中的重要方向。除了上述的分子量和H/C外，劣质重油加工还遇到金属（加钠、镍、钒等）含量高和硫、氮含量高的问题。金属会污染或毒害催化剂，使催化剂的活性和选择性下降；而硫、氮化合物则影响产品的质量。对于金属含量较低、H/C比较高的重油可以考虑直接催化裂化或加氢裂化的加工方案，但对于质量较差的劣质重油则要采用组合的加工方案。

劣质重油的脱碳技术路线如图1-8所示。

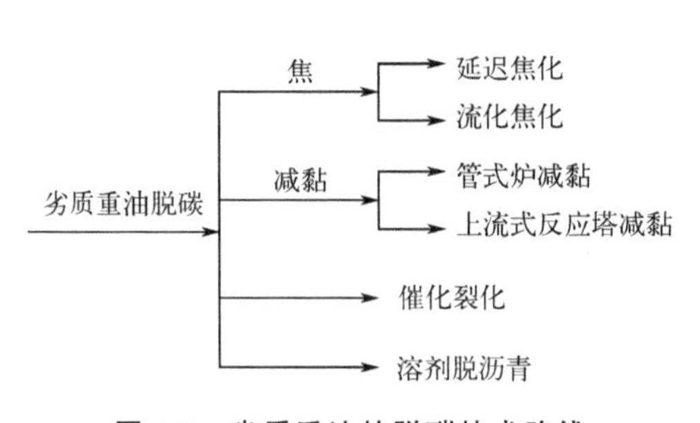

图1-8 劣质重油的脱碳技术路线

1.2.3.1 焦化

焦化过程是以渣油为原料，在高温（480～550℃）下进行深度热裂化反应的一种热加工过程。焦化过程的反应产物有气体、汽油、柴油、蜡油（重馏分油）和焦。表1-15列出了两种减压渣油进行焦化所得产物的产率分布。表1-16列出了焦化气体的组成（示例）。

表1-15 延迟焦化的产品产率

项目		大庆减压渣油	胜利减压渣油
密度（20℃）/（g/cm^3）		0.9221	0.9882
残炭（质量分数）/%		8.8	13.65
产品分布（质量分数）/%	气体	8.3	6.8
	汽油	15.7	14.7
	柴油	36.3	35.6
	蜡油	25.7	19.0
	焦炭	14.0	23.9
	合计	100.0	100.0
液体收率/%		77.7	69.3

表1-16 焦化气体组成

组分	含量（体积分数）/%	组分	含量（体积分数）/%
氢气	5.40	戊烷	2.66
甲烷	47.80	戊烯	2.20
乙烷	13.60	六碳烃	0.58
乙烯	1.82	硫化氢	4.14
丙烷	8.26	二氧化碳	0.32
丙烯	4.00	一氧化碳	0.81
丁烷	3.44	氮气＋氧气	0.25
丁烯	3.70		

减压渣油经焦化过程可以得到70%～80%的馏分油。焦化汽油和焦化柴油中不饱和烃含量高，而且硫、氮等非烃类化合物的含量也高，因此，它们的稳定性很差，必须经过加氢精制等加工后才能作为发动机燃料。焦化蜡油主要是作为加氢裂化或催化裂化的原料，有时也用于调和燃料油。焦炭（亦

称石油焦）除了可用作燃料外，还可用于高炉炼铁，如果焦化原料及生产方法选择适当，石油焦经煅烧及石墨化后，可用于制造炼铝、炼钢的电极等。焦化气体含有较多的甲烷、乙烷以及少量的丙烯、丁烯等，它可用作燃料或制氢原料等。

在焦化过程的发展史中，曾经出现过多种工业形式，其中一些已被淘汰，目前主要的工业形式是延迟焦化和流化焦化。世界上85%以上的焦化处理能力都属延迟焦化类型，只有少数国家（如美国）的部分炼油厂采用流化焦化。

延迟焦化装置的工艺流程有不同的类型，就生产规模而言，有一炉两塔（焦炭塔）流程、两炉四塔流程等。

原料油（减压渣油）经换热及加热炉对流管加热到340～350℃，进入分馏塔下部，与来自焦炭塔顶部的高温油气（420～440℃）换热，一方面把原料油中的轻质油蒸发出来，同时又加热了原料油（约380℃）及淋洗高温油气中夹带的焦末。原料油和循环油一起从分馏塔底抽出，用热油泵送进加热炉辐射室炉管，快速升温至约500℃后，分别经过两个四通阀进入焦炭塔底部。热渣油在焦炭塔内进行裂解、缩合等反应，最后生产焦炭。焦炭聚结在焦炭塔内，而反应产生的油气自焦炭塔顶逸出，进入分馏塔，与原料油换热后，经过分馏得到气体、粗汽油、柴油、蜡油和循环油。焦炭塔是循环使用的，即当一个塔内的焦炭聚结到一定高度时，进行切换，通过四通阀将原料油切换进另一个焦炭塔。

焦化所产生的气体经压缩后与粗汽油一起送去吸收—稳定工序，经分离得干气、液化气和稳定汽油。

除了延迟焦化外，在北美，流化焦化（fluid coking）也占有一定的地位。流化焦化是一种连续生产过程。原料油经加热炉预热至400℃左右后经喷嘴进入反应器。反应器内是灼热的焦炭粉末（20～100目）形成的流化床。原料油在焦炭粉末表面形成薄层，同时受热进行焦化反应。反应器的温度约480～560℃，其压力稍高于常压，其中的焦炭粉末借油气和由底部进入的水蒸气进行流化。反应产生的油气经旋风分离器分出携带的焦炭粉末后从顶部出去进入淋洗器和分馏塔。在淋洗器中，用重油淋洗油气中携带的焦炭粉末，所得泥浆状液体可作为循环油返回反应器。由于反应生成焦炭，原来在反应器内的焦炭粉末直径增大，部分焦粒经下部汽提段用水蒸气汽提出其中的油气后进入加热器。加热器实质上是个流化床燃烧反应器，由底部送入空气使焦粒进行部分燃烧，从而使床层温度维持在590～650℃。高温的焦粒再循环回反应器起到热载体的作用，供给原料油预热和反应所需的热量。系统中的焦粒会逐渐长大，为了维持流化所需的适宜粒径，必须除去大颗粒并使之粉碎。焦炭产品则从加热器或反应器取出。

流化焦化的产品分布及产品质量与延迟焦化有较大的差别。在产品分布方面，流化焦化的汽油产率较低而中间馏分产率较高，焦炭产率较低，约为残炭的1.15倍，而延迟焦化的焦炭产率则为残炭的1.5～2倍；在产品质量方面，流化焦化的中间馏分的残炭较高，汽油含芳香烃较多，所产的焦炭是粉末状，在回转炉中煅烧有困难，不能单独制作电极焦，只能作燃料用。

流化焦化使过程连续化，解决了出焦问题，而且加热炉只起预热原料油的作用，炉出口温度低，避免了炉管结焦，因此在原料选择范围上比延迟焦化有更大的灵活性，与延迟焦化相比更适合对高黏、高金属、高沥青质含量和高残炭劣质渣油的加工。例如沥青也可以作为原料。流化焦化的主要缺点是焦炭只能作一般燃料利用，在技术上也比延迟焦化复杂。

1.2.3.2 减黏裂化

减黏裂化（visbreaking）是一种以渣油为原料的浅度热裂化过程，其生产目的是把重质高黏度渣油通过浅度热裂化反应转化为较低黏度和较低倾点的燃料油，以达到燃料油的规格要求，或者是虽然还未达到燃料油的规格要求，但是可以减少掺和的轻馏分油的量。例如，胜利原油的减压渣油的黏度（100℃）达103mm²/s，为了满足燃料油的规格要求，就需掺入相当数量的馏分油甚至是柴油，结果降低了全厂的轻质油收率。表1-17列出了普通减黏过程的主要的反应条件和产物产率。

表1-17 普通减黏过程的产物产率

减压渣油原料		胜利管输油	胜利-辽河混合油	大庆油
反应温度/℃		380	430	420
反应时间/min		180	27	57
产物产率（质量分数）/%	裂化气	1.0	1.4	1.3
	40～200℃馏分	—	3.5	2.0
	200～350℃馏分	—	4.1	2.5
	＞350℃馏分	98.0	91.0	93.6
原料渣油黏度（100℃）/（mm²/s）		103	578	121
减黏渣油黏度（100℃）/（mm²/s）		38.7	70.7	55.4

由表1-17可见，普通减黏过程的转化率较低，其＜350℃馏分及裂化气的产

率不到10%，350℃以上减黏渣油的产率在90%以上。与原料渣油相比，减黏渣油的黏度显著地降低。至于同时多产轻质油的减黏过程，一般主要是通过延长反应时间（同时采用稍高的温度，例如430℃左右）来提高转化率，其汽油、柴油收率可达20%左右或更高些。

因此，减黏裂化是一种灵活的渣油加工工艺。它可以处理不同性质原油的常压和减压渣油。减黏裂化主要是为了降低残渣燃料油黏度、改善油品的倾点、最大量生产馏分油等。其中生产合格燃料油要考虑降低渣油的黏度，并要保证减黏渣油的储存安定性，生产馏分燃料或作为下游装置的进料要考虑获得最大馏分油产率。

减黏裂化的生产过程是：减压渣油原料经换热后进入加热炉。为了避免炉管内结焦，向炉管内注入约1%的水。加热炉出口温度为400～450℃。在炉出口处可注入急冷油使温度降低而中止反应，以免后路结焦。反应产物进入闪蒸塔，塔顶油气进入分馏塔分离出裂化气、汽油和柴油，柴油的一部分可作急冷油用。从闪蒸塔底抽出减黏渣油。此种流程适用于目的产品为减黏渣油的炼油厂，其流程比较简单。当需要提高转化率以增大轻油收率时，可将闪蒸塔换成反应塔，使炉出口的油气进入反应塔继续反应一段时间。反应塔是上流式塔式设备，内设几块筛板。为了减少轴向返混，筛板的开孔率自下而上逐渐增加。反应塔的大小由反应所需的时间决定。

1.2.3.3 催化裂化

催化裂化是重质石油烃类在催化剂的作用下反应生产液化气、汽油和柴油等轻质油品的主要过程，在汽油和柴油等轻质油品的生产中占有重要的地位。

原料油在500℃左右、0.2～0.4MPa及与裂化催化剂接触的条件下，经裂化反应生成气体、汽油、柴油、油浆（可循环作原料）及焦炭。反应产物的产率与原料性质、反应条件及催化剂性能密切相关。在一般工业条件下，气体产率约10%～20%（质量分数），其中主要是C_3、C_4，且其中的烯烃含量可达50%（体积分数）左右；汽油产率约30%～60%（质量分数），其研究辛烷值约85～95，稳定性较好；柴油产率约20%～40%（质量分数），由于含有较多的芳烃，其十六烷值较直馏柴油低，由重油催化裂化所得的柴油的十六烷值更低，而且其稳定性也较差；焦炭产率约5%～7%（质量分数），原料中掺入渣油时焦炭产率更高些，可达8%～10%（质量分数）。焦炭是裂化反应的缩合产物，它的C/H（原子数比）很高，约为1.0∶（0.3～1.0），它沉积在催化剂的表面上，只能用空气烧去而不能作为产品分离出来。

表1-18列举了不同原料油催化裂化过程的产品产率分布。

表 1-18 不同原料油催化裂化过程的产品产率

项目		大庆 VGO	大庆常压重油	胜利 VGO	胜利 VGO+9.5%（质量分数）减压渣油
产品产率（质量分数）/%	干气	1.7	2.4	1.8	2.0
	液化气	10.0	10.9	9.9	9.4
	汽油	52.6	50.1	52.9	47.6
	轻柴油	27.1	26.2	30.1	32.5
	重柴油	4.5	—	—	—
	油浆	—	—	—	0.5
	焦炭	4.1	9.9	4.6	7.9
	损失	—	0.5	0.7	0.1

注：VGO 是指减压柴油（蜡油）。

催化裂化工艺过程一般由三个部分组成，即反应—再生系统、分馏系统、吸收—稳定系统。对处理量较大、反应压力较高（例如＞0.25MPa）的装置，常常还有再生烟气的能量回收系统。

（1）反应-再生系统

新鲜原料油经换热后与回炼油浆混合，经加热炉加热至 180～320℃后至提升管反应器下部的喷嘴，原料油由蒸汽雾化并喷入提升管内，在其中与来自再生器的高温催化剂（600～750℃）接触，随即汽化并进行反应。油气在提升管内的停留时间很短，一般只有几秒钟。反应产物经旋风分离器分离出夹带的催化剂后离开沉降器去分馏塔。

积有焦炭的催化剂（称待生催化剂）由沉降器落入下面的汽提段。汽提段内装有多层人字形挡板并在底部通入过热水蒸气，待生催化剂上吸附的油气和颗粒之间的空间内的油气被水蒸气置换出而返回上部。经汽提后的待生催化剂通过待生斜管进入再生器。

再生器的主要作用是烧去催化剂上因反应而生成的积炭，使催化剂的活性得以恢复。再生用空气由主风机供给，空气通过再生器下面的辅助燃烧室及分布管进入流化床层。对于热平衡式装置，辅助燃烧室只是在开工升温时才使用，正常运转时并不烧燃料油。再生后的催化剂（称再生催化剂）落入淹流管，经再生斜管送回反应器循环使用。再生烟气经旋风分离器分离出夹带的催化剂后，经双动滑阀排入大气。

（2）分馏系统

由反应器来的反应产物（油气）从底部进入分馏塔，经底部的脱过热段后在分馏段分割成几个中间产品：塔顶为富气及汽油；侧线有轻柴油、重柴油和回炼油；塔底产品是油浆。轻柴油和重柴油分别经汽提后，再经换热、冷却后出装置。

催化裂化装置的分馏塔有如下特点：

① 进料是带有催化剂粉尘的过热油气，因此，分缩塔底部设有脱过热段，用经过冷却的油浆把油气冷却到饱和状态并洗下夹带的粉尘以便进行分馏和避免堵塞塔盘。

② 全塔的剩余热量大而且产品的分离精确度要求比较容易满足。因此一般设有多个循环回流：塔顶循环回流、1～2 个中段循环回流和油浆循环。

③ 塔顶回流采用循环回流而不用冷回流，其主要原因是进入分馏塔的油气含有相当大数量的惰性气体和不凝气，它们会影响塔顶冷凝冷却器的效果；采用循环回流代替冷回流可以降低从分馏塔顶至气压机入口的压降，从而提高气压机的入口压力、降低气压机的功率消耗。

(3) 吸收-稳定系统

吸收-稳定系统主要由吸收塔、再吸收塔、解吸塔及稳定塔组成。从分馏塔顶油气分离器出来的富气中带有汽油组分，而粗汽油中则溶解有 C_3、C_4 组分。吸收-稳定系统的作用就是利用吸收和精馏的方法将富气和粗汽油分离成干气（$\leqslant C_2$）、液化气（C_3、C_4）和蒸气压合格的稳定汽油。其中的液化气再利用精馏的方法通过气体分馏装置将其中的丙烯、丁烯分离出来，进行化工利用。

催化裂化装置的分馏系统及吸收-稳定系统在各催化裂化装置中一般并无很大差别。

工业催化裂化装置的反应-再生系统在流程、设备、操作方式等方面多种多样，各有其特点。

1.2.3.4 溶剂脱沥青

在炼油工业中，溶剂脱沥青过程主要是用于从减压渣油制取高黏度润滑油基础油和催化裂化原料油，在原料合适的情况下脱油沥青可生产道路沥青。从减压渣油制取高黏度润滑油须经过溶剂脱沥青得到脱沥青油、脱沥青油溶剂精制及溶剂脱蜡等一系列的精制过程和组分调和才能得到合格的润滑油产品。其中，溶剂脱沥青过程的主要作用是除去渣油中的沥青以获得较低残炭的脱沥青油并改善色泽。催化裂化原料瓦斯油中掺入减压渣油是提高轻质油收率的一个重要途径，但是许多减压渣油含有较多的金属及易生成焦炭的物质，不宜直接掺入催化裂化原料中去，通过溶剂脱沥青可以把大部分金属和易生焦物质除去，从而显著地改善重油催化裂化进料的质量。在生产润滑油时多以丙烷作溶剂，而在生产催化裂化原料时则多以丁烷甚至戊烷作溶剂。

溶剂脱沥青过程所指的“沥青”并非一种严格定义的产品或化合物，它是指减压渣油中最重的那一部分，主要是沥青质和胶质，并含少量芳烃和饱和烃，其具体组成因生产目的不同而异。

由于生产目的不同，采用的抽提方法及溶剂回收方法不同，溶剂脱沥青工艺流程有多种形式。所有的溶剂脱沥青工艺流程都包括抽提和溶剂回收两个部分，而且在许多地方也是很相似的。在此以工业上应用最广泛的亚临界溶剂抽提—近临界溶剂回收工艺流程为基本例子对溶剂脱沥青的工艺流程予以说明。

该工艺流程的主要特点是以生产高黏度润滑油基础油为目的，抽提塔在低于临界点的条件下操作，溶剂回收在近临界条件下进行。下面分抽提和溶剂回收两部分作介绍。

（1）抽提部分

抽提部分的主要设备是抽提塔，工业上丙烷脱沥青多采用转盘塔。抽提塔内分为两段，下段为抽提段，上段为沉降段。原料油（减压渣油）经换热降温至合适的温度后进入抽提塔的中上部，循环溶剂由抽提塔的下部进入。由于两相的密度差较大（原料油的密度为0.9～1.0kg/L，丙烷的密度为0.35～0.4kg/L），二者在塔内呈相向流动、逆流接触，并在转盘搅拌下进行抽提。减压渣油中的胶质、沥青质与部分溶剂形成的重液相向塔底沉降并从塔底抽出，送去溶剂回收部分。脱沥青油与溶剂形成的轻液相经升液管进入沉降段。沉降段中有加热管提高轻液相的温度，使溶剂的溶解能力降低，其目的是保证轻液相中的脱沥青油的质量。在此流程中设有第二个抽提塔，由第一个抽提塔塔底来的提余液在此塔内进行第二次抽提。由第二个抽提塔塔底出来的提余液为溶剂与沥青组成的沥青液，塔顶出来的提取液称为重脱沥青油（也含溶剂），重脱沥青油中主要是分子量较大的多环烃类。从第一个抽提塔塔顶出来的提取液则称为轻脱沥青油、溶剂的大部分存在于此提取液中。

（2）溶剂回收部分

溶剂的绝大部分（约占总溶剂量的90%）分布于脱沥青油相中。其轻脱沥青油经换热、加热后进入临界回收塔。加热温度要严格控制在稍低于溶剂的临界温度1～2℃。在临界回收塔中油相沉于塔底，溶剂从塔顶（液相）出来，再用泵送回抽提塔。

从临界回收塔分出的轻脱沥青油和从抽提塔分离出来的重脱沥青油中仍含有溶剂，需用蒸发的方法回收，一般是先用水蒸气加热蒸发后再经汽提以除去油中残余的溶剂。由汽提塔塔顶出来的溶剂蒸气和水蒸气经冷却分离出水后溶剂蒸气经压缩机加压，冷凝后重新使用。

沥青相蒸发时需加热至220～250℃以防止产生泡沫，所以一般用加热炉加热。加热后的沥青相同样是经过蒸发和汽提两步来回收其中的溶剂。

1.2.4 加氢路线

中国车用汽油、柴油质量标准日益严格，清洁化和轻质化是油品质量升级的必然趋势。催化裂化作为中国炼油厂生产油品的核心装置，在生产大量汽油组分的同时，也副产了大量液化气轻烃、劣质的催化柴油以及低品质的催化油浆。由于乙醇汽油的推广和普及要求，催化液化气中的 C_4 资源已限制用于生产甲基叔丁基醚（MTBE）等醚化汽油组分；催化柴油由于十六烷值太低，密度和芳烃含量太高，也已不再适合用于生产车用柴油；劣质催化油浆，目前在炼油厂中主要送至延迟焦化装置处理或作为燃料油/调和油出厂，但从中长期来看，环保压力的增加必将极大限制延迟焦化装置的生产运行和高硫焦的出厂。

炼油厂加工原油的重质化趋势和产品结构调整都对资源的深度清洁转化利用提出了更高的要求，生产过程中加氢改质转化的程度会进一步大幅度提升。

国际海事组织规定 2020 年 1 月 1 日起，全球船舶必须使用硫质量分数不高于 0.5%的船用燃料，对炼油厂提出了新的挑战，同时也带来新的商机。炼油厂不得不继续提高劣质重油原料的品质。

劣质重油加氢的目的是在高压氢气、催化剂等存在下，利用加氢反应除去劣质油中的硫、氮、重金属等杂原子，提高油品质量，生产低硫燃料油以减少燃烧过程对环境造成的污染；或是同时进行精制和部分裂化，生产质量有所改善的中间馏分油，为催化裂化、焦化等工艺提供原料，从而延长后续工艺催化剂的使用寿命并提高企业经济效益。加氢技术是提高产品燃料油性能的重要技术手段。加氢技术按反应器类型则主要分为固定床加氢技术、沸腾床加氢技术、移动床加氢技术和悬浮床加氢技术，如图 1-9 所示。

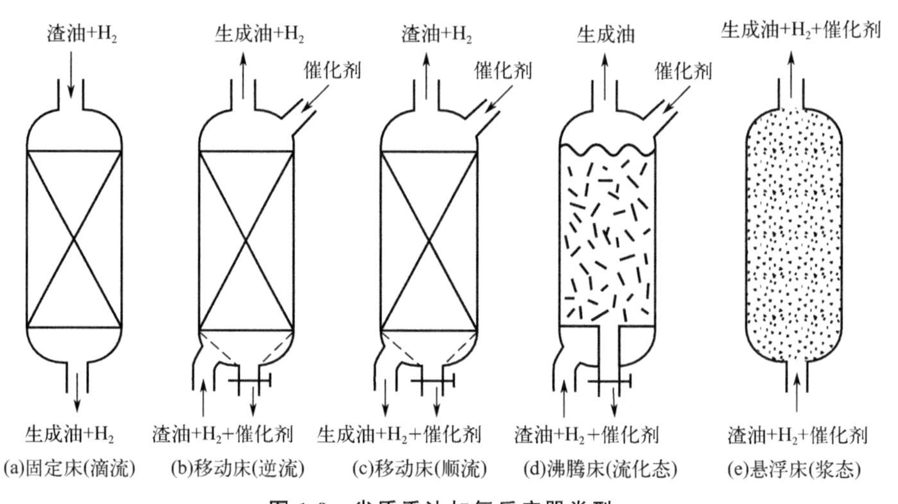

图 1-9 劣质重油加氢反应器类型

1.2.4.1 固定床加氢技术

固定床加氢技术主要是由一个或多个固定床反应器中分层装填多种不同的催化剂，原料自上而下进入反应器，依次通过加氢脱金属催化剂、加氢脱硫催化剂和加氢脱氮催化剂，对劣质重油中的金属杂原子和含氮化合物进行脱除以及改质重组分。

固定床劣质重油加氢技术是比较成熟的渣油加工技术，相较于其他加氢技术，固定床加氢技术的投资和操作费用低，运行安全简单，是目前劣质重油加氢工业应用最多，发展最快的技术。

自 1967 年日本建成第一套固定床常压渣油固定床加氢脱硫装置（ARDS）以来，目前典型的固定床加氢工艺，国外的主要有 Chevron-Lummus Golabl（CLG）公司 RDS/VRDS 工艺、UOP 公司 RCD Unionfing 工艺、Exxon 公司 Residfining 工艺、Shell 公司加氢脱硫（HDS）工艺以及 IFP 公司 HYVAHL-F 工艺等，国内的主要以中石化抚顺石油化工研究院（FRIPP）SRHT 技术及中石化石油化工科学研究院（RIPP）RHT 技术为主。典型的固定床加氢工艺技术对比见表 1-19。

表 1-19 典型固定床加氢工艺技术对比

项目	RDS/VRDS	RCD Unionfining	SRHT	RHT
所属公司	CLG	UOP	FRIPP	RIPP
反应温度/℃	350～430	350～450	350～427	350～420
反应压力/MPa	12～18	10～18	13～16	13～18
总空速/h^{-1}	0.2～0.5	0.2～0.8	0.2～0.7	0.2～0.7
转化率/%	31	20～30	20～50	20～50
脱硫率/%	94.5	92.0	92.8	92.1
脱氮率/%	70.0	40.0	72.8	58.8
脱残炭率/%	50.0～60.0	59.3	67.1	62.7
脱金属率/%	92.0	78.3	83.7	92.4

固定床加氢技术可以处理大多数含硫原油、高硫原油等的常、减压渣油，但由于固定床催化剂上会富集金属（Ni、V）以及表面积炭，很容易丧失催化剂活性造成产品组成变化和质量不均匀；床层堵塞造成压降增大，被迫停车，故不适用高金属和高残炭等劣质重质油原料的加工，一般只适用于加工原料中的硫含量（质量分数，下同）2%～5%，氮含量 0.2%～0.8%，残炭含量<15%，

金属（Ni＋V）含量＜200μg/g，即使加工较好的重质原料油，装置也需要每1～2年停工进行催化剂转换，难以实现长周期运转。

1.2.4.2 移动床加氢技术

移动床加氢技术是在固定床加氢基础上改进、发展而成的加氢技术，反应器中的废催化剂可根据需要连续或间断排出，新鲜催化剂也可连续或间断补充，使反应器中的催化剂维持较高的反应活性，大大延长了装置的运转周期，同时也可处理更加劣质的原料油。移动床加氢技术按照催化剂与原料流向的异同可分为逆流式和顺流式（或称并流式），逆流式移动床工艺的催化剂消耗小于顺流式工艺。典型移动床加氢工艺技术特点见表1-20。

表1-20 典型移动床加氢工艺技术特点

项目	指标	项目	指标
反应温度/℃	370～440	脱氮率/%	50～70
反应压力/MPa	10～20	脱金属率/%	80～95
总空速/h^{-1}	0.1～0.5	脱残炭率/%	70～85
转化率/%	45～80		
脱硫率/%	60～90		

Chevron公司从1979年开始研发OCR工艺，它是一种逆向流移动床工艺；1992年日本爱知炼厂建成首套OCR工业化装置；1994年日本出光兴产公司北海道炼厂建成了第二套OCR工业化装置；1995年日本三菱石油公司水岛炼厂建成了第三套OCR工业化装置，该装置运行了3年，平均脱金属率60%，脱硫率50%。

20世纪80年代初，由Shell公司开发的Hycon顺流移动床加氢工艺在荷兰Pernis炼油厂建成了处理能力为1.25兆吨/年的Hycon工业装置，实际运行情况发现Hycon工艺转化率为60%，高金属含量的重质油需要使用几台移动床反应器串联操作，最长的运行周期仅有8个月，废催化剂排放量较大。

移动床加氢工艺技术的成熟性不如固定床加氢工艺技术，设备结构复杂，操作难度大，装置投资较高，工业化应用不多，近几年没有大的技术进展，目前只有6套工业化装置，其中Chevron公司OCR装置5套，Shell公司Hycon装置1套，国内未见工业化报道。移动床加氢工艺可以加工高金属和高残炭含量，而且对硫含量的要求相对不太严格，一般适用于加工重质原料油的残炭含量＞20%，金属（Ni＋V）含量为200～400μg/g。

1.2.4.3 悬浮床加氢技术

悬浮床加氢技术又称浆态床加氢技术，是将分散很细的催化剂或添加剂与原料油及氢气一起通过呈三相（气、液、固）悬浮床加氢反应器进行反应，反应器采用空筒式结构，无催化剂床层，没有液体循环泵，适用于加工高金属、高残炭等劣质重油，具有高转化率、高轻油收率、高脱金属率等特点。

目前国内外的悬浮床加氢技术工艺主要是：

（1）VCC 工艺

VCC（veba combi cracker）工艺是由德国 VEBA 公司基于煤液化技术和加氢技术开发的。1977 年在 Bottrop 建设了一套 480t/d 的示范装置，2000 年因原油价格不断下降，关停并拆卸了 Bottrop 的 VCC 装置。2002 年 BP 收购了 VEBA 公司，获取了 VCC 技术的所有权。2006 年 BP 重新推出该技术，并于 2010 年与 KBR 合作，共同推广 VCC 技术，并于 KBR 公司独家提供技术许可、工艺包、技术服务及技术咨询。

VCC 工艺利用一种一次性粉末状添加剂进行重质油的转化，加入量不超过进料的 2%。

目前，采用 VCC 工艺的有陕西延长石油集团在榆林建设的一套 45 万吨/年煤油共炼加工装置和一套 50 万吨/年煤焦油加氢装置，分别于 2015 年 1 月和 2018 年 6 月投产试车；俄罗斯鞑靼斯坦共和国在下卡姆斯克炼油厂建设的一套 2.7 兆吨/年减压渣油 VCC 装置，由于 2016 年在开车时着火，现处于检修与改造阶段。

（2）EST 工艺

ENI 公司从 1988 年开始实验室研究 EST（eni slurry technology）工艺，2000 年在 San Donato 研发中心建设了 2.5kg/h 中试装置，2005 年底在意大利南部 Tatanto 炼厂建设了一套 6 万吨/年的工业示范装置，2013 年在意大利 Sannazzaro 炼厂建设了一套 1.15 兆吨/年的 EST 装置，也是世界上第一个实现工业化的渣油悬浮床加氢装置，但 2016 年 12 月该装置因发生泄漏着火事故后停工至今。

EST 工艺采用铝系催化剂，催化剂和未转化油大部分循环返回反应器，原设计流程中设有未转化油溶剂脱沥青装置，后已优化取消。

据报道，国内已取得 EST 工艺许可的有中国石化茂名分公司处理重质渣油设计能力 2.2 兆吨/年的装置，于 2020 年建成；浙江石化在新建炼油厂内建设两条生产线，2020 年开启，每条生产线的设计能力均为 3.0 兆吨/年。

（3）Uniflex 工艺（Canmet）

根据加拿大重质原料加工的需要，加拿大矿物和能源中心从 20 世纪 70 年代开始开发 Canmet 工艺，1979 年加拿大石油公司取得 Canmet 工艺的使用权，1981 年与 Lavalin 公司合作，1985 年在蒙特利尔 Canmet 炼厂建成一套 794.94m^3/d 工业示范装置，2007 年美国 UOP 在研究加拿大蒙特利尔 Canmet 工业试验装置的基础上，结合 Canmet 悬浮床反应器与 UOP Unicracking、Uninonfining 加氢技术形成了 Uniflex 技术。

Uniflex 工艺采用铁系分散型催化剂，催化剂的加入量一般占进料的 0.5%～5.0%，部分催化剂和未转化油循环返回悬浮床反应器进一步转化，残渣约占进料的 10%。

2016 年在巴基斯坦的卡拉奇炼油厂建设了全球首套 Uniflex 工艺的悬浮床加氢工业化装置。

(4) MCT 工艺

MCT（mixed cracking treatment）工艺是北京三聚环保新材料股份有限公司和北京华石联合能源科技发展有限公司等单位联合开发的，具有完全自主知识产权的技术。2016 年在河南鹤壁首套 15.8 万吨/年 MCT 悬浮床加氢工业示范装置建成投产，并一次开车成功。

该技术采用多功能纳米催化剂和特殊结构反应器，具有优异的防结焦堵塞、抗磨损、深度转化性能。示范装置加工全馏分煤焦油轻油收率达到 92%～95%；加工中石油克拉玛依石化的新疆环烷基高钙稠油，轻油收率从传统技术路线的 60%提高到 89%；加工中石化荆门分公司的“40%催化油浆＋60%中间基原油减压渣油”，转化率为 90.4%，液体产品收率为 88.3%，重金属脱除率为 99.8%。

目前，在河南鹤壁、山西孝义、黑龙江大庆等地正在建设 1.0 兆吨/年悬浮床加氢工业装置，主要处理煤焦油、煤沥青、渣油等劣质重油。2018 年 10 月，“渣油 MCT 高效转化绿色关键工艺系统集成项目”入选国家绿色制造系统集成重点支持项目，并获得国家大额专项财政支持。

典型悬浮床加氢工艺技术对比见表 1-21。

表 1-21 典型悬浮床加氢工艺技术对比

技术名称	VCC	EST	Uniflex	MCT
所属公司	BP	ENI	UOP	北京三聚环保
催化剂类型	铁系粉末型	铝系油溶性	铁系粉末型	复合粉末型
反应空速/h^{-1}	0.3～1.0	0.1～0.3	0.3～1.0	0.3～1.0
反应温度/℃	440～470	400～425	435～470	430～460
反应压力/MPa	18～23	16～20	12.7～14.1	18～23
转化率/%	85～95	>97	>90	>97

悬浮床加氢技术是转化率大幅度提高的渣油深度转化原始创新技术，具有如下优点：①原料适应性非常强；②空筒反应器，无特殊内构件，结构简单，装置投资低；③渣油转化率高（可在≥90%的转化率下操作），轻油收率高，柴汽比高，化学氢耗较低，加工费用低；④工艺简单，操作灵活，既可在高转化率下操作，也可在低转化率下操作；⑤催化剂简单、廉价，可连续补充和排出；⑥不存在床层堵塞和压降问题，也不存在反应器超温现象。

悬浮床加氢裂化技术的缺点是产品质量差，尾油金属含量和残炭很高，二次加工性能差。悬浮床加氢裂化过程在高转化率下操作时，少量残渣很难得到利用，此外由于原料质量差，导致反应器、循环管路、泵设备容易产生结焦。悬浮床加氢技术进行大规模工业化需要进一步解决反应器及相关工程放大方面的技术难题。

悬浮床加氢技术几乎不限制所处理原料中杂质的含量，甚至可以处理沥青和油砂，被视为是一条处理劣质重油轻质化的有效手段。尽管目前这一技术在劣质重油加工方面还有不足之处，但由于对加工劣质重油具有独特的优势，具有良好的应用前景。

1.2.4.4 沸腾床加氢技术

沸腾床又称流化床，其原理是借助原料油和氢气自下而上进入反应器，在催化剂床层膨胀并呈沸腾状态，原料油可与氢气更好地接触，有利于加氢反应的进行。由于在反应过程中可对催化剂进行更换，因此催化剂始终可以处于较高的活性。

沸腾床加氢技术的主要优点之一是等温性。研究结果表明，在沸腾床反应器中，在排除补偿加热时是等温的，沿床高的温度差为3℃。生产实践表明沸腾床的沿床高温度差不超过4℃（测量10点温度的结果）。沸腾床的等温性，对于放热的加氢过程是有好处的。在这种情况下，取热的问题可依靠对原料少加热的方法来解决。

沸腾床加氢技术的第二重要优点是可以处理含钒和含镍量大于300μg/g的渣油原料，因而使得沸腾床具有应用于重质石油、油砂沥青、煤焦油和页岩油等加氢处理的广阔前景。在采用沸腾床处理重质原料时，为维持一定的催化活性，可用新鲜催化剂在线置换一部分已失活的催化剂，而固定床为了保证所需要的催化剂活性，必须逐渐提高温度来补偿在运转过程中所造成的催化剂失活。

由于在沸腾床中可以维持催化剂活性不变，因而可以维持加氢的产品产率和产品性质不变。

在后续第5章中对劣质重油沸腾床加氢技术进行了系统的论述，故在此仅对上述4种加氢技术作以比较，如表1-22所示。

表1-22 四种劣质重油加氢技术工艺特点

项目	固定床	移动床	沸腾床	悬浮床
原料油	常规渣油	劣质重油	劣质重油	劣质重油
反应温度/℃	370～420	370～450	400～450	450～480
压力/MPa	＞13	＜15	＞15	＜15
体积空速/h^{-1}	0.2～0.5	—	0.2～0.8	＞1.0
渣油转化率/%	20～50	＜50	50～90	＞90
脱硫率/%	＞90	60～90	60～90	60～70
脱氮率/%	50～70	50～70	30～50	30～40
脱残炭率/%	70～90	70～85	70～95	80～95
脱金属率/%	50～70	80～95	60～80	70～90
产品质量	深加工原料	低硫轻、重油产品	燃料油或后加工原料	需进一步精制
氢耗/（m^3/m^3）	约150	200～250	200～300	200～300
反应历程	催化反应	催化＋热裂化	催化＋热裂化	临氢热裂化
催化剂浓度	较大	较大	中等	较小
技术难易程度	设备简单易操作	较复杂	较复杂	较复杂
技术成熟性	成熟	基本成熟	成熟	开发中
装置投资	中等	较高	较高	较高

随着世界原油重劣质化趋势的加剧，发展劣质重油深度加工和清洁化生产是世界炼油工业的突出任务，是炼油行业调整原油结构、提高经济效益、提高企业竞争力的重要机遇，相比于现有的固定床加氢技术与悬浮床加氢技术，沸腾床加氢技术是加工劣质重油最高效的成熟技术。沸腾床加氢技术虽然实现了较大规模的应用，但该技术仍存在较大的改进空间，未来的研究重点将集中在以下方面：①深入研究劣质重油的胶体体系，清楚反应物中四组分在数量、性质和组成上的匹配性，氢气在原料油中的溶解性，反应温度、转化极限和催化剂尝试的关联性，通过优化工艺解决分离器乳化问题和设备结垢结焦问题；②通过优化和不断改进工艺，提高装置的加工能力，延长催化剂的使用寿命和降低催化剂的消耗，并优化氢气管理以降低氢气成本；③进一步拓展沸腾床加氢技术和其他技术的集成工艺，扩大原料的适应性及沸腾床加氢工艺的应用范围，提高未转化尾油的处理能力，实现劣质重油的深度转化；④设计集成化更高、技术经济性更高的沸腾床加氢技术-固定床加氢处理工艺，生产满足严格法

规的清洁油品；⑤开发高活性的催化剂，从根源上解决易生焦前驱物和沉积物的形成，以更经济的方式延长装置的运转周期；⑥进一步研究反应器内的流体力学性质与传质传热过程，优化或创新沸腾床反应器结构，降低反应器的制造难度和成本，促进劣质重油沸腾床加氢处理技术的全面推广。

1.2.5 路线比选

王敏等对山东某炼化企业准备将市场需求过剩的成品油组分向高附加值化工产品转变，扩大化工规模，实现炼化一体化转型升级项目渣油加氢工艺路线比选作了论述。由于渣油加氢装置是炼油-化工产业链中的关键环节，所以能否选择正确的渣油加氢工艺路线成为转型升级方案成功与否的必要条件。在分别采用固定床渣油加氢、沸腾床渣油加氢、浆态床渣油加氢工艺路线的全炼油流程的基础上，从工艺、产品结构、投资、占地等方面综合对比，选择最优渣油加氢路线以满足炼化一体转型升级的需求。

1.2.5.1 基本概况

当前山东地区总炼油能力约 210 兆吨/年，地炼的原油加工能力约 130 兆吨/年，产能占到全国地炼总产能的 70%，地炼企业超过 50 家，是全国地炼最多的省份。随着近几年炼油行业盈利能力向好，山东地炼企业不断发展壮大，装置规模和原油加工能力逐步提高。使得山东炼油行业市场竞争日趋激烈，面临日趋严重的成品油产能过剩问题。而且山东周边地方大型炼化一体化企业例如恒力石化（大连）有限公司、浙江石油化工有限公司等也将会对山东炼油市场造成很大冲击。

山东某炼化一体化大型企业，具有产业链完整、化工产品竞争力强等优势，准备结合省内新旧动能转换的契机，将市场需求过剩的成品油组分向高附加值化工产品转变，扩大化工规模，实现转型升级、做优做强的目标。通过对山东及周边炼化企业发展现状及市场供需等情况进行综合研判，该企业炼油板块确定转型目标：增产乙烯裂解原料 3 兆吨/年以上，满足新建 1 兆吨/年以上规模乙烯裂解装置对原料的需求；压减汽柴油总产量约 0.7 兆吨/年，在当前柴汽产量比 1.2 的基础上降低 0.3 以上；增加高附加值产品航煤产量，并生产低硫船用燃料油。为实现以上目标，炼油板块需新建渣油加氢、加氢裂化或催化裂化等二次加工装置，硫黄装置改造及公用工程系统适应性配套改造，同时停运相应二次加工装置。

1.2.5.2 采用不同渣油加氢工艺的炼油转型方案说明

企业当前炼油主要流程为：初馏塔和常压塔塔顶产出的石脑油经过处理后

进入连续重整装置。航煤组分进入航煤加氢装置进行精制后与加氢裂化航煤一起出厂。减压渣油部分去延迟焦化装置，部分去重交沥青装置，剩余部分去固定床重油加氢装置。部分减蜡油去加氢裂化装置，其余减压蜡油与焦化蜡油去蜡油加氢。固定床加氢常压渣油与精制蜡油进入催化裂化装置，生产的催化汽油进入汽油吸附脱硫装置，常压柴油、焦化柴油、催化柴油去柴油加氢装置。C_2、石脑油、液化气、丙烷、裂化尾油等作为乙烯原料出厂。异构 C_5、连续重整脱戊烷油、脱硫后的催化汽油作为汽油调和组分调和后出厂；加氢裂化柴油、加氢精制后的柴油作为柴油组分调和出厂。

根据炼油板块转型发展目标结合当前炼油流程，渣油部分主要加工思路是：进口原料产渣油流程基本不变，走当前已有固定床渣油加氢路线及沥青路线；胜利原油产渣油流程进行调整，将当前全部去两套延迟焦化装置，改为部分去延迟焦化装置，其余去新建渣油加氢装置。这样两套延迟焦化装置需要保留一套，另外新建一套渣油加氢装置用以处理胜利原油产生的减压渣油，同时也要满足炼油向化工转型对优质化工原料的需求。在当前炼油流程及公用工程配套的基础上，结合 3 种渣油加氢工艺的特点，分别完成炼油转型升级方案。

1.2.5.3 采用固定床渣油加氢工艺的炼油转型方案

由于固定床渣油加氢装置渣油转化率低，无法大量转化生成蜡油，与蜡油加氢裂化装置配套形成组合工艺的难度大。但随着国内优质轻质燃料油需求的快速增长，固定床渣油加氢与渣油催化裂化组合应用，已成为渣油轻质化以生产成品油的重要手段。

（1）装置新建及停运情况

新建 4 兆吨/年固定床渣油加氢装置，新建 3.5 兆吨/年催化裂化装置；0.56 兆吨/年加氢裂化改造为 0.6 兆吨/年柴油加氢改质装置，硫黄回收装置进行配套扩能改造；停运 1.4 兆吨/年延迟焦化装置。

（2）新建装置主要物料走向

① 渣油组分　胜利原油生产的减压渣油中镍加钒含量不高，约为 60mg/kg，但残炭（质量分数）较高，在 18%左右。由于固定床渣油加氢工艺要求残炭不大于 15%，固定床渣油加氢工艺无法全部处理劣质的胜利渣油，装置原料需掺入质量分数约 30%的蜡油进行调和。4 兆吨/年固定床渣油加氢装置安排处理减压渣油 2.22 兆吨/年、循环油浆 0.69 兆吨/年、减压蜡油 1.07 兆吨/年，剩余胜利渣油 1.7 兆吨/年去延迟焦化装置。进口减压渣油 0.55 兆吨/年及减四线 0.45 兆吨/年去 1.5 兆吨/年固定床渣油加氢，剩余进口减压渣油 0.8 兆吨/年按沥青产品出厂。

② 蜡油组分 固定床渣油加氢生产加氢常压渣油 2.79 兆吨/年及加氢蜡油 0.03 兆吨/年去新建 3.5 兆吨/年催化裂化装置。

③ 柴油组分 0.6 兆吨/年柴油加氢装置仍加工催化柴油，其余绝大部分柴油去 3.4 兆吨/年柴油加氢装置，剩余部分常三线柴油去改造的 0.56 兆吨/年柴油加氢改质装置生产航煤，最后一小部分作为低硫船燃的调和组分。

1.2.5.4 采用沸腾床渣油加氢工艺的炼油转型方案

（1）装置新建及停运情况

新建 3 兆吨/年沸腾床渣油加氢装置、4 兆吨/年加氢裂化装置；硫黄回收装置进行配套扩能改造；停运 0.56 兆吨/年加氢裂化装置。

（2）新建装置主要物料走向

① 渣油组分 沸腾床渣油加氢工艺要求残炭（质量分数）可达 20%～40%，故可以直接加工胜利减压渣油，安排 1.83 兆吨/年胜利减压渣油及 0.6 兆吨/年进口减压渣油主要去 3 兆吨/年沸腾床加氢装置，剩余胜利减压渣油 1.35 兆吨/年及沸腾床未转化油 0.18 兆吨/年去 1.7 兆吨/年延迟焦化装置。进口减压渣油 0.7 兆吨/年及减四线 0.45 兆吨/年去 1.5 兆吨/年固定床渣油加氢，剩余进口减压渣油 0.8 兆吨/年按沥青产品出厂。

② 蜡油组分 为降低成品油产量，提高乙烯裂解原料产量，新建 4 兆吨/年加氢装置处理常减压的常三线及沸腾床柴油 1.73 兆吨/年，胜利减压蜡油 1.73 兆吨/年。沸腾床渣油加氢生产的轻蜡 0.4 兆吨/年去蜡油加氢装置。

③ 柴油组分 0.6 兆吨/年柴油加氢装置加工催化柴油，3.4 兆吨/年柴油加氢装置按最低负荷运转加工剩余柴油。加氢柴油主要作为成品柴油出厂，少部分作为低硫船燃的调和组分。

1.2.5.5 采用浆态床渣油加氢工艺的炼油转型方案

浆态床渣油加氢工艺特点是其可以处理非常劣质的渣油原料，所以配套溶剂脱沥青装置可以最大化提高浆态床渣油加氢装置的利用率，降低浆态床渣油加氢装置的加工规模，同时提高蜡油收率，达到流程优化，降低投资的目的。

（1）装置新建及停运情况

新建 2 兆吨/年浆态床渣油加氢装置，新建 3.5 兆吨/年溶剂脱沥青装置，新建 4 兆吨/年加氢裂化装置；硫黄回收装置进行配套扩能改造；停运 1.4 兆吨/年延迟焦化装置，停运 0.56 兆吨/年加氢裂化装置。

（2）新建装置主要物料走向

① 渣油组分 胜利渣油 1.82 兆吨/年、进口原油渣油 1.19 兆吨/年及全部

的减四线0.45兆吨/年共计3.46兆吨/年去溶剂脱沥青装置，其余胜利减压渣油1.35兆吨/年及浆态床未转化油0.15兆吨/年去1.7兆吨/年延迟焦化装置。溶剂脱沥青装置生产脱油沥青1.93兆吨/年进2兆吨/年浆态床渣油加氢装置。进口减压渣油0.7兆吨/年去1.5兆吨/年固定床渣油加氢装置，剩余进口减压渣油0.2兆吨/年及脱油沥青0.5兆吨/年按沥青产品出厂。

② 蜡油组分　溶剂脱沥青装置生产脱沥青0.72兆吨/年及浆态床渣油加氢装置产蜡油0.46兆吨/年去蜡油加氢装置，剩余脱沥青油0.32兆吨/年去1.5兆吨/年固定床渣油加氢装置。新建4兆吨/年加氢裂化装置处理四常减一、减二、部分减三线的蜡油组分2.52兆吨/年、浆态床柴油及常减压常三线的柴油组分1.44兆吨/年。

③ 柴油组分　0.6兆吨/年柴油加氢装置加工催化柴油，3.4兆吨/年柴油加氢按最低负荷运转加工剩余柴油。加氢柴油主要作为成品柴油出厂，少部分作为低硫船燃的调和组分。

1.2.5.6　3种渣油加氢工艺方案对比

(1) 主要产品与产量对比

3种工艺方案主要产品增量对比见表1-23。

表1-23　3种工艺主要产品增量对比　　单位：兆吨/年

项目	固定床	沸腾床	浆态床
汽柴油总产量	1.49	−0.77	−0.74
汽油产量	1.21	0.05	0.11
柴油产量	0.29	−0.82	−0.85
柴汽产量比	−0.31	−0.35	−0.38
航煤产量	0.20	0.54	0.68
低硫船燃产量	1.80	1.74	1.49
乙烯原料产量	0.92	3.0	3.02

① 乙烯原料分析对比。采用固定床渣油加氢工艺时，渣油加氢建设规模为4兆吨/年，而且需配套建设3.5兆吨/年催化裂化装置，乙烯裂解原料新增仅约0.92兆吨/年，无法满足增加1兆吨/年以上规模乙烯裂解装置原料的基本要求，不符合炼化一体化转型升级项目的总体目标。

沸腾床渣油加氢装置建设规模为3兆吨/年，浆态床渣油加氢建设规模为2兆吨/年（配套溶剂脱沥青装置）。2种工艺均能将大量难利用的渣油转化为优质乙烯原料，可增加乙烯裂解原料分别为3兆吨/年、3.02兆吨/年，均可满足新建1兆吨/年以上规模乙烯裂解装置的原料需求，符合炼化一体化转型升级的总体目标。

② 汽油、柴油产量分析对比。采用固定床渣油加氢工艺的全厂汽柴油产量增量为1.49兆吨/年，汽柴油总量不降反升，不能满足炼油向化工转型升级的基本要求。而采用沸腾床渣油加氢工艺及浆态床渣油加氢工艺的全厂汽油、柴油产量分别降低为0.77兆吨/年、0.74兆吨/年，可以满足压减成品油的要求，同时柴汽比可分别降低0.35兆吨/年、0.38兆吨/年。

③ 航煤产量分析对比。采用固定床渣油加氢工艺，航煤增量主要依靠0.56兆吨/年柴油加氢改质装置，增量有限，仅为0.2兆吨/年。采用浆态床渣油加氢工艺，蜡油量充足，加氢裂化装置可满负荷运转，航煤产量最高，年产量0.68Mt。采用沸腾床渣油加氢工艺，加氢裂化装置负荷较高，航煤年增量0.54Mt。

④ 低硫船燃产量分析对比。3种工艺均可根据工艺特点调和不同配方的低硫船燃组分，其中固定床渣油加氢生产大量常压渣油可以大量调和低硫船燃，浆态床渣油加氢装置结合溶剂脱沥青装置可大幅提高渣油的利用率，但由于未转化油性质很差，总体可调和重质低硫船燃组分较少，沸腾床渣油加氢工艺未转化油配合一定的加氢蜡油及加氢柴油可调和低硫船燃，可降低炼油二次加工装置的负荷，实现总体炼油流程低能耗运转。

(2) 投资估算对比（见表1-24）

由表1-24可以看出：固定床渣油加氢方案建设投资约64.8亿元，其中4兆吨/年固定床渣油加氢装置工程费约26亿元，3.5兆吨/年催化裂化装置工程费约10.3亿元。沸腾床渣油加氢方案建设投资约66.5亿元，其中3兆吨/年沸腾床装置工程费约24.7亿元，4兆吨/年加氢裂化装置工程费约13.3亿元。浆态床渣油加氢方案建设投资约69.8亿元，其中2兆吨/年浆态床渣油加氢装置及3.5兆吨/年溶剂脱沥青装置工程费约28亿元，4兆吨/年加氢裂化装置工程费约13.3亿元。

表1-24 采用不同渣油加氢工艺方案投资分析对比 单位：亿元

项目	固定床	沸腾床	浆态床
建设投资（不含增值税）	64.8	66.5	69.8
固定资产投资（不含增值税）	59.2	60.9	64.2
工程费（不含增值税）	52.3	54.0	57.3
生产装置	40.4	42.1	45.4

续表

项目	固定床	沸腾床	浆态床
渣油加氢装置	26.0	24.7	28.0
3.5兆吨/年催化裂化装置	10.3	—	—
4兆吨/年加氢裂化装置	—	13.3	13.3
0.2兆吨/年硫黄回收装置	4.1	4.1	4.1
系统配套工程	9.5	9.5	9.5
其他工程费用	2.4	2.4	2.4
固定资产其他费用	6.9	6.9	6.9
无形资产投资	1.9	1.9	1.9
其他资产投资	0.1	0.1	0.1
预备费	3.6	3.6	3.6

固定床方案由于配套低成本的催化裂化装置，投资最低；浆态床方案需配套复杂的溶剂脱沥青装置及加氢裂化装置，故投资最高；相对于浆态床方案，沸腾床加氢方案仅需配套加氢裂化装置，故投资低于浆态床方案。

1.2.5.7 主要装置占地估算对比

采用不同渣油加氢工艺方案主要装置占地情况估算见表1-25。

表1-25 采用不同渣油加氢工艺方案占地估算对比 单位：m^2

项目	固定床	沸腾床	浆态床
渣油加氢装置	34800	30800	50400
3.5兆吨/年催化裂化装置	21000	—	—
4兆吨/年加氢裂化装置	—	15400	15400
主要装置占地合计	55800	46200	65800

考虑该公司空闲土地资源紧张，新建装置需要拆除部分罐区及废旧建筑物。在符合国家有关间距标准且不影响现有装置及罐区运行的前提下，应最少量地占用土地。由表1-25可以看出：浆态床方案主装置占地最多，固定床方案占地处于两者之间，沸腾床方案占地最少，约49200m^2，总图布置难度小，公司内自有土地即可实现新建装置摆放。

综上所述，固定床工艺虽然技术成熟，但其原料适应性差，处理劣质胜利减压渣油难度大，与催化裂化装置组合工艺目的产物主要为成品油，无法为新建乙烯装置提供原料，不符合炼油板块向化工转型升级项目的总体要求；浆态床工艺虽具有原料适应性强、转化率高等优势，但其投资较高、占地面积大、业绩少、技术成熟度低，大规模工业应用尚存在风险；而沸腾床工艺无论从原料适应性、技术成熟度、可靠性及易操作性方面，还是提高轻油收率、多产高附加值化工原料及轻质燃料油方面都具有明显优势，可满足企业炼化一体化转型升级的要求。因此，从工艺、原料性质、产品结构、投资、占地等方面综合考虑，建议该炼化一体化转型升级方案渣油加氢装置采用沸腾床渣油加氢工艺。

参考文献

[1] 刘初春，张芳华．对中国进口原油资源选择的思考［J］．国际石油经济，2020，28（12）：54-58.

[2] 马安．中国炼油行业转型升级趋势［J］．国际石油经济，2019，27（5）：16-22.

[3] 郑明贵，李期．中国2020—2030年石油资源需求情景预测［J］．地球科学进展，2020，35（3）：286-296.

[4] 李莉．我国汽柴油质量升级历程及展望［J］．当代石油化工，2016，24（7）：23-28.

[5] 刘慧，高新伟．油品升级对成品油定价政策的影响及对策［J］．中国石油大学学报（社会科学版），2017，33（4）：1-6.

[6] 盛哲，李庆林，张傲．中国汽柴油生产、市场及发展［J］．化工科技，2020，28（4）：81-86.

[7] 任正时，姜晓辉，丁扬，等．我国车用汽柴油质量升级进程及其积极意义分析［J］．中国石油和化工标准与质量，2017，37（11）：39-41，43.

[8] 孙丽丽．新型炼油厂的技术集成与构建［J］．石油学报（石油加工），2020，36（1）：1-10.

[9] 杜商．全球重点地区重油有利区预测及资源评价［D］．长春：吉林大学，2019.

[10] 柴学磊．劣质重油快速热解改质工艺的研究［D］．西安：西安石油大学，2016.

[11] 钱家麟，尹亮，王剑秋，等．油页岩——石油的补充能源［M］．北京：中国石化出版社，2008.

[12] 邹才能，翟光明，张光亚，等．全球常规-非常规油气形成分布、资源潜力及趋势预测［J］．石油勘探与开发，2015，42（1）：13-25.

[13] 张光亚，王红军，马锋，等．全球重油与油砂资源潜力与勘探方向［M］．北京：石油工业出版社，2012：35-47.

[14] 邹才能，张国生，杨智，等．非常规油气概念、特征、潜力及技术［J］．石油勘探与开发，2013，40（4）：385-399，454.

[15] 周秋成，席引尚，马宝岐．我国煤焦油加氢产业发展现状与展望［J］．煤化工，2020，48（3）：3-8，49.

[16] 李春年．渣油加工工艺［M］．北京：中国石化出版社，2002.

[17] 李大东．加氢处理工艺工程［M］．北京：中国石化出版社，2004.

[18] 徐春明，杨朝合，林世雄．石油炼制工程［M］．4版．北京：石油工业出版社，2009.

[19] 夏婧．原油常减压蒸馏装置工艺计算和标定核算软件包开发［D］．北京：中国石油大

学，2013.

［20］李术元，王剑秋，钱农麟．世界油砂资源的研究及开发利用［J］．中外能源，2011，16（5）：10-23.

［21］孙会东，刑定峰，张福琴．重油脱碳工艺技术研究进展［J］．石油科技论坛，2008（6）：36-41.

［22］张璐瑶，赵广辉，刘银东，等．国内外劣质重油脱碳技术进展［J］．石化技术与应用，2014，32（3）：259-265.

［23］李雪静，乔明，魏寿祥，等．劣质重油加工技术进展与发展趋势［J］.2019，37（1）：1-8.

［24］赵旭.2020石油炼制技术进展与趋势［J］．世界石油工业，2020，27（6）：68-74.

［25］任文波，李雪静．渣油加氢技术应用现状及发展前景［J］．化工进展，2013，32（5）：1006-1013，1144.

［26］王红秋．我国炼油向化工转型现状与思考［J］．化工进展，2020，39（11）：4401-4407.

［27］辛靖，高杨，张海洪．劣质重油沸腾床加氢技术现状及研究进展［J］．无机盐工业，2018，50（6）：6-11.

［28］张甫，任颖，杨明，等．劣质重油加氢技术的工业应用及发展趋势［J］．现代化工，2019，39（6）：15-20.

［29］吴青．悬浮床加氢裂化——劣质重油直接深度高效转化技术［J］．炼油技术与工程，2014，44（2）：2-8.

［30］方向晨．国内外渣油加氢处理技术发展现状及分析［J］．化工进展，2011，30（1）：95-104.

［31］张庆军，刘文洁，王鑫，等．国外渣油加氢技术研究进展［J］．化工进展，2015，34（8）：2988-3002.

［32］王敏，徐奇轩．炼化一体化转型升级项目渣油加氢工艺路线比选［J］．齐鲁石油化工，2020，48（2）：169-175.

［33］宋官龙，赵德智，张志伟，等．渣油加氢工艺的现状及研究前景［J］．石化技术，2017（7）：1-3.

2 劣质重油的性质及分类

劣质重油主要是指稠油、超稠油、油砂沥青、天然沥青、页岩油、各种油品加工过程所得渣油以及煤焦油等。这些油品的重组分含量高，结构和组成复杂，密度、黏度和平均分子量大，含有大量的杂原子和非烃类化合物，轻质化难度高，是最难加工利用的油品，如何高效加工和利用劣质重油已成为油品加工领域的重点和难点。重质油加工的目的是根据它们的结构和组成特点，寻求合理的物理或化学方法将重质油转化成轻质清洁油品，因此，了解重质油的结构组成特性，对重质油的加工利用具有重要指导意义。

2.1 重质油性质

重质油是由各种烃类和非烃类组成的复杂混合物，其组成和性质不可能使用某一种或几种化合物的含量来表示，而是使用物理性质来表示。重质油的物理性质是指可以利用仪器测知或通过实验数据计算得到的性质，是组成重质油的各种化合物所表现出来的宏观综合性质，往往与其化学组成、结构及胶体特性等有着密切的联系，是评价重质油加工和利用性能的关键指标。由于重质油的组成不易测定，许多物理性质又不具有简单的可加性，所以物理性质往往需要采用规定的试验方法直接进行测定。

重质油物性测定是认识重质油的起点，可以使我们及时、准确地掌握重质油及其产品的性质。但需要注意的是，重质油是组成非常复杂的混合物，它的物性会随着外界条件的改变而变化。而且，重质油组成的复杂性和高温下易分解的特点，使直接测定重质油的物性，尤其是高温下的物性受到了许多限制。

2.1.1 重质油的结构和组成

重质油往往是由成千上万的平均分子量大、组成和结构复杂的化合物形成的复杂混合物，对于如此复杂的体系，除了少数生物标志化合物外，尚不能从单个组分的层次来研究其化学组成，目前主要采用元素组成、族组成及结构族组成等方法表示重质油的化学组成。

（1）元素组成

元素分析是评价重质油组成和性质的重要数据，也是计算其结构参数的基础数据。重质油主要由碳、氢、硫、氮、氧五种元素组成，除此以外，还含有种类繁多的微量元素，如镍、钒、铁、铜、钙等金属元素和氯等非金属元素。几种国内外减压渣油的元素组成数据见表 2-1。

表 2-1　国内外几种减压渣油的元素组成（质量分数）

渣油名称	C/%	H/%	S/%	N/%	O/%	H/C（摩尔比）
大庆	87.0	12.7	0.41	0.53	0.60	1.74
胜利	84.4	11.6	1.95	0.95	0.73	1.63
孤岛	86.5	10.8	2.86	1.18	1.05	1.49
单家寺	86.0	10.8	0.87	1.42	—	1.50
欢喜岭	86.3	10.7	0.57	0.88	—	1.48
新疆九区	86.7	11.7	0.45	0.79	—	1.61
阿拉伯（轻）	84.9	10.4	3.99	0.45	—	1.46
阿拉伯（重）	83.5	10.9	5.50	0.46	—	1.57
阿萨巴斯卡	82.9	10.5	4.89	0.44	—	1.51

常规原油的碳含量（质量分数，下同）一般为 84%～87%，氢含量为 11%～14%，其他元素（包括硫、氮、氧及金属等）含量之和一般小于 4%。而由表 2-1 可知，重质油的碳含量为 83%～87%，氢含量为 10%～12%，两者有着明显的区别。除此以外，重质油的硫、氮、金属含量也高于常规原油，这些杂原子的含量较高，对重质油的性质及加工过程影响非常大。

油品中氢和碳两种元素的质量比或摩尔比，称为氢碳比（H/C），一般多采用摩尔比来表示，是油品的重要化学组成特性。不同结构和分子大小烃类的氢原子数和碳原子数之比有一定差别，因此，氢碳比可以反映油品的轻重和结构组成，氢碳比越高，说明油品越轻或者油品中的饱和烃含量越高。因此，一般来说，轻质油的氢碳比高于重质油，石蜡基原油的氢碳比高于环烷基原油，重油和渣油的氢碳比低于对应的馏分油。

油品的氢碳比与其中烃类的化学结构和分子量大小有关，油品中含环状结构越多，氢碳比越小，尤其是含有多环芳香结构时，氢碳比显著变小，故在分子量接近时，氢碳比可以反映分子中所含环状结构尤其是芳香结构的多少，可以作为表征重质油化学组成、转化特性和分类的指标之一。氢碳比越高，油品的饱和度越高，二次加工性能越好。

硫是石油中的重要组成元素，在油品中以溶解的游离硫、硫化氢和含硫有机化合物（如硫醇、硫醚、二硫化物、噻吩及其衍生物等）等多种形式存在，可对油品的加工和使用过程带来诸多不利影响，如腐蚀设备、引起催化剂中毒、污染环境、影响油品使用性能等。重质油中的硫主要以噻吩及其同系物或硫桥键形式存在于芳香分、胶质和沥青质中，除此以外，还可与氧、氮和重金属等形成复杂化合物。

石油中的氮含量一般低于硫含量且绝大多数集中于渣油中，主要以吡咯类或吡啶类结构存在，而重油中的金属卟啉类化合物，是引起人们重视的一类复杂含氮化合物，对现代石油加工过程具有重要影响，是重质油加氢过程氮脱除率和金属脱除率低的重要影响因素。

石油中的氧均以有机化合物形式存在，馏分油中主要是以环烷酸为主的酸性氧化物，而重油中的氧多是集中在胶状沥青状物质中的复杂化合物，目前对于石油中含氧化合物来源及结构组成的研究较少。

除碳、氢、硫、氮、氧以外，石油中还含有大量的微量元素，含量一般为10^{-6}～10^{-9}数量级，主要以无机盐和金属有机化合物两种形式存在。石油中的微量元素含量与石油的属性有关，一般来说，密度较大的环烷基原油的微量元素含量较高。微量元素的含量虽少，但对石油加工过程，尤其是某些催化加工过程，具有很大的影响，因为微量元素是绝大多数油品加工催化剂的毒物。就世界范围来看，石油中含量较多且对油品加工过程影响较大的微量元素包括钒、镍、铁、铜、钙等。由于原油中95%以上的微量元素集中在减压渣油等重质馏分中，因此会对重质油二次加工过程，尤其是重油轻质化过程带来重要的不利影响。

（2）族组成

与其他石油馏分一样，重质油也是由各种烃类和非烃类化合物组成的复杂混合物，但其中的烷烃、环烷烃和芳香烃等烃类的含量明显低于馏分油，而非烃类化合物的含量高于馏分油。重质油的分子量在几百到一万以上，所含化合物中环烷环及芳香环数较多，杂原子含量高，所以不可能像轻质石油馏分一样采用单体组分的含量来表征其化学组成。

为了解重质油的化学组成和结构，可以采用溶剂分离或其他分离方法，将重质油分成化学组成或性质相近的几类组分，再分别测定其含量和性质，来阐述重质油的组成特性。化学性质或组成相近的一类组分，称为一族。

经常用于对重油进行族组成分离的方法有溶剂法和色谱法。溶剂法通过选用不同的溶剂对样品进行选择性抽提，分离为不同的组分。溶剂法的分离精确度不高，为克服溶剂法的不足，经常采用溶剂法和液相色谱相结合的分离方法，即先采用溶剂抽提将重质油分离为可溶质和沥青质，再采用液相色谱法按照可溶质中组分的极性不同，使用不同的溶剂将其分离为饱和分、芳香分和胶质，此即常说的四组分方法，是目前使用最多的重油族组成分析方法，其分离流程见图 2-1。首先按照 1g 试样 50mL 正庚烷（或正戊烷）溶剂的比例，将重质油分离为可溶质与沥青质，然后在含水量为 1%的中性氧化铝吸附柱上，依次使用正庚烷、甲苯、体积比为 1∶1 的甲苯与乙醇混合溶剂冲洗可溶质，分别得到饱和分、芳香分和胶质。为更详细地了解重质油的化学组成，也可以采用其他溶剂将芳香分和胶质分离为更细的亚组分，如将芳香分进一步分离为轻芳烃、中芳烃和重芳烃，将胶质进一步分离为轻胶质、中胶质和重胶质等。

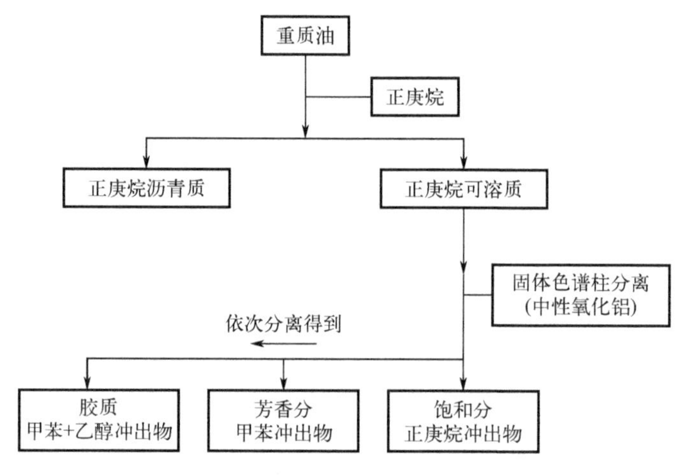

图 2-1　重质油四组分分离流程

重质油的饱和分主要是由正构烷烃、异构烷烃、环烷烃及其衍生物组成。饱和分在各组分中的氢含量最高，氢碳比在 2.0 左右，且基本不含硫等杂原子，二次加工性能好，是适宜的裂化原料。不同重质油的饱和分含量差别很大，我国原油多属于石蜡基原油，重质油中的饱和分含量较高。

芳香分主要包括单环芳烃、双环芳烃和稠环芳烃及少部分非烃类化合物，而且芳香环上往往含有数量和长短不一的烷基侧链，氢碳比一般在 1.5～1.7。芳香环的化学性质稳定，芳香分在二次加工过程中主要发生断侧链、氢转移和脱氢缩合等反应。除此以外，芳香分中还含有一部分含硫、氮等杂原子的非烃类化合物。重质油的芳香分含量与原油类别有关，不同来源重质油的芳烃含量及其类型也不同，如环烷基减渣的芳香分含量高达50%，而石蜡基减渣的芳香分含量较低。

胶质又称树脂，是重质油中分子量仅次于沥青质的组分，是极性较强的芳香烃和非烃类化合物的混合物，氢碳比在1.4～1.5左右，每个分子中平均含有1.5～2个氮原子，以及一定数量的氧原子和硫原子。胶质在一定条件下可以裂化为分子量较小的组分，因此，如何利用好胶质，使之转化成轻质油品，是重质油加工的关键。

石油中不溶于低分子量正构烷烃而溶于热苯的组分称为沥青质，是石油中分子量最大、结构最复杂、含杂原子最多和极性最高的组分，一般为黑褐色到黑色的无定形固体，氢碳比在1.1～1.3左右。沥青质是重质油加工过程中最主要的生焦前驱物，易于发生脱氢缩合反应生成焦炭，如某些工艺过程中，沥青质的生焦率可达35%～45%，是重质油加工的难点。

重质油中的胶质和沥青质都是由“以稠合的芳香环系为核心且合并若干个环烷环，在芳香环和环烷环上带有若干个长度不等的烷基侧链，在分子中还夹杂有各种含硫、氮、氧的杂原子基团，并配合有镍、钒、铁等金属的结构单元”组成。胶质的结构单元数较少，一般为1～3个，而沥青质的结构单元数较多，一般为4～6个，但研究认为组成胶质与沥青质的结构单元的分子量差别并不大，一般为800～1200。

重质油的四组分中，饱和分主要由烃类组成，芳香分基本上也属于烃类，但也混有一部分含硫、氮的杂环化合物，而胶质和沥青质则完全由非烃类化合物组成。总体来看，由饱和分、芳香分、胶质到沥青质，杂原子含量逐渐增加，氢碳比则逐渐降低。表2-2为几种国内外减压渣油的四组分分析结果，由表2-2中数据可知，不同来源渣油的四组分含量差别非常大。对我国原油的减压渣油来说，饱和分的含量差别比较大，含量范围从15%左右一直到接近50%，可相差三倍之多；芳香分的含量一般在30%左右；胶质的含量较高，一般在40%～50%；而庚烷沥青质的含量普遍偏低，一般小于3%。

表2-2 几种国内外减压渣油的四组分分析结果（质量分数）

渣油名称	饱和分/%	芳香分/%	胶质/%	庚烷沥青质/%	戊烷沥青质/%
大庆	40.8	32.2	26.9	<0.1	0.4
胜利	19.5	32.4	47.9	0.2	13.7
孤岛	15.7	33.0	48.5	2.8	11.3
单家寺	17.1	27.0	53.5	2.4	17.0
欢喜岭	28.7	35.0	33.6	2.7	12.6

续表

渣油名称	饱和分/%	芳香分/%	胶质/%	庚烷沥青质/%	戊烷沥青质/%
新疆九区	28.2	26.9	44.8	<0.1	8.5
阿拉伯（轻）	21.0	54.7	13.2	6.8	11.1
卡夫奇	13.3	50.8	13.3	13.6	22.6
米纳斯	46.8	28.8	12.2	1.8	12.2

对于重质油的族组成分析，虽然目前我国的四组分分析方法基本统一，但国际上并没有统一的方法。因此，不同文献所载的重质油组成数据往往不能直接进行对比，尤其是对于某些国外原油的数据。而且，由于重质油的四组分之间往往有组分重叠，相互重叠的程度不仅取决于所使用的分析方法，还与油样的组成及其中化合物的类型和含量等有关。此外，四组分分析过程中往往有一定的损失，主要是吸附柱上残留有部分强极性的重组分，也会对分析结果产生一定影响。

除色谱柱以外，也可以采用分子蒸馏、热扩散、尿素分离、离子交换树脂等方法将可溶质分离为不同的组分，但不同方法所得组分的数量及组成往往有区别。

（3）结构族组成

由于重质油中含有的分子种类和数目繁多，且随着平均分子量的增加，分子结构更加复杂，同一个分子中往往同时含有芳香环、环烷环以及相当数目和长度的烷基侧链，很难用族组成的概念来准确地描述这类化合物究竟是属于烷烃族，还是环烷族或芳香族，因此，人们又提出了结构族组成的概念来描述这一类复杂的混合烃结构。

对于烃类或重质油，不管其烃类结构和组成多么复杂，都可以将其视为由烷基、环烷基和芳香基这三种基本结构单元组成。结构族组成就是采用复杂分子或其混合物中这些结构单元的含量来表示其组成，而不考虑这些结构单元的结合方式。简单来说，可以认为重质油是由烷基侧链、环烷环和芳香环这三种结构单元组成的复杂分子，采用烷基碳分数 f_P（烷基侧链上碳原子占总碳原子的分数）、环烷碳分数 f_N（环烷环上碳原子占总碳原子的分数）和芳香碳分数 f_A（芳香环上碳原子占总碳原子的分数）表示这三种结构单元在平均分子中所占的份额，再加上平均分子的总环数 R_T、芳香环数 R_A 和环烷环数 R_N 等（有时也可以增加其他结构参数）参数来描述重质油的分子结构。这一系列表征重质油平均分子结构的参数即为结构参数。

如对于化合物 $-C_{10}H_{21}$ 来说，可以认为是由芳香环、环烷环和烷基侧

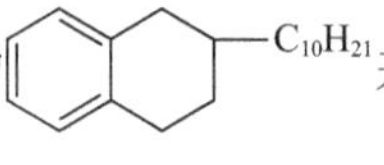

链三种结构单元组成的，分子中各种结构单元所占的分数为：

$$f_A = 6/20 = 0.30$$

$$f_N = 4/20 = 0.20$$

$$f_P = 10/20 = 0.50$$

除上述三种碳原子所占总碳原子的分数外，还需要用以下三个与环数有关的结构参数来进一步描述分子的结构：

分子中的总环数 $R_T = 2$

分子中芳香环数 $R_A = 1$

分子中环烷环数 $R_N = 1$

采用上述六个结构参数，即 f_A、f_N、f_P、R_T、R_A、R_N 即可对该烃分子的结构进行描述。对于烃类混合物，同样可以采用以上六个参数描述其平均结构，只是要将整个混合物当作一个平均分子看待，如由以下三个化合物按照 1∶1∶1 构成的混合物：

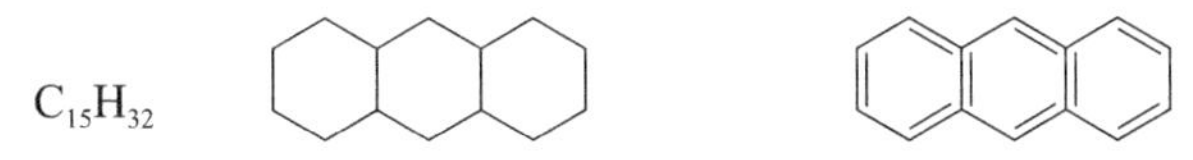

则该混合物可以看成是由具有下列结构参数的平均分子所组成，其中 f_A 为 0.326，f_N 为 0.326，f_P 为 0.348，R_T 为 2.0，R_A 为 1.0，R_N 为 1.0。

重质油的烃类组成也可以采用这种方法表示，只是重质油是由各类分子组成的复杂混合物，其中所包含的化合物种类繁多，要想知道重质油中究竟包含了哪些化合物十分困难，处理方法是将重质油设想为一个平均的大分子，此时的 f_A、f_N、f_P、R_T、R_A、R_N 是对重质油平均分子而言的，而且，平均分子结构的环数也往往不再是整数。

若要测定重质油的结构参数，一般需在严格控制的反应条件下对油样进行选择性加氢，使油样中的芳香环全部饱和为环烷环，而不能发生任何 C—C 键断裂，然后根据油样的平均分子量及加氢前后的碳、氢元素组成，求得加氢前后的平均分子式，从而计算出重质油的平均结构参数。这种直接测定重质油平均结构参数的方法耗时太多且操作条件要求苛刻，不是一般实验室所能达到的，所以无法用于日常分析。

重质油结构参数的获取，通常是运用一些现代分析表征方法测定其物性参数，然后借助这些物性参数，通过一定的方法计算其结构参数来表征重质油的平均分子结构。研究发现，石油的某些物理性质，如密度、黏度、折射率等与其烃类的结构和组成有关，如在各种不同烃类中，芳香烃的密度和折射率最大，且随着分子中芳香环数的增加而增加，而烷烃的密度和折射率最小，环烷烃介于二者之间。因此，烃类分子的结构单元组成与烃类及其混合物的物理性质之间存在一定的关系，通过测定油品的物理性质可以间接获得石油馏分的结构族组成。在此基础上，提出了一系列利用重质油物理性质关联其结构族组成的方法，其中使用最多的是 *n-d-M* 法，即利用折射率（n）、密度（d）和平均分子量（M）关联得到油品的结构族组成参数，但该法只适用于中、高沸点馏分，对于重质油，由于环数以及杂原子较多，已超出该方法的适用范围，*n-d-M* 法不适用于重质油结构族组成参数的计算。

对于重质油，通常使用密度法来测定其结构参数。在分子量相近的情况下，不同烃类的密度不同，因而可以用密度来关联重质油的化学结构。在关联中，引入了一个参数 M_C，即以每个碳原子计的平均分子量。

$$M_C=\frac{M}{C_T}$$

将参数 M_C 再除以密度，则表示化合物中每个碳原子所占有的摩尔体积。

$$\frac{M_C}{d}=\frac{M}{C_T d}$$

对不同结构的烃，每个碳原子所占有的摩尔体积不同，一般来说，芳香烃的分子结构最紧凑，M_C/d 值最小，而链状烃的分子最不紧凑，M_C/d 值最大。由于重质油中一般都含有杂原子，需对 M_C/d 进行杂原子校正，经验校正式为：

$$\left(\frac{M_C}{d}\right)_C=\frac{M_C}{d}-0.6\times\left(\frac{100-\%C-\%H}{\%C}\right)$$

式中　C——对杂原子进行校正后碳原子的摩尔体积；

%C、%H——C、H 原子的质量分数。

假定油品平均分子结构中的环系为渺位缩合，环烷环均为六元环并与芳香环合并，则可以通过以下公式计算重质油的结构参数。

$$f_A=0.09\left(\frac{M_C}{d}\right)_C-1.15(H/C)+0.77$$

$$C_T=\frac{C\%\times M}{12}$$

$$C_A=C_T\times f_A$$

$$R_A=\frac{C_A-2}{4}$$

$$R_T=C_T+1-\frac{H_T}{2}-\frac{C_A}{2}$$

$$R_A=R_T-R_N$$

$$C_N=4R_N$$

$$C_P=C_T-C_A-C_N$$

$$CI=2-H/C-f_A=\frac{2(R_T-1)}{C_T}$$

式中 C_T，C_A，C_N，C_P，H_T——平均分子中的总碳数，芳香碳数，环烷碳数，烷基碳数和总氢数；

R_T，R_A，R_N——平均分子中的总环数，芳香环数和环烷环数；

M——平均分子量；

d——20℃重质油的密度与4℃水的密度的比值；

f_A——重质油的芳碳分数；

H/C——重质油的氢碳摩尔比；

CI——缩合指数，表示重质油平均分子中环状结构的状况，其值越大，缩合程度越高。

密度法一般适用于计算芳碳分数 f_A 在 0.23～0.34 之间的样品。除了密度法以外，借助于重质油的核磁共振分析结果，还可以采用 Brown-Ladner（B-L）法或改进 B-L 法计算重质油的结构参数。

2.1.2 重质油的沸点范围

如前所述，重油并不是一个严格的范畴，所以不同来源重质油的沸点范围存在着较大差别。通常对于重质油中的渣油类来说，一般是指沸点范围至少大于 350℃的馏分，也即常说的常压渣油或者减压渣油。

油品的沸点范围可以采用实沸点蒸馏进行测定，实沸点蒸馏是一种间歇式蒸馏方法。将石油及其产品放入蒸馏釜内加热，达到一定温度后，油品中的轻组分首先汽化并进入蒸馏釜上部的精馏柱内进行分离，得到最轻的馏分，随着时间的推进，蒸馏温度逐渐升高，油品中较重的组分依次被分离出来并被收集得到不同的馏分。所以实沸点蒸馏过程是按照组分沸点的高低（也可以说是分子量的大小）得到不同馏分的，不同馏分的收率与沸点的关系即为实沸点蒸馏曲线，可以反映油品的沸点范围。

对于石油中沸点＞350℃的组分，如果再在常压下进行蒸馏就会因为高温而发生分解反应，所以不能采用常规方法直接测定其常压下的沸点范围。实验室中一般可采用实沸点减压蒸馏进一步分馏其中的高沸点馏分，如国内实验室中在常压蒸馏后，先是在残压为 1.33kPa（10mmHg）左右的减压条件下进行蒸馏，切取常压沸点范围在 200℃ 到 425℃ 的各个馏分；再在小于 0.667kPa（5mmHg）的残压、不用精馏柱的减压条件下（通常称为克氏蒸馏），切取常压下沸点范围在 395℃到约 500℃的各个馏分，蒸馏釜内剩余得到 500℃以上的渣油，从而得到常压渣油的蒸馏数据。石油馏分减压条件下的沸点范围和常压当量沸点范围，可以借助于有关图表进行关联换算。

即使采用实沸点减压蒸馏分离重质油，通常也只能蒸出＜540℃的馏分，再进一步了解更重油品的馏程状况，就需要采用短程蒸馏（又称为分子蒸馏）。短程蒸馏是在高真空度、短蒸发面与冷凝面距离、短停留时间条件下，在保证样品不发生裂解的情况下，将样品蒸至常压当量沸点约700℃。由于短程蒸馏不是沸腾与冷凝的平衡过程，所以不能得到实际沸点，只是一种模拟蒸馏方法。

气相色谱模拟蒸馏已成为测定油品沸点范围的标准方法之一。因为该方法一般是以一系列分子量较大的正构烷烃作为标样来进行标定分析的，因此，标定曲线与无取代基的多环芳烃及非烃化合物的沸点有一定的偏差。采用气相色谱模拟蒸馏测定重质油的沸点范围，当色谱柱温达到430℃时，可以测至常压当量沸点约为800℃。气相色谱模拟蒸馏的不足是不能得到蒸馏样品，无法测定各馏分的组成和性质。

减压热重法也是一种可以测定重质油高沸点组分的模拟方法。该方法是将15mg重质油试样放入样品室内，抽压至30～70Pa，然后以5℃/min的速度由室温升至400℃。通过系列正构烷烃及聚乙烯组分进行标定，由升温过程中的质量变化关联得到重质油的常压当量沸点。该方法因为试样在高温下的停留时间很短，分解很少。

图2-2为几种常压渣油的常压当量沸点与累积收率曲线的关系，由图2-2可知，这些曲线比较平滑，表明重质油的馏分组成是连续的。

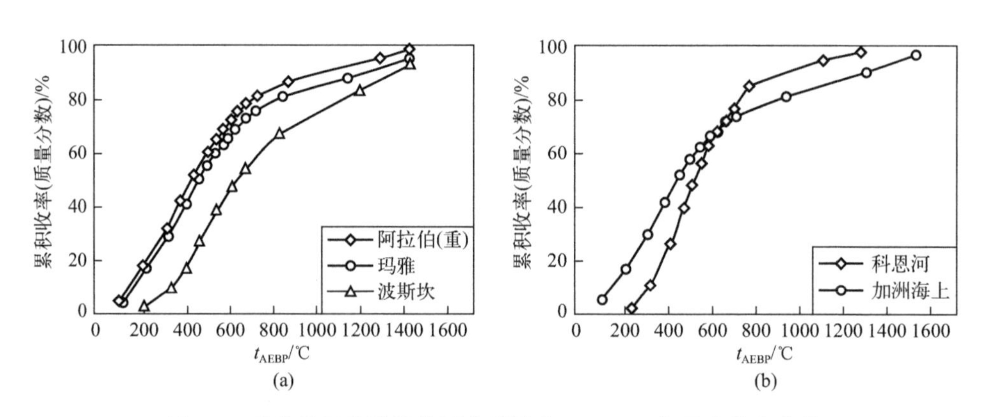

图2-2 几种常压渣油的常压当量沸点（t_{AEBP}）与累积收率曲线

利用低分子量烷烃（丙烷、丁烷或正戊烷）作为溶剂，超临界条件下可以在较低温度时最高将常压渣油中90%的馏分萃取出来，对所得窄馏分进行物性及反应性能测定，结果显示，超临界流体萃取可以按照平均分子量大小及沸点高低对重质油进行很好的分离，以超临界流体萃取窄馏分最易得到的物性或组成数据与对应收率下高真空减压蒸馏馏分的常压当量沸点数据进行关联，可以得到以下关联式。

$$t_b = 85.66\, d^{0.2082} M^{0.3547}$$

$$t_b = 70.13\, n^{0.3067} M^{0.3644}$$

$$t_b = M^{0.3777}(0.7269W_S + 0.8211W_A + 0.4450W_R)$$

式中 t_b——窄馏分的平均沸点（质量分数 50%的馏出温度），℃；

d——20℃馏分的相对密度；

M——平均分子量；

n——70℃下的折射率；

W_S，W_A，W_R——窄馏分的饱和分、芳香分及胶质的质量分数，%。

利用这些关联式，可以预测重质油及其窄馏分的平均沸点，并将蒸馏曲线延伸至 800℃左右。

2.1.3 重质油的密度及组成特性参数

密度是重质油的重要物理性质，它表示单位体积油品在真空中的质量，单位为 kg/m^3 或 g/cm^3。由于油品的体积随着温度的升高而增大，密度随之变小，故密度应标明测定温度。我国规定油品在 20℃时密度为标准密度，用 ρ_{20} 表示。

相对密度是指油品在一定温度时的密度与规定条件下水的密度之比，通常以 4℃水的密度为基准，用 d_4^t 表示。我国常用的相对密度是 d_4^{20}，对于重质油也可以采用 d_4^{70}，而欧美各国则常用 $d_{15.6}^{15.6}$ 来表示。另外，欧美各国还常用比重指数（又称 API 度）来表示油品密度的大小，比重指数与相对密度具有如下换算关系：

$$\text{API 度} = \frac{141.5}{d_{15.6}^{15.6}} - 131.5$$

由定义式可见，油品的 API 度与密度呈反比关系，API 度越小，表示其密度或相对密度越大。

表 2-3 为几种国内外原油渣油的密度数据。由此可见，渣油的相对密度一般在 0.9～1.0 之间，对应的 API 度范围一般为 25°～10°，少数渣油的相对密度大于 1.0，API 度小于 10°，甚至个别减压渣油（如新疆轮南原油）的相对密度非常大，API 度甚至是负值。

表 2-3　部分国内外原油渣油的密度数据

原油名称	沸点范围/℃	相对密度	API度/(°)
大庆	＞350	0.8959	25.8
	＞500	0.9221	21.3
胜利	＞350	0.9448	16.8
	＞500	0.9732	13.0
孤岛	＞350	0.9786	12.1
	＞500	1.0020	8.7
大港	＞350	0.9314	19.7
	＞500	0.9536	16.0
新疆九区	＞350	0.9412	18.2
	＞500	0.9836	11.4
新疆轮南	＞350	0.9721	13.1
	＞500	1.0902	−1.7
波斯坎	＞343	1.0269	6.3
	＞538	1.0599	2.0
玛雅	＞343	1.0086	8.8
	＞538	1.0575	2.3
阿拉伯（重）	＞343	0.9820	12.6
	＞538	1.0351	5.2
阿塔蒙脱	＞343	0.8473	35.5
	＞538	0.8729	30.6

注：表中国产原油的相对密度是 d_4^{20}，国外原油的相对密度是 $d_{15.6}^{15.6}$。

表 2-4 为几种国内外原油的减压渣油采用超临界流体萃取所得不同窄馏分的相对密度数据，由表 2-4 中数据可知，窄馏分的相对密度按照馏出顺序依次增大。

表 2-4　部分国内外原油减压渣油的超临界流体萃取窄馏分相对密度（d_4^{20}）

馏分编号	大庆	胜利	孤岛	大港	阿拉伯	阿曼
原料	0.9392	0.9724	0.9945	0.9790	1.0045	0.9637
1	0.9076	0.9254	0.9341	0.9237	0.9426	0.9161
2	0.9058	0.9291	0.9409	0.9247	0.9403	0.9181

续表

馏分编号	大庆	胜利	孤岛	大港	阿拉伯	阿曼
3	0.9083	0.9344	0.9433	0.9273	0.9437	0.9195
4	0.9111	0.9391	0.9480	0.9302	0.9495	0.9210
5	0.9134	0.9420	0.9513	0.9333	0.9524	0.9272
6	0.9150	0.9475	0.9545	0.9353	0.9588	0.9332
7	0.9172	0.9258	0.9597	0.9385	0.9640	0.9346
8	0.9190	0.9587	0.9645	0.9421	0.9695	0.9384
9	0.9205	0.9643	0.9687	0.9450	0.9762	0.9415
10	0.9231	0.9727	0.9761	0.9494	0.9826	0.9477
11	0.9256	0.9788	0.9835	0.9538	0.9895	0.9526
12	0.9286	0.9868	0.9920	0.9586	0.9979	0.9553
13	0.9320	0.9908	1.0008	0.9672	1.0087	0.9639
14	0.9371	1.0002	1.0086	0.9759	1.0219	0.9736
15	0.9430	—	1.1085	0.9878	1.0356	0.9838
16	0.9500	—	—	1.0009	1.0533	1.0024
17	0.9654	—	—	—	—	—

组成石油的各种烃类具有不同的密度，相对密度与烃类分子的结构有关，如当分子中碳原子数相同时，各族烃类中芳香烃的密度最大，环烷烃次之，烷烃的密度最小，原因是芳香烃的芳香环中碳与碳之间的化学键最短，结构最紧凑，按每个碳原子计的分子体积最小，所以相对密度最大。而对于结构相似的烃类来说，密度随分子质量的增加而增大。因此，重质油的化学组成对密度有重要影响。

由表 2-3 可以看出，对于相同沸点范围的渣油来说，环烷基原油渣油的相对密度较大（如波斯坎、玛雅渣油），一般均大于 1.0，原因就是环烷基原油中芳香烃和环烷烃的含量较高；而石蜡基原油渣油的相对密度较小（如大庆、阿塔蒙脱渣油），一般均小于 1.0，因为石蜡基原油中的链状结构较多。因此，相对密度可大体判断重质油的基属和化学组成。

由表 2-3 和表 2-4 可以看出，重质油馏分的密度还随着沸点的升高和平均分子量的增加而增加，原因与不同烃类在石油各馏分中的分布规律有关。研究表明，随着石油馏分沸点的升高，芳香烃的含量增加，烷烃的含量降低，因此较重馏分中含有更多的芳香烃，尤其是各种蒸馏过程的残渣油，还集中了原料中大部分的胶质和所有的沥青质，所以相对密度非常大。

密度除了可以直接用于表征重质油的化学组成以外，也是计算重质油结构参数的重要基础数据，一些以密度为依据导出的参数，可以更好地用于表征重质油的化学组成，常用的有特性因数、特征化参数和黏重常数等。

特性因数（又称 UOP K 值或 Watson K 值）是由油品的相对密度和平均沸点导出的表征油品化学组成并对油品进行分类的重要指标之一，定义式为：

$$K=1.216\frac{T^{1/3}}{d_{15.6}^{15.6}}$$

式中　K——特性因数；

T——油品的平均沸点，K；

$d_{15.6}^{15.6}$——油品的相对密度。

由上式可知，在平均沸点相近时，油品的 K 值取决于相对密度，相对密度越大，则 K 值越小。对于分子量相近的不同烃类，相对密度大小具有芳香烃＞环烷烃＞烷烃的顺序，所以当油品中所含烃类结构不同时，也会影响到其相对密度及 K 值。K 值是表征油品化学组成的重要参数。对于相同沸点范围的油品来说，K 值较小油品的芳香烃含量较高，K 值较大，则烷烃含量较多。但对于含有大量芳香烃及胶状沥青状物质的重质油来说，K 值并不能准确表征其化学属性。

中国石油大学重质油国家重点实验室在大量研究的基础上，提出了使用较易测定的性质表征重质油化学组成特性的特征化参数，其定义式为：

$$K_{\mathrm{H}}=10\times\frac{\mathrm{H/C}}{M^{0.1236}\rho_{20}}$$

式中　H/C——油品的氢碳原子数比；

M——平均分子量；

ρ_{20}——20℃时的密度，kg/m^3。

特征化参数K_{H}能够较好地表征重质油的化学组成，尤其可以较好地表征重质油的二次加工性能，如可以根据重质油 K_{H} 的大小，将其二次加工性能划分为三类：

第一类：$K_{\mathrm{H}}>7.5$，二次加工性能好。

第二类：$6.5<K_{\mathrm{H}}<7.5$，二次加工性能中等。

第三类：$K_{\mathrm{H}}<6.5$，二次加工性能差。

相关指数 BMCI（即美国矿务局相关指数）也是一个表征重质油化学组成的指标，可以由油品的相对密度和沸点计算，定义式为：

$$\mathrm{BMCI}=\frac{48640}{t_V+273}+437.7\times d_{15.6}^{15.6}-456.8$$

式中　t_V——油品的体积平均沸点，℃。

研究表明，正构烷烃的相关指数最小，近似为0，芳香烃的相关指数最大，如苯的相关指数约为100。因此，重质油的相关指数越大，表明其芳香性越强，相关指数越小，表明其石蜡性越强。但重质油的平均沸点不易得到。

利用重质油的相对密度和黏度计算所得黏重常数（VGC），也可用于表征重质油的化学组成特性，其定义为：

$$\mathrm{VGC}=\frac{10d_{15.6}^{15.6}-1.0752\lg(v_{37.8}-38)}{10-\lg(v_{37.8}-38)}$$

式中　$v_{37.8}$——油品37.8℃的赛波特黏度，s。

研究表明，烷烃的黏重常数较小，而芳香烃的黏重常数较大。

2.1.4　重质油的黏度

黏度是表征流体分子间发生相对运动时，因分子间摩擦而产生的内部阻力大小。黏度是评价重质油流动性能的重要指标。

对于黏度不大的重质油，可以采用逆流式毛细管黏度计测定其运动黏度 v，单位是 m^2/s；常用 mm^2/s；而对于黏度很大的重质油，只能使用旋转黏度计测定其动力黏度 η，单位是 Pa·s。运动黏度和动力黏度之间具有如下换算关系：

$$v=\frac{\eta}{\rho}$$

式中　ρ——密度。

液体的黏度随着压力的升高而增加，随着温度的升高而减小，油品的黏度与温度的关系，可用下式表示：

$$\lg\lg(v+a)=b+m\lg T$$

式中　T——绝对温度，K；

a，b，m——随油品性质而异的经验常数。

对于重质油，a 值可取0.7；根据实际测定的两个温度下油品的运动黏度可以计算得到 b 和 m，然后即可计算出油品在任意温度下的黏度。但需注意，如果外延过大，计算误差也有可能较大。

黏度既然是反映流体内部分子间摩擦力的参数，必然与分子的大小及结构有关。一般来说，同族烃类的分子量越大，黏度也越大；而当分子量相近时，分子中具有环状结构烃类的黏度大于链状结构的烃类，且分子中的环数越多，黏度也越大。所以可以把液体分子中的环状结构看作是黏度的载体，液体的黏度包含了它的分子结构信息。

表2-5列出了几种国内外渣油的运动黏度。由表2-5可知，不同来源渣油的

运动黏度差别较大，石蜡基原油渣油的黏度较小，而环烷基原油渣油的黏度较大，如大庆减渣 100℃的运动黏度仅为 106mm²/s，而孤岛减渣 100 的运动黏度却高达 1403mm²/s，两者相差十余倍。

表 2-5 国内外几种渣油的运动黏度

原油种类	常压渣油运动黏度/（mm²/s）		减压渣油运动黏度/（mm²/s）	
	80℃	100℃	80℃	100℃
大庆	48.8	28.9	256	106
胜利	200.4	85.7	4014	1036
孤岛	—	171.9	5165	1403
大港	74.6	38.3	2009	603.5
伊朗（轻）	—	—	—	1678
伊朗（重）	—	—	—	1700

表 2-6 为国内外几种减压渣油超临界流体萃取窄馏分的动力黏度，由表 2-6 可知，随着馏分变重，平均分子量增加，分子中的环状结构增多，环系的稠合程度也增加，馏分的黏度逐渐增加，尤其是后面几个重馏分的黏度，比轻馏分的黏度要大 2～4 个数量级。

表 2-6 几种国内外减压渣油的超临界流体萃取窄馏分动力黏度

单位：mPa·s

馏分编号	大庆	胜利	孤岛	大港	阿拉伯	阿曼
原料	5852	—	18893	—	9722	2392
1	45.0	35.3	—	45.2	80.4	54.1
2	57.4	64.9	63	77.1	106	80.0
3	69.5	89.7	138	94.4	140	111
4	81	136	154	139	188	135
5	97	188	191	166	227	178
6	115	284	257	205	306	210
7	139	402	413	275	438	290
8	162	593	613	284	606	393
9	189	1072	905	332	877	537
10	224	2155	1525	461	1361	828
11	268	5041	3011	522	2528	1164

续表

馏分编号	大庆	胜利	孤岛	大港	阿拉伯	阿曼
12	340	12430	7888	950	4659	1395
13	462	—	28862	1382	12550	3538
14	749	244620	125000	5052	47050	4142
15	1256	—	—	25846	—	14623
16	2933	—	—	243000	—	—
17	14240	—	—	—	—	—

重质油中含有大量具有环状结构的烃类和胶状沥青状物质，黏度非常大，流动性较差，对于重质油的输送和加工过程具有重要影响。

2.1.5 重质油的平均分子量

分子量是关联重质油物性、研究重质油化学组成及炼油装置设计计算中必不可少的原始基础数据，但重质油是由分子量从几百到上万的众多化合物组成的复杂混合物，没有固定的分子量，通常用一定方法统计得到的平均分子量表示其分子量大小。

平均分子量是重质油的重要物性参数，常用的有数均分子量和重均分子量两种。应用最广泛的是数均分子量，即体系中具有各种分子量分子的摩尔分数与其对应的分子量的乘积之和，也就是体系的质量除以所含各类分子的物质的量之和得到的平均分子量。而重均分子量则是体系中具有各种分子量分子的质量分数与其对应的分子量的乘积之和。由定义可知，对于同一个重质油，其数均和重均分子量是不同的，大多数时候，重均分子量要大于数均分子量。

重质油的数均分子量，可以依据溶液的依数性，采用冰点降低法、沸点升高法、蒸气压渗透法和渗透压法等测定，目前使用最多的是冰点降低法和蒸气压渗透法（VPO 法）。

重质油是一个分子量分布范围很宽的多分散体系，各组分的分子量一般在500～10000之间。表 2-7 中是以苯为溶剂，在 45℃下测得的重质油及其组分的数均分子量。由表 2-7 可见，几种渣油的数均分子量比较接近，均略大于 1000。渣油各组分的数均分子量则按照饱和分、芳香分、胶质和沥青质的顺序依次增大。

表 2-7 重质油及其组分的数均分子量

样品	减压渣油	饱和分	芳香分	胶质	戊烷沥青质	庚烷沥青质
大庆	1120	880	1080	1780	—	—

续表

样品	减压渣油	饱和分	芳香分	胶质	戊烷沥青质	庚烷沥青质
胜利	1080	650	850	1730	3720	5010
孤岛	1030	710	760	1380	3960	5620
大港	—	—	670	1470	—	—
欢喜岭	1030	580	640	1070	—	6660
新疆九区	1340	—	—	1810	2620	—

表 2-8 为几种减压渣油的超临界流体萃取窄馏分的数均分子量。由表 2-8 中数据可知，随着萃取深度增加，窄馏分的数均分子量逐渐增加，大多数在 500～1500 之间。残渣馏分的数均分子量非常高，约为 2500～8000，与胶质和沥青质的分子量相似，说明残渣油主要是由非烃类的胶质和沥青质组成。

表 2-8　减压渣油超临界流体萃取窄馏分的数均分子量

馏分编号	大庆	胜利	孤岛	大港	阿拉伯	阿曼
原料	1050	970	970	1080	800	980
1	640	510	460	500	500	530
2	690	490	560	560	660	570
3	760	540	610	610	590	540
4	820	550	640	660	660	—
5	900	580	670	710	710	580
6	910	630	710	760	710	670
7	970	660	760	800	700	690
8	1020	680	800	850	710	860
9	1020	760	820	910	710	850
10	990	840	920	950	720	830
11	1070	940	940	1010	750	960
12	1120	1070	1070	1050	780	990
13	1220	1220	1280	1110	790	1140
14	1400	1390	1430	1150	860	1150
15	1540	—	1680	1310	910	1150
16	1700	—	—	1480	—	1470
17	2140	—	—	—	—	—
残渣	2460	5520	5550	7640	3000	5680

除采用实验方法测定外，重质油的平均分子量还可以利用密度、特性因数、黏度、平均沸点等物性参数通过经验关联式计算得到。

2.1.6　重质油的残炭

重质油中含有大量胶状沥青状等稠合芳香环系物质，在加工过程中很容易发生脱氢缩合反应生成焦炭，重质油的生焦倾向一般可用残炭来表示。根据测定方法不同，残炭有康氏残炭（CCR）、兰氏残炭（RCR）和微量残炭（MCR）三种。

残炭是重质油加工过程中的重要生焦前驱物，残炭与生焦量有很好的关联性。重质油的残炭与化学组成和结构有密切关系，一般环烷基重质油的残炭高于石蜡基重质油，随重质油馏程变重，残炭升高，尤其是重质油中的沥青质，是残炭的重要来源。表 2-9 为国内外几种渣油的残炭，由表 2-9 可知，常压渣油的残炭低于对应减压渣油的残炭，环烷基渣油的残炭较大，而石蜡基渣油的残炭较低。一般减压渣油的残炭多在 7%～20%之间，但一些重质原油减压渣油的残炭可高达 30%。

表 2-9　几种渣油的残炭（质量分数）

样品名称	原油基属	>350℃常压渣油残炭/%	>500℃减压渣油残炭/%
大庆	石蜡基	1.5	8.1
胜利	中间基	6.5	10.6
孤岛	环烷-中间基	10.0	16.2
大港	中间基	7.6	13.7
欢喜岭	环烷基	8.8	16.9
阿拉伯（轻）	—	8.2	19.9
阿曼	—	—	13.8

表 2-10 为几种减压渣油超临界流体萃取窄馏分的兰氏残炭（RCR），随着萃取深度增加，馏分变重，馏分的芳香性增强，残炭也相应逐渐增大。表 2-10 中几个减压渣油的超临界流体萃取残渣油的残炭均在 35%以上，而由上述可知，残渣油主要是由胶质和沥青质组成，由此可见，渣油中的胶状沥青状物质是残炭的主要来源。

表 2-10　几种减压渣油超临界流体萃取窄馏分的兰氏残炭（质量分数）

馏分编号	大庆/%	胜利/%	孤岛/%	大港/%	阿拉伯/%	阿曼/%
原料	8.2	16.0	15.6	16.3	19.9	13.8

续表

馏分编号	大庆/%	胜利/%	孤岛/%	大港/%	阿拉伯/%	阿曼/%
1	1.1	1.2	1.4	1.4	2.7	1.4
2	1.2	1.5	2.4	2.0	2.7	2.0
3	1.4	2.3	2.5	1.8	3.3	2.2
4	1.8	2.8	3.2	2.2	4.5	2.9
5	2.0	3.5	3.6	2.6	4.7	3.3
6	2.2	4.6	4.1	3.3	5.0	4.0
7	2.4	5.3	5.1	4.0	6.4	4.9
8	2.7	6.0	5.9	4.6	8.0	5.9
9	2.9	8.2	7.3	4.9	9.2	6.3
10	3.3	8.7	8.7	5.5	10.5	6.8
11	3.3	9.8	10.0	7.4	11.3	8.0
12	3.7	14.8	12.6	8.7	12.4	9.1
13	4.9	16.9	15.2	9.7	16.5	11.1
14	6.0	20.4	18.4	12.5	19.9	13.3
15	7.7	—	21.2	16.1	25.6	17.6
16	10.0	—	—	21.3	30.1	24.0
17	14.8	—	—	—	—	—
残渣	40.3	—	35.8	45.3	54.6	47.9

残炭主要与油样的芳香性有关，而氢碳比可以很好地反映重质油中芳香结构的多少以及芳香环系稠合程度的高低，所以，重质油的残炭与氢碳比之间存在着一定的对应关系。氢碳比较小，表明重质油中所含芳香结构较多，且芳香环系的稠合程度较高，残炭较大，生焦倾向也较大。

对我国减压渣油的研究表明，重质油的兰氏残炭和 H/C 的关系可以近似用下式表示：

$$w_{残炭} \times 10^2 = 172.3 - 98.9\ (H/C)$$

重质油的康氏残炭与氢碳比的关系可以用下式表示：

$$H/C = 1.71 - 0.0115\ (w_{残炭} \times 10^2)$$

2.1.7 重质油胶体结构

重质油是由成千上万大小和结构不同的分子组成的复杂混合物，分子量从几百到上万，根据组成重质油的化合物在不同溶剂中的溶解度不同，可以将其分为饱和分、芳香分、胶质和沥青质等四组分，其中沥青质（胶团）的分子直径已达纳米级，甚至高达上百个纳米，因此，重质油并不是完全以均匀的真溶液状态存在的，而是一种比较稳定的胶体分散体系。

重质油胶体分散体系中，分散相是以沥青质为核心，周围吸附部分胶质形成溶剂化层而构成的胶束，分散介质则主要是由饱和分、芳香分和剩余胶质构成。重质油胶体体系的胶束大小从几十个纳米到几百个纳米，分子量由几万到几十万，其中的沥青质分子和胶质分子间以电子 π-π 给予体-接受体络合或氢键等作用力进行缔合。从胶束中心到分散介质，其组成和芳香性是逐渐过渡的（见图 2-3)。

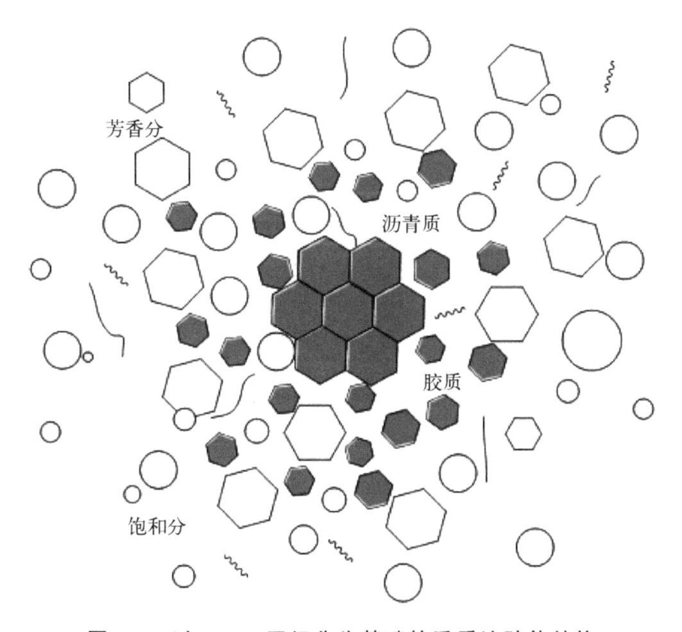

图 2-3 以 SARA 四组分为基础的重质油胶体结构

重质油胶体体系中，胶质和芳香分（尤其是胶质）对于沥青质在体系中的分散是必不可少的，起着胶溶剂的作用。胶溶剂将沥青质包裹起来，阻止沥青质分子间进一步缔合成更大的团块而聚沉，这一胶体体系之所以能够维持介稳状态，与构成体系的各个组分的相互作用是分不开的，这些相互作用包括组分间的偶极矩力、电荷转移以及氢键作用等。如果体系中胶质含量不足，形成的溶剂化层厚度不够，或者胶质的结构与沥青质结构差别较大，导致两者之间的作用力不够，都会影响分散体系的稳定性。因此，当两种性质差别较大的重质油进行混合时，有可能会出现沥青质聚沉现象。另外，当分散介质的芳香度不足或黏度过低时，也会使胶体分散体系被破坏，导致沥青质聚沉。利用大量低分子量正构烷烃稀释重质油，获得沥青质或测定沥青质含量的方法，就是利用了重油分散体系的这种特点，采用降低分散介质芳香度或黏度的手段，使胶束中的胶质溶剂化层被破坏，让沥青质缔合成更大的聚集体而沉淀分离出来。

重质油二次加工过程中，随着反应不断进行，体系的化学组成发生变化，相对较易反应的胶质快速转化成轻质产物，分散介质的黏度变小，芳香性降低，而作为分散相的沥青质含量相对增多，导致分散相和分散介质之间的相溶性变差。当反应进行到一定程度后，重质油的胶体稳定性遭到破坏，沥青质不能全部在体系中稳定地胶溶进而发生部分沥青质聚集，在重质油中出现第二液相。第二液相中的沥青质浓度很高，容易发生缩合生焦反应，重质油深度热反应中的结焦就是以第二液相的出现为前提条件的。因此，重质油在高温加热过程中的相分离问题，是重质油加工过程中生焦率高和催化剂失活速度快的重要原因。

由于重质油化学组成的复杂性，至今对其中分散相超分子的精细结构认识尚不清晰，且学术界存在许多不同的观点。一般来说，根据重质油中沥青质超分子结构层次不同，可以将其分为单元薄片（结构单元）、似晶缔合体、胶束、超胶束、簇状物、絮状物及液晶等几个结构层次。

沥青质的单元薄片，一般认为是以稠合的芳香环系为核心，周围合并若干个环烷环，在芳香环和环烷环上带有若干个长度不等的烷基侧链，且含有各种硫、氮、氧等杂原子官能团，并络合有镍、钒、铜、铁等金属的结构，分子量在 1000 左右。胶质和沥青质分子即是由若干个上述单元薄片间以烷基桥键或硫桥键等连接而形成的，胶质的分子较小，一般含有 1～3 个单元薄片，沥青质的单元薄片较多，一般为 4～6 个。胶质和沥青质（尤其是沥青质）分子由于分子内或分子间单元薄片的芳香环间通过 π 电子云的重叠络合而形成部分有序的似晶结构，即为沥青质似晶缔合体。

似晶缔合体在重质油中并不是单独存在的，它们之间以及与胶质或金属卟啉等组分之间还会通过电荷转移作用、偶极相互作用及氢键作用等相互缔合形成胶束，而胶束和胶束之间也会进一步缔合形成超胶束。胶束和超胶束构成了重质油胶体分散体系中的分散相，所以，沥青质分散相是一种超分子结构。各种不同的研究结果表明，沥青质胶束的直径大约在 5nm 左右，而超胶束的直径一般在 6～30nm 之间。

沥青质超胶束在一定条件下还会进一步聚集为很大的簇状物，簇状物的分子直径可达数百甚至上千 nm，此时，胶体体系开始出现相分离现象，沥青质开始从重质油中聚集沉淀出来。在高温条件下，沥青质簇状物还会形成在光学显微镜下可见的、直径 10～60μm 的絮状物或液晶微球体。簇状物、絮状物和液晶都是焦炭的前身物，进一步加热后，会成长、聚集为各向异性的中间相小球体，进而生成焦炭。所以重质油受热条件下的生焦现象，与其中沥青质超分子结构的聚集过程密切相关。

重质油胶体体系中的沥青质超分子结构存在明显的层次性，一个实际的重质油体系中会存在各个层次的超分子结构。在一定条件下，沥青质各层次超分子结构之间在重质油中处于平衡状态，且会随条件的变化而相互转化，图 2-4 为各层次沥青质超分子结构的示意图。

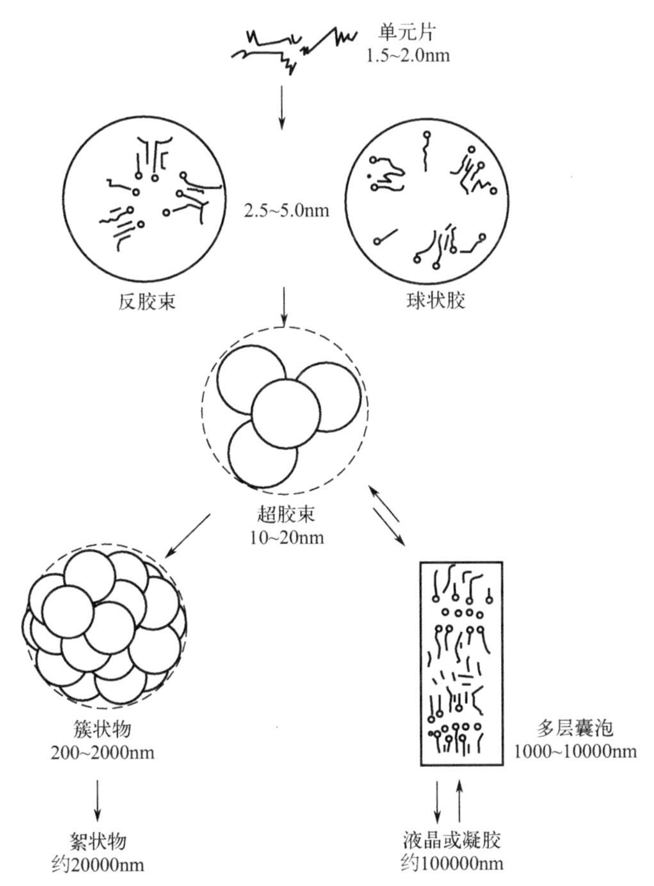

图 2-4 重质油中不同层次超分子结构

（图中圆圈表示含 S、N、O 等的极性官能团）

2.2 重质原油

工业上可以根据相对密度大小对原油进行分类，但迄今为止并没有形成公认的统一分类标准。习惯上常把 API 度≥32°（$d_{15.6}^{15.6}\leqslant 0.8654$）的原油称为轻质原油，API 度为 20°～32°（$d_{15.6}^{15.6}$ 介于 0.8654～0.9340 之间）的原油称为中质原油，API 度为 10°～20°（$d_{15.6}^{15.6}$ 介于 0.9340～1.000 之间）的原油称为重质原油，而 API 度≤10°（$d_{15.6}^{15.6}$ ≥1.000）的原油称为特稠原油或非常规原油。

通俗来说，重质原油是指利用常规原油开采技术难以开采的、具有较大黏度和密度的原油。世界石油工业发展过程中，各国在石油的开采和利用时，往往先开采较易得到的、密度较小的原油，随着轻质原油的不断开采利用，轻质石油资源减少，才不得不开采一些较难开采和利用的重质原油。因此，随着世界石油工业的发展，石油产量中重质原油的比例不断上升，其中特重原油的储量和产量非常巨大。作为世界最大原油进口国的中国，所进口海外原油中重质原油的比例也在逐年扩大，除此以外，中国也是重质油生产大国，而且所开采原油同样呈现劣质化和重质化的趋势，国产重质油的一个重要特征就是轻质油品含量比国外重质油低，如大多数国产重质油的减压渣油含量高达 55%～65%，加工重油已成为我国炼化企业当前面临的形势和必经之路。

重质原油的特点是平均分子量大，残炭和黏度高，重金属、胶质、沥青质和稠环芳烃等含量高，蒸馏后减压渣油的收率超过 50%。与国外原油相比，我国原油一般偏重，>350℃常压渣油的收率多在 60%～70%，即使是>500℃减压渣油的收率也多在 30%～50%。国内外几种重质原油的性质见表 2-11。

表 2-11　国内外几种重质原油的一般性质（质量分数）

性质	单家寺	欢喜岭	新疆九区	委内瑞拉（波斯坎）	加拿大（冷湖）	加拿大（阿萨波斯卡）
密度/（kg/m³）	973.1	943.4	927.3	999.1	1001.3	1030.0
运动黏度（50℃）/（mm²/s）	8108	287	381	1832（60℃）	670（100℃）	—
凝点/℃	5	−20	−18	—	15.6	10
蜡含量/%	3.4	2.2	7.4	—	—	—
庚烷沥青质/%	1.2	0	0	15.2	15.0	16.9
残炭/%	9.7	4.8	5.4	15.0	13.1	18.5
酸值（以 KOH 计）/（mg/g）	7.4	—	3.4	—	0.71	—
硫含量/%	0.82	0.26	0.15	5.7	4.4	4.9
氮含量/%	0.73	0.41	0.35	0.44	0.64	0.40

表2-12列出了三种典型特稠原油的性质。由表2-12中数据可知，特稠原油的密度均在1000kg/m³以上，黏度大，重金属、沥青质和残炭含量高，而轻馏分极少，如辽河超稠油＜350℃馏分的含量不到10%，而＞500℃减压渣油的收率超过了60%。由于大部分特稠原油在地质上属于未成熟原油或经过严重生物降解的原油，酸值较高，属于含酸或高酸原油，且含有较高的金属镍、钒、钙等，制定加工方案时，必须考虑含酸引起的腐蚀及金属钙等引起的设备结垢问题。

表2-12　几种典型特稠原油的性质（质量分数）

性质	塔河稠油T433井	辽河超稠原油	奥里诺科（委内瑞拉）重质原油
密度（20℃）/（kg/m³）	1006.0	1069.8	1012.4
运动黏度（100℃）/（mm²/s）	422.7	821.3	468.2
运动黏度（80℃）/（mm²/s）	1240	3648	1679
闪点（开口）/℃	115	178	—
凝点/℃	24	32	27
残炭/%	20.4	13.9	14.5
酸值（以KOH计）/（mg/g）	0.66	12.8	0.98
灰分/%	—	0.16	—
碳含量/%	85.96	86.50	85.06
氢含量/%	10.37	10.86	10.77
硫含量/%	2.55	0.38	3.29
氮含量/%	0.44	0.58	0.53
蜡含量/%	—	1.76	—
胶质/%	20.6	23.5	25.9
庚烷沥青质/%	17.0	3.8	7.0
镍/（μg/g）	51	100	120
钒/（μg/g）	305	1.7	424
钠/（μg/g）	0.6	15	96
铁/（μg/g）	2.4	51	240
铜/（μg/g）	＜0.1	0.2	0.1
钙/（μg/g）	2.5	356	63
初馏点/℃	106	263	—
5%馏出温度/℃	215	323	—
10%馏出温度/℃	283	361	319
30%馏出温度/℃	448	460	443

重质原油的组成和特点决定了其加工难度大，给石油加工过程带来了新的挑战和机遇。较高的胶质、沥青质和稠环芳烃含量及残炭，使重质原油在加工过程中发生裂解等轻质化反应的性能变差，产品的选择性变差，催化剂更容易结焦失活，原料中较高的重金属也会导致催化剂快速中毒失活等；较高的黏度使重质原油在加工过程中的输送及油品在催化剂微孔中的扩散难度变大。因此，需要采用合理的技术对重质原油进行加工处理。

2.3 石油渣油

渣油是原油经过常减压蒸馏后，所得＞350℃常压渣油或＞500℃减压渣油或其他加工过程所得残渣油的统称。渣油是石油中沸点最高、分子量最大、杂原子含量最多和结构最复杂的组分，不同来源渣油的化学组成和性质既有共性又各有特点，如何合理充分地利用这部分重质油，将其转化成清洁轻质油品是石油炼制技术发展中面临的重要问题之一。

渣油是组成十分复杂的混合物，沸点很高且高温下易分解，难以用蒸馏等一般方法作进一步分离。对于渣油的认识主要是把它作为一个整体测定其平均性质或采用四组分分析法进行表征，即根据渣油中组分在不同溶剂中的溶解度不同，将其分离成饱和分、芳香分、胶质和沥青质（简称 SARA），用四个组分的含量表征渣油的化学组成。

表 2-13 和表 2-14 是几种国内外原油的常压渣油和减压渣油的性质。由表 2-13和表 2-14 中数据可以看出，不同来源和馏程的渣油在组成及性质上存在较大差异。常压渣油的馏程低，其中包含了大量馏分油，所以收率高于对应的减压渣油，性质也远远优于对应的减压渣油。与国外原油相比，国产原油的减压渣油胶质含量较高，芳香分和庚烷沥青质含量较低，性质和加工性能相对较好。

表 2-13 几种国产原油的渣油性质

项目	大庆原油		胜利原油		孤岛原油		大港原油	
	＞350℃	＞500℃	＞350℃	＞500℃	＞350℃	＞500℃	＞350℃	＞500℃
收率（质量分数）/%	71.3	41.1	68.1	47.1	78.2	51.0	61.1	32.3
密度（20℃）/（kg/m^3）	895.9	922.1	925.0	969.8	978.6	1002.0	916.0	947.0
黏度（100℃）/（mm^2/s）	28.9	106	38.9	862	171.9	1120	24.9	144

续表

项目	大庆原油		胜利原油		孤岛原油		大港原油	
	>350℃	>500℃	>350℃	>500℃	>350℃	>500℃	>350℃	>500℃
碳含量（质量分数）/%	86.23	86.77	86.42	85.5	84.99	84.83	86.00	86.26
氢含量（质量分数）/%	13.27	12.81	12.19	11.60	11.69	11.16	12.56	11.76
硫含量（质量分数）/%	0.15	0.16	0.81	1.35	2.38	2.93	0.19	0.29
氮含量（质量分数）/%	0.20	0.38	—	0.85	0.70	0.77	0.32	0.57
氢碳摩尔比	1.84	1.77	1.69	1.63	1.65	1.58	1.75	1.64
闪点（开口）/℃	240	335	—	—	—	—	—	—
凝点/℃	44	—	47	>50	20	—	37	39
残炭（质量分数）/%	4.3	8.8	6.4	13.9	10.0	16.2	4.7	9.2
灰分（质量分数）/%	0.0047	0.01	0.063	0.1	—	—	—	—
饱和分（质量分数）/%	55.5	36.7	49.0	21.4	—	12.7	52.9	32.7
芳香分（质量分数）/%	27.2	33.4	27.2	31.3	—	30.7	25.2	29.7
胶质（质量分数）/%	17.3	29.9	22.4	47.1	—	52.5	21.9	37.6
沥青质（质量分数）/%	—	0	1.4	0.2	—	4.1	0	0
钒/（μg/g）	0.02	0.15	2.25	2.2	0.20	4.40	0.28	0.53
镍/（μg/g）	3.6	10.0	15.3	46.0	26.4	42.2	19.3	25.8
平均分子量	579	895	660	941	651	1020	498	873

表 2-14 几种国外原油的渣油性质

项目	阿拉伯（轻）		科威特		卡夫奇		米纳斯	
	>350℃	>500℃	>350℃	>500℃	>350℃	>500℃	>350℃	>500℃
收率（质量分数）/%	52.5	25.8	56.7	31.3	55.2	33.9	63.9	30.2
密度（20℃）/（kg/m^3）	952.1	1003.1	964.3	1014.8	982.1	1030.5	917.1	953.9
黏度（50℃）/（mm^2/s）	160.2	—	404.6	—	13.4	—	26.8	—
碳含量（质量分数）/%	85.19	85.10	84.38	83.97	84.02	84.13	87.10	87.13
氢含量（质量分数）/%	11.19	10.30	10.99	10.12	10.57	9.84	12.64	12.04
硫含量（质量分数）/%	3.10	3.93	4.04	5.05	4.33	5.40	0.12	0.16
氮含量（质量分数）/%	0.05	0.22	0.11	0.31	0.16	0.36	0.37	0.47
氢碳摩尔比	1.57	1.45	1.55	1.44	1.50	1.39	1.73	1.65
倾点/℃	13.0	—	17.5	—	17.5	—	47.5	—
康氏残炭（质量分数）/%	8.23	18.16	10.18	18.80	13.73	22.48	4.57	9.93
灰分（质量分数）/%	0.010	0.015	0.017	0.026	0.027	0.040	0.008	0.015
饱和分（质量分数）/%	36.3	21.0	32.0	15.7	26.8	13.3	65.4	46.8
芳香分（质量分数）/%	47.2	54.7	48.3	55.6	48.4	50.8	20.5	28.8
胶质（质量分数）/%	11.1	13.2	12.6	14.8	11.3	13.3	7.4	12.2
戊烷沥青质（质量分数）/%	5.4	11.1	7.1	13.9	13.5	22.6	6.7	12.2
庚烷沥青质（质量分数）/%	2.9	6.8	3.4	6.1	8.4	13.6	1.0	1.8
钒/（μg/g）	29.1	62.2	55.0	95.3	97.3	153.2	1.1	1.6
镍/（μg/g）	7.6	16.4	15.3	27.3	31.3	48.6	14.0	31.1
平均分子量	463	797	524	910	567	975	491	879

石油蒸馏过程中，原油中所含硫、氮及金属等杂原子会随着胶质和沥青质残留浓缩到渣油中，使渣油中的杂原子含量增加，给渣油的加工和利用带来一定困难。从元素组成上来看，我国原油减压渣油的碳含量一般在85%～87%，氢含量一般在11%～12%之间，氢碳原子数比在1.6左右。与国外原油相比，国产渣油的硫含量一般都不高，而氮含量相对较高，金属含量不高且镍含量远大于钒含量，与国产原油的杂原子含量特性相符。

渣油的密度较大且与其氢含量有关，一般来说氢含量越高，渣油的密度越小。渣油的馏程高且含有大量重组分，尤其是含有大量胶状沥青状物质，所以黏度较大，凝点较高，会造成输送和加工利用过程中流动困难。渣油的残炭和灰分含量较高，加工利用过程中易产生积炭，带来催化剂失活和设备堵塞等问题。

2.4 煤直接液化重油

将固体的煤炭通过一系列化学加工，转化为液体燃料以及其他化学品的过程称为煤液化。根据采用的技术手段不同，可分为直接液化和间接液化两大类技术。煤直接液化是指在高温、高压氢气、催化剂和溶剂的共同作用下进行加氢、裂解等反应，将煤直接转化成分子量较小的液体燃料和化工原料的过程。间接液化是指首先将煤气化成原料气（主要组分为CO、H_2），再经催化合成得到油品及其他化学产品的过程。由于间接液化过程的产品选择性较高，生成的重质油很少，故煤液化重油主要是指煤直接液化生成的重质油。

煤直接液化过程根据所用溶剂及反应条件不同，又分为煤的溶剂萃取、煤加氢直接液化及煤-油共处理等。煤直接液化得到的初始液体产物称为液化粗油，经分馏后所得＞350℃馏分为煤液化重油，一般约占液化粗油的10%～20%。

煤液化重油的组成和性质与液化原料煤的种类、液化工艺过程及液化条件有关。由于不同煤种的组成和反应性能差别较大，即使采用同一方法在同样的操作条件下，不同原料煤所得液化产物的组成和性质也不相同。而对于同一种原料煤，采用不同的液化方法，或者采用同一种液化方法但由于工艺条件有差别，液化产物的组成和性质也会有变化。

煤液化重油的馏分产率与液化工艺条件有关，液化粗油中的重质油含量较低，一般＞350℃馏分的含量在10%～20%之间，但与石油基重油在组成和性质上有很大差异，突出特点是芳香烃和沥青烯含量高，氮、氧杂原子含量高，颜色及稳定性差等。煤液化重油主要是由2～6个环的芳烃或氢化芳烃组成，必须进一步提质加工后才能利用，但其提质加工条件比石油基重油更苛刻，加氢裂化是煤液化重油加工的优选方案。

表 2-15 为反应温度 450℃，反应压力 19MPa，铁系催化剂/干煤＝1.0%（质量）条件下，内蒙古胜利褐煤在中试装置上直接液化所得＞260℃重油性质与孤岛减渣性质的对比。虽然该油品的馏程非常低，但某些性质已低于孤岛减渣，如 H/C 较低，而芳香度较高等。进一步研究发现，＞260℃液化重油中 60%的馏分沸点范围在 240～300℃之间，30%的馏分沸点范围在 300～350℃之间，所以煤液化重油的组成与石油基重油的概念是不同的，馏程比较集中，其中并不包括大量分子量非常大的组分。

表 2-15 煤液化重油的性质

样品	密度（20℃）/(kg/m³)	C（质量分数）/%	H（质量分数）/%	N（质量分数）/%	S（质量分数）/%	O（质量分数）/%	H/C	芳香度 f_A	取代度 σ	缩合指数 H_{AU}/C_A①
液化重油	976.9	86.82	10.31	1	0.04	1.83	1.42	0.46	0.4	0.78
孤岛减渣	1002	85.2	10.5	1.18	2.86	0.26	1.47	0.29	0.35	0.57

①缩合指数是指分子外周平均芳碳数占分子总芳碳数的比例；其值越大，表示样品的缩合度越低。H_{AU}是指与分子外周相连的氢原子数，也就是分子外周的平均芳碳数；C_A 指总芳碳数。

与绝大多数石油基重质油相比，煤液化重油的氢和硫含量较低，而氮和氧含量较高，尤其是其中的氮，几乎都是碱性氮化物，给煤液化重油的二次加工带来一定的难度。同时，煤液化重油中含有比石油基重油多得多的沥青烯，对液化油的组成性质及加工提质等都有重要影响。由于液化过程中存在固体物料及需添加金属催化剂等，煤液化重油的灰分含量也较高。

2.5 煤焦油

煤焦油是煤热解过程中得到的一种黑色或黑褐色的黏稠液体，简称焦油，又称煤膏、煤馏油、煤焦油溶液等。煤的热解也称煤的干馏、热分解、焦化等，是将煤在隔绝空气的条件下加热，在不同温度下发生一系列物理变化和化学反应的复杂过程，可以得到气相的煤气、液相的焦油和固相的半焦（兰炭）或焦炭等产物。煤焦油主要是酚类、芳香烃和杂环化合物等的复杂混合物，气味与萘或芳香烃相似，经加氢后可以制取汽油、柴油和喷气燃料等油品，是石油的替代品，而且是石油所不能完全替代的化工原料。

我国生产中常用的煤焦油为低温煤焦油、中温煤焦油和高温煤焦油，三种煤焦油在组成和性质上存在一定差异，常见煤焦油的性质范围见表 2-16。分别选取一种高、中、低温煤焦油进行性质分析，结果见表 2-17。高、低温煤焦油与原油的组成对比见表2-18。

表2-16 常见煤焦油的理化性质范围

性质	低温煤焦油	中温煤焦油	高温煤焦油
收率/%	9～10	5～7	3～4
外观	黑色	黑褐色或紫红色	褐色至黑色
密度/（kg/m^3）	930～1070	1020～1080	1130～1230
碳含量（质量分数）/%	80～85	约86	82～93
氢含量（质量分数）/%	8～10	约8.4	4.6～5.3
酚类含量（质量分数）/%	约25	15～20	约1.5
中性油含量（质量分数）/%	约60	约50.5	35～50
中性油成分	饱和烃、芳烃	饱和烃、芳烃	芳香烃
游离碳含量（质量分数）/%	1～3	约5	4～10
＜170℃轻油含量（质量分数）/%	7.2～9.6	1.8～4.3	0.3～0.6
170～210℃酚油含量（质量分数）/%	约10.3	7.6～9.5	1.5～2.5
210～230℃萘油含量（质量分数）/%	约11.4	22～24	11～12
230～300℃洗油含量（质量分数）/%	11.5～13.2	7.6～9.4	5～6
300～360℃蒽油含量（质量分数）/%	16.5～20	15.2～17.9	20～28
＞360℃重质煤焦油含量（质量分数）/%	35.7～40.2	34～37	54～56

表2-17 三种煤焦油的理化性质分析结果

性质		低温煤焦油	中温煤焦油	高温煤焦油
密度/（kg/m^3）		942.7	1029.3	1120.4
黏度/（mm^2/s）		59.6	124.3	159.4
元素组成	氮（质量分数）/%	0.69	0.75	0.72
	氧（质量分数）/%	8.31	7.43	811
	硫（质量分数）/%	0.29	0.32	0.36
	铁/（μg/g）	37.42	64.42	52.72
	钠/（μg/g）	4.04	3.96	4.21
	钙/（μg/g）	86.7	90.58	88.41
	镁/（μg/g）	4.12	3.64	3.94
	H_2O（质量分数）/%	2.13	2.46	3.82
H/C/（mol/mol）		1.36	1.17	0.75

续表

性质		低温煤焦油	中温煤焦油	高温煤焦油
馏程	初馏点/℃	205	208	235
	10%馏出温度/℃	250	252	288
	30%馏出温度/℃	329	331	350
	50%馏出温度/℃	368	372	398
	70%馏出温度/℃	429	433	452
	90%馏出温度/℃	486	498	534
	终馏点/℃	531	542	556

表 2-18　高、低温煤焦油与原油的组成对比（质量分数）

项目	油分/%	酚类/%	重质油/%	其他
原油	约 95	低	低	低
高温煤焦油	35～40	约 1.5	50～60	低
低温煤焦油	45～70	15～30	10～15	低

煤焦油的化学组成非常复杂，且随着液化工艺的不同而变化，约含有上万种化合物，分子量分布范围较广，芳环数多在 1～8 个之间，大多数化合物的沸点较高，经深度分离后可以得到苯酚类、吲哚类、喹啉类、萘、蒽、菲、咔唑、荧蒽、芘等化学品，但大多数化合物的含量较少，这些化合物大部分是重要的化工原材料和中间体，在农药、医药、缓蚀剂、防腐剂、合成橡胶、染料、塑料等领域具有广泛的应用。除此以外，煤焦油中还有一些更高缩合度的芳香族化合物未被认知，其潜在的利用价值值得期待。煤焦油的主要成分见表 2-19。

表 2-19　煤焦油的主要成分

组分	化合物
中性组分	苯、茚、甲苯、二甲苯、三甲苯、咔唑、萘、联苯、菲、二甲基萘、苊、蒽、芘等
酸性组分	烷基苯酚、苯酚、萘酚等
碱性组分	吡啶、苯胺化合物、烷基吡啶、喹啉化合物、吖啶、吲哚等

2.5.1　高温煤焦油

高温煤焦油（high-temperature coal tar）是煤在>1000℃的条件下干馏所得富含缩合芳烃、含氧、含氮或含硫等杂环有机化合物的液体产物，呈褐色或黑褐色，具有特殊的刺激性气味，常温下流动性较差，是煤焦油的主要种类，产量约占煤焦油的80%左右。

高温煤焦油主要来源于炼焦工业，产量约占原料煤的3%～4%，通过蒸馏可以将高温煤焦油切割分离为<170℃的轻油、170～210℃的酚油、210～230℃的萘油、230～300℃的洗油、300～360℃的蒽油以及>360℃的重质煤焦油，各馏分油的组成及性质见表2-20。

表2-20 高温煤焦油馏分性质和组成

馏分	沸点范围/℃	密度/（kg/m^3）	收率/%	主要组分
轻油	<170	880～900	0.5～1.0	苯、甲苯、二甲苯等轻芳烃
酚油	170～210	980～1010	2～4	苯酚、甲苯酚、二甲酚、萘、吡啶碱
萘油	210～230	1010～1040	9～12	萘、酚、甲酚、二甲酚、氨基喹啉类化合物
洗油	230～300	1040～1060	6～9	萘、蒽、芴
蒽油	300～360	1050～1100	20～24	蒽、菲
重质焦油	>360	—	50～55	沥青、游离碳

通过对蒸馏所得各馏分的组成进行分析研究，发现高温煤焦油中含有大量的芳香类化合物，组分数在10000种左右，尤其是含2个以上芳香环的缩合芳烃，其中的杂环化合物含量较少但组分复杂，主要包括各种含氮化合物、含氧化合物和含硫化合物等，但含量超过1%或接近1%的化合物仅有10余种。目前已从高温煤焦油中鉴定出以酚类为主的酸性组分63种，以含吡啶环为主的碱性组分113种，以及170多种中性组分。根据馏分油的化合物组成特性，可进一步分离得到相对单一的化学品或制备其他材料。

高温煤焦油中>360℃组分占50%以上，主要用于碳素电极的黏结剂和浸渍剂、针状焦、碳纤维、石墨化碳材料、中间相沥青、防水防腐材料以及筑路材料的制备等，也可以进一步加工成各种油品使用。

2.5.2 中温煤焦油

中温煤焦油主要来自900～1000℃的立式炉和600～800℃的发生炉炼焦工艺，产率相对较高，约在10%左右。中温煤焦油的组成介于高温煤焦油与低温煤焦油之间，是一种黑色或黑褐色的黏稠液体，密度在1000kg/m^3左右，组成中含量最高的是酚类，一般大于30%，甚至更高，以烃类为主的中性油含量高达50%，重质焦油量在30%左右，且性质与石油重质组分相似。

2.5.3 低温煤焦油

低温煤焦油主要来源于低变质煤为原料的干馏（热解）过程，是煤在

450～700℃条件下的一次热解产物，因其中含有游离碳和高分子树脂而呈暗褐色。低温煤焦油的密度一般小于1000kg/m³，黏度大，具有特殊的刺激性气味。表2-21是低温煤焦油、煤和石油的元素组成对比。

表2-21　低温煤焦油、煤和原油的元素组成（质量分数）

样品	碳/%	氢/%	氧/%	氮/%	硫/%	H/C/（mol/mol）
低温煤焦油	82～85	8.5～10.5	4.5～6.1	0.48～0.82	0.3～1.5	1.2～1.5
煤	65～85	约5	5～20	0.5～1.5	0.5～5.0	0.2～1.0
原油	83～87	11～14	0.08～1.82	0.02～1.7	0.06～5.0	1.5～2.0

由表2-21可知，低温煤焦油的H/C相对于原料煤有了较大提高，介于煤和原油之间，比例更接近原油。但与常规石油相比，低温煤焦油也具有氢含量低、氮含量高、氧含量非常高的特点。由表2-21可知，低温煤焦油的酚类含量远高于常规原油和高温煤焦油，油分的含量也高于高温煤焦油。原料煤的种类和干馏热解工艺对低温煤焦油的组成有决定性作用，且对其性质具有重要影响，当原料煤和热解温度不同时，低温煤焦油的馏程和化学组成也有一定区别。我国部分地区低温煤焦油的馏分组成及化学组成见表2-22。

表2-22　部分国产低温煤焦油的组成（质量分数）

项目	山西低温煤焦油	内蒙古低温煤焦油	陕西低温煤焦油
<215℃馏分/%	22.07	16.88	17.33
215～300℃馏分/%	47.07	44.99	52.30
>300℃馏分/%	30.86	37.99	30.34
饱和烃含量/%	21.70	30.50	21.63
芳烃含量/%	19.48	19.58	22.29
酚类化合物含量/%	23.37	17.32	19.95
未确定组分/%	33.45	34.02	36.13

低温煤焦油的初馏点一般比较高，几乎不含轻质馏分，低于350℃馏分占50%左右；从化学组成上来看，以烃类为主的中性油含量比较高，其次是含有比较多的酚类化合物，如甲酚、二甲酚、乙酚和苯酚等，含量在15%以上，最高可达40%，主要集中分布在200～250℃馏分中。低温煤焦油经过分离得到一部分高附加值产品后，剩余组分经加氢处理可以得到一部分汽油、柴油等轻质油品。

低温煤焦油是煤一次热解的产物，二次反应程度低，在组成和性质上与高温煤焦油存在较大差异，表 2-23 为低温煤焦油和高温煤焦油的组成对比。由表 2-23 可以看出，与高温煤焦油相比，低温煤焦油的酚类物质和饱和烃含量高，而芳烃含量低，是一种相对较好的制取燃料和化工产品的原料。

表 2-23 低温煤焦油和高温煤焦油的组成对比（质量分数）

化合物类型	低温煤焦油	高温煤焦油
酚类化合物/%	20～35	1～2
碱类/%	1～2	3～4
萘/%	痕量	7～12
不饱和烃/%	40～60	10～16
饱和烃/%	15～20	2～5
芳烃/%	30～40	80～88

2.5.4 蒽油

蒽油是高温煤焦油蒸馏所得 300～360℃的馏分，质量产率约为煤焦油总量的 16%～23%，其中中性组分约占 90%，一般为黄绿色液体，黏度较大，室温下常有结晶析出。

蒽油中多环芳烃和杂原子化合物含量较高（蒽油的主要成分见表 2-24），大部分为 2～4 环的芳香烃及含 N、O、S 的杂多环芳香族物质，其中以三环化合物含量相对较多，以蒽、菲及咔唑为主，这些化合物在合成燃料、农药、医药、光电新材料和合成树脂等领域具有广泛的用途，蒽油如果直接作为燃料燃烧，燃烧不充分，残炭含量较大，且会产生 NO_x、SO_2 等污染气体。所以，如果不对蒽油进行加工而直接作为燃料，一方面是对蒽油资源的极大浪费，另一方面也会对环境造成污染。故应先从蒽油中分离出其中的高附加值化学品，剩余组分再通过加氢技术等深度处理后用以生产燃料。研究发展咔唑等高附加值化学品的高效分离技术，对有效利用蒽油资源具有重要意义。

表 2-24 蒽油的主要成分

化合物	蒽	菲	咔唑	芘	芴	苊烯	荧蒽
含量（质量分数）/%	0.5～1.9	4.0～6.0	3.0～10.0	1.0～2.0	0.6～1.2	1.5～2.0	3.0～5.0

根据蒽油组成特性及生产目的不同，蒽油主要有三种利用途径：一是将蒽油浓缩和分离以生产粗蒽、精蒽、菲油、咔唑等产品；二是作为调和原料生产

炭黑油、燃料油或者沥青；三是将蒽油进行加氢改质生产轻质油品。随着煤焦油加氢技术的发展和国家鼓励政策的出台，蒽油加氢项目、煤焦油加氢项目逐渐增多，蒽油加氢改质生产轻质燃料油，已成为焦油加工企业选择蒽油深加工的重要方向之一。

2.6 油砂沥青

油砂沥青是从油砂中提取出来的液体产物，又称天然沥青，是一种常温下呈黏稠性的半固体。油砂是一种富含天然沥青或焦油的沉积砂，实际上是一种沥青、砂、富矿黏土和水的混合物，在地层中通常露出地面或非常接近地表，由于不具有盖层，会发生明显的生物降解、游离氧的氧化及轻组分的蒸发等，进而稠化演变为重质石油馏分并与砂岩形成混合物，即为油砂，将油砂经过一定的措施分离后，如热水洗、有机溶剂萃取、热解干馏等，即可得到油砂沥青。所以，油砂沥青实际上是一种超重质原油。油砂沥青多来自原油的长期降解作用，石蜡族烃达到了几乎耗尽的程度，因此饱和分中没有或几乎没有正构石蜡烃。油砂沥青开采出来以后，可以直接销售，也可以经过改质加工成合成原油以后再出售。

油砂经过分离加工得到的油砂沥青，虽然与常规原油一样都是由烃类和非烃类等有机化合物共同组成，但是油砂沥青的组成比常规石油更复杂。油砂沥青的密度较高、氢碳比较低、黏度较大、金属杂质含量较多，故具有高密度、高黏度、高分子量、高碳氢比和高金属含量的油砂沥青并不适于在常规炼化装置上直接加工。油砂沥青必须经过改性提质后才能成为炼化原料，常用的改质技术包括加氢技术、焦化技术或者溶剂脱沥青技术等。

世界上油砂沥青储量最丰富的国家是加拿大，加拿大目前主要采用两种路线将开采出来的油砂沥青改质成合成原油出售。一种技术路线是将油砂沥青直接进行延迟焦化或流化焦化，焦化液体产物再加氢成为无渣油的合成原油；另一种技术路线则是采用沸腾床加氢裂化工艺，将油砂沥青改质成合成原油。

油砂沥青是烃类和非烃类化合物的复杂混合物，表 2-25 为几种油砂沥青的组成性质。由表 2-25 中数据可知，不同产地的油砂沥青在化学组成上存在较大差异，这必然会显著影响油砂沥青的加工和使用性能。大部分研究结果表明，油砂沥青的黏度大于 1×10^4 mPa·s，密度超过 1000kg/m^3，碳元素含量＞80%。实沸点蒸馏发现，油砂沥青的低、中、高沸点馏分含量均较少，且各馏分的密度和黏度较高，饱和分含量低，芳香性较强。

表 2-25 油砂沥青的组成性质

项目	内蒙古油砂沥青	青海油砂沥青	印度尼西亚油砂沥青	哈萨克斯坦油砂沥青
沥青质含量（质量分数）/%	2.9	6.8	19.3	23.6
饱和分含量（质量分数）/%	35.7	39.2	33.4	20.0
芳香分含量（质量分数）/%	7.0	9.0	3.6	15.1
胶质含量（质量分数）/%	54.5	44.1	43.8	36.8
残炭（质量分数）/%	9.5	13.9	14.2	15.0
碳含量（质量分数）/%	87.0	86.9	87.0	86.8
氢含量（质量分数）/%	11.2	11.6	11.3	10.8
氮含量（质量分数）/%	1.4	1.7	1.3	1.1
硫含量（质量分数）/%	0.4	0.4	0.4	0.7
(H/C) / (mol/mol)	1.56	1.60	1.56	1.49

由表 2-25 中数据可以看出，油砂沥青的胶质和沥青质含量高，氮、硫杂原子含量也较高，氢碳比低，除此以外，还含有较高的镍、钒和砷原子以及种类繁多的其他金属杂原子，属于标准的劣质重油。因此，油砂沥青的加工利用难度要远远大于常规原油。

目前对于油砂沥青结构组成的系统研究报道较少，但研究发现，油砂沥青中各类化合物的芳香性和极性有所不同。与常规原油相比，油砂沥青中的脂肪链较短，但往往拥有更多的环状结构。油砂沥青的饱和分主要是由烷基环烷烃及少量无环的类异戊二烯化合物组成；芳香分由烷基环烷烃和单环、双环以及三环的芳香结构组成，烷基化取代物主要是饱和分中生物标志物的芳构化类物质，芳香环之间由烷基桥键、硫醚和二硫醚桥键相连；胶质主要由 2～6 环的萜硫醚以及与其相应的亚砜、二环和二环类萜酸、咔唑、喹啉、芴酮、卟啉等组成；沥青质是油砂沥青中最重的组分，是高分子量的半固态或固态非烃类化合物，一般以胶束的形式分布在油相中，但研究发现，油砂沥青中沥青质的芳构化程度并不高，其晶核内既包括芳香结构，也包括链状结构。由于结构组成的复杂性及分析方法的局限性，目前已有文献报道油砂沥青的结构组成参数差异较大，其结构组成仍有待于进一步深入研究。

油砂沥青的加工利用难度主要表现在三个方面。一是油砂沥青的黏度高，所以在管道中输送较困难，往往需要利用稀释剂进行稀释降黏以满足管输要求，但采用稀释剂稀释油砂沥青带来的问题是除了增加投资和操作费用外，还有可能存在稀释剂与油砂沥青间不相溶而造成沥青质在管道中沉淀和结垢的问题；

二是油砂沥青开采过程中使用并混入大量化学助剂且油砂沥青与水的密度接近，造成油砂沥青脱盐脱水困难，给后续加工过程带来影响；三是油砂沥青中的硫、环烷酸及沥青质等含量较高，会造成加工设备严重腐蚀和结垢。

2.7 其他

2.7.1 页岩油

石油在地下分散形成以后，经过运移，富集于盖层下形成油气藏，开采出来的气相组分为天然气，液相组分为原油。但对于部分富含有机质的年轻页岩，仍处于油气的形成阶段，如果形成的石油还在页岩里就叫页岩油，富含油气的页岩一般称为油页岩。油页岩是一种高灰分的含可燃有机物的沉积岩，它与煤的主要区别是灰分含量超过 40%，而与碳质页岩的主要区别是含油率大于 3.5%。页岩油主要储藏在泥页岩的孔隙和裂缝中，或泥页岩层系中的致密碳酸岩或碎屑岩的邻层和夹层中，因此不能溶于有机溶剂中。因为页岩油形成的历史阶段和储存方式不同，所以化学组成和开采方法也与常规石油资源有一定的区别。

原生页岩油的密度（约为 850～1000kg/m^3）大，非烃类化合物含量高，轻馏分含量低，常温下通常为褐色膏状物，带有页岩油所特有的刺激性气味，开采和加工利用的难度也比常规原油大。但随着合成燃料和非石油燃料需求的快速发展，使页岩油被看作是潜在液体燃料的重要来源之一，全世界至少有 850 亿吨可开采的页岩油，由于压裂和定向钻井技术的广泛应用，引起了人们对页岩油开采和利用的很大兴趣，目前美国已成为世界上页岩油开采量最大的国家。

开采得到的页岩油是油页岩中的有机质受热分解生成的液态产物，是一种复杂的含有机和非有机物质的混合物，在组成和性质上与石油和焦油都有很大的不同。页岩油中的轻馏分较少，通常汽油馏分含量（质量分数，下同）仅为 2.5%～2.7%，360℃以下馏分约占 40%～50%，含蜡重馏分约占 25%～30%，渣油约占 20%～30%。页岩油含有较多的不饱和烃（烯烃及少量二烯烃等），并含有硫、氮、氧等非烃类化合物，而天然石油中一般不含烯烃，含氮和含氧化合物也很少。大多数页岩油含 40%～50%的烃类和 50%～60%的非烃类，烃类中约有 20%的烷烃、35%的烯烃和 25%的芳烃。

虽然不同地区所产页岩油的组成和性质因有机质组成和热加工条件不同，而在密度、含蜡量、凝固点、沥青质、元素组成等方面存在较大差别，但通常页岩油都含有较多的含氮和含氧化合物，如抚顺及茂名页岩油的氮含量分别为 1.27%和 1.08%，美国科罗拉多页岩油的氮含量高达 2.0%，而俄罗斯和爱沙尼亚库克瑟特页岩油则含有较多的氧化物，氧含量高达5%～6%。

页岩油中含有较多的烯烃和非烃类化合物，稳定性比较差，储存过程中不可避免地会在光照、金属和氧的共同作用下生成沉淀物和黏性物质，导致页岩油颜色由褐色变成黑色，破坏其化学组成和性质，因此必须经深度精制后才能制取合格的油品。

表2-26比较了大庆原油、加拿大两大合成原油公司的典型合成原油及南太平洋石油公司提供的页岩油性质数据，由表2-26中数据可以看出，虽然合成原油及页岩油是由油砂沥青或油页岩加工得到的，但性质并不一定比原油差。

表2-26 几种油品的性质比较

项目	大庆原油	Syncrude合成原油	Suncor合成原油	页岩油
API度/(°)	33	35	32	48
S(质量分数)/%	0.10	0.09	0.07	0.01
石脑油收率/%	12	21	18	48
馏分油收率/%	20	40	40	37
蜡油收率/%	26	39	42	15
渣油收率/%	42	0	0	0

2.7.2 脱油沥青

溶剂脱沥青是渣油深度加工的重要工艺之一，是一种采用溶剂抽提以分离渣油的物理过程，产品是脱沥青油（DAO）和脱油沥青（DOA），脱沥青油可用于生产重质润滑油，或作为催化裂化或加氢裂化的原料等。

脱油沥青是整个石油中沸点最高、组成最复杂、最难于加工处理的部分，可用于生产沥青，作为燃料油调和组分及减黏裂化、焦化、气化或渣油加氢的原料。脱油沥青的收率和性质与溶剂脱沥青工艺的原料、溶剂及操作条件有关。一般在相同的溶剂及操作条件下，原料的密度越小、石蜡性越强，脱油沥青的收率越低；而对于相同的原料，溶剂越轻或抽提温度高，则脱油沥青的收率越高，其密度、黏度、残炭、金属含量、沥青质含量越低。表2-27为几种渣油的脱油沥青性质。

表2-27 几种渣油的脱油沥青性质

项目	大庆渣油丙烷脱油沥青	辽河渣油丁烷脱油沥青	管输渣油丁烷脱油沥青	伊朗渣油丁烷脱油沥青
密度(20℃)/(kg/m^3)	959.7	1048	1009	1029.8

续表

项目	大庆渣油丙烷脱油沥青	辽河渣油丁烷脱油沥青	管输渣油丁烷脱油沥青	伊朗渣油丁烷脱油沥青
运动黏度（100℃）/（mm^2/s）	864	>10000	>10000	>10000
康氏残炭（质量分数）/%	16	26.2	22.6	21.6
碳含量（质量分数）/%	87.56	86.7	86.92	85.11
氢含量（质量分数）/%	11.61	10.3	10.63	9.15
硫含量（质量分数）/%	0.25	0.46	1.72	4.19
氮含量（质量分数）/%	0.58	1.46	0.73	0.82
镍含量/（μg/g）	21	148	100	100
钒含量/（μg/g）	0.4	3.3	26.8	400
饱和分（质量分数）/%	13.7	5.8	7.5	7.2
芳香分/%	37.4	22.6	37.1	42.3
胶质（质量分数）/%	47.8	58.8	50.7	37.5
庚烷沥青质（质量分数）/%	1.1	12.8	4.7	13

由表 2-27 中数据可知，与对应的减压渣油相比，脱油沥青的性质变差，氢含量和饱和分含量较低，胶质和沥青质含量增加，残炭和黏度变大，金属含量增加，加工和利用的难度较大。

2.7.3 催化裂化油浆

催化裂化装置在处理高残炭原料时，为避免焦炭产率过大，影响装置的正常操作，必须排出一部分催化裂化油浆，称为外甩油浆。外甩油浆约占装置总处理量的 5%～10%，仅我国每年催化裂化装置外甩的油浆量即达近 10 万吨。

从催化裂化分馏塔底排出的油浆，含有大量催化剂粉尘，如正常操作时，催化裂化油浆中的催化剂粉末含量可达 6～10g/L，除去催化剂粉尘的催化裂化油浆称为催化裂化澄清油。催化裂化的原料性质、操作方式和操作条件对催化裂化油浆的产率和性质有较大影响。

催化裂化油浆的平均分子量较大、密度大、黏度高，主要是馏程在 350～600℃左右的未转化馏分，含有大量 2～6 环的稠环芳烃，属于典型的劣质重油。由于油浆的组成和性质较差，使其利用受到了很大的限制，目前大多数企业只是将油浆作为低附加值的燃料油调和组分使用。表 2-28 是几种催化裂化澄清油的性质。

表 2-28 催化裂化澄清油性质

项目	大庆	胜利	任丘	辽河	新疆
密度（20℃）/（kg/m^3）	978.1	1053.0	1018.4	1013.6	955.8
运动黏度（100℃）/（mm^2/s）	43.26	51.24	7.20	17.40	5.32
康氏残炭（质量分数）/%	9.18	14.20	3.25	7.41	0.88
灰分（质量分数）/%	0.080	0.046	0.042	0.007	0.033
碳含量（质量分数）/%	88.37	89.31	90.70	89.34	88.81
氢含量（质量分数）/%	11.07	8.84	8.82	9.61	10.56
硫含量（质量分数）/%	0.35	0.36	0.63	0.33	0.18
氮含量（质量分数）/%	0.21	0.60	0.37	0.27	0.07
镍含量/（μg/g）	19.60	32.90	1.83	1.80	0.20
钒含量/（μg/g）	1.30	<0.1	0.04	<0.1	<0.1
铝含量（质量分数）/%	21.7	83.0	3.3	2.9	19.2
饱和分（质量分数）/%	—	25.2	30.6	41.8	47.6
芳香分（质量分数）/%	—	48.2	57.0	45.8	46.4
胶质（质量分数）/%	—	22.2	11.0	11.3	6.0
庚烷沥青质（质量分数）/%	—	4.4	1.4	1.1	<0.1

由于原料和反应条件不同，催化裂化油浆的组成也有差别，一般来说，大部分油浆含有30%～50%的饱和烃以及40%甚至60%以上的芳烃，尤其是含有较多四环及以上的短侧链芳烃，油浆中胶质和沥青质的含量比较低。

2.7.4 乙烯焦油

乙烯裂解装置多以轻质油品为原料，同欧美国家相比，我国乙烯原料以石脑油和轻柴油为主，原料偏重，因此，低分子烯烃收率较低，且会产生相当数量的重质油——乙烯焦油。乙烯焦油的产率和性质与裂解原料及操作条件有关。

乙烯裂解装置对原料的组成具有严格要求，要求杂原子含量和金属含量极低，因此，乙烯焦油中的杂原子和金属含量比较低，但乙烯焦油中的芳香分和沥青质含量一般都比较高。乙烯焦油中的沥青质在加热过程中会快速发生缩合反应，容易生成甲苯不溶物和喹啉不溶物，并迅速转变为焦炭。另外，乙烯焦油在与减压渣油单独混合时，不如其他重质油与减压渣油混合时的相溶性好，有明显的分层现象和凝聚现象。同时，乙烯焦油单独储存时，接触空气后会发生聚合反应，以上都是乙烯焦油在加工利用和储存过程中需要特别注意的问题。部分乙烯焦油的组成和性质见表2-29。

表 2-29 几种乙烯焦油的组成和性质

项目	燕山	金山	大庆	辽阳	扬子	抚顺
密度（20℃）/（kg/m^3）	1084.0	1056.0	890.7	1031.0	1090.0	1102.8
运动黏度（100℃）/（mm^2/s）	24.88	9.78	1.14	3.64	23.40	181.70
康氏残炭（质量分数）/%	14.1	12.1	0.23	10.6	16.3	12.8
灰分（质量分数）/%	0.004	0.018	0.001	0.001	0.003	0.018
碳含量（质量分数）/%	90.88	91.63	90.20	92.15	92.70	88.78
氢含量（质量分数）/%	6.93	7.39	9.69	7.61	6.95	8.00
硫含量（质量分数）/%	0.23	0.21	0.02	0.03	0.31	0.03
氮含量（质量分数）/%	0.05	0.06	0.04	0.004	0.40	0.04
镍含量/（μg/g）	0.03	0.20	<0.01	0.50	<0.1	0.20
钒含量/（μg/g）	<0.01	0.02	<0.01	<0.01	<0.1	<0.1
饱和分（质量分数）/%	5.5	14.6	—	37.7	0.1	7.6
芳香分（质量分数）/%	58.7	53.4	—	51.7	69.4	36.6
胶质（质量分数）/%	7.0	12.3	—	6.0	6.1	14.5
庚烷沥青质（质量分数）/%	28.8	19.7	—	4.6	24.4	41.3

参考文献

[1] 梁文杰．重质油化学［M］．东营：石油大学出版社，2000.

[2] 徐春明，杨朝合．石油炼制工程［M］．4 版．北京：石油工业出版社，2009.

[3] 李春年．渣油加工工艺［M］．北京：中国石化出版社，2002.

[4] 许志明，胡云翔，程敏，等．一种预测重质油沸程的方法［J］．石油学报（石油加工），1997，13（1）：60-66.

[5] 梁文杰，阙国和，陈月珠．我国原油减压渣油的化学组成与结构Ⅰ．减压渣油的化学组成［J］．石油学报（石油加工），1991，7（3）：1-7.

[6] 梁文杰，阙国和，陈月珠．我国原油减压渣油的化学组成与结构Ⅱ．减压渣油及其各组分的平均结构［J］．石油学报（石油加工），1991，7（4）：1-11.

[7] 吴春来．煤炭直接液化［M］．北京：化学工业出版社，2010.

[8] 赵静．低温煤焦油加氢催化剂的制备及催化性能研究［D］．上海：华东理工大学，2016.

[9] 孔维伟．煤焦油和页岩油的组成分析［D］．大连：大连理工大学，2013.

[10] 瞿国华．延迟焦化工艺与工程［M］．北京：中国石化出版社，2008.

3 劣质重油加氢反应

劣质重油加氢是指在高温、高压氢气、有催化剂或其他添加物存在条件下，对其进行精制和部分裂化反应的过程。虽然劣质重油具有原料来源广、种类多、组成复杂、加工难度大的显著特点，但其加氢原理是相似的。

3.1 加氢化学反应过程

劣质重油的化学组成和结构非常复杂，包含了大量的烃类和非烃类化合物，尤其是含有大量的胶质和沥青质，导致其加氢过程的化学反应极其复杂。而且，不同来源和种类的劣质重油，不仅硫、氮和金属的含量不同，其化学组成也不同。同时，劣质重油加氢过程中既有原料的一次反应，也有反应中间产物的二次反应，致使对反应物和产物的分析和分离十分困难。因此，目前对劣质重油及其组分的加氢反应研究并不充分，通常只是从简单的模型化合物入手研究各类加氢反应的一般规律，以此探讨劣质重油加氢反应及其一般规律。

在劣质重油加氢的反应温度和反应压力范围内，虽然大部分进料不能气化，但在氢气和固体催化剂的作用下，其加氢过程属于气-液-固三相反应过程，氢气必须先进入油相中才能经催化剂活化而发生反应。而由于体系中的氢分压很高并有过量的氢气存在，反应器中的油是被氢气饱和的。反应分子通过充满催化剂孔径的液态油相被吸附到催化剂表面的活性中心上，发生加氢反应，然后，反应生成物从充满催化剂孔内的油相中扩散至物料主体，完成反应过程。与小分子相比，大分子在催化剂表面的吸附能力较强，因此，在催化剂上发生的反应以能扩散至催化剂孔内的大分子为主。

从反应类型上看，劣质重油加氢过程既有加氢精制反应，也有裂化和异构化等反应，但其裂化反应又与馏分油的加氢裂化反应有所区别。因为有大量氮化物、胶质、沥青质和金属存在，劣质重油加氢催化剂的酸性功能不能像加氢裂化催化剂一样很好地发挥作用，反应不能完全按照碳正离子机理进行。即使在氢气的作用下，劣质重油的裂化仍基本上是由高温而导致的自由基断链反应，而催化剂的作用，除促进加氢脱硫、加氢脱氮、加氢脱金属等反应外，还能抑制大分子自由基的缩合生焦反应，以延缓催化剂失活。

劣质重油加氢过程的反应包括加氢脱硫、加氢脱氮、加氢脱金属、加氢脱氧、烯烃和芳烃的加氢饱和等以及部分 C—C 键的断裂以产生小分子化合物。其中，加氢脱硫、加氢脱氮、加氢脱氧和加氢饱和反应主要在催化剂的金属活性中心上进行，加氢裂化则需要同时在酸性中心和金属中心上进行，加氢脱金属除了要求催化剂具有一定的活性金属组分作用外，还需要载体具有一定的金属沉积容量。

3.1.1 加氢裂化反应

加氢裂化是在有氢气和催化剂存在的条件下，大分子、高沸点组分发生分解反应转化成小分子、低沸点组分的过程。劣质重油加氢催化剂一般是将金属活性组分担载在酸性载体上制备得到的，因此，加氢裂化反应实际上是催化裂化反应与加氢反应的组合，所有催化裂化过程中能够发生的初始反应在加氢裂化过程中也基本可以发生，不同的是某些二次反应会由于氢气及其具有加氢功能催化剂的存在而被大大抑制甚至终止，同时，裂化过程产生的烯烃会被快速加氢饱和。

劣质重油加氢过程中所发生的裂化反应主要包括两大类：一是发生在吸附相中，包括含有杂原子的化学键及 C—C 键的催化断裂反应；二是发生在催化剂床层间隙的均相中，是由自由基诱导产生的 C—C 键断裂。由于使用的催化剂不同、在运转周期中所处的时间点不同，两种情况的 C—C 键断裂所占的比例也会不同。

3.1.1.1 烷烃

加氢裂化反应中，烷烃首先发生 C—C 键断裂，生成 1 个小分子烷烃和 1 个小分子烯烃，生成的烯烃先进行异构化反应，随即被加氢成为异构烷烃。如：

$$C_{16}H_{34} \longrightarrow C_8H_{18} + C_8H_{16} \xrightarrow{H_2} i\text{-}C_8H_{18}$$

烷烃加氢裂化的反应规律与催化裂化有许多相似之处。①裂化反应速率随着原料分子量的增大而加快，如在同样反应条件下，当正辛烷的转化率为 53% 时，正十六烷的转化率可达 95%；②分子中间 C—C 键的裂化速率要高于分子两端 C—C 键的裂化速率，所以烷烃加氢裂化反应主要发生在分子中心部位的

C—C 键上，倾向于生成两个分子大小相近的小分子；③烷烃的异构化反应速率也随着分子量的增大而加快；等等。

烷烃加氢裂化反应的产物组成取决于烷烃碳正离子的异构、分解和稳定速率以及这三个速率的比例关系，且与催化剂的金属活性中心及酸性中心的比例有很大关系。在高酸性活性中心催化剂上，烷烃加氢裂化产物中小于 C_3 的组分很少，且 C_4 和 C_5 馏分中的异构组分含量较高，进一步说明了烷烃加氢裂化在一定程度上遵循碳正离子机理；而在具有较高加氢活性和较低酸性活性的催化剂上，烷烃基本不发生异构化反应，只发生氢解反应，加氢裂化产物中异构产物与正构产物的比值低于催化裂化过程的相应产物，且气体产物对液体产物的比值下降。由此可见，催化剂的金属活性中心和酸性活性中心的比例关系对加氢产物的收率和组成具有重要影响，改变二者的比例关系，能够改变加氢产物的分布，并使反应产物达到希望的最佳组成。

3.1.1.2 环烷烃

环烷烃在加氢裂化过程中会发生异构化、开环断链、脱烷基侧链及不明显的脱氢反应，但反应方向会因为环烷烃结构、催化剂加氢活性和酸性活性的强弱不同而有所区别。

长侧链单环环烷烃在高酸性催化剂上进行加氢裂化反应时，主要发生断侧链反应；六元环烷烃比较稳定，很少发生开环反应；短侧链单环六元环烷烃在高酸性催化剂上加氢裂化时，首先异构化成五元环烷烃的衍生物，再进行开环或断侧链反应。反应过程如下：

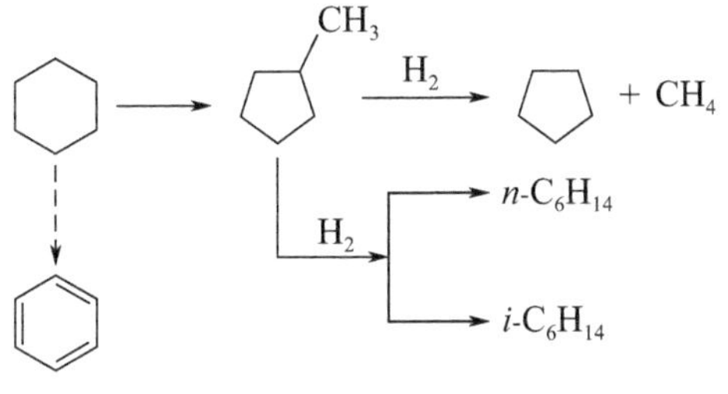

双环环烷烃加氢裂化时，首先有一个环烷环开环并进行异构化，生成五元环衍生物，再进行后续反应，如果反应深度足够深，则第二个环也可以发生开环反应。环烷烃加氢裂化的气体产物中 C_3 和 C_4 含量较高，且 C_4 馏分中的异丁烷浓度较高。

若采用低酸性催化剂，则环烷烃主要发生开环反应，同时进行断侧链反应，但产物中 C_1～C_3 低分子烷烃的收率相对升高。

3.1.1.3 芳香烃

在劣质重油加氢反应条件下，芳香烃除发生断侧链反应外，还会发生部分芳香环的加氢饱和反应。苯环较稳定，发生加氢饱和反应的条件较苛刻。苯在加氢条件下首先生成环己烷，然后再进行前述环烷烃的反应。芳香烃的加氢是可逆放热反应。

稠环芳香烃的加氢裂化反应也需要经过苯环的加氢饱和过程，只是苯环的加氢和开环反应是逐次进行的，即首先一个苯环加氢，生成的环烷环发生开环断裂反应，然后再进行第二个芳环的加氢裂化，直至最后一个芳香环。因此，在加氢过程中，多环芳香烃不会像催化裂化过程一样容易发生缩合生焦反应，这也是重质油加氢催化剂活性稳定、使用周期长的主要原因。对于稠环芳烃来说，第一个芳香环的加氢裂化速度较高（加氢速度大于苯），而第二、第三个芳香环的加氢反应速度依次降低。如菲加氢裂化的反应历程为：

C_4H_9

C_4H_9 C_4H_9 C_4H_9

$2C_4H_{10}+$

C_4H_9 C_4H_9

芳烃饱和率是评价重质油中芳烃加氢饱和反应的重要指标，可采用下式计算：

$$芳烃饱和率（\%）=\frac{原料中芳烃含量-加氢生成油中芳烃含量}{原料中芳烃含量}\times 100\%$$

在高酸性催化剂上进行加氢裂化时，稠环芳烃还会进行中间产物的深度异构化、脱烷基侧链和烷基歧化等反应。

芳香环上的烷基侧链对加氢裂化过程具有影响，侧链产生的位阻效应会影响芳香环的加氢反应。在反应压力不是很高的条件下，烷基芳香烃主要发生脱烷基反应，但短烷基侧链比较稳定，如甲基或乙基侧链进行脱烷基反应比较困难，主要进行异构化和歧化反应，长的烷基侧链除了可以进行脱烷基反应外，还可以进行侧链本身的氢解反应。

加氢裂化转化率是指大分子重质原料油转化成小分子轻质产品的质量分数，如当以常压渣油为原料时，加氢裂化转化率定义如下：

$$\text{转化率（\%）}=\frac{\text{原料中}>350℃\text{馏分的质量分数}-\text{生成油中}>350℃\text{馏分的质量分数}\times\text{液收率}}{\text{原料中}>350℃\text{馏分的质量分数}}\times100\%$$

其中，液收率指的是液体产物与进料量的比值。

3.1.2 加氢脱硫反应

硫是石油中主要的杂原子，会对石油的加工和使用带来诸多不利影响，如腐蚀设备、影响油品的使用性能、排放到环境中造成环境污染、引起油品加工催化剂中毒等。硫在石油中有各种不同的存在形态，包括单质硫、硫化氢、硫醇、硫醚、二硫化物、噻吩及其同系物等。但劣质重油重质油中的硫化物类型和结构众多，在现有分析技术条件下对其进行全面定性与定量测定尚有一定难度，研究结果表明，劣质重油中主要含有硫醚类及噻吩类硫化物，尤其是噻吩类硫化物，在劣质重油中占有较大比例（60%～70%）。

各类硫化物中的C—S键键能比C—C键和C—N键键能小，因此，劣质重油的加氢脱硫相对比较容易进行，在其加氢反应条件下，一般硫化物中的C—S键发生断裂，生成相应的烃类和H_2S，从而脱除硫杂原子。如硫化物中较易氢解的硫醇、硫醚和二硫化物的加氢反应如下：

硫醇 $RSH+H_2 \longrightarrow RH+H_2S$

硫醚 $RSR'+H_2 \longrightarrow R'SH+RH$

$\qquad R'SH \xrightarrow{H_2} R'H+H_2S$

二硫化物 $RSSR'+H_2 \longrightarrow R'SH+RSH \dashrightarrow R'SR+H_2S$

$\qquad R'SH+RSH \xrightarrow{2H_2} R'H+RH+2H_2S$

噻吩是一种芳香性的硫杂环化合物，化学性质与芳香烃接近，稳定性比链状含硫化合物高。劣质重油中含量较高的苯并噻吩类、二苯并噻吩类和萘并噻吩类化合物，结构及性质与苯系稠环化合物相似，热稳定性很高，化学性质不活泼，加氢脱除的难度较大。如噻吩的加氢反应过程为：

$$\text{(S)}+2H_2 \longrightarrow \text{(S)} \xrightarrow{H_2} C_4H_9SH \longrightarrow C_4H_8+H_2S \xrightarrow{H_2} C_4H_{10}$$

$$\text{(S)} \xrightarrow[2H_2]{-H_2S} \text{CH}_2\text{=CH—CH=CH}_2 \xrightarrow{H_2} C_4H_8+H_2S$$

在噻吩的加氢反应过程中观察到有中间产物丁二烯生成，但丁二烯很快会加氢生成丁烯，并进一步加氢生成丁烷。

苯并噻吩加氢时生成乙基苯和H_2S，反应历程如下：

$$S + H_2 \longrightarrow S \xrightarrow{2H_2} C_2H_5 + H_2S$$

$$\xrightarrow[-H_2S]{2H_2} CH{=}CH_2 \xrightarrow{H_2} C_2H_5$$

加氢脱硫是强放热反应，平衡常数随温度的升高而降低。在较高的反应温度下，噻吩的加氢脱硫反应受化学平衡限制，只有提高反应压力，才能达到深度脱硫。所以劣质重油的加氢脱硫反应需要在较苛刻的反应条件下进行，才能达到较高的脱硫率。加氢过程的脱硫率可以采用下式计算：

$$脱硫率（\%）=\frac{原料油的硫含量-加氢生成油的硫含量}{原料油的硫含量}\times 100\%$$

随着含硫化合物结构趋于复杂，尤其是分子中芳香环和环烷环数目的增加，加氢脱硫反应越发困难，主要是环状结构的空间位阻效应阻碍了硫原子与催化剂表面活性中心的作用，使加氢脱硫反应速率下降。不同位置上烷基取代的环状含硫化合物的反应性能也有很大差别，如4-甲基二苯并噻吩和4,6-二甲基二苯并噻吩的加氢脱硫活性显著低于其他位置取代的二苯并噻吩，就是取代基的空间位阻对加氢脱硫反应性能产生的影响。

劣质重油的饱和分中基本不含硫，含硫化合物主要存在于芳香分、胶质和沥青质中，在结构上比模型化合物要复杂得多，且各种含硫化合物之间在加氢反应过程中存在着相互影响，因此，劣质重油加氢脱硫反应的速率常数要小得多。劣质重油芳香分中的硫最容易脱除，沥青质中的硫最难脱除，而且，加氢生成油中剩余的硫主要集中在沥青质中。

3.1.3 加氢脱氮反应

石油中的氮含量随着馏分沸点的升高而增加，原油中约有90%的氮富集在残渣油中。石油中的氮化物主要包括三类，即脂肪胺及芳香胺类，吡啶、喹啉类的碱性杂环氮化合物，吡咯、茚及咔唑型的非碱性氮化物。但劣质重油中的含氮结构大部分是具有芳香性的吡咯类和吡啶类氮杂环化合物，结构十分稳定，而反应活性较高的胺类结构很少。劣质重油的胶质和沥青质结构中往往同时含有多种杂原子，且氮杂环大多与芳环并合，如吲哚、咔唑、苯并喹啉、苯并萘并喹啉等。所以，劣质重油的加氢脱氮反应比加氢脱硫要难得多。

研究表明，氮杂环化合物加氢脱氮时，都要首先发生氮杂环的加氢饱和反应，然后再进行开环和C—N键断裂的氢解反应。如吡啶加氢脱氮时，首先快速加氢生成哌啶，而哌啶再加氢生成正戊胺的反应速度很慢，以下是吡啶加氢脱氮反应的控制步骤：

$$\text{N} + 3H_2 \longrightarrow \underset{\text{H}}{\text{N}} \xrightarrow{H_2} C_5H_{11}NH_2 \xrightarrow{H_2} C_5H_{12}+NH_3$$

如吡咯的加氢脱氮主要包括五元环加氢、四氢吡咯 C—N 键断裂开环以及正丁胺脱氮等过程：

$$\underset{\text{H}}{\text{N}} \xrightarrow{2H_2} \underset{\text{H}}{\text{N}} \xrightarrow{H_2} C_4H_9NH_2 \xrightarrow{H_2} C_4H_{10}+NH_3$$

对于包含吡啶环和吡咯环的化学结构更复杂的含氮化合物，尤其是含有芳香环的化合物，加氢过程通常都要经历部分或所有芳环加氢饱和的过程，如吖啶、吲哚和咔唑的加氢反应历程为：

吖啶

N　→　N　→　N

[N H]　$\xrightarrow{快}$　N H　→　N H

NH_2　→　$+NH_3$

吲哚

N H　$\underset{快}{\overset{快}{\rightleftharpoons}}$　N H　→　NH_2

→　$+NH_3$　←

咔唑

N H　$\underset{}{\overset{+6H}{\rightleftharpoons}}$　N H　$\xrightarrow{+2H}$　NH_2

$\downarrow +6H$

$\xleftarrow[-NH_3]{+2H}$　NH_2

以上化合物的加氢脱氮，由于需要先将芳香环加氢饱和，且芳香环加氢反应存在较大的空间位阻效应，远远比吡啶和吡咯的加氢脱氮困难得多，对催化剂活性的要求也更高。由于吡咯环的芳香性比吡啶环的芳香性弱，因此，吡咯类化合物的加氢脱氮比吡啶类稍微容易一些。

加氢过程的脱氮率可以采用下式计算：

$$脱氮率(\%)=\frac{原料油的氮含量-加氢生成油的氮含量}{原料油的氮含量}\times 100\%$$

3.1.4 加氢脱氧反应

劣质重油中的含氧化合物主要有环烷酸、酚类、脂肪酸等酸性氧化物和呋喃、酯、醇等中性氧化物，但其中性氧化物含量较少。各类含氧化合物的加氢反应主要包括环系的加氢饱和及C—O键的氢解，如：

呋喃　（呋喃环，O）$+4H_2 \longrightarrow C_4H_{10}+H_2O$

环烷酸　（R，COOH）$\xrightarrow{3H_2}$ （R，CH_3）$+2H_2O$

酚类　（CH_3，OH）$\xrightarrow{3H_2}$ （CH_3，OH）$\xrightarrow{H_2}$ （CH_3）$+H_2O$

劣质重油中氧的来源比较复杂，对含氧化合物及其加氢反应的研究较少。一般来说，劣质重油中醇类、羧酸类和酮类化合物的加氢脱氧比较容易，醇类和酮类化合物加氢脱氧生成相应的烃和水，羧酸类化合物在加氢反应条件下进行脱羧基或羧基转化为甲基的反应，而酚和呋喃类化合物的加氢脱氧较困难。

3.1.5 加氢脱金属反应

劣质重油中含有较多的微量金属元素，其中含量最多且对其加氢过程影响最大的是镍和钒。重金属在加氢过程中被脱除后会沉积到催化剂上，造成孔口堵塞，引起催化剂失活，因此，劣质重油加氢过程中的加氢脱金属问题受到了高度重视。为了维持重油加氢转化率在一定的水平之上，往往需要逐渐提高装置的操作温度以弥补金属沉积对催化剂活性的影响，但这又加速了焦炭的沉积，使催化剂进一步失活。因此，加氢脱金属对劣质重油加氢过程具有重要影响。

劣质重油中的微量元素主要是与硫、氮、氧等杂原子以络合状态存在的，可以分为以卟啉化合物形式存在的金属和以非卟啉化合物形式存在的金属（如环烷酸盐等）。对于以油溶性存在的非卟啉金属化合物，加氢反应活性较高，很容易将金属以硫化物的形式脱除并沉积到催化剂上。而对于金属卟啉化合物，如镍卟啉和钒卟啉，金属原子均配位于卟啉结构直角四面体的四个氮原子上，化学性质非常稳定，只有在卟啉结构部分加氢之后才能进行脱金属反应，脱除难度较大。

对于金属卟啉化合物中金属的脱除，有研究认为主要是在 H_2 和 H_2S 存在的条件下，卟啉化合物的金属-氮共价键减弱，然后发生脱金属反应，如：

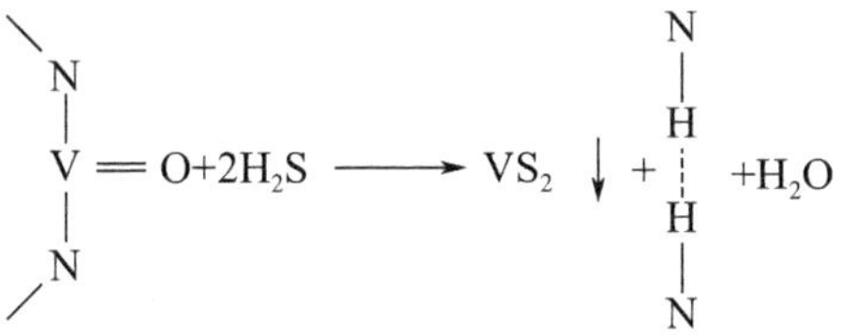

$$\text{(N)}_2\text{V}{=}\text{O} + 2\text{H}_2\text{S} \longrightarrow \text{VS}_2\downarrow + \text{N{-}H}\cdots\text{H{-}N} + \text{H}_2\text{O}$$

但也有研究认为，金属卟啉化合物的脱金属是按照串联反应进行的，首先是化合物外围的双键加氢使卟啉活化，然后分子裂化并脱除金属，在催化剂表面形成金属沉积物，如：

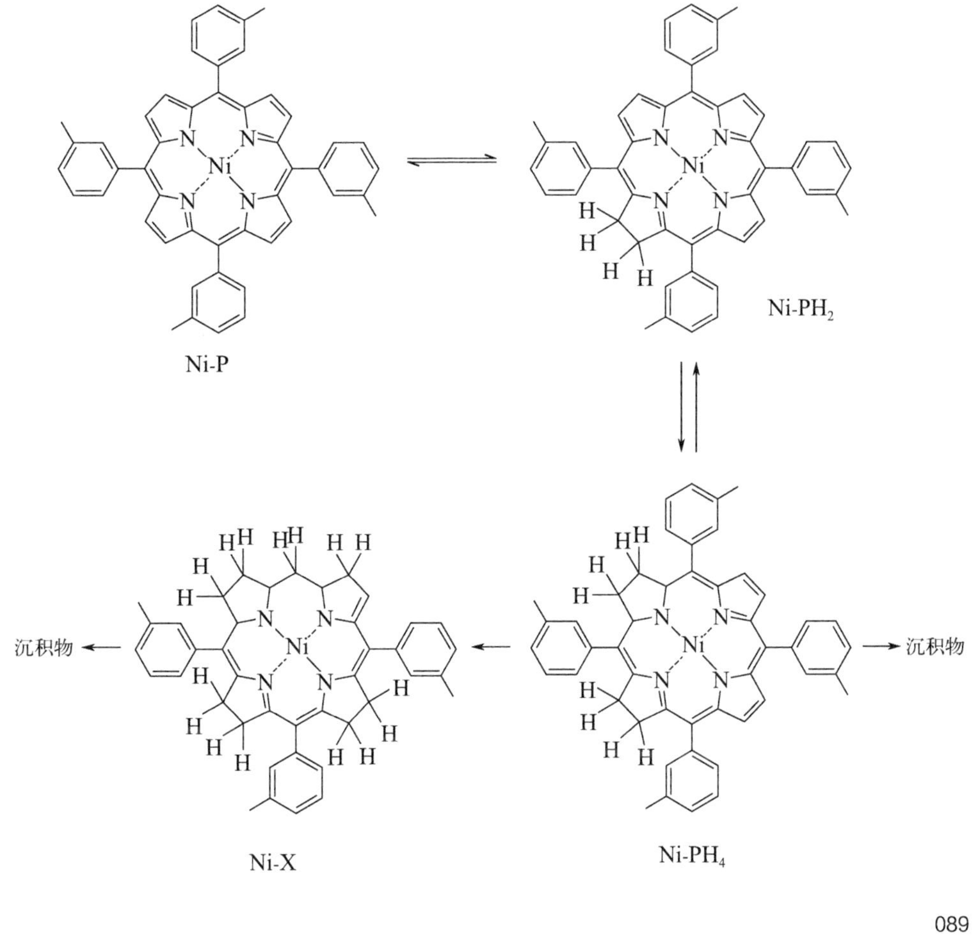

Ni-P ⇌ Ni-PH$_2$ ⇌ Ni-PH$_4$ → Ni-X

沉积物 ← Ni-X；Ni-PH$_4$ → 沉积物

由于化学结构的差异，渣油中镍和钒的脱除深度有所不同。研究表明，渣油中的钒原子位于卟啉大环形平面结构的中央向上突起部位，形成四面锥体的结构，而镍原子位于卟啉大环形平面结构的中央，镍卟啉的极性比钒卟啉要弱，催化剂表面的酸性中心更易于将极性较强的钒卟啉吸附并脱除，故钒的脱除速度高于镍。而且，由于镍卟啉的扩散能力大于钒卟啉，因此，加氢脱除的钒主要沉积在催化剂的外表面，而镍则更多地渗透到催化剂内部。

加氢过程脱除的金属会以金属硫化物的形式沉积到催化剂上，金属硫化物在催化剂微孔中不断沉积，减小催化剂微孔孔径，甚至堵塞催化剂微孔，引起催化剂失活。与其他失活现象不同，金属沉积造成的催化剂失活是不可逆的，且随着反应时间的延长而加重，如焦炭沉积过程在足够的氢分压下可以达到稳定状态，甚至催化剂上的部分软焦会重新转化成油品，沉积在催化剂上的 H_2S 和 NH_3 也可以从催化剂表面逸出，但金属沉积随反应时间的延长一直是增加的，直至会完全堵塞催化剂孔道。因此，劣质重油加氢过程中必须降低金属沉积对催化剂活性的影响，如在固定床渣油加氢反应器床层前部，设置一种或几种脱金属活性高、金属硫化物容量大的加氢脱金属催化剂，将原料中大部分重金属脱除以后，再进入反应系统后部的其他催化剂床层进行反应。

3.1.6 加氢脱沥青质反应

沥青质是劣质重油中分子量最大、化学结构最复杂、杂原子含量最高和极性最大的组分，是劣质重油中最难加工的分子，是重质油残炭的重要来源，具有很高的生焦倾向，如何把沥青质转化为非沥青质轻组分，是其加工过程中的挑战。沥青质的加氢反应是分步进行的，首先沥青质解聚生成胶质，胶质再加氢逐步裂解为芳香分和饱和分等小分子。

沥青质中含有大量杂原子，且杂原子主要位于沥青质分子内部并与大的稠环结构相连，因此，劣质重油加氢过程中的脱金属、脱硫、脱氮、脱残炭等反应与沥青质加氢解聚是密切相关、同步进行的。如研究发现，劣质重油加氢过程中沥青质的分解速度与原料油的脱硫率成比例。脱除沥青质中的硫、氮、金属等杂原子，必须首先进行沥青质加氢解聚，即在高温作用下，维系沥青质胶核缔合的芳香层间 π-π 作用、官能团间氢键以及其他电子转移作用减弱，沥青质胶束解聚为结构单元，然后结构单元内部稳定性较差的硫桥键和烷基桥键断裂，使金属卟啉结构暴露于分子表面，在 H_2 和 H_2S 存在的条件下反应生成金属硫化物并沉积于催化剂表面，剩余结构进一步脱硫、脱氮生成更小的分子。

在加氢反应过程中，沥青质在苛刻的反应条件下也会发生缩合反应和石墨化反应，进而形成焦炭。但在加氢过程的高氢分压状态下，缩合生焦反应速度会大大降低。

虽然在劣质重油加氢过程中，沥青质可以进行一定程度的脱杂原子和轻质化反应，但即使沥青质断链分解后，生成的含杂原子结构分子量仍然很大，所以沥青质的反应难度远远大于渣油中的其他组分。如渣油加氢脱硫率达到90%时，沥青质中的含硫量仍占加氢产品残余硫的72%，说明沥青质的脱硫比其他组分的脱硫难得多。原因是沥青质的加氢反应受催化剂孔内扩散限制，沥青质的分解率与催化剂孔径大小有关，其氢解速率常数随催化剂孔径的增大而增加，即催化剂孔径越大，沥青质脱除率越大，大孔径催化剂有利于沥青质的脱除。如科威特重油在常规加氢操作条件下，使用孔径为8nm的催化剂进行加氢时，沥青质几乎不发生氢解反应，当使用孔径为18nm的催化剂时，沥青质分解率可达40%。

在劣质重油加氢过程中，沥青质的数量可能会随着反应时间的延长而减少，但作为胶溶剂的胶质和芳香分的数量也会减少，而且由于胶质和芳香分的分子较小，更容易扩散到催化剂孔内进行加氢反应，使其中的芳香环饱和，芳香性降低。对沥青质的胶溶能力下降，有可能会破坏劣质重油的胶体平衡，使沥青质从油相中沉淀出来形成“第二液相”或“干渣”。干渣会堵塞设备，沉积到催化剂上生成焦炭，引起催化剂快速失活。一般情况下，胶质和芳香分的加氢深度高于沥青质，其溶解能力的下降也高于沥青质的转化速度；而且，沥青质的沉淀倾向与其转化率有关，一般随沥青质转化率增加，稠合芳香结构上的烷基侧链脱除，沥青质缔合的位阻降低，其沉淀倾向也增大。所以，在劣质重油加氢过程中，应防止过度转化引起沥青质聚集沉降而形成“干渣”的问题。

除以上反应外，劣质重油加氢过程中部分低H/C的稠环化合物，既可以发生氢解反应生成轻质油品（加氢脱残炭反应），也会发生少量缩合生焦反应，生成的焦炭沉积到催化剂上，与沉积的金属共同造成催化剂失活。

3.1.7 各类反应之间的相互作用及关系

劣质重油是由烃类和非烃类组成的复杂混合物，各类化合物共存时的加氢反应，与单体化合物或简单混合物的反应规律并不完全一样。劣质重油，尤其是其中的胶质和沥青质，同时含有硫、氮、氧和金属等杂原子，而且金属是与硫、氮、氧以络合状态存在的，劣质重油加氢过程中的脱硫、脱氮、脱氧、脱金属及脱沥青质等反应是同时进行的，各类反应间具有相互影响，有的是促进作用，有的是抑制作用，不同组成的混合物体系及不同反应之间的相互影响非常复杂。

3.1.7.1 各类反应之间的相互作用

（1）硫、氮对芳香烃加氢的影响

硫化物加氢产生的 H_2S 和氮化物加氢产生的 NH_3，均会对芳烃加氢产生一定的抑制作用，但二者抑制的程度有所区别，如 NH_3 对异丙基苯加氢反应的抑制作用是 H_2S 的 3 倍。同时，有机硫化物和有机氮化物本身也会对芳烃加氢产生一定影响，但通常来说，硫化物对芳烃加氢反应的影响较缓和，而氮化物对芳烃加氢的影响较明显。如研究表明，喹啉及其加氢产物对萘的加氢反应具有强烈的抑制作用，2，4-二甲基吡啶对 2-甲基萘的加氢反应也有较强的抑制作用，非碱性的吲哚对萘的加氢反应同样具有强烈的抑制作用。

（2）氮、氧对加氢脱硫的影响

碱性氮化物对加氢脱硫具有较强的抑制作用，如喹啉对二苯并噻吩加氢脱硫反应网络中的所有反应均有较强的抑制作用，而且对加氢反应的抑制作用大于对氢解的抑制作用，在反应前期的抑制作用强于反应后期。某些非碱性氮化物（如咔唑）在加氢反应过程中会快速加氢转化成碱性氮化物，对加氢脱硫也具有较强的抑制作用，其抑制作用甚至与碱性氮化物相近。

含氧化合物对有机硫化物加氢脱硫反应的抑制作用较缓和。一般认为，加氢脱硫的产物 H_2S 会抑制氢解反应，但不会抑制加氢反应。

（3）硫、氧对加氢脱氮的影响

硫化物是氮化物加氢脱氮的弱抑制剂，但抑制效果几乎可以忽略。有机氧化物对加氢脱氮的影响较复杂。如研究发现，部分乙基苯酚、苯并呋喃和二苯醚可以促进喹啉和邻甲苯胺的加氢脱氮反应，但也有研究认为有机含氧化合物对加氢脱氮反应具有缓和的抑制作用；水和 H_2S 可以促进加氢脱氮反应，尤其是水和 H_2S 共同存在时效果更明显，水会增加氢解反应速度，而 H_2S 既会增加氢解反应速度，也会增加加氢速率，这主要与二者对催化剂表面的酸性影响有关。因此在低转化率时，含氧化合物与含氮化合物的竞争吸附有可能对加氢脱氮产生缓和的抑制作用，但在较高转化率时脱氧生成的水对加氢脱氮有促进作用。

（4）硫、氮对加氢脱氧的影响

有机硫化物对加氢脱氧的抑制作用较弱，而氮化物对加氢脱氧具有强烈的抑制作用。

综合各类反应之间的相互作用可以看出，劣质重油中碱性氮化物的存在会显著抑制硫化物的加氢脱硫、芳烃的加氢反应、氧化物的加氢脱氧反应；含硫化合物加氢脱硫生成的 H_2S，在体系中含量过高对加氢脱硫、芳烃加氢均不利，这也是劣质重油加氢装置循环氢需要脱硫的主要原因之一，但 H_2S 和含氧化合物加氢后生成的水对 C—N 键的氢解具有促进作用。

3.1.7.2 加氢脱硫、脱金属与脱沥青质的关系

劣质重油加氢过程中，随脱硫率增大，沥青质脱除率也增大，但沥青质脱除率一般小于脱硫率，而且，催化剂孔径越大，沥青质的脱除率也越大。

随脱硫率增加，脱钒率和脱镍率均增加。脱钒反应在脱硫率较低时已开始进行，但脱镍反应需要在脱硫率相对较高时才开始进行，在低脱硫率范围内，脱镍率低于脱硫率。大孔径催化剂有利于金属脱除反应，催化剂孔径越大，脱钒率和脱镍率也越大。在大孔径催化剂存在条件下，脱钒率大于脱硫率，但脱镍率只有在大孔径催化剂存在条件下的高脱硫率范围下，才大于脱硫率，且劣质重油加氢过程中的脱钒率总是大于脱镍率，说明镍的脱除比钒的脱除要难。

在劣质重油加氢过程中，金属脱除率随沥青质脱除率的增加而增大，且二者呈线性关系，主要原因是劣质重油中的金属主要存在于胶质和沥青质中。研究发现，金属和沥青质的脱除反应受催化剂孔径的影响程度要大于脱硫反应。

3.1.8 加氢反应机理

劣质重油加氢过程中，除了发生加氢脱硫、加氢脱氮、加氢脱氧、加氢脱金属和加氢饱和反应外，其大分子还会在高温和催化剂的作用下裂化生成小分子气体和馏分油，也会发生少量缩合反应生成焦炭并沉积到催化剂上，引起催化剂失活。由于劣质重油加氢过程的复杂性，对于其反应机理的认识迄今为止还没有定论。总体来看，在这个气-液-固三相复杂反应体系中：既有催化反应，又有热反应；既有液相反应，又有气相反应；既有精制反应，又有裂化和缩合反应。

劣质重油加氢转化过程中，大部分 C—C 键的断裂是以与单纯热转化过程完全相同的自由基方式进行的，裂化反应的主要推动力是热活化，而催化剂、氢气以及其他因素只不过是起到限制或抑制胶质和沥青质等大分子缩合生焦的作用。大量研究表明，劣质重油加氢过程中，催化反应和热反应是共存的，大分子转化成轻质油品，主要是通过脱烷基反应、连接芳香环的部分桥键断裂反应或脱金属引起沥青质胶束破坏完成的，催化剂在生成轻质油品过程中起的作用不大，催化剂的作用主要是通过生成活化氢来改善产品分布和抑制生焦。

劣质重油加氢催化剂的载体大部分是中性载体，即使是使用酸性载体，在劣质重油原料中大量碱性氮化物及胶质、沥青质等生焦物质的共同作用下，催

化剂的酸性中心也会很快中毒失活。因此，在其加氢过程中的裂化反应，特别是C—C键的断裂反应，不可能像馏分油加氢过程一样通过碳正离子反应机理进行，很可能是按照热反应的自由基机理进行的。只不过由于氢气和催化剂的存在，提供了大量的活化氢，使热裂化生成的大分子自由基快速湮灭，显著地抑制了缩合生焦反应，减缓了催化剂的失活速度。也有研究表明，劣质重油加氢过程的初期，新鲜催化剂上存在大量未被覆盖的酸性活性中心，此时，体系中既有碳正离子反应，也有自由基反应。

因此，劣质重油加氢过程中发生的化学反应，基本上可以分为两类。第一类是在催化剂加氢活性中心上发生的反应，包括硫、氮、氧化合物的氢解反应，烯烃加氢饱和，芳香环的加氢饱和；第二类是在高温和催化剂酸性中心共同作用下发生的反应，包括烷烃裂解、环烷环开环、芳香烃烷基侧链断裂和稠环芳烃缩合反应等。

3.2 加氢反应热力学和动力学

对于一个化学反应来说，通常需要从热力学和动力学两个方面去进行研究。热力学主要是研究化学反应的方向、化学平衡和热效应问题，动力学则是主要研究化学反应的速率。热力学和动力学的研究结果，对于选择适宜的反应条件和设计反应器等具有重要指导意义。

劣质重油加氢过程的原料组成非常复杂、影响因素众多，且该加氢过程是一个复杂的平行-顺序反应，同一反应物有可能朝着不同的方向进行化学反应，初次反应的产物还可以继续进行反应，且不同反应间具有协同或抑制作用。所以，劣质重油加氢反应的热力学和动力学问题要远远比单体化合物的热力学和动力学复杂得多。

3.2.1 加氢裂化反应

烷烃和环烷烃的加氢裂化反应均遵循自由基机理或碳正离子机理，是不受化学平衡限制的放热反应，反应速率均随着反应物分子量的增加而加快。与五元环烷烃相比，六元环烷烃需首先异构成环戊烷衍生物再进行裂化反应，所以反应速率相对较慢。对于双环六元环烷烃，两个六元环是依次异构开环的，第一个环的开环比较容易，而第二个环则较难断开。

芳烃加氢裂化是受化学平衡限制的放热反应，反应的平衡常数随温度的升高而降低，尤其是稠环芳烃的加氢裂化，加氢和断环是逐次进行的，分子中不同芳环加氢反应的平衡常数依据加氢次序降低。所以，稠环芳烃的部分加氢较容易，第一个芳环加氢的平衡常数较大，且加氢速度较快（比苯快），之后第二、第三个芳环的平衡常数和反应速度依次降低（见表 3-1）。对于芳环上带有的烷基侧链，会使芳环的加氢过程变得困难、加氢反应的平衡常数及反应速率降低。

表 3-1 稠环芳烃加氢相对反应速度（以苯加氢速度为 1）

反应	相对反应速度		
	Ni/Al_2O_3，3.0～5.0MPa，130～200℃	MoS_2，20.0MPa，420℃	WS_2，15.0MPa，400℃
苯→环己烷	1	1	1
萘→四氢萘	3.14	14.1	23
四氢萘→十氢萘	0.24	2.87	2.5
蒽→四氢蒽	3.08	—	13.8
四氢蒽→八氢蒽	1.47	—	4.6
八氢蒽→过氢蒽	0.04	—	2.9

一般来说，劣质重油加氢过程中多环芳烃的部分加氢和环烷环的断环反应速率最大，单环环烷烃的断环速率较小，而单环芳香烃的加氢速率和多环芳香烃完全加氢的速率都很小。因此与原料相比，加氢反应产物中单环芳香烃和单环环烷烃的含量有可能会增加。

研究表明，加氢条件下的裂化反应和异构化反应属于一级反应，而加氢反应和加氢裂化反应属于二级反应，但由于加氢过程通常采用大大超过化学计量数所需要的过剩氢气，因此加氢裂化和加氢反应均表现为近似一级反应（拟一级反应或假一级反应）。

3.2.2 加氢脱硫反应

热力学研究表明，除噻吩类化合物以外，其他类型含硫化合物在常规加氢反应温度下的加氢脱硫反应平衡常数均远远大于 1，反应进行得比较深。

在较高温度下，噻吩类化合物的加氢脱硫反应受化学平衡限制，随反应温度升高，噻吩类的加氢脱硫平衡转化率下降，温度越高，压力越低，平衡转化率越低（见表 3-2），在工业加氢装置所采用的反应条件下，由于热力学限制，有可能达不到较高的脱硫率。所以，对于含有较多噻吩结构的稠环芳烃类高分子含硫化合物的重质油，其加氢脱硫反应在热力学上是不利的，要想达到较好的脱硫效果，应采用较高的反应压力和相对较低的反应温度。

表 3-2　噻吩加氢脱硫反应的平衡转化率（摩尔分数）

温度/K \ 压力/MPa	0.1	1.0	4.0	10.0
500	99.2	99.9	100	100
600	98.1	99.5	99.8	99.8
700	90.7	97.6	99.0	99.4
800	68.4	93.3	96.6	98.0
900	28.7	79.5	91.8	95.1

动力学研究表明，单体含硫化合物的加氢脱硫反应属于表观一级反应，但对于组成复杂的劣质重油，由于其中含硫化合物的组成和结构比较复杂，有的易于反应，有的不易反应，其表观反应级数在1～2级之间，可用准二级反应速率方程式进行描述。含硫化合物的加氢反应难易程度不同，反应速度与其分子结构密切相关，具体表现为加氢反应速度有差别，当分子大小相近时，反应速率常数具有的一般关系是：硫醇＞二硫化物＞硫醚≈四氢噻吩＞噻吩。噻吩及其衍生物的硫杂环具有芳香性，特别不容易氢解，所以劣质重油中的噻吩类脱硫要比非噻吩类困难得多。

加氢脱硫反应动力学研究表明，硫化物的氢解反应属于固体表面反应，硫化物和氢分子分别吸附在催化剂的不同类型活性中心上，再进行反应，反应速率方程可以用朗缪尔-欣谢尔伍德方程描述，但并没有一个统一的、适用于所有化合物的反应速率方程，因为劣质重油的加氢脱硫过程包括了若干个连续的或平行的步骤，并且在工业操作条件下，这些反应通常受内扩散控制。

对于劣质重油加氢来说，原料越重，加氢脱硫的反应活性越差，反应的表观活化能也越大，主要是因为反应需要在液相中进行，热反应所占比例较大。

3.2.3 加氢脱氮反应

劣质重油中的氮原子绝大部分处于具有芳香性的吡咯类和吡啶类氮杂环上，化学性质十分稳定，加氢脱氮过程都要先经历吡咯环或吡啶环的饱和后，才能再发生C—N键的氢解反应，基本上都属于受化学平衡控制的放热反应，平衡常数随反应温度的升高而降低。

动力学研究表明，各类含氮化合物中胺类的加氢脱氮反应最容易进行，但劣质重油中含量较高、与多个芳香环合并的吡咯类和吡啶类化合物中的氮是较难脱除的，尤其是低温下，氮杂环的脱氮率很低。研究表明，低温下各种氮化物的脱除率有较大差异，但在高温下各种氮化物的脱除率都很高。所以，若要取得较高的加氢脱氮率，需适当提高反应温度。

随石油馏分变重，一方面氮含量增加，另一方面重馏分中的氮化物分子结构更加复杂，加氢反应的空间位阻效应增加，而且氮化物中芳香杂环氮化物增多，加氢脱氮越发困难。不同石油馏分的平均沸点与加氢脱氮反应速率常数的关系见图 3-1。

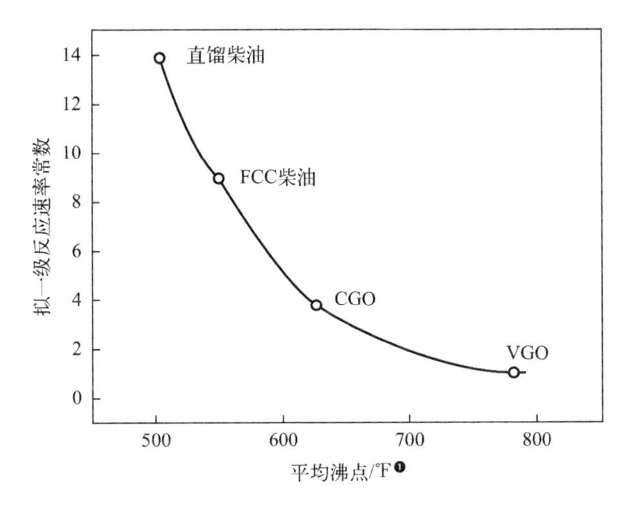

图 3-1 石油馏分平均沸点与加氢脱氮反应速率常数的关系（0.7MPa）

单体含氮化合物的加氢脱氮反应属于一级化学反应，碱性和非碱性含氮化合物的加氢脱氮反应速率常数比较接近。对于分子中合并不同芳香环数或具有不同位置取代基的氮杂环化合物，加氢脱氮反应的速率常数相差并不大，说明加氢脱氮过程有可能并没有发生氮原子在催化剂上的端连吸附，而是通过芳香环系结构的 π 键吸附的。

吡啶类含氮化合物的加氢脱氮过程既有可能是吡啶环直接氢解，也有可能是氮杂环和相邻芳环先加氢后再氢解，但吡咯类化合物的加氢脱氮过程中并未发现芳环饱和现象，说明吡咯类化合物中氮杂环的芳香性比吡啶类弱，加氢脱氮比吡啶类稍微容易一些。常见非烃化合物的加氢反应对比见表 3-3。

表 3-3 不同化合物加氢反应的相对速率常数和氢耗

（344℃，5.0MPa，H_2/进料=8，Co/Mo 催化剂）

化合物	相对速率常数（相对萘）	氢耗（标准状况）/m^3
硫化物	>50	2.55

❶ $t(F^{\circ}) = \frac{9}{5}[t(k) - 273.15] + 32$。

续表

化合物	相对速率常数（相对萘）	氢耗（标准状况）/m^3
苯并噻吩	4～6	3.68
二苯并噻吩	4～6	2.55
吲哚	1.0	16.99
喹啉	1.5	19.82
对烷基苯酚	5～7	9.91
邻烷基苯酚	1.4	9.91
苯并呋喃	1.1	15.01

3.2.4 加氢脱氧反应

从热力学上来看，石油中的含氧化合物，不管是氧原子处在链状结构上，还是处于氧杂环上，加氢脱氧过程基本上是不可逆的放热反应。

从动力学上来看，含氧化合物在加氢过程中的分解速度很快，只有含较多取代基的氧杂环化合物，反应活性才稍微低一些。

劣质重油中同时存在含硫、含氮和含氧化合物，一般认为加氢反应时，脱硫反应因为无需对芳环进行饱和而直接脱硫，反应是最容易进行的，反应速率也最大；含氮化合物和含氧化合物均需先加氢饱和，然后C—O键和C—N键再断裂，故反应速率较慢。三种杂原子化合物的脱除反应速率大小依次为：含硫化合物＞含氧化合物＞含氮化合物。

3.2.5 加氢脱金属反应

原油中的金属有机化合物绝大部分集中在渣油中，加氢脱金属是渣油加氢过程的主要反应，但由于渣油中的金属一般与硫、氮等共存于沥青质胶束中，因此，劣质重油的加氢脱金属与加氢脱硫、加氢脱氮及沥青质的转化是分不开的，其反应的热力学和动力学问题非常复杂，目前研究得较少。

根据劣质重油中金属含量和脱金属转化深度不同，加氢脱钒和加氢脱镍的反应动力学方程有所区别。一般在较低转化率下，脱金属反应可采用一级动力学方程式描述；而在较高转化率时，则用二级反应动力学方程式表示。但也有研究认为，加氢脱金属的反应动力学表观级数随反应温度的升高而增大。

总之，在劣质重油加氢过程中，各类化学反应的反应速率和热力学特征是不同的，对反应结果的影响也不同。加氢脱金属、加氢脱硫、加氢脱氧的反应比较快，裂解过程生成烯烃的加氢饱和反应也很快，进行得比较完全；多环芳烃加氢转化为单环芳烃比单环芳烃加氢饱和要容易得多；脱氮是比较难进行的反应，所以对于氮含量较高的样品，需要比较苛刻的操作条件。

3.3 加氢反应影响因素

劣质重油加氢过程的原料组成复杂，化学反应众多，因此反应过程的影响因素较多，影响程度也各不相同，有些因素不仅影响劣质重油加氢反应的速度，还会影响某些反应的化学平衡。劣质重油加氢过程的影响因素主要包括反应压力、反应温度、空速、氢油比、原料和催化剂性质等。

劣质重油加氢过程的操作条件根据原料性质和产物质量要求不同而异。一般而言，馏分越重，非理想组分（硫、氮、氧、金属、稠环芳烃、胶质、沥青质等）含量越高，所需的反应条件越苛刻，即反应温度高、氢分压和氢油比大、空速低。

3.3.1 原料性质

劣质重油加氢过程的原料组成复杂，杂原子含量多，密度大，黏度高，原料油性质对反应压力、反应温度、空速、氢油比等操作条件选择及装置运转周期、氢耗、产品收率和性质等均有影响。

3.3.1.1 原料硫含量

硫含量是劣质重油加氢原料的重要性质之一，硫含量及含硫化合物结构对加氢反应过程有很大影响。国产原油的硫含量一般较低，但随着我国石油消费量的增加，我国的原油对外依存度逐年增加，进口原油大多数为硫含量较高的中东等原油。另外，硫含量在石油中随着馏分馏程的升高而增加，石油馏分越重，硫含量越高，当要求产品的硫含量降至一定水平时，越重的原料所需的催化剂加氢活性越高，反应条件越苛刻。因此，随着国内加工原油重质化、劣质化趋势加剧，劣质重油加氢装置原料硫含量高的问题已越来越引起人们的重视。

加氢反应过程中，从对装置性能要求及经济性方面考虑，不会追求过高的转化率，原料的脱硫率也不可能达到100%，必然会有一部分硫以不同形式转移到产品中。因此，原料硫含量的高低将影响加氢产品的硫含量和性质。劣质重油中的硫含量较高且硫化物结构组成复杂，尤其是其中的多环并噻吩类化合物，脱除率较低，要想提高这类硫化物的脱除率，就需要开发能有效脱除这类硫化物的工艺以及高性能催化剂。重质油加氢原料硫含量高，尤其是要求的脱硫率也较高时，还会引起加氢催化剂的快速中毒失活。

加氢脱硫的反应速度较快，又是强放热反应，如产品的硫含量每下降1%，耗氢量（标准状况）约增加8.9～19.7m^3/m^3，放热量约增加16.21kJ/kg原料。因此，原料油硫含量增加，有可能会引起反应器入口处催化剂床层的明显温升，如不加以控制，将会引起后续床层温度升高，导致过度加氢，甚至造成反应器超温。

3.3.1.2 原料氮含量

原油中的氮含量随着馏分馏程的升高而增加，绝大部分氮集中在重质油中。石油中的氮绝大多数以芳香性的吡咯氮或吡啶氮形式存在，化学性质较稳定，在相同的反应条件下，加氢脱氮反应比加氢脱硫反应要难得多，因此，原料油氮含量升高，往往引起脱氮率下降，产品氮含量升高。与国外原油相比，国产原油的氮含量一般偏高，所以在得到相同氮含量的加氢产品时，加工国内原料所需的反应条件更苛刻度。

原料油中的碱性氮化物及所有加氢脱氮反应的中间产物均具有较强的碱性，它们可与催化剂表面的活性中心产生较强的吸附作用，在一定程度上对催化剂的活性产生抑制作用甚至导致催化剂暂时性失活，这种作用对于具有部分酸性裂化功能要求的催化剂尤为明显。杂环氮化物的加氢脱氮反应一般都要先经过氮杂环的加氢饱和，故加氢脱氮的反应速度较慢且氢耗较高，而且氮杂环化合物在催化剂表面的强吸附作用还会对加氢脱氮具有自阻作用。因此，劣质重油加氢原料氮含量的升高，会导致催化剂活性下降，需提高反应温度以补偿催化剂的活性下降。

3.3.1.3 原料芳烃含量

芳烃化合物由于分子中具有特殊的共轭大π键，化学性质稳定，加氢饱和非常困难，且芳香烃加氢饱和是一个受化学平衡限制的可逆强放热反应，提高反应温度对加氢饱和不利，化学平衡会向逆方向进行。故芳香烃在加氢反应过程中的转化率不会太高，过高的转化率还会导致氢耗增加。

通常的加氢反应条件下，由于竞争吸附作用，芳香烃对硫化物的加氢脱硫反应具有一定的抑制作用，但对氮化物的加氢脱氮反应抑制作用较小。由于芳香烃，尤其是稠环芳烃的脱氢缩合反应倾向较大，原料中芳香烃含量较高时，有可能会增加催化剂上的积炭而降低催化剂活性，降低加氢脱硫和加氢脱氮的效果。

3.3.1.4 原料的残炭和沥青质含量

沥青质是劣质重油中的高沸点稠环非烃化合物，是加氢过程的主要生焦前驱物，同时，沥青质中集中了原油中很大一部分的杂原子及重金属，因此，即使加氢原料中沥青质的微量增加，也会使催化剂失活速度大幅度增加，缩短装置运转周期。劣质重油加氢原料中沥青质含量过高，将大大增加保护剂的用量。

残炭是指油品在高温下热解和炭化后所形成的不具有挥发性的黑色鳞片状残余物。残炭的大小，反映了油品中多环芳烃、胶质和沥青质等易缩合物质的多少，是表征油品加工和使用过程中生焦倾向的重要指标。加氢原料残炭增加，会使催化剂结焦速度加快，引起催化剂失活，将影响催化剂的运转周期。因此，必须提高反应温度以弥补催化剂的活性下降。

沥青质含量和残炭增加，对加氢装置产品收率的影响较小，但会影响加氢尾油的颜色，严重时会导致产品变黑。

3.3.1.5 金属含量

石油中的金属主要分两大类，以无机盐形式存在的铁、钙、镁、钠等和以金属有机化合物形式存在的镍、钒等。

原料中以无机盐形式存在的金属，加氢反应条件下很容易形成硫化物以结壳的形式沉积到催化剂颗粒表面或颗粒间，引起催化剂微孔堵塞和床层压降增加，由于反应速度较快，这些金属主要沉积在催化剂床层前部，对产品收率、产品性质及催化剂活性影响较小。为避免金属无机盐沉积并堵塞催化剂床层颗粒间通道及微孔，通常可在反应器入口催化剂床层前增加保护催化剂，以消除金属沉积对床层压降的影响，见图 3-2。

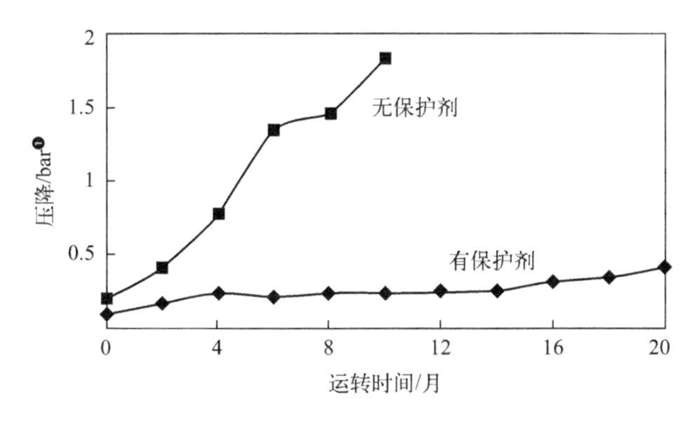

图 3-2 保护剂对加氢反应器床层压降的影响

金属有机化合物中的重金属，如镍和钒等，主要以金属卟啉化合物的形式

---

❶ $1bar=10^5Pa=1dN/mm^2$。

存在于重质油中，加氢反应过程中以金属硫化物的形式脱除并沉积到催化剂的微孔中，覆盖催化剂表面的活性中心，极易引起催化剂中毒且活性不可恢复，导致催化剂永久失活，缩短装置的运转周期。因此劣质重油加氢催化剂经过一段时间的运转后，必须更换因金属沉积而失活的催化剂。

加氢原料中的砷和硅也是催化剂的毒物，即使催化剂上沉积少量的砷和硅，也会引起催化剂活性大幅度降低，但关于重质油加氢过程中砷和硅对催化剂影响的研究较少。

另外，尤其对于劣质重油加氢过程来说，原料在进入装置后，还需要经过脱水和过滤，以除去原料中的明水和固体颗粒，避免这些物质对装置操作或催化剂活性带来不利影响。

3.3.2 反应温度

温度是所有化学反应的重要影响因素，提高反应温度，化学反应速率加快。但加氢是强放热反应过程，反应温度的提高受某些反应的热力学限制，例如过高的反应温度有可能会引起脱硫率、脱氮率和芳烃饱和率的降低。同时，提高反应温度也会加快缩合生焦反应速率，造成催化剂结焦量增加，催化剂失活速率加快，影响装置操作周期。因此劣质重油加氢过程必须根据原料性质、催化剂性能和产品质量要求，选择合适的反应温度。

加氢反应是放热过程，对于特定的原料和催化剂，反应的活化能是一定的，提高温度，反应速率常数增加，反应速率加快。但对于不同的原料、不同的催化剂，反应的活化能不同，温度对反应速率的影响也不同。活化能越高，反应温度改变对反应速率的影响越明显，但从化学平衡方面讲，提高反应温度会降低正反应的平衡转化率，不利于正反应的进行。

脱硫反应在常规加氢反应温度范围内不受热力学平衡控制，提高反应温度，脱硫速率增加，脱硫率提高。劣质重油中的氮化物基本都是氮杂环化合物，脱氮过程首先经历氮杂环的加氢饱和，此反应为受热力学平衡限制的化学反应，所以加氢脱氮反应既有可能是受热力学平衡控制，也有可能是受动力学平衡控制，提高反应温度对加氢脱氮反应的影响，需要对具体反应进行具体分析，但由于大多数加氢脱氮的反应速率较小，常规反应温度下很难达到反应平衡，往往采用较高的反应温度才能达到较好的脱氮效果。芳香烃的共轭大 π 键非常稳定，加氢饱和的活化能很高，提高反应温度可以提高芳烃加氢饱和的反应速率，但却对芳烃加氢饱和反应的转化率不利。所以，对于加氢脱氮和芳烃加氢饱和反应，当反应温度提高到某一数值后，平衡转化率会下降。

加氢裂化的反应速率受反应温度影响较大，提高反应温度，加氢裂化反应速率提高得较快，在一定的温度范围内，裂化转化率与反应温度基本上呈线性关系，故随反应温度升高，反应产物中低沸点组分含量增多。但过高的反应温度也会加快缩合生焦反应速率，引起催化剂活性下降。

加氢反应为强放热反应过程，不同加氢反应的热效应有较大差别，表3-4列出了加氢过程中一些常见反应的平均反应热，由表中数据可以看出，烯烃加氢饱和反应的反应热最大，环烷烃开环反应的反应热最小。另外，同一类化合物分子结构和大小不同，加氢反应的反应热也不同。

表3-4 加氢过程主要反应的平均反应热

反应类型	反应热
烯烃加氢饱和/（J/kmol）	-1.047×10^{8}
芳烃加氢饱和/（J/kmol）	-3.256×10^{7}
加氢脱硫/（J/kmol）	-6.978×10^{7}
加氢脱氮/（J/kmol）	-9.304×10^{7}
环烷烃加氢开环/（J/kmol）	-9.304×10^{6}
烷烃加氢裂化/（J/mol）	-1.477×10^{7}

如果加氢过程的反应温度过高，反应物料在高温下发生剧烈反应，甚至发生二次、三次反应，释放出大量反应热，会使反应温度进一步升高，当反应温度升高过多而不加以控制时，将发生温度升高的恶性循环，有可能导致温度超过催化剂允许的最高使用温度，损坏催化剂，甚至有可能引起催化剂床层“飞温”，引发事故。另外，反应温度还会直接影响加氢过程的能耗和氢耗，二者均随反应温度的升高而增加。因此，加氢反应过程中，应根据原料性质和产品要求选择适宜的反应温度，劣质重油加氢过程的反应温度多在360～420℃，一般不超过420℃。

对于固定床渣油加氢装置来说，催化剂的活性随运转时间的延长而逐步下降，需通过逐步提高反应温度来补偿催化剂的活性下降，因此在不同运转时期的反应温度是不同的。

加氢过程为强放热反应，反应物料沿催化剂床层流动，随着反应的深入，释放出的热量越来越多，大量热量引起催化剂床层温升，为避免过高的温升对反应带来的不利影响，必须控制反应器催化剂床层温升不能过大。通常的方法是将加氢催化剂装填于多个床层内，在床层间加注冷氢或急冷油，控制进入下一个催化剂床层的反应物流温度。

工业装置中可使用反应器温升和反应总温升（或催化剂床层总温升）来

表征反应器温升状况。反应器温升指的是反应器出口温度与入口温度的差值；催化剂床层总温升指的是每个催化剂床层温升的算术和。

催化剂床层总温升取决于原料性质、进料量、循环氢量、反应深度等。原料中含有加氢反应放热量大的组分如硫化物、氮化物和烯烃越多，反应温升越大；进料量增加，总的放热量增加，催化剂床层温升总和增大；循环氢量下降，或者氢油比下降、冷氢量降低，带走的热量减少，催化剂床层温升增加；加氢深度降低，反应放热量减少，床层温升降低。由于加氢过程中的化学耗氢量与原料性质和反应深度有关，所以，催化剂床层总温升与加氢过程的化学耗氢量具有较好的关联性。

由于加氢反应器催化剂床层中各点的温度是不一样的，通常用反应器加权平均床层温度（weighted average bed temperature，WABT）来表示整个反应器内催化剂床层的平均温度。

加权平均床层温度（WABT）$=\sum$（测温点权重因子×测温点显示温度）

测温点权重因子为测温点所能代表的催化剂质量分数。当同一层测温点有多支热电偶时，以所有热电偶显示温度的算术平均值作为该测温点的显示温度。

3.3.3 反应压力

反应压力对加氢过程的影响是通过氢分压来体现的。氢气作为加氢过程的主要反应物之一，提高氢气浓度有利于加氢反应的进行，而气态反应物的浓度与其分压成正比，氢分压越高，越有利于加氢反应的进行。氢分压取决于操作压力、氢油比、循环氢纯度和原料的气化率。

加氢是体积缩小的反应过程，提高氢分压对于化学平衡是有利的。氢分压增加，催化剂表面上反应物和氢的吸附浓度增大，可以提高加氢过程中硫、氮、金属等杂原子的脱除速度和脱除率，促进稠环芳烃的加氢饱和反应，降低产物的残炭，改善产品质量；同时，提高氢分压还可以抑制缩合生焦反应，减少催化剂上的平衡焦炭沉积量，降低催化剂失活速度，提高催化剂平均活性，延长装置操作周期。因此，不管是从热力学和动力学上来说，还是从保护催化剂活性的角度来说，提高氢分压都是有利于加氢反应的，在设备和装置允许的范围内，应尽量采用较高的反应系统氢分压。

影响氢分压的因素是多方面的，通常包括反应器操作压力、新鲜氢组成、高分气排放量、高压分离器的操作温度、氢气消耗量和循环氢流量等。加氢过程中反应器内的有效氢分压定义为：

反应器内有效氢分压=反应器总压×反应器内氢气分子分率

对于稳定操作的加氢装置来说，一般可用反应压力代替氢分压来描述氢气浓度对反应过程的影响。

劣质重油加氢过程中，对于较易进行的硫化物的加氢脱硫和烯烃的加氢饱和反应，在压力不太高时就可以达到较高的转化率，而对于加氢脱氮和芳烃饱和反应，通常需要较高的反应压力。提高反应压力，对于所有加氢反应过程都有促进作用，但研究结果表明，反应压力对提高加氢脱氮和芳烃加氢饱和反应的速率常数效果更明显，也可以显著提高二者的平衡转化率。

烷烃和环烷烃的加氢裂化反应不需要很高的反应压力就可以达到很高的反应速率，但由于芳香烃（尤其是双环以上芳香烃）的加氢裂化需要经历芳环的加氢饱和过程，而劣质重油中含有大量多环芳香烃，要想得到较高的轻质油收率，通常需要较高的反应压力（见图 3-3）。

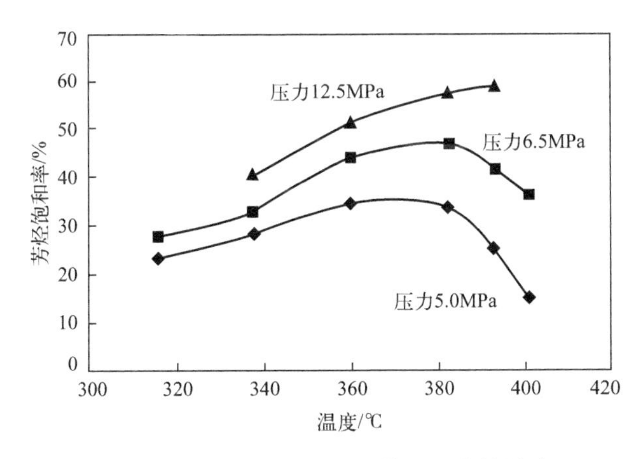

图 3-3 压力和温度对芳烃饱和反应的影响

较高的氢分压还有利于减缓、抑制聚合和缩合反应，减少催化剂上的焦炭沉积量，延长催化剂的使用寿命和装置的操作周期。另外，提高反应压力还可以提高金属脱除率。

提高反应压力可促进加氢脱氮、芳烃加氢饱和和加氢裂化等反应，但过高的反应压力不仅不能显著提高加氢效果，还会使氢耗和反应热明显增加，催化剂床层温升增加。而且，提高操作压力，也意味着压缩机、油泵等高压输送设备能耗的增加，大幅度提高设备投资和操作费用。因此，劣质重油加氢过程一般不采用过高的反应压力，通常需根据原料性质选取合适的反应压力，原料越重，胶质、沥青质和多环芳烃含量越高，所需反应压力越大。劣质重油加氢反应压力一般在 14～20MPa，从经济性方面考虑，经常采用的反应压力为 14～16MPa。

加氢反应器内的压力不是一成不变的，反应物料流经反应器，由于内构件和催化剂床层对物流的阻滞作用，会产生压降。因此，沿物料流动方向的反应压力是逐渐降低的。反应器压降是加氢装置的重要参数，对加氢过程的反应和装置操作都具有重要影响，反应器床层压降升高，会影响反应物流在催化剂床层中分布的均匀性、反应器出口的有效氢分压、压缩机能耗等，也会影响加氢反应的进行。

加氢反应器床层压降与装置的进料流速、物料特性、床层孔隙率等因素有关，这些因素的最终作用归结为催化剂床层堵塞，包括反应器顶部结垢、催化剂结焦、床层局部塌陷等。当劣质重油固定床加氢反应器压降超过设计允许的最高值时，装置将只能降量运转或被迫停工更换催化剂。但反应器压降也不是越小越好，如果床层孔隙率过大，压降过小，就会导致沟流产生，反应物料在催化剂床层内分布不均匀，反应物料与催化剂的接触状况变差，影响反应效果。对于绝大多数加氢过程，为获得比较理想的床层物料分布，床层净压降应该控制在 0.012～0.024MPa/m 的范围内。

3.3.4 空速

空速是指单位时间内通过单位催化剂的原料油量。根据计量方式不同，又分为体积空速（LHSV）和质量空速（WHSV），定义分别如下：

$$\text{LHSV}=\text{原料油体积流量}（20℃，m^3/h）/\text{催化剂体积}（m^3）$$

$$\text{WHSV}=\text{原料油质量流量}（t/h）/\text{催化剂质量}（t）$$

空速的单位是 h^{-1}，与反应时间成反比，是一个反映反应时间长短和装置处理能力的操作参数。工业装置上希望采用较大的空速，空速越大，反应时间越短，装置的处理能力越大。但空速受反应速度的限制，对于给定的加氢装置，进料量增大，空速增加，单位时间内通过催化剂床层的原料量增多，原料在催化剂上的停留时间缩短，反应深度降低。因此，降低空速对于提高加氢反应深度是有利的，随着空速的降低，脱硫率、脱氮率、芳烃饱和率等都明显提高，可以改善产品质量。

对于正在运行的加氢装置，降低空速意味着装置处理量减少，会影响装置的经济效益。对于新建装置，较低的空速意味着反应器需要较大的催化剂装填量，反应器体积较大，装置的设备投资和催化剂费用较高。因此，工业加氢过程的空速往往是根据装置投资、催化剂性能、原料性质、产品主要性质要求以及其他操作条件等因素综合考虑确定的。劣质重油加氢过程的空速范围一般为 0.1～0.5h^{-1}。

空速与反应温度具有互补性，当进料量增加时，空速增加，为保持反应深度不变，可以相应提高反应温度进行弥补，以维持转化率。图 3-4 为加氢脱氮反应效果与空速及反应温度的关系，由图 3-4 可见，随着反应温度的升高和空速降低，产物的氮含量降低，反应深度增加。

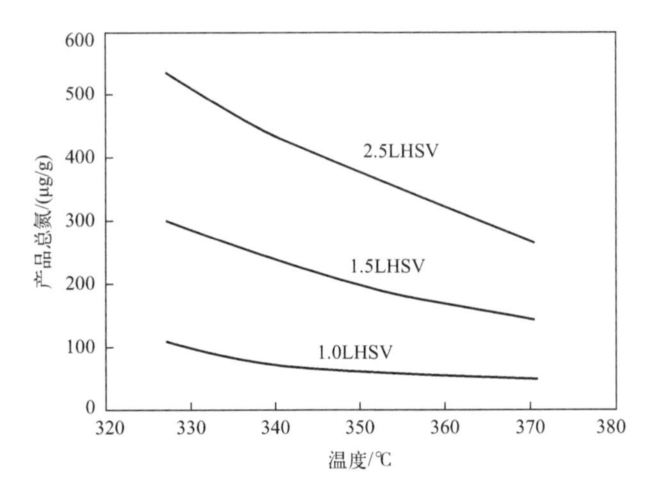

图 3-4 加氢产物氮含量与空速及反应温度的关系

3.3.5 氢油比

氢油比是指单位时间进入加氢反应器的纯氢与原料油的比值，是加氢过程的四大工艺参数之一，既可用体积比，也可用摩尔比来表示。氢油体积比是指进入反应器的标准状态下的氢气与冷态进料（20℃）的体积比，单位为 m^3/m^3。

进入加氢反应器的氢气由新鲜氢和循环氢两部分构成。为降低操作成本，新鲜氢基本上是以刚好提供加氢反应、装置漏损及溶解损失等所需氢气的形式补入系统的，加入量基本维持恒定。因此，为保证反应器内有足够高的氢分压，加氢过程中需要有大量的循环氢，氢油比大大超过化学反应的计量数。一方面可以大大提高装置中的氢浓度，提高加氢反应速度和反应深度；另一方面，大量的循环氢可以及时带走反应过程中放出的热量，防止催化剂床层超温，如装置设计时循环氢的流量通常是新鲜氢流量的 3 倍以上。在装置处理量一定的情况下，循环氢流量可以近似反映氢油比的大小，两者对加氢过程的影响是相似的。

加氢装置中维持较高的氢油比，对加氢反应在热力学上是有利的，氢油比增加，反应器内氢分压升高，参与反应的氢气分子数增加，有利于加深反应深度。提高氢油比还可以抑制缩合生焦反应，使催化剂表面的积炭量下降，既可以维持较高的催化剂活性，又可以延长催化剂的操作周期。而且，加氢过程是强放热反应，大量循环氢还可以提高反应系统的热容量，降低催化剂床层温升，减小反应器温度变化幅度。对于重质油加氢过程来说，原料馏分较重，大部分原料呈液相以滴流状态通过催化剂床层，氢油比增加，反应器压降增加，可以使反应物料在催化剂床层内分布更均匀，从而改善原料油与催化剂间的接触状态，抑制热点形成，增强反应效果。

提高氢油比在许多方面对加氢反应是有利的，但氢油比增加会使单位时间内流过反应器的气体量增加，流速加快，反应物料在催化剂床层内的停留时间缩短，反应时间减少，不利于加氢反应的进行。在加氢装置的操作成本中，新鲜氢压机和循环氢压机的能耗占有相当大的比例，氢油比越高，循环氢压缩机负荷越大，动力消耗越大，操作成本也越高。因此，加氢过程要根据原料性质和产品要求选择合适的氢油比。劣质重油加氢的氢油比（标准状况）一般在 $500 \sim 1000m^3/m^3$。

3.3.6 氢气

加氢过程是一个耗氢过程，需要不断向系统内补充新鲜氢，并且还需要大量的循环氢以维持反应器足够的氢分压。

由于来源和生产方法不同，新鲜氢中往往会含有不同的惰性气体和轻烃。新鲜氢纯度下降，意味着惰性气体和轻烃含量增加，这些杂质与氢气一起进入反应系统，会降低加氢系统的氢分压，进而影响加氢反应。

新鲜氢中的惰性气体（如氮气、氩气等）在油中的溶解度很小，相平衡常数小，在氢气循环过程中会不断在高分气相中累积，只有当这些组分在气相中的浓度足够高时，才会使其在高分生成油中的溶解量与新鲜氢中的带入量达到平衡，随高分油带走而排出加氢系统。所以，新鲜氢带有惰性气体不仅会影响新鲜氢的纯度，还会显著降低循环氢的纯度，使反应系统的氢分压下降。而新鲜氢中的轻烃，尤其是轻烃中的甲烷，其溶解度接近于惰性气体，也会给加氢系统氢分压带来同样的不利影响。

为了维持循环氢的氢浓度及系统的氢分压，在实际操作过程中，需要定期或不定期地排放出一定量的循环氢，以带走过多的惰性气体和轻烃，并补充新鲜氢，从而增加了装置的氢气耗量。

氢耗是加氢过程的重要参数和经济指标之一。氢耗与原料性质、操作条件、产品质量要求及高分气的排放量有关。加氢装置的原料组成较差，尤其是其中的硫、氮、芳烃等含量较高时，氢耗将大幅度上升。对产品的清洁度要求越高，脱硫率和脱氮率越高，加氢反应程度越深，氢耗越大。较高的氢分压和较高的反应温度，也会由于发生更多的氢解反应和饱和反应而增加氢耗。另外，氢耗还随装置加工量的增加而增大，所以当原料油流率发生变化时，应该及时调整新鲜氢流量，以免引起装置操作压力波动。加氢反应只消耗新鲜氢中的氢气组分，当装置的氢耗较高时，循环气中的氢浓度降低，需及时对新鲜氢的补充量进行调整。

加氢工艺和催化剂性质不同，对新鲜氢纯度的要求也不同，劣质重油加氢过程一般要求使用纯度较高的新鲜氢。

除了影响加氢反应和装置氢耗，氢气还可以用于调节床层温度。加氢是强放热反应过程，催化剂床层温度沿反应物料流动方向升高，过高的温升会影响装置的产品分布和产品质量。因此，固定床加氢反应器内的催化剂一般是分层装填，层间注入循环冷氢以控制反应器床层温度，防止床层温度失控，为装置安全运行提供保障。催化剂床层间的冷氢注入量，需根据反应热大小、反应速度和允许的床层温升等因素确定，一般控制每个催化剂床层的温升在22～28℃。

3.3.7 循环氢组成

劣质重油加氢过程中，为了维持系统中较高的氢分压和氢油比，需要大量的氢气在系统中循环利用。循环氢是指加氢产物高压分离器中分出，经循环氢压缩机升压后重新返回到反应器中的气体。高压分离器中属于平衡气化过程，分离效率近似于一块理论板，分离效果较差，因此，加氢产物中大量的低沸点气体组分，尤其是一些溶解系数较低的组分，如氮气、轻烃、H_2S、NH_3等均会进入循环氢中。这些组分的存在，不仅会影响循环氢的纯度及系统氢分压，甚至某些组分还会对加氢过程带来不利影响。

加氢脱硫是加氢过程中的主要反应之一，加氢产物中广泛存在硫化物脱除生成的H_2S，H_2S也不可避免地会进入循环氢中。循环氢中（或加氢系统中）适当的H_2S含量，可以维持反应器内一定的H_2S分压，有利于硫化态的加氢催化剂保持活性，不被氢气还原而失去加氢活性，可以促进各类在金属活性中心上进行的反应，如加氢脱氮等。当气相中H_2S的体积分数在0.3%以上时，就可以较好地维持催化剂的硫化态及活性。但过高的H_2S浓度则会抑制加氢脱氮和加氢脱硫等反应，不同反应对体系中H_2S的要求不同。研究表明，H_2S对芳烃饱和反应具有比较缓和的抑制作用。

加氢脱氮产生的NH_3是一种碱性物质，可以强烈地吸附在催化剂的酸性中心上，显著降低催化剂活性和加氢反应深度，尤其是依靠酸性中心催化的加氢反应。由于竞争吸附的影响，NH_3对加氢脱氮反应有明显的抑制作用，除此以外，对加氢脱硫、烯烃和芳烃的加氢饱和反应也具有负面的影响。加氢裂化是在催化剂酸性中心作用下进行的反应，因此，NH_3对加氢裂化有严重的抑制作用，会降低加氢裂化的反应深度，但由于NH_3的存在能抑制二次裂解反应，故可以改善加氢产物的馏分组成，减少气体产物生成，降低氢耗。

加氢原料中往往含有的少量有机氯，在加氢反应过程中可以生成HCl。HCl具有酸性，会腐蚀设备，还会影响加氢催化剂的金属-酸性功能平衡，进而影响产物分布和产品选择性。HCl 与 NH_3 反应生成氯化铵，容易在产物换热器中沉积，降低换热效率，堵塞管道等。

循环氢中的杂质对加氢反应深度、产品选择性和装置操作等都具有影响，因此，必须对循环氢进行处理，主要包括循环氢脱硫和提纯，以脱除循环氢中的杂质。

劣质重油原料的硫含量高，反应过程产生大量的 H_2S，尤其是目前劣质重油加氢工艺多采用热高压分离器分离气液产物，循环氢的含硫量很高，必须进行脱硫，工业装置目前多采用醇胺吸收法脱硫。但即使经过脱硫以后，循环氢的纯度也不高，在 70%左右。脱硫后的循环氢可以采用石脑油吸收-脱吸循环工艺或部分排放循环氢等方法，进一步提高循环氢纯度。

参考文献

[1] 梁文杰．重质油化学［M］．东营：石油大学出版社，2000.
[2] 徐春明，杨朝合．石油炼制工程［M］.4 版．北京：石油工业出版社，2009.
[3] 孙昱东．原料组成对渣油加氢转化性能及催化剂性质的影响［D］．上海：华东理工大学，2011.
[4] 李大东．加氢处理工艺与工程［M］．北京：中国石化出版社，2004.
[5] 李春年．渣油加工工艺［M］．北京：中国石化出版社，2002.

4 劣质重油加氢催化剂

4.1 催化剂分类

4.1.1 概述

加氢裂化是最为重要的一种劣质重油加氢工艺，即石油炼制过程中在较高的氢气压力和温度下，使劣质重油发生加氢、裂化和异构化反应，转化为轻质油的加工过程。加氢裂化实质上是加氢和催化裂化过程的有机结合，能够使劣质重油通过催化裂化反应生成汽油、煤油和柴油等轻质油品，又可以防止焦炭生成，还可以将原料中的S、N、O等杂质脱除，并使烯烃加氢饱和。加氢裂化具有轻质油收率高、产品质量好的突出特点。

按照劣质重油加氢处理过程中使用的催化剂作用与功能，可将催化剂分为加氢脱金属（HDM）、加氢脱硫（HDS）、加氢脱氮（HDN）、加氢脱氧（HDO）和加氢裂化（HCK）及烯烃加氢饱和、芳烃加氢饱和等类型的专用催化剂。现代加氢裂化技术开始于1959年Chevron公司Isocracking加氢裂化在美国加州里奇蒙炼油厂的首次工业应用。近几十年来，随着环保法规日益严格和燃料规格指标越来越苛刻，加氢裂化技术在世界范围内备受关注并得到日益广泛的应用。进入二十一世纪，国外各大炼油公司和科研单位加大投入技术创新，在新一代加氢裂化催化剂开发方面获得了显著进步，催化剂性能得到明显提升。主要表现为：加氢裂化预处理催化剂的加氢脱氮活性和稳定性等性能获得显著提高，可以加工更劣质的高氮原料，延长了装置运行周期；加氢裂化催化剂活性、选择性和稳定性的综合性能不断提高，更高的选择性可以生产更多的目的产品，而更高的活性则可以延长催化剂使用周期、增加装置处理量或加工更难加工的劣质原料，满足处理特定原料和生产目的产品要求，改善加氢裂化装置的运行获利能力。

4.1.2 催化剂的分类

催化剂是劣质重油加氢技术的关键，目前主要围绕催化剂的改进、新型催化剂开发、催化剂制造成本的降低进行发展。劣质重油加氢处理生产低硫、低黏度油特别是生产催化裂化原料油，不仅要脱硫、脱氮、脱金属、脱残炭、脱沥青质，还要缓和加氢裂化生产一部分轻馏分油。长期实践经验表明，针对不同的原料油（表 4-1），加氢处理过程不同。重质油加氢处理技术的关键之一是各类催化剂的研制，一般为固体催化剂，主要由活性金属组分和载体组成，并加入具有相应功能的助剂。通常情况下，单一催化剂难以达到高效稳定地脱除所有杂质的效果，如渣油加氢处理是在多个串联的固定床反应器中进行的（图 4-1）。

表 4-1 不同原料油对催化剂的类型要求

原料油种类（金属含量不同）	采用催化剂类型
＜25μg/g 的渣油	小孔低金属含量 HDS 催化剂
25～50μg/g 的渣油	HDM＋HDS 催化剂
25～100μg/g 和＞100μg/g 的渣油	HDM＋HDS＋深度 HDS、HDN 和缓和加氢裂化催化剂

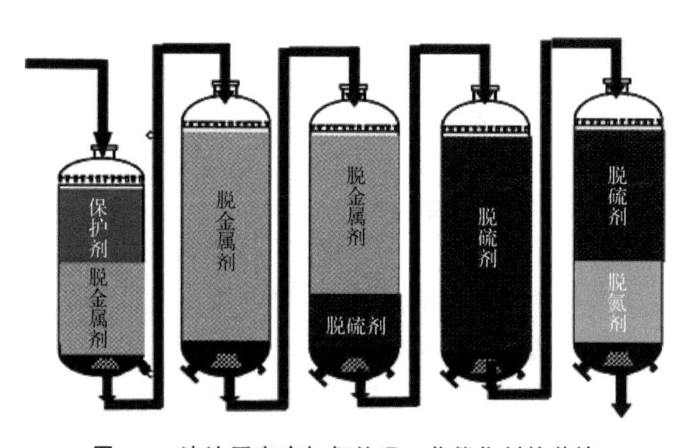

图 4-1 渣油固定床加氢处理工艺催化剂的装填

（1）保护剂

保护剂首先接触原料油，主要是为了脱除原料中微量的 Fe、Ni、V、Ca 等金属以及机械杂质，防止床层压降的迅速增加，对下游 HDS、HDN 催化剂床层起到保护作用，具有较高的容纳金属和污垢的能力。原料中的这些金属沉积物可能与加氢活性相 Ni/MoS 发生取代反应，或者钒等沉积物使活性相分解，直接破坏了活性相的催化作用。因此，保护剂是加氢预处理中的先决步骤，会影响整体的加氢预处理效果，继而影响后续加工过程。保护剂的活性组分常为 NiO 和 MoO_3，以 γ-Al_2O_3 和 θ-Al_2O_3 为载体。从工业应用角度来说，脱金属催化剂孔直径介于 10～15 nm 时，原料油中的 Ni 和 V 脱除能力较好，但是在使用过程中，随着金属杂质不断沉积，催化剂孔口不断变窄，因此要求保护剂孔直径应为 15～20 nm。在颗粒形状方面，应该选择扩散阻力小且床层空隙率高的颗粒外形。根据其在反应器中的装填位置，最好选用颗粒长度不一或者大小不同的保护剂进行级配装填。就反应活性而言，渣油加氢保护剂的反应活性不宜过高，因为渣油中存在大量反应程度难易各异的杂质，如果活性过高，则将使各种易反应杂质反应生成固体物沉积到保护剂上，使该床层压降迅速升高。

（2）加氢脱金属催化剂

劣质重油中的 Ni 和 V 常以金属有机螯合物的形态存在，化学性质稳定，较难脱除，而 Fe 和 Ca 较易脱除，基本上可由保护剂完成。未脱除的镍化合物在 FCC 过程中易被还原为金属镍，改变 FCC 催化剂的选择性，促进脱氢和生焦反应；而钒化合物则降低催化剂活性，导致催化剂永久性失活。另外，镍、钒与渣油中的胶质、沥青质发生缔合，也容易使催化剂结焦失活。这就要求加氢脱金属催化剂需要具有以下特点：较大的孔径（平均孔直径大于 15 nm），以利于反应物分子的内扩散，防止或延缓固体沉积物堵塞催化剂载体孔口而导致活性位的减少；较大的孔容（大于 0.60 mL/g）和适中的比表面（135～185 m^2/g），以提高催化剂的容积炭和容金属能力；较弱的固体酸性，若催化剂表面酸性强则会导致结焦反应的加剧，进而加快催化剂失活；较低的活性金属含量及适中的活性，能够脱除大部分重金属，且为保护下游的脱硫脱氮催化剂而脱除部分含硫化合物，能够降低对下游装置的不利影响。

加氢脱金属催化剂的发展趋势逐渐向改变载体孔径的方向发展：一是向大孔径发展以便容纳更多金属；二是向小直径的异形或中空形状的外形发展，目的是提高活性的同时增加纳垢能力以便于更多的金属沉积。法国 Procatalyse 公司成功开发一种新一代 HDM 催化剂 HM-841，金属容量可达 150%（质量分数），且生焦率低，可在较高温度下操作，该催化剂已在南非 Natref 炼厂 BCC Unibon 装置上采用，获得了较好的效果。

（3）加氢脱硫催化剂

加氢脱硫催化剂的作用是脱除进料中更难反应的硫化物和金属化合物，部分容易参与反应的氮化物也可以被脱除，同时进行部分加氢裂化反应，保护下游的脱氮催化剂，延长装置的运转周期。

加氢脱硫催化剂的特点：颗粒尺寸大小要适宜，0.5～0.8 mm 的条形催化剂相对较合适。在深度加氢脱硫催化剂中，多采用小直径异形形状，且异形催化剂的利用率高，三叶形、四叶形或星形等愈来愈有取代圆柱或球形的趋势。具有较大的孔容和孔径，以利于大分子反应物的扩散，防止金属和积炭等沉积物堵塞孔道，但其孔径和孔容要小于 HDM 催化剂，优化孔容、孔分布使比表面积介于 200～250 m^2/g，大部分比表面积是孔径为 8～12 nm 的孔生成的，使沥青质不易通过；适量的大孔（50～100 nm），利于大分子反应物向催化剂颗粒内部扩散，但过多的大孔会使催化剂比表面积大幅度降低，大孔所占比例约3%～6%较为合适。适宜的酸强度，适中的酸强度既能促进加氢裂化和加氢脱氮反应，又不至于加剧生焦反应，其酸性应强于 HDM 催化剂弱于 HDN 催化剂；一般采用 Co-Mo 为活性金属组分，高度分散，与载体的相互作用适中，在硫化后可转化为活性中心，有较好的机械强度和热稳定性；从经济角度考虑，催化剂成本应低廉，因为催化剂用量大，使用周期短，难以再生。

（4）加氢脱氮催化剂

劣质重油中的含氮化合物存在于芳香馏分（20%）、胶质和沥青质（80%）中。采用的催化剂类似于 HDS 催化剂，同为 Ni（Co）-Mo（W）/Al_2O_3催化剂。一般氮化物的加氢脱氮过程，首先经过杂环加氢饱和，环的 C—N 键断裂，最终生成的胺类或苯胺以 NH_3的形式脱除。劣质重油中的芳烃主要为三环以上的稠环芳烃，芳烃加氢饱和较困难，氮化物的脱除也相对困难。因此，对 HDN 催化剂提出更高的要求，此类催化剂具有如下特点：活性金属含量高，酸性较强，加氢活性高，耐硫性强，较大的比表面且抗结焦性能好。

上述四大类劣质重油加氢处理催化剂的特点如表 4-2 所示。

表 4-2　四大类劣质重油加氢处理催化剂的特点

催化剂种类	保护剂	脱金属催化剂	脱硫催化剂	脱氮催化剂
颗粒大小	大	小	小	小
平均粒径	最大	次大	次小	最小
体积比表面	最小	次小	次大	最大
体积孔容	最大	较大	大	大
主要作用	脱 Fe、Na、Ca	脱 Ni、V	脱 S、N	脱 N、转化

（5）加氢脱残炭催化剂

劣质重油中的残炭主要是由胶质、沥青质和多环芳烃形成的。在加氢反应过程中，杂环上的 S、N 等杂原子氢解以及 Ni、V 等金属络合物解离，随之是稠环芳烃所含的芳环被加氢饱和，然后已饱和的芳环再加氢裂解，最后大分子物质加氢成小分子物质，得到非残炭物质。

在固定床加氢工业装置中，脱残炭催化剂装填于加氢反应床层的最后面。经过前端催化剂的加氢后，油品中沥青质的溶解平衡被破坏，溶解度降低，析出并沉积在催化剂上，并且后部床层的反应温度高、氢分压较低，使得催化剂更易积炭，一般积炭量高达20%。崔瑞利等发现，在运转末期，受较高反应温度的影响，脱残炭催化剂的 MoS_2 相发生聚集，使催化剂的活性显著降低。

（6）加氢裂化催化剂

为了调整产品结构，包括中馏分油、轻油、汽油和喷气燃料等，很多公司相继开发出加氢裂化双功能催化剂。无定形硅铝最先应用在催化裂化过程，开始于20世纪40年代。70年代初Chevron公司通过调变硅铝组分改变加氢裂化催化剂转化率和选择性，开发出非贵金属单段生产柴油、喷气燃料、润滑油基础油料、乙烯料的无定形催化剂、二段生产汽油的催化剂等。

常用的HY型分子筛由于酸密度高，不利于最大量生产中馏分油，特别适用于生产轻质馏分产品。由于其择形效应，10～20个碳原子的分子可在HY分子筛的强酸性中心上裂化生成石脑油、LPG等轻组分，而大于25个碳原子的分子（如VGO及渣油组分）由于空间位阻效应一般通过分子筛的外表面裂化、无定形组分的中孔裂化、液相热裂化等过程转化。另外，HY型分子筛具有较强裂解能力，对芳烃的裂解开环性能也较强，因此所生产的产品一般具有较好的质量，如尾油的BMCI值低、柴油十六烷值高、各馏分硫氮含量低，同时可加工硫含量高的进料。为了提高催化剂对中馏分油等的选择性以及处理重质大分子的需要，常通过降低分子筛的骨架硅铝比来适量降低分子筛的酸密度、增加分子筛的中孔。

β分子筛的酸性及合适的孔结构能够产生异构化作用，并促进碳正离子C—C链转移而产生支链，可大大提高石脑油馏分的辛烷值，特定条件下所生成的石脑油馏分可直接调入汽油组分中。经脱阳离子后的β分子筛虽然具有较强的酸性，但其酸性略低于HY型分子筛，特别适合生产轻质馏分油。由于β分子筛的酸性是由强碱性的有机胺盐分解脱除而形成的，因此其酸性具有一定的抗氮能力，所开发的催化剂可用于单段或一段串联的工艺。

4.2 催化剂制备

4.2.1 催化剂的设计基础

在多相催化反应中，一般经历七个步骤：外扩散、内扩散、吸附、反应、脱附、内扩散、外扩散。催化剂的选择常基于原料油特点和加工方案来设计，除了常用的过渡金属之外，载体和反应器均起到关键作用。载体要求具有高热稳定性和强度，能提高有效比表面和适合的孔结构，有利于活性金属分布，且能与活性组分有恰当的相互作用，同时具有一定的酸性，在反应条件下具有抗金属熔结及载体相变性能。除此之外，还需要考虑催化剂在反应器内的状态，主要考虑流化性能、接触情况、扩散性能、抗磨损性和反应性能等方面，涉及催化剂的颗粒形状、颗粒大小、孔结构、比表面、物化性质和化学组成等几个方面。催化剂颗粒形状设计应从流动性能、扩散性能、流体分布、耐磨性能四个方面考虑，常用的球形颗粒受力均匀，不仅有利于内扩散、物流分布，催化剂流化、方便加排，而且没有容易被撞碎的边角，耐磨性能好。催化剂粒径方面的设计，多采用细小的颗粒以减少内扩散距离，提高反应性能。催化剂的选择依据如图 4-2 所示。

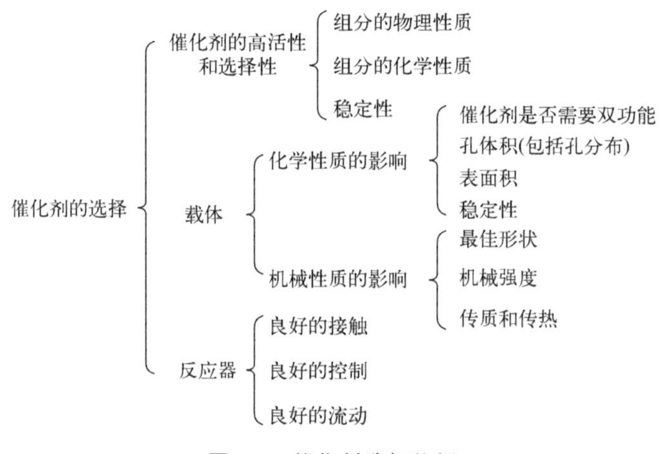

图 4-2 催化剂选择依据

4.2.2 催化剂的制备原理

劣质重油加氢催化剂大多采用负载型催化剂，负载型催化剂的制备大体可分为两个阶段：载体制备和催化剂制备。制备工艺选择原则：制备产品性质可调控、操作条件重复性好、产品收率和生产效率高、粒度分布集中、符合环保要求。其单元操作大致包括：沉淀—过滤—洗涤—干燥—成型—焙烧—浸渍。这些仅是较典型的单元操作，对于具体某个催化剂会有变化。下面对各个单元操作过程进行简单介绍。

（1）沉淀及老化

沉淀及老化是指通过生成难溶的金属盐或金属水合氧化物（氢氧化物），从溶液中沉降出来，经洗涤、干燥、焙烧后，制得催化剂载体或产品。沉淀条件直接影响沉淀物的化学组成和物理结构，进而影响催化性能。从形成沉淀直到干燥除水过程可看作老化阶段，主要发生颗粒长大、晶型完善和凝胶脱水收缩等变化。共沉淀法的操作原理与沉淀法相似，其特点是将两个或两个以上组分同时沉淀。

（2）过滤与洗涤

过滤是指悬浊液在外力作用下通过多孔介质截留固体粒子而达到固液分离的目的。过滤通常伴随着洗涤这一过程，过滤得到的固体沉淀物往往含有大量杂质，如 Na^{+}、SO_4^{2-} 等，通过洗涤可去除沉淀物中的母液及其表面吸附的部分杂质。洗涤液一般是水或者是水和适量助洗剂的溶液。助洗剂的作用是通过离子交换的方式，将水不能洗掉的杂质以离子形式与沉淀物结合。如要洗去沉淀物上的 Na^{+}，就用助洗剂 NH_4Cl 中的 NH_4^{+} 交换 Na^{+}；要洗去 SO_4^{2-}，就用助洗剂 NH_4OH 中的 OH^{-} 交换沉淀物上的 SO_4^{2-}。

（3）干燥

干燥处理不仅为了脱除水分，而且初步形成载体的基本骨架和微孔结构。其推动力是湿物料表面水蒸气分压超过干燥介质（热空气）中水蒸气分压，从而使湿物料表面水蒸气向干燥介质扩散。

（4）成型

为保证催化剂的颗粒度满足反应工艺的要求，通常要求载体具有一定的形状、合适的粒度大小和足够的机械强度，因此需要对催化剂粉体进行成型。成型过程中根据粉体性能，常添加少量的成型助剂，以改善粉体的附着性、凝集性，具体可分为黏结剂、助挤剂、孔结构改性剂。黏结剂是为了增加颗粒之间的结合力，提高催化剂的机械强度。如果物料是水合氧化铝，一般用硝酸使部分拟薄水铝石胶溶，产生类似于铝溶胶的物质，从而起黏合作用。加入助挤剂是为了改善物料的可挤出性能和成型产品的质量，尤其是表面光滑程度等。助挤剂一般是一些大分子的有机化合物，如淀粉、纤维素，这些物料同时也是生成大孔的扩孔剂。

目前加氢催化剂载体多采用挤出成型的方法，物料在挤出机的挤压作用下，通过成型孔板上的孔挤出。产品呈条状，横截面的形状由成型孔板上的形状决定，有圆形、三叶形、四叶形。球形颗粒多采用喷雾干燥成型、转动成型、油中成型、喷动成型、冷却成型等制备方法。二十世纪七十年代开发的催化剂多采用喷雾干燥成型技术，多用于制备几微米或几十微米的颗粒，该技术存在制备工艺复杂、产品粒度分布不集中等问题。而后几种成型方法很难制备小于1mm 的小球，近几年开发的吸附剂制备工艺，虽然可以生产 0.5mm 的小球，但其抗磨损能力差，不能满足沸腾床工艺使用要求。

压缩成型适用于压制圆柱状、拉西环状的常规形状片剂，及齿轮状等异形片剂的成型。在压缩成型过程中（见图 4-3），随着外部压力增大，粉体中原始微粒间的空隙不断地减小，完成对模具的填充后，颗粒达到了在原始微粒尺度上的重新排列和密实化。进一步地，在黏结剂的作用下微粒间牢固结合，完成压缩造粒过程。压缩成型具有颗粒形状规则、致密度高、大小均匀、表面光滑、机械强度高等特点，其产品适用于高压、高气流的固定床反应器。其缺点是生产能力低，模具磨损大，直径小于 3 mm 的片剂不易生产。

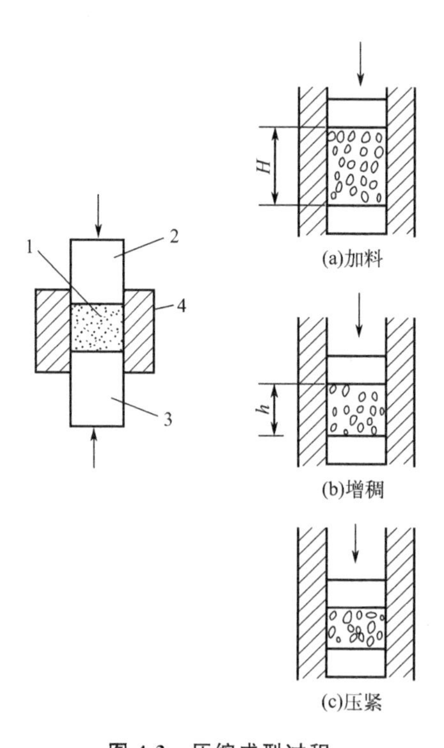

图 4-3　压缩成型过程

1—原始粉末；2—上冲；3—下冲；4—冲模

转动成型是将粉体、适量水（或黏结剂）送入低速转动的容器中，粉体微粒在液桥和毛细管力作用下团聚一起，形成微核，在容器转动所产生的摩擦力和滚动冲击作用下，不断回转、长大，成为一定大小的球形颗粒而离开容器。转动成型处理量大、设备投资少、运转率高，但颗粒密度不高、难以制备粒径较小的颗粒、操作时粉尘较大。喷雾干燥成型是利用喷雾干燥原理，将原料浆液分散成雾滴，并用热风干燥雾滴，生产粉状、微球状产品，该类产品适用于流化床反应器。油中成型分为油氨柱成球与油柱成球，利用溶胶（如铝胶、硅胶、硅铝胶等）在适当 pH 值和浓度下凝胶化，把溶胶以小滴形式，滴入煤油等介质中，由于表面张力的作用，收缩成球，再凝胶化形成小球粒。将凝胶小球老化、洗涤、干燥、焙烧制成载体。球形载体应用于固定床、移动床催化反应装置。

（5）浸渍

浸渍法是指含有活性组分的溶液在毛细管力的作用下，沿着载体孔道内壁渗透的方法，它与载体（孔结构、大小、形状和孔径）、溶液（黏度、浓度等）性质有关，浸渍法分类如图 4-4 所示。浸渍法制备催化剂具有几个特点：①工艺简单，处理量大，生产能力高；②活性组分分散比较均匀，利用率高，可降低催化剂成本；③载体先经过高温处理，对提高催化剂活性和稳定性特别有利；④只需更换不同浸渍液就可制成各种类型催化剂，方法灵活性大。

（6）焙烧

载体或催化剂在不低于其使用温度下，在空气或惰性气体中进行热处理，称为焙烧。在焙烧过程中催化剂发生热分解-晶型转变-再结晶-烧结这一系列物理化学变化。焙烧过程可使载体中结构水脱除，分解前驱盐，转变成结晶形态，并形成稳定的骨架和孔结构。焙烧中载体粒子长大的程度与载体表面积和孔结构直接相关，焙烧温度、时间和气氛是影响载体粒子长大的主要因素。因此，适当控制焙烧条件是调节载体孔结构和表面积的重要手段。另外，焙烧过程亦可改变载体（氧化铝、分子筛）表面性质，如表面酸性。

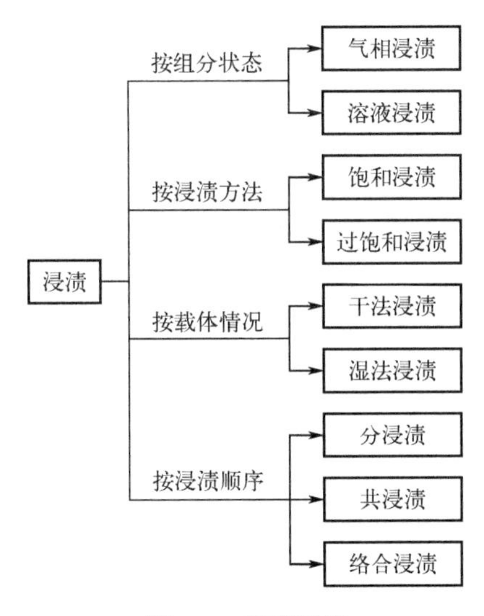

图 4-4 浸渍种类

（7）还原与硫化过程

钝态催化剂在一定温度下，经过氢气或其他还原性气体处理后变为活泼催化剂的过程称为催化剂还原活化。目前固体催化剂活化状态多是金属态，也有部分为氧化物、硫化物或其他非金属态。例如，加氢脱硫用 NiMo 硫化物，这类催化剂活化称为预硫化。

4.2.3 催化剂的制备工艺

（1）载体的制备

对于工业上的负载型催化剂，载体性质以及其制备方法是催化剂制备的基础。其中加氢催化剂使用最广、用量最大的是氧化铝载体，也有使用氧化硅-氧化铝复合物和分子筛。

① 氧化铝的制备。广泛使用的是具有多孔性的活性氧化铝，其特点是比表面积大且可以调节，表面具有良好的吸附性能，适宜的酸（或碱）性质及热稳定性等。作为加氢保护剂时，使用的是比表面积较小而孔体积较大的准活性氧化铝载体，是由氢氧化铝干凝胶经高温焙烧生成的氧化铝，几乎是无水氧化铝，多属于 θ-Al_2O_3 和 δ-Al_2O_3 相态，具有更好的热稳定性和更高的机械强度。由于合成条件的不同，会生成不同含水量的氧化铝，可用 $Al_2O_3 \cdot nH_2O$（$n=1\sim3$）描述，不同前驱盐受热生成不同晶型的氧化铝。当 $n=1$ 时，有薄水铝石 α-$Al_2O_3 \cdot H_2O$ 和一水硬铝石 β-$Al_2O_3 \cdot H_2O$；当 $n=3$ 时，有三水铝石 α-$Al_2O_3 \cdot 3H_2O$ 和湃铝石 β-$Al_2O_3 \cdot 3H_2O$，如图 4-5 所示。

制备氧化铝载体的常用经典方法是沉淀法。常用的沉淀剂主要有：NaOH、NH_4OH 等碱类；$(NH_4)_2CO_3$、Na_2CO_3 等碳酸盐类；醋酸、草酸等有机酸类。

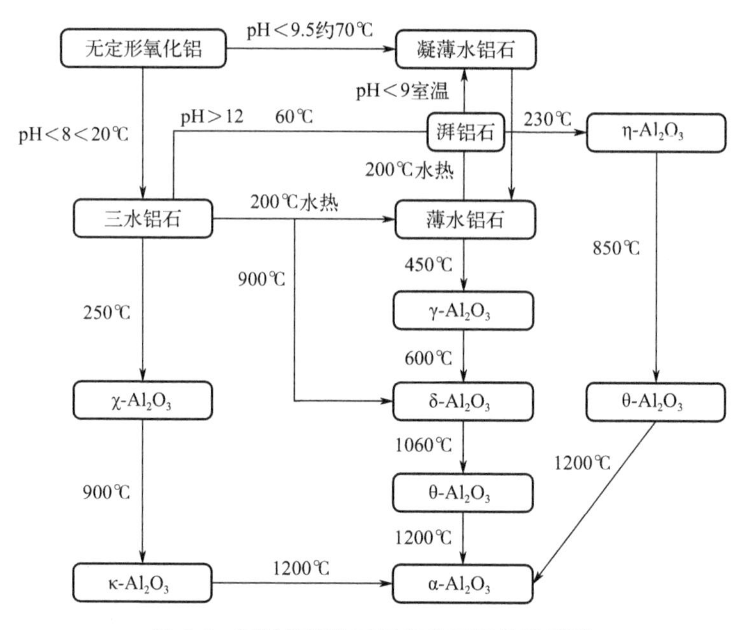

图 4-5 不同前驱盐不同温度下氧化铝晶型

工业上经常使用的原料和制备方法如下：

a. 硫酸铝法（见图 4-6），该方法的化学反应式如下：

$$6NaAlO_2 + Al_2(SO_4)_3 + 12H_2O \longrightarrow 8Al(OH)_3 \downarrow + 3Na_2SO_4$$

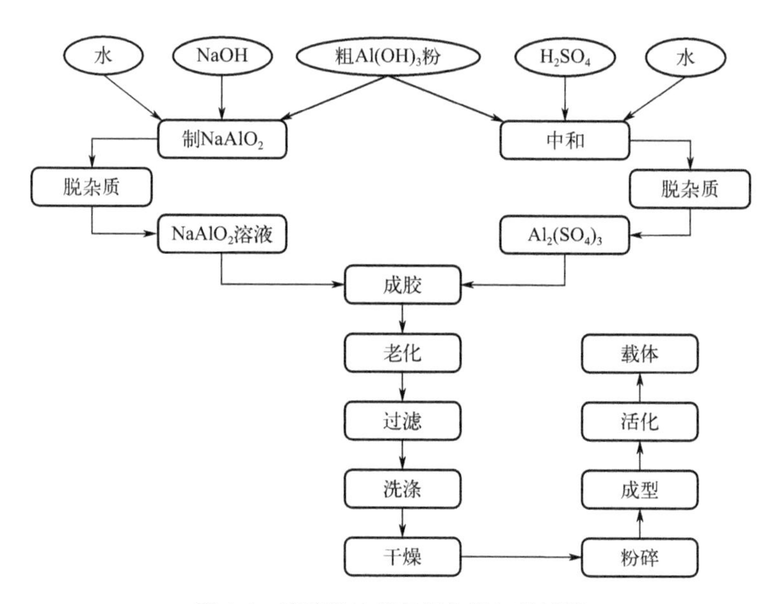

图 4-6 硫酸铝法制备氧化铝工艺过程

b. 碳酸法（二氧化碳法），如图 4-7 所示。其化学反应式如下：

$$2NaAlO_2 + CO_2 + 3H_2O \longrightarrow 2Al(OH)_3 \downarrow + 2Na^+ + CO_3^{2-}$$

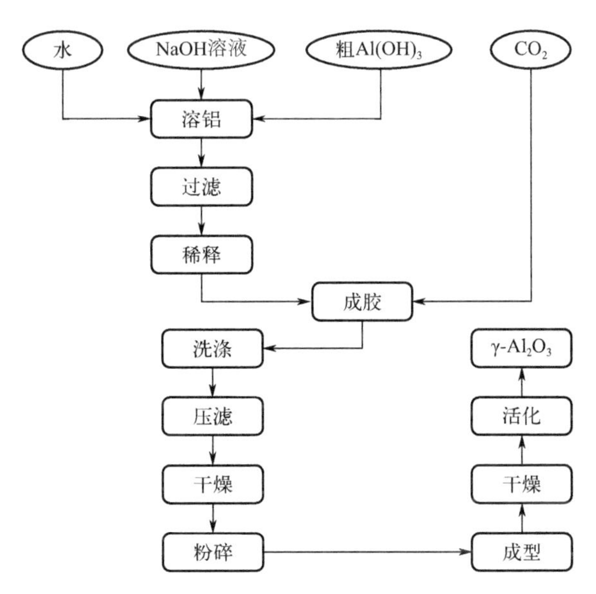

图 4-7　二氧化碳法制备氧化铝工艺过程

c. 三氯化铝法，该方法的化学反应式如下：

$$AlCl_3 + 3NH_4OH \longrightarrow Al(OH)_3 \downarrow + 3NH_4^+ + 3Cl^-$$

式中加料顺序不同直接影响成胶过程的 pH 值，进而影响产物晶型。其制备方法主要是：①正加法，将沉淀剂加入铝盐，pH 值由低升高，在 pH=7 左右生成沉淀并得到无定形铝凝胶。②反加法，将铝盐加入沉淀剂中，pH 值逐渐降低，沉淀是在 pH 值大于 10 的条件下产生得到三水铝石型铝凝胶，经焙烧后得到的是 γ-Al_2O_3 而不是 η-Al_2O_3。③并流法，将铝盐和沉淀剂，按一定流速（或一定的比例）以并流的形式同时加入反应罐中，沉淀在 pH 值恒定条件下成胶。其中，$NaAlO_2$、$Al_2(SO_4)_3$ 和 $AlCl_3$ 是将粗氢氧化铝分别加入 NaOH、H_2SO_4 和 HCl 溶液中，经加热、过滤或脱铁精制后制得，其化学反应式如下：

$$Al(OH)_3 + NaOH \longrightarrow NaAlO_2 + 2H_2O$$

$$2Al(OH)_3 + 3H_2SO_4 \longrightarrow Al_2(SO_4)_3 + 6H_2O$$

$$Al(OH)_3 + 3HCl \longrightarrow AlCl_3 + 3H_2O$$

d. 醇铝法，此法是将醇铝经水解得到纯度很高的氢氧化铝，而且不含钠、铁等杂质，其表面性质可适当调节，如国内使用的 SB 粉即属此类氢氧化铝。

② 氧化硅的制备。氧化硅的制备通常选用廉价的硅酸钠（即水玻璃）为原料，用无机酸将硅酸钠水解生成氧化硅水凝胶，其化学反应式如下：

$$Na_2SiO_3 + H_2SO_4 \longrightarrow SiO_2 + Na_2SO_4 + H_2O$$

制备氧化硅亦可选用硅溶胶（或脱钠硅溶胶），改变制备过程的工艺参数和焙烧脱水条件，可制得理化性质各异的氧化硅。如采用热油柱成型的球形硅胶、大孔体积硅胶及微球氧化硅等制备过程均广为应用。

③ 无定形硅铝（SiO_2-Al_2O_3）的制备。无定形硅铝凝胶的制备方法有多种，以分步沉淀法制备硅铝凝胶为例。首先将 $AlCl_3$ 溶液放入成胶罐中，在搅拌下加入氨水（NH_4OH）进行成胶，成胶罐中的 pH 值逐渐升高，当 pH 值达到 4 左右时，反应系统中的物料出现“稠点”，此时停止加入 NH_4OH 继续搅拌，待处于黏稠状态下的“稠点”度过之后，即浆液流动性重新恢复到原来的良好状态，再继续缓慢加入规定量的 Na_2SiO_3 溶液，在规定的时间内加完后，用 NH_4OH 调整湿凝胶浆液 pH 值至规定值，再继续搅拌熟化（老化）和母液分离，得到的湿滤饼按规定工艺条件进行浆化洗涤至杂质含量等合格后，再经捏合、成型、干燥及活化等单元过程即可制得硅铝（SiO_2-Al_2O_3）载体。其制备工艺过程如图 4-8 所示。

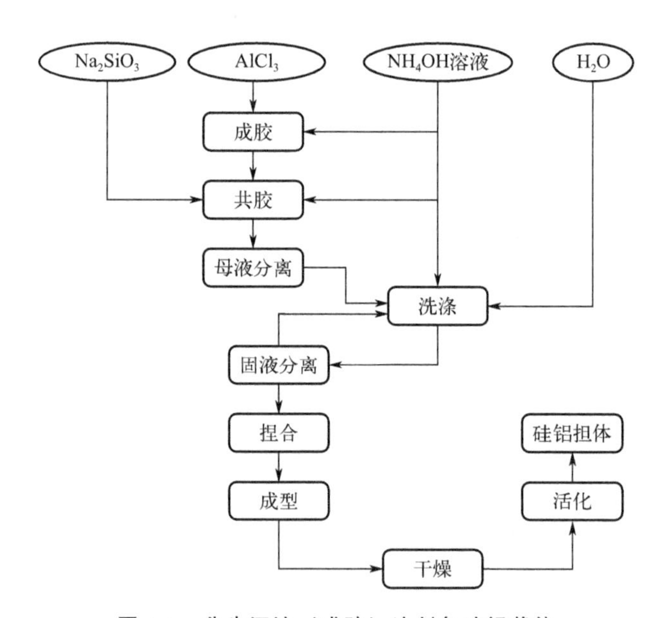

图 4-8 分步沉淀（成胶）法制备硅铝载体

④ 沸石分子筛制备。常用的沸石分子筛包括 ZSM-5 型、Y 型、β 型和 SAPO 型等。ZSM-5 分子筛作为良好的择形催化剂大量应用于石油炼制领域。

具有微孔-介孔、微孔-大孔结构的Y分子筛由于其较高的比表面积和较短的扩散路径可以明显提高石油催化裂化的效率。高温水热处理是工业上制备超稳分子筛的一种基本方法，通过在高温条件下，将骨架铝从分子筛晶胞内水解脱除，同时无定形硅或者骨架硅在水蒸气的作用下进行重组，形成相对晶胞完整的高硅分子筛。因其方法简单，可在常规的设备条件下实现，目前已成为工业上广泛使用超稳分子筛制备方法，所得产品结晶度较高，一般具有发达的二次孔，但缺点是产生大量的非骨架铝，体相铝分布不均。

（2）催化剂制备

催化剂制备过程主要是在载体中引入活性金属组分，经干燥、焙烧处理，使用前再经还原/硫化处理进行活化。根据活性组分引入方式不同，其制备方法可分为浸渍法、共沉淀法和混捏法。其中浸渍法影响催化剂活性组分分布的因素主要有浸渍顺序、浸渍液浓度、浸渍液用量、浸渍时间、浸渍液pH值、干燥方法、有无竞争吸附剂等。催化剂活性组分在载体上的分布本质上取决于活性组分和载体表面间的结合类型以及在空隙中的传质条件，对性能有决定性作用。

4.3 催化剂特征

4.3.1 宏观结构和理化性质

催化加氢反应过程通常为：反应物分子从物流中向催化剂外表面扩散，再从外表面通过孔向内表面扩散，进一步在活性中心吸附、发生化学反应以及反应产物脱附。催化剂的结构和性质决定了反应物的扩散、吸附、反应及产物的脱附等过程（见图4-9）。

（1）形状和颗粒度

在多相催化反应中，催化剂几何形状和颗粒度对催化加氢反应过程具有重要影响。一个几何形状和颗粒度理想的催化剂，将使反应体系中的物流分配、传质及传热、流体力学及床层压力降等更加合理。研究表明，粒径和密度小的颗粒具有良好的流动性能，可保持体系稳定的流化状态。颗粒形状对流化质量也有影响，球形颗粒的流动状态最好。设计具有特殊形状的催化剂需要同时考虑三方面的因素：①反应物和产物分子的扩散路径短；②具有较高的装填空隙率，以降低催化剂床层的压力降；③具有优良的抗压碎强度。

目前使用的加氢催化剂的形状有多种，如球形、片状、条形、环形、螺旋形及齿形等，如图4-10所示。其中，球形包括实心球、单孔球、三孔球和七孔球；条形催化剂按其截面形状的不同，分为圆形、三叶形、四叶形（对称及不

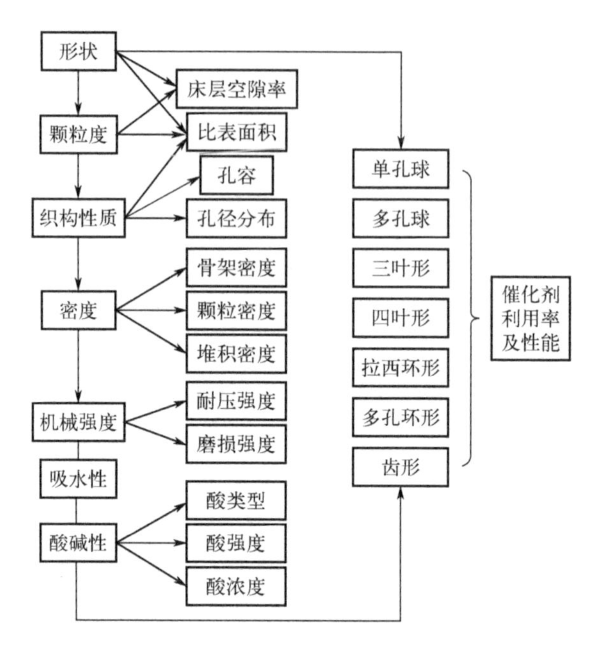

图 4-9 催化剂宏观结构与物化性质

对称）及多叶形；环形催化剂又分为单孔环（厚壁及薄壁）、双孔环、四孔环及多孔环，乃至蜂窝形等；齿形催化剂有实心和中孔的两种等。

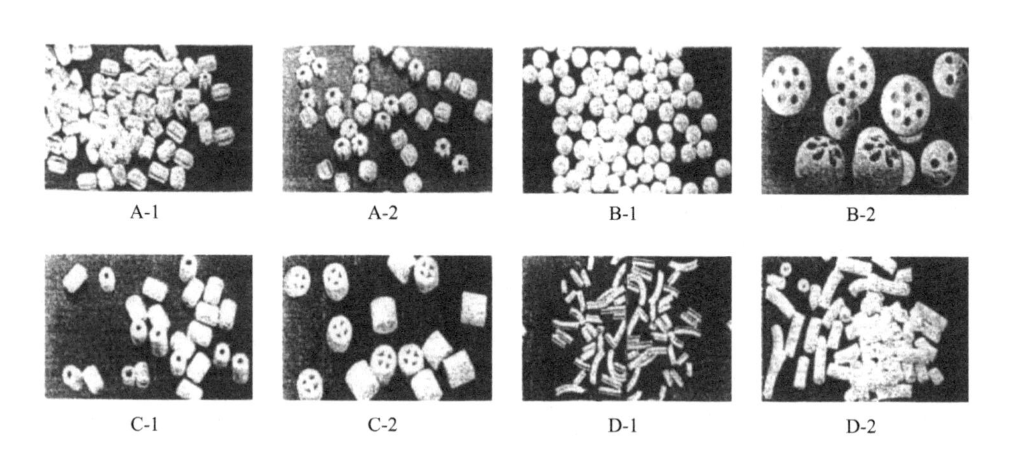

图 4-10 不同形状的催化剂示例

A-1—齿形；A-2—单孔齿形；B-1—球形；B-2—多孔球形；C-1—拉西环；
C-2—四孔环；D-1—三叶草条形；D-2—单孔条形

① 对催化剂耐压强度及堆积密度的影响。一般说来，催化剂当量直径越大，耐压强度也越大。堆积密度主要与催化剂自身的孔体积和孔隙率有关，孔体积

和孔隙率越大，则耐压强度及堆积密度越小。显然与自身几何形状也密切相关。

② 与床层空隙率及催化剂利用率的关系。在固定床反应器内，为了避免床层压力降过快增加，催化剂颗粒之间空隙率越大且具有异形越好。随着催化剂颗粒度变小和外观异形化，催化剂利用率显著提高。在劣质重油加氢处理过程中，床层压力降的逐渐升高，将导致加工能力减小、运转周期缩短。一般来说，拉西环形状的床层空隙率最大（46%～55%），条形催化剂居中（42%），三叶草的次之，最小的是圆柱条形（37%），球形催化剂床层空隙率（38%～39%）稍高于圆柱条形催化剂。

③ 对催化剂活性的影响。催化剂形状及颗粒大小对催化剂活性的影响越来越引起人们的关注。对于沸腾床加氢过程来说，催化剂的粒径范围与催化剂的临界速度和带出速度呈正相关关系，粒径越大，临界速度和带出速度越大。由表 4-3 可知，催化剂加氢脱硫活性，同催化剂颗粒体积与颗粒几何表面之比（L_P）成反比，即催化剂颗粒体积与颗粒几何表面之比（L_P）越小，加氢脱硫活性越高。

表 4-3　催化剂几何形状和颗粒度对加氢脱硫活性的影响

催化剂形状	直径长度/mm	L_P/mm	单位质量加氢脱硫活性
1/32″圆柱	0.83×3.9	0.189	9.7
1/20″圆柱	1.2×5.0	0.268	7.9
1/16″圆柱	1.55×5.0	0.345	5.7
1/16″椭圆	1.9×1.0×5.0	0.262	8.4
1/16″环形	6.2D×0.64d×4.8	0.233	8.7
1/12″三叶草	1.0×5.0	0.295	8.2
无定形颗粒	0.25～0.45	0.04	14.0

对于沸腾床加氢催化剂来说，条形载体催化剂直径较细可增大催化剂外表面，提高催化剂活性，缩短扩散距离，但同时也会增加反应速度，使催化剂外表面沉积更多的杂质和焦炭，并使床层压降升高，严重则导致无法继续运转。反之若增加条形催化剂直径，则降低床层压力，减小床层堵塞，但同时会增大扩散距离，增加扩散限制，且由于外表面积减少使催化剂活性降低。因此，沸腾床球形加氢催化剂越来越受到研究机构、设计院和工业装置的青睐。

(2) 机械强度

工业装置用催化剂一般需要经受运输过程的颠簸、催化剂装填与卸出期间的磨损、反应器内承受来自催化剂自身的静压力、催化剂床层的下移和物流的相对移动、使用期间的受热和降温带来的热或冷冲击等。因此，催化剂机械强度至关重要，通常因原料油性质、工艺条件以及目的产品要求而不同。如对直馏汽油进行加氢精制时，由于杂质含量少、结构简单、反应温度较低，且该气相反应释放的热量总和相对较小，因此要求催化剂强度适中即可。相反，用于重油加工过程的催化剂强度往往要求较高。

机械强度常包括耐压强度和磨损强度。耐压强度指的是对催化剂均匀施加压力时，当催化剂瞬间出现裂纹或破碎时，所承受的最大负荷称为催化剂破碎强度。因催化剂的形状和测试方法的不同，其表示单位也各不相同。对于圆柱状催化剂，其耐压强度是单位面积上所承受的力，即 N/cm^2，普遍采用 DL-型智能颗粒强度测定仪测定；条形催化剂的耐压强度用每单位长度所承受的力表示，即 N/mm；球形催化剂的耐压强度则是在一个点上所受的力，即 N/粒。例如，质量相同的球形催化剂，耐受外力作用的能力要好于条形和环形的。同是条形催化剂，其耐压强度的大小遵循以下规律：四叶草条形＞三叶草条形＞圆柱条。

磨损强度常以磨损率来表示，数值越小，表明样品耐磨性越好。一方面磨损后的碎末，将导致催化剂床层空隙率降低和床层压力降增加，从而影响装置正常运转。另一方面，碎末混入生成油中，使生成油透明度降低并增加过滤器的负荷。对于固定床加氢过程，反应物流是相对移动的，而催化剂是相对静止的，因此催化剂磨损问题一般不突出，磨损率＜2%即可满足要求。而对于移动床、悬浮床、沸腾床和流化床的固体催化剂来说，催化剂除了经受与液相或气相物流相对移动所产生的摩擦之外，催化剂颗粒之间的摩擦和撞击明显加剧。因此，对于非固定床催化剂而言，催化剂的磨损强度将是表征催化剂机械强度的重要指标之一。

（3）密度

催化剂密度的概念是单位体积内含有的催化剂质量。一般说来，催化剂的孔体积越大，则密度越小，催化剂中活性金属含量越高，则密度越大。催化剂的堆积密度是指单位堆积体积内催化剂的质量。对于多孔固体催化剂，其堆积体积实际上包括催化剂颗粒间的空隙体积、催化剂孔体积、催化剂骨架体积三部分。表 4-4 展示了不同催化剂之间的空隙体积、催化剂孔体积的内在变化，常通过催化剂成型、焙烧等条件进行调控。

表 4-4　重油加氢处理催化剂的密度

催化剂	骨架密度 ρ_t /（g/cm^3）	颗粒密度 ρ_p /（g/cm^3）	堆积密度 ρ_B /（g/cm^3）	功能
1	3.35	0.64	0.43	保护剂

续表

催化剂	骨架密度 ρ_t /（g/cm³）	颗粒密度 ρ_p /（g/cm³）	堆积密度 ρ_B /（g/cm³）	功能
2	3.57	0.69	0.43	保护剂
3	3.51	0.84	0.54	HDM
4	3.55	0.94	0.62	HDM
5	3.58	1.27	0.85	HDS
6	3.66	1.41	0.87	HDS
7	3.85	1.43	0.87	HDN

（4）吸水性

吸水性是了解催化剂吸附性能最简捷易行的指标之一，以常温下每单位质量催化剂吸附水量的多少来描述催化剂吸水性，也称吸水率（g/g 或 mL/g）。一般说来，孔体积大、堆积密度小的催化剂吸水性也越强。受地理位置、生产使用季节以及包装、储存、装剂时的天气湿度变化等多种因素影响，催化剂吸水量变化很大。若吸水率过高，会导致催化剂强度和活性降低，增加不必要的能耗，延长非生产的开工时间。因此，催化剂在开工期间的干燥环节是非常必要的。

（5）固体酸性

固体酸是具有给出质子或接受电子对能力的固体物质，而固体碱是具有接受质子或给出电子对能力的固体物质。酸性直接影响加氢裂化性能，主要包括酸类型、酸强度和酸浓度三层含义。加氢裂化催化剂的酸性主要由分子筛或硅铝组分提供，一般可采用 IR、NMR、TPD 等技术进行定性、定量表征。

（6）结构性质

在多相催化反应中，除了催化剂自身的化学组成、结构及宏观物理性质等，固体催化剂的结构性质也是影响催化剂性能的重要因素之一。催化剂的结构性质，通常用孔体积、比表面积及孔结构（孔径大小及孔分布）等参数加以表征。

比表面积是每克催化剂所具有的总表面积（S），是外表面积和内表面积之和。由于催化剂载体由许多微小的二次微粒子的集合体构成，众多二次微粒子的外表面积总和，便形成催化剂庞大的内表面积，在催化剂的比表面积中占主导地位。外表面指的是催化剂表观的几何表面，外表面积的大小通常与颗粒度及形状有关。

劣质重油加工的难点是沥青质转化，这就对催化剂孔结构有一定要求。沥青质的化学结构非常复杂，原料重油中绝大部分的金属均富集在沥青质结构内部。沥青质分子量很大，平均分子大小约6～9nm。因此，脱金属催化剂一般具有较大的孔径（22nm）和较小的比表面积。孔结构优化的关键是平衡比表面与孔径分布的关系：比表面小，催化活性较低；比表面增大，催化活性升高，又会导致沉积物增加，且获得合适的孔径分布比较困难。＜20 nm 的孔能提供较丰富的活性表面，表面酸性较强，适合进行加氢脱硫和加氢脱残炭反应。孔径范围在20～200 nm之间的孔，有利于沥青质等大分子反应物的内扩散，从而提高加氢裂化或加氢脱金属性能，但大孔数量过多时，比表面减少，加氢脱硫活性降低，磨耗问题加剧，强度也难以满足工业要求。

4.3.2 催化剂的组成与作用

劣质重油加氢催化剂的化学组成主要由活性金属组分（第ⅥB族金属、第Ⅷ族金属）、载体和助催化剂组成。

（1）活性组分

一般适合作为加氢组分的金属都具有立方晶格或六角晶格。如 W、Mo、Fe、Cr 是形成体心立方晶格元素；Pt、Pd、Co、Ni 是具有面心立方晶格的元素；MoS_2、WS_2则为层状六角对称晶格，Co 或 Ni 助剂位于 MoS_2（或 WS_2）五配位中心（正方晶角锥结构）。贵金属催化剂一般在较低的反应温度下表现出很高的加氢活性，但其对有机硫化合物、氮化合物和硫化氢等非常敏感，容易引起中毒而失活，故大多只能用于硫含量很低或不含硫的原料油加氢过程。

目前加氢处理催化剂大多是以钼或钨的硫化物作为活性组分，以镍或钴的硫化物作为助催化剂，最常用的金属组分的搭配有双组分 Co-Mo、Ni-Mo、Ni-W，三组分的有 Ni-W-Mo、Co-Ni-Mo 等。其中用于劣质重油加氢处理催化剂主要有 Co-Mo、Ni-Mo、Co-Ni-Mo。选用哪种金属组分组合，取决于所加工原料油的性质和所要达到的目标。表4-5为 Ni（Co)-W（Mo）催化剂的催化加氢活性，一般认为，这些金属组合加氢活性的高低顺序为：Ni-W＞Ni-Mo＞Co-Mo。而氢解活性则相反：Co-Mo＞Ni-Mo＞Ni-W。

表4-5　Ni（Co）-W（Mo）催化剂的催化加氢活性

加氢方式分类	物种活性顺序排列
加氢脱硫	纯硫化物：Mo＞W＞Ni＞Co
	组合：Co-Mo＞Ni-Mo＞Ni-W＞Co-W
加氢脱氮	纯硫化物：Mo＞W＞Ni＞Co
	组合：Ni-W＞Ni-Mo＞Co-Mo＞Co-W
加氢脱氧	Ni-Mo＞Co-Mo＞Ni-W＞Co-W

续表

加氢方式分类	物种活性顺序排列
芳烃或烯烃加氢	纯硫化物：Mo>W>Ni>Co
	组合：Ni-W>Ni-Mo>Co-Mo>Co-W

（2）载体

载体是催化剂的重要组成部分，起着骨架支撑、担载、分散活性组分的作用，同时也为反应提供场所。另外，载体的表面性质对催化剂的催化性能也有显著影响。目前研究较多的载体是 Al_2O_3、SiO_2、TiO_2、ZrO_2、无定形硅铝、Y 分子筛、β 分子筛等。以 TiO_2 或 ZrO_2 作为载体制备的催化剂虽具有较高的催化活性，但是由于热稳定性不好，高温时比表面下降较快，机械稳定性差，从而限制了应用。各研究机构近年来一直致力于载体改性开发，通过离子交换、水热脱铝、化学脱铝、脱铝补硅、同晶取代等方式调变分子筛物理化学性能，研究分子筛酸性、铝分布和晶胞大小的关系。

Al_2O_3 由于良好的机械性能、稳定性、吸水率大、再生性能好且价格低廉，是使用最广泛、历史最长、研究最多的一种加氢催化剂载体。要制备不同晶形氧化铝，必先制备其相应的前驱物——氢氧化铝，如上述，拟薄水铝石转化为 γ-Al_2O_3，单水铝石转化为 α-Al_2O_3。Al_2O_3 与过渡金属氧化物之间存在强的相互作用，这种强相互作用有利于活性组分的分散、提高活性组分的稳定性以及再生过程中活性组分的重新分散，但是这种强相互作用也容易导致生成尖晶石结构的物质，而难以生成更多的Ⅱ型活性相。

SiO_2 相对比较惰性，与活性组分间相互作用较弱，不利于活性组分的分散，虽然加氢脱硫活性较低，却适合机理方面的研究。单独的 SiO_2 仅有极弱的酸性，单独的 Al_2O_3 酸性也不强，在无定形硅铝中，三价铝取代 SiO_2 中四价硅，正常铝原子是六配位，无定形硅铝中铝处于四配位结构中，从而产生很强的酸性。

TiO_2 作为载体，同时具有 B 酸和 L 酸，且酸度适中，缺点是酸量低、机械强度差、比表面积低、孔容相对小。将 TiO_2 和 Al_2O_3 混合使用可以充分发挥各自的优势，获得性能优良的复合型载体，因此已成为研究的热点。Al_2O_3 中引入 TiO_2 可减弱活性金属与载体间相互作用，使 MoO_3 更易于还原，有利于八面体配位的 Mo 物种生成，并在预硫化处理后趋向于生成更多高活性 Co(Ni)MoS 活性相。

对于需要酸性的加氢裂化催化剂来说，Y 分子筛具有超笼结构十二圆环三维大孔，开环性能好，非石蜡烃裂解选择性好，产品质量好，属于理想的加氢裂化酸性组分。β 分子筛具有无笼椭圆直通道十二圆环大孔，活性略高，有强异构性能（柴油凝点低），石蜡烃裂解选择性好，适合生产低温流动性好的加氢裂化产品，中间馏分油选择性好。除了调整沸石酸度（晶胞大小）和酸类型外，研究人员相继开发了新结构沸石分子筛如高酸性介孔材料 EMT，杂原子沸石分子筛如 ZRP 分子筛，中孔结晶硅铝分子筛如 MCM-41，其中油选择性优于 USY，和无定形 SiO_2-Al_2O_3接近。超微粒和纳米沸石分子筛具有更多外表面活性中心和外露晶胞，短而规整的孔道和均匀的骨架组分径向分布，因而具有更强的裂化大分子能力，并能延缓孔口堵塞，成为中压加氢裂化催化剂有效组分。

（3）助剂

除了主要的活性组分和载体外，催化剂中常加入其他助剂以进一步提高活性和稳定性等。助剂以不同形式在不同阶段引入，而且随催化剂制备方法的差异，所起的作用也不同。一般来说，助剂能够提高浸渍溶液浓度、修饰载体的体相和表面结构，防止催化剂生成低活性的尖晶石相、调节活性相的分散度和结构，从而改变催化性能。加氢催化剂经常使用的助剂有金属 Co、Ni、Ti、Zr、K、Na 等；也有一些非金属，如 P、B、F、Si 和有机表面活性剂/络合剂等。

P（磷）能够有效提高催化剂的催化性能。首先，磷能够改善活性金属组分的分散性。在浸渍液中添加磷能够形成稳定的磷钼酸盐共浸液，这种化合物与载体间的相互作用力比较弱，能促进活性八面体钼物种的形成。李伟等在 TiO_2-Al_2O_3复合载体中加入适量磷酸盐，减弱了金属与载体间的强相互作用，促进具有更高活性的多层 MoS_2簇的形成，从而提高催化剂的 HDS 活性。其次，磷的添加至少会形成两种酸位，分别在氧化铝载体上和含有活性金属钼的物种上。前者酸性的增加来源于 $AlPO_4$的存在，而后者是由氧化铝表面羟基与钼化合物的结合产生的。TEM 研究显示，在 Co-Mo/Al_2O_3中，磷的加入能够形成更多的Ⅱ型 Co-Mo-S 活性相，而且还能提高活性组分的分散度。在 Ni-Mo/Al_2O_3中，磷的主要作用是抑制 $NiAl_2O_4$的生成，而更多地生成 P-Ni-Mo 结构。

F（氟）是另一种常见的助剂。F 能增强载体的酸性，改善催化剂中活性相的分布，提高催化剂的 HDS 活性。对于 Ni（Co）-Mo/Al_2O_3催化剂，F 的引入可调节金属与载体表面相互作用，增加了催化剂表面活性位的数量和催化效率，改善催化剂脱硫/脱氮及芳烃饱和能力。但也有研究表明，F 的引入使得催化剂的比表面下降，Mo 的分散度下降，导致催化剂的活性降低。另外，含 F 催化剂吸水会产生很大的内部应力，容易引起催化剂破碎/粉化，且 F 会大幅度降低氧化铝的熔点温度，装置一旦超温，极易引起催化剂烧结失活。

在催化剂中添加 B（硼）助剂目前已被广泛研究和应用。早在 1976 年就发现 B 改性的 NiMo/Al_2O_3催化剂可提高含杂环化合物中 C—S 键的氢解反应活性。随后证实了 CoMo/Al_2O_3和 NiMo/Al_2O_3催化剂中引入 B 后，酸性提高，且催化剂的 HDS 活性提高。Decanio 等在浸渍溶液中加入硼酸，随着 B 的增加，$NiMo/Al_2O_3$的 B 酸先增加后降低。添加 B 后可同时提高 HDS 和 HDN 活性，且 HDN 活性依赖于 B 酸。而当硼含量超过一定值后，催化剂性能变差，这是由于出现了体相的硼酸盐。

此外，助剂 K 用于 Ni/Al_2O_3催化剂可提高催化裂化含烯烃轻汽油选择性加氢活性。助剂 Zn 可提高对含硫化合物的吸附能力和 HDS 选择性，吸附反应生成的硫化氢，抑制催化剂表面焦炭生成，提高催化剂稳定性。添加有机络合剂，与活性金属形成络合物，削弱金属与载体表面相互作用，促进生成更多的高活性Ⅱ类活性中心，进而提高催化剂性能。

4.3.3 质量指标与评价

催化剂设计和开发的最终任务是发明或更新各种能催化特定反应并可进行工业规模生产的催化剂，包括实验室小试（配方、制备过程、工艺条件、催化剂性质及性能）、半工业化试验（中间试验）和工业生产。除了最受关注的催化剂活性、选择性和使用寿命外，还要从催化剂的机械强度、抗毒性能、物理性质、宏观及微观物理结构以及经济性等方面来综合衡量。

工业装置对催化剂性能及其理化性能的要求归纳于表 4-6。

表 4-6 工业催化剂性能及其物理化学性质

性能要求	特性分析项目	考察的现象	操作因素
活性	活性中心	晶形	原料种类
选择性	表面积	晶粒大小	沉淀方式
寿命	孔径	原子价	pH 值
堆积密度	反应机理	导热性	温度
破坏强度	温度分布	磁性	时间
耐磨性	压力	表面能	速度
粒度分布	抗毒性	酸性中心	浓度
流态化性能	化学吸附	熔点	相
组成	物理吸附	晶格缺陷	气氛
再生条件	耐热性	结合方式	成型方法

（1）活性与活性评价

活性是催化剂最重要的性能指标。测定方法分为流动法（开放系统如固定床）和静法（非连续系统如高压釜）。

A. 固定床活性评价装置

以实验室小型 HDS 固定床反应器为例，配有计量平稳、精密度高的各种机泵和多种先进的仪器仪表，具有操作灵活、控制平稳、自动化程度高、数据采集面广且可靠等优点。通常将一定形状颗粒的催化剂堆砌到相应的床层高度，并切入 H_2S/H_2 气体进行预硫化。之后将系统温度调至所需反应温度，控制 H_2 流速和原料流速、反应压力及液相空速。

B. 活性表达方式

常用的活性表达方式一般有两种：测定催化剂在某一加氢反应过程中的“反应速率常数”和目的产物的“转化率”。例如测定二次加工柴油在加氢精制前后的硫含量，计算出脱硫率来评价该催化剂的加氢脱硫活性。催化剂的加氢脱氮活性、加氢脱金属活性、烯烃或芳烃的加氢饱和活性也采用同样办法评价。除此之外，活性表示方法还有很多种，如两种催化剂在原料种类及控制工艺参数（空速、压力及氢油比）相同条件下，在达到相同转化率时，以反应温度的高和低来区别其活性高低。同样，若控制温度、压力及氢油比相同条件下，在达到相同转化率情况下，以空速的高低评定出催化剂的活性高低。

（2）选择性

对于某些具有多条途径的化学反应来说，通常以选择性来描述催化剂抑制副反应能力的大小。催化剂的选择性与其化学组成、活性相结构、孔结构甚至外形尺寸密切相关。催化剂选择性的定量表示方法有速率常数之比、目的产物收率与反应物的转化率之比、反应物转化为目的产物的量占反应物总转化量的比例等。对于工业催化反应过程而言，活性是催化剂最重要的性能指标，而选择性（如目的产物的生成率、副产物的价值及产物分离难易程度等）将关系到装置投资、效能及运行成本，从而影响过程的经济性。通常，要求工业催化剂的选择性在整个运行周期基本保持一致，即产品分布不因初、末期反应条件的变化和催化剂本身性质的变化而发生较大改变。

（3）稳定性（寿命）

催化剂的使用寿命是催化剂性能最重要指标的之一。除了以催化剂运转时间的长短表示之外，还可以采用在单位时间里以活性的衰减程度或单位质量催化剂能加工原料油质量的多少来表示。影响加氢催化剂寿命的因素较复杂，受原料油质量好坏、工艺条件的苛刻程度、加氢生成油的质量要求等影响。如重整预加氢催化剂所加工的原料油质量较好，工艺条件缓和，其使用寿命可达到六年以上；而减压渣油加氢处理过程明显不同于轻质馏分油的加氢精制，由于原料油性质低劣、黏稠且复杂，工艺条件苛刻（高温、高压），加氢产品质量要求高，从而使渣油加氢处理系列催化剂寿命一般只有 1～2 年。

延长催化剂使用寿命和装置运转周期的方法之一是按照各类反应要求把性能不同的催化剂分级装填。组合催化剂分级装填（级配）的原则：一是按照反应规律使加氢脱金属、加氢脱硫、加氢脱氮催化剂在反应器中装填位置和高度与金属容量和失活速度匹配，以保证每种催化剂都能很好发挥作用；二是按照每种催化剂的颗粒大小平衡催化剂的活性和压力降，以保证催化剂的使用寿命和装置的平稳运行。催化剂的级配比例对于装置整体反应性能极为重要，进行催化剂优化组合不仅可以优化油品质量，而且能提高单位催化剂的劣质重油加工量。

（4）机械强度的稳定性

从某种意义讲，工业催化剂的机械强度稳定性比活性、选择性和寿命还“重要”。因为在有限范围内，催化剂活性可以通过调整温度、压力及氢油比等工艺参数加以补偿，可是催化剂的机械强度一旦经不起长期考验，则会导致装置运转周期缩短甚至停工，催化剂的活性、选择性和寿命即便再好也是无济于事。因此，要追求催化剂活性、选择性、寿命和机械强度多项指标全面协调增长，相辅相成，优势互补。

（5）再生条件

劣质重油加氢催化剂失活一般有以下三个原因：孔口堵塞、金属中毒和焦炭沉积。将这些可燃性物质在一定温度下进行氧化燃烧，便可恢复催化剂活性。早期炼油生产过程中，采用含氧惰性气体（水蒸气或氮气）在固定床反应器中边加热边烧焦进行催化剂再生。这一器内再生技术的缺点是：耗时长；活性恢复率低；增加附属设备（如注碱、注氨、烟气净化等设施）的投资。相比于器内再生，器外再生更节省设备和药品，并消除了环保和设备腐蚀问题。同时，器外再生效果好，速度快，再生催化剂收率高且活性恢复率甚至高达90%。

4.4　NUEUU® 催化剂

加氢工艺是劣质重油轻质化加工方式之一，主要分为固定床、移动床、沸腾床和悬浮床。沸腾床加氢工艺比固定床工艺具有更宽泛的原料适应性，更长的运转周期，更好的传质、传热效果，更高的催化剂利用率，以及装置有更大的操作灵活性等优势。自2000年以来，国外新建沸腾床加氢装置多于固定床，以满足劣质重油深度加工的需求。沸腾床工艺所用的催化剂与固定床催化剂组成相近，但催化剂在沸腾床中不断流动，对催化剂要求更高，表现在催化剂床层膨胀和流化均匀性等方面，对催化剂颗粒形状、颗粒尺寸及机械强度有较高要求，通常要求颗粒要小于1mm，以利于在反应器内保持流化状态。国外H-

Oil 和 LC-Fining 两种工艺技术大多采用 0.8mm 左右的圆柱条形沸腾床加氢催化剂，而国内 NUEUU® 催化剂为球形，颗粒直径在 0.85～0.95 mm 范围内，随着形状和粒径变化，金属脱除率、脱硫率、残炭转化率都会有不同程度提高；同时，胶质和沥青质转化率提高；催化剂上焦炭和金属沉积量均有所变化，从而孔容和比表面损失率降低。

NUEUU® 催化剂目前成熟应用的主要是 JMHC-2608A、JMHC-2608B 和 JMHC-2608C 三种系列产品，国内集中在河北、新疆和内蒙古等地建设多套沸腾床加氢装置，装置规模包括 15 万吨/年、20 万吨/年、30 万吨/年、50 万吨/年和 60 万吨/年。其中，新疆哈密 60 万吨/年煤焦油加氢装置为迄今国内单套规模最大的全馏分煤焦油处理装置。

以 JMHC-2608C 为例，简单描述 NUEUU® 催化剂的制备。

4.4.1 原料拟薄水铝石的制备

JMHC-2608C 沸腾床加氢催化剂生产所用的拟薄水铝石采用硫酸铝法制备，其物理化学性质见表 4-7。

表 4-7 拟薄水铝石物理化学性质

性能要求	拟薄水铝石
比表面积/（m^2/g）	350～390
孔容/（mL/g）	≥1.05
干基（质量分数）/%	68
Na_2O（质量分数）/%	≤0.05
SiO_2（质量分数）/%	2.0～2.5
Fe_2O_3（质量分数）/%	≤0.05
SO_4^{2-}（质量分数）/%	≤1.0

拟薄水铝石在生产时将 Si 元素含量进一步提高，使得到的拟薄水铝石粉体整体指标发生了巨大改变。另外，硫酸铝法生产的拟薄水铝石产品会带有一定的硫酸根，适量引入硫元素对 JMHC-2608C 的催化加氢活性具有一定程度的促进作用。

4.4.2 载体的制备

将料斗内的混合粉体转移至滚球机的转鼓内，调整转速为 45～55r/min，转鼓倾斜角度为 15°，其间不停喷入含有铝元素的酸性溶液。在酸性溶液的作用下，逐渐形成圆形微球，待圆形微球不断增大，转移至振动筛进行分选，得到直径约 1.0mm 的圆形微球产品，产品收率在 80%左右。将分选得到的圆形微球产品转移至烘箱中进行烘干，烘干温度为 80℃，烘干时长为 8h。然后将烘干的催化剂载体转移至焙烧炉中进行焙烧，焙烧条件见表 4-8。

表 4-8 载体焙烧条件

性能要求	载体
最高温度/℃	600～650
高温时长/h	≥3
升温速率/（℃/h）	180

将焙烧后所得到的催化剂载体转移至料斗后降至室温，得到的载体指标见表 4-9。

表 4-9 载体物理化学性质

性能要求	载体
比表面积/（m^2/g）	270～300
孔容/（mL/g）	≥0.7
Na_2O（质量分数）/%	≤0.05
SiO_2（质量分数）/%	2.0～2.5
Fe_2O_3（质量分数）/%	≤0.05
SO_4^{2-}（质量分数）/%	≤1.0

4.4.3 催化剂成品的制备

首先需要配置载体浸渍溶液，浸渍液采用的是钼镍系金属溶液。将去离子水 500kg 转移至 1.5m^3 搅拌釜中，然后将可溶性钼盐和可溶性镍盐按照金属组成 5∶1 进行制备。搅拌加热使其完全溶解，然后加入助剂，继续搅拌约 5min，转移至降温罐中冷却至室温。

将制得的载体转移至浸渍锅不锈钢转釜中，转动转釜按照 10r/min 运行。其间不断喷入制备好的金属浸渍溶液，继续运转 1h，然后转移至烘干炉进行烘干，烘干温度为 80℃，烘干时长为 4h。将烘干后的产品转移至焙烧炉中，焙烧后即得到催化剂成品。

焙烧条件见表 4-10。

表 4-10　成品焙烧条件

性能要求	成品
最高温度/℃	450～480
高温时长/h	≥3
升温速率/（℃/h）	180

焙烧得到的催化剂成品指标见表 4-11。

表 4-11　成品物理化学性质

性能要求	第二代 JMHC-2608C
比表面积/（m^2/g）	150～180
孔容/（mL/g）	≥0.35
Na_2O（质量分数）/%	≤0.05
SiO_2（质量分数）/%	0.7～1.0
Fe_2O_3（质量分数）/%	≤0.05
SO_4^{2-}（质量分数）/%	—
MoO_3（质量分数）/%	21～24
NiO（质量分数）/%	4.0～5.0

根据 NUEUU® 催化剂在工业化装置中实际使用情况，其制备工艺也在不断优化和完善。NUEUU® 催化剂主要具备以下优点：①催化剂活性高。具有更高的脱硫、脱氮、芳烃饱和以及轻质化能力。②催化剂使用寿命长。具有更强的耐用性，大大减少催化剂的使用量，降低工业化生产成本，极大地提高装置收益。③催化剂选择性强。可以更加精准地脱除原料油中的杂质，获得优质的目标产品。④原料适应性广。可加工处理各种劣质重油，将重油中大量的胶质和沥青质全部转化为轻油馏分，企业效益大幅提升。

参考文献

[1] 李大东．支撑未来炼油工业发展的若干关键技术［J］．催化学报，2013，34（1）：48-60.

[2] 姚远，张涛，于双林，等．渣油加氢技术进展与发展趋势［J］．工业催化，2021，29（2）：24-27.

[3] 张洪秀，贾桂元．不同催化剂对重质油加氢反应产物的影响［J］．中国化工贸易，2013，3：149.

[4] 于承祖．渣油加氢脱硫催化剂级配方案工业应用与优化［D］．大连：大连理工大学，2009.

[5] Marafi A, Fukase S, Al-Marri M, et al. A comparative study of the effect of catalyst type on hydrotreating kinetics of Kuwaiti atmospheric residue [J] . Energy & Fuels, 2003, 17: 661-668.

[6] 董云芸．多级孔氧化铝的研制及其在加氢处理催化剂中的应用［D］．厦门：厦门大学，2018.

[7] 胡长禄，李文儒，赵愉生，等．上流式渣油加氢保护剂的开发［J］．石油炼制与化工，2001，9：64-66.

[8] 刘勇军，付庆涛，刘晨光．渣油加氢脱金属反应机理的研究进展［J］．化工进展，2009，28：1546-1552.

[9] 刘佳，胡大为，杨清河，等．活性组分非均匀分布的渣油加氢脱金属催化剂的制备及性能考察［J］．石油炼制与化工，2011，42：21-27.

[10] 王纲，方维平，韩崇仁．常压渣油加氢脱硫催化剂的研制及试生产［J］．石油炼制与化工，2000，7：1-4.

[11] 李延年．渣油加工工艺［M］．北京：中国石化出版社，2002.

[12] 邵志才，贾燕子，戴立顺，等．不同类型渣油原料加氢反应特性的差异［J］．石油炼制与化工，2017，48：1-5.

[13] Ho T C. Hydrodenitrogenation catalysis [J] . Catalysis Reviews, 2006, 30: 117-160.

[14] 石亚华，孙振光，戴立顺，等．渣油加氢技术的研究Ⅰ：RHT固定床渣油加氢催化剂的开发及应用［J］．石油炼制与化工，2005，36：9-13.

[15] Chen S L, Dong P, Xu K, Qi Y, Wang D. Large pore heavy oil processing catalysts prepared using colloidal particles as templates [J] . Catalysis Today, 2007, 125: 143-148.

[16] 梁文杰．重质油化学［M］．东营：石油大学出版社，2000.

[17] 陈俊武，曹汉昌．残炭前身化合物的结构及其在炼油过程中的作用［J］．炼油设计，1992，22：1-11.

[18] 崔瑞利，赵愉生，薛鹏，等．固定床渣油加氢处理装置催化剂积炭分析与表征［J］．石油炼制与化工，2012，43：45-47.

[19] 崔瑞利，赵愉生，于双林，等．渣油加氢脱残炭催化剂的失活研究［J］．石油化工，2013，42：411-414.

[20] 谢六英．加氢裂化催化剂的开发与应用［D］．厦门：厦门大学，2019.

[21] 杨琦．加氢裂化催化剂梯级孔道载体材料的制备与性质研究［D］．北京：中国石油大学，2019.

[22] 李景锋，高海波，姚文君，等．介孔H-ZSM-5分子筛的制备及以其为载体的催化剂的催化裂化汽油加氢性能［J］．石油炼制与化工，2020，51（8）：37-42.

[23] 于庆瑞．丝光沸石在石油加工中的应用［J］．浙江化工，1987，2：45-48.

[24] Soni K, Boahene P E, Dalai A K. Hydrotreating of coker light gas oil on MCM-41 supported nickel phosphide catalysts [M] . Production and Purification of Ultraclean Transportation Fuels, ACS Symposium Series, 2011, 1088 (2): 15-29.

[25] 李涛．国外加氢裂化催化剂的技术回顾［C］．第十一届全国工业催化技术及应用年会论文集，2014，21-25.

[26] 杜艳泽，关明华，马艳秋，等．国外加氢裂化催化剂研发新进展［J］．石油炼制与化工，2012，43（4）：93-98.

[27] 张迪．ART渣油加氢处理催化剂及工业应用［D］．广州：华南理工大学，2014.

[28] 刘猛．重质馏分油加氢预处理催化剂及工艺研究［D］．北京：中国石油大学，2010.

[29] 彭全铸，赵琰．CH-20 型焦化蜡油加氢处理催化剂性能及工业应用［J］．工业催化，1997，5（3）：35-40.

[30] 王继锋，温德容，梁相程，等．3966 重质馏分油加氢精制催化剂的研制［J］．2001，32（4）：33-37.

[31] 佟明海，杨占林，姜虹，等．FF-18 FCC 原料预处理催化剂反应性能的研究［J］．当代化工，2007，36（4）：401-403.

[32] 姜虹，彭绍忠，杨占林，等．FF-24 FCC 原料加氢预处理催化剂反应性能研究［J］．当代化工，2012，41（3）：267-269.

[33] 史建文，朱义勤，聂红，等．RT-1 单段加氢处理催化剂性能及工业应用［J］．石油炼制与化工，1996，27（5）：25-30.

[34] 徐友明，李文库，何金海，等．加氢处理催化剂的制备与表征［J］．催化学报，2001，22（6）：576-578.

[35] 罗锡辉．关于工业加氢处理催化剂设计及制备问题的思考［J］．石油学报（石油加工），2005，4：14-21.

[36] 朱慧红，茆志伟，杨涛，等．催化剂形貌对沸腾床渣油加氢 Ni-Mo/Al_2O_3催化剂活性位的影响机制［J］．化工学报，2021，4：2076-2085.

[37] 韩崇仁．加氢裂化工艺与工程［M］．北京：中国石化出版社，2006.

[38] 张继光．催化剂制备过程技术［M］．北京：中国石化出版社，2004.

[39] 刘瑶瑶，马潇，程益波，等．催化剂成型影响因素的研究进展［J］．浙江化工，2021，52（2）：9-13.

[40] 李贺，曾贤君，张利杰，等．固相催化剂成型助剂研究进展［J］．无机盐工业，2019，51（10）：12-17.

[41] 黄惠阳，申科，袁颖，等．球形 γ-Al_2O_3 载体制备方法评述［J］．当代化工，2021，50（4）：976-979.

[42] 孙素华，朱慧红，刘杰，等．微球型沸腾床渣油加氢催化剂研究［C］．加氢技术论文集，2008：403-409.

[43] 赵连鸿，赵红娟，刘涛，等．离心喷雾干燥温度对 FCC 催化剂成型的影响［J］．化学工程，2020，48（4）：33-36.

[44] 张哲，白立光，姚艳敏，等．一种油柱成型工艺制备球形氧化铝的方法［P］．申请日 20200624，公开号 CN111792659A.

[45] 张翊，胡立峰，何金龙，等．油柱催化剂成型装置和成型方法［P］．申请日 20191029，公开号 CN112742486A.

[46] 王洋，王鼎聪．活性金属浸渍方式对渣油加氢催化剂金属分散态的影响［J］．石油炼制与化工，2013，44（8）：8-12.

[47] 隋宝宽，施尧，林见阳，等．焙烧气氛和孔结构对加氢脱金属催化剂性能的影响［J］．化工学报，2021，72（2）：993-1000.

[48] 王仲义，闫作杰，单敏，等．器外预硫化加氢裂化催化剂开工技术应用总结［J］．炼油技术与工程，2021，51（1）：10-12.

[49] 杨振，杨妮，彭学斌，等．pH 值对氢氧化铝晶型和形貌影响的研究［J］．云南冶金，2021，50

(2): 42-46.

[50] Dong Y, Chen Z, Xu Y, et al. Template-free synthesis of hierarchical meso-macroporous γ-Al_2O_3 support: Superior hydrodemetallization performance [J]. Fuel Processing Technology, 2017, 168: 65-73.

[51] 刘滨, 杨清河, 胡大为, 等. 高孔体积、大孔径渣油加氢催化材料的开发 [J]. 石油炼制与化工, 2021, 52 (6): 6-10.

[52] 肖锦春, 季洪海, 马波, 等. 大孔 γ-氧化铝的制备及其表征 [J]. 石油化工, 2015, 44 (3): 339-344.

[53] 杨卫亚, 隋宝宽, 凌凤香, 等. 一种 γ-氧化铝晶粒及其制备方法 [P]. 申请日 20191025, 公开号 CN112707426A.

[54] 方向晨, 关明华, 廖士纲. 加氢精制 [M]. 北京: 中国石化出版社, 2006.

[55] 刘思明, 汪建南, 余申, 等. 高比表面积等级孔 γ-Al_2O_3 的金属醇酯一步水解法制备及性能 [J]. 高等学校化学学报, 2020, 41 (6): 1208-1217.

[56] 李协昱, 刘信利, 叶鉴毅. 二氧化硅的制备方法 [P]. 申请日 20191118, 公开号 CN112811433A.

[57] 樊莲莲, 陶智超, 杨勇, 等. 一种高活性无定形硅铝、以其为载体的加氢裂化催化剂以及它们的制备方法 [P]. 申请日 20161214, 公开号 CN106732496B.

[58] Syed S A, Hasan A Z. Experimental and kinetic modeling studies of methanol transformation to hydrocarbons using zeolite-based catalysts: A review [J]. Energy Fuels, 2020, 34: 13225-13246.

[59] Roald B, Patricia J K, Fletcher J C Q. Selective formation of linear alkanes from *n*-hexadecane primary hydrocracking in shape-selective MFI zeolites by competitive adsorption of water [J]. ACS Catalysis, 2016, 6 (11): 7710-7715.

[60] 王叶青. 可持续发展路线合成分子筛 [D]. 杭州: 浙江大学, 2017.

[61] 刘璐, 朱慧红, 金浩, 等. 一种加氢催化剂及其制备方法 [P]. 申请日 20191029, 公开号 CN112742425A.

[62] 姚远, 张涛, 于双林, 等. 渣油加氢技术进展与发展趋势 [J]. 工业催化, 2021, 29 (2): 24-27.

[63] 孙素华, 王刚, 方向晨, 等. STRONG 沸腾床渣油加氢催化剂研究及工业放大 [J]. 炼油技术与工程, 2011, 41 (12): 26-30.

[64] 尹祎轩, 杨座国. 滴流床反应器催化剂颗粒微观结构的模拟优化 [J]. 高校化学工程学报, 2018, 32 (4): 848-855.

[65] 唐林. 重整原料油加氢脱砷催化剂及工艺的研究 [D]. 青岛: 青岛科技大学, 2004.

[66] 李新, 王刚, 孙素华, 等. 粒径变化对沸腾床渣油加氢催化剂的影响 [J]. 当代化工, 2012, 41 (6): 558-561.

[67] 刘璐, 朱慧红, 金浩, 等. 影响微球形沸腾床加氢催化剂耐磨性能的因素考察 [J]. 当代化工, 2020, 49 (6): 1027-1030.

[68] 梁维军. 渣油加氢脱硫催化剂载体堆积密度的精确控制 [J]. 工业催化, 2014, 22 (11): 855-858.

[69] 宋国良, 肖寒, 柏洪浩, 等. Y 分子筛与无定形硅铝的比例对柴油加氢裂化催化剂性能的影响 [J]. 石油炼制与化工, 2021, 52 (2): 39-45.

[70] Lauritsen J V，Helveg S，Lægsgaard E，et al. Atomic-scale structure of Co-Mo-S nanoclusters in hydrotreating catalysts [J] . Journal of Catalysis，2001，197：1-5.

[71] Lauritsen J V，Nyberg M，Nørskov J K，et al. Hydrodesulfurization reaction pathways on MoS_2 nanoclusters revealed by scanning tunneling microscopy [J] . Journal of Catalysis，2004，224：94-106.

[72] 刘显法．超重原油改质和加工技术的进展 [C] //中国化工学会石油化工专业委员会．中国化工学会2008年石油化工学术年会暨北京化工研究院建院50周年学术报告会论文集．《石油化工》编辑部，2008：45-54.

[73] Grange P，VanhaerenX. Hydrotreating catalysts，an old story with new challenges [J] . Catalysis Today，1997，36：375-391.

[74] 袁胜华．渣油加氢催化剂研制及加氢产品结构参数测定 [D] ．厦门：厦门大学，2014.

[75] Breysse M，Afanasiev P，Geantet C，et al. Overview of support effects in hydrotreating catalysts [J] . Catalysis Today，2003，86：5-16.

[76] Okamoto Y，Ochiai K，Kawano M，et al. Effects of support on the activity of Co-Mo sulfide model catalysts [J] . Applied Catalysis A：General，2002，226：115-127.

[77] Breysse M，Afanasiev P，Geantet C，et al. Overview of support effects in hydrotreating catalysts [J] . Catalysis Today，2003，86：5-16.

[78] Breysse M，Portefaix J L，Vrinat M. Support effects on hydrotreating catalysts [J] . Catalysis Today，1991，10：489-505.

[79] 王文科，赵丽萍，陶志平．不同分子筛催化剂对烯烃齐聚合成中间馏分油的影响 [J] ．现代化工，2018，38 (2)：39-42，44.

[80] 唐兆吉，周洪波，吴子明，等．高质量高选择性生产中间馏分油加氢裂化技术开发及工业应用 [Z] ．大连：中国石油化工股份有限公司大连石油化工研究院，2017-12-01.

[81] 陈伟，王鹏飞．EMT分子筛的两步法制备及其在烯烃净化中的应用 [J] ．上海化工，2021，46 (1)：4-10.

[82] 樊文龙，谢朝钢，杨超．重质费-托合成油在不同分子筛催化剂上的裂化反应性能研究 [J] ．石油炼制与化工，2014，45 (4)：36-40.

[83] 赵琰．我国加氢裂化催化剂发展的回顾与展望 [J] ．工业催化，2001，9 (1)：9-16.

[84] 王爽，丁巍，赵德智，等．渣油加氢催化剂酸性、孔结构及分散度对催化活性的影响 [J] ．化工进展，2015，34 (9)：3317-3322.

[85] 丁巍，李晓言，宋官龙，等．渣油加氢精制催化剂的研究进展 [J] ．应用化工，2014，43 (5)：926-929.

[86] 李伟，李生祥，等．磷改性 TiO_2-Al_2O_3 复合载体在超深度加氢脱硫中的应用 [J] ．催化学报，2005，26：755.

[87] Ramirez J，Castano V. High-resolution electron microscopy study of phosphorus-containing MoS_2/Al_2O_3 hydrotreating catalysts [J] . Applied Catalysis A：General，1992，83：251-261.

[88] Atanasova P，Halchev T. Influence of phosphorus concentration on the type and structure of the compounds formed in the oxide form of MoNiP/Al_2O_3 catalysts for hydrodesulphurization [J] . Applied Catalysis，1989，48：295-306.

[89] Matralis H K，Lycourghiotis A，Grange P，et al. Fluorinated hydrotreatment catalysts：Characterization and hydrodesulphurization activity of fluorine-cobalt-molybdenum/γ-alumina catalysts [J].

Applied Catalysis，1988，38：273-287.

［90］Sarbak Z，Andersson S L T，et al. Effect of metal-organic compounds on thiophene hydrodesulphurization over sulphided forms of fluoride-containing CoMo/Al_2O_3 catalysts ［J］. Applied Catalysis，1991，69：235-251.

［91］Lafitau H，Neel E，Clement J C. Physico-chemical interaction between nickel and support in the preparation of NiMo/Al_2O_3 oxide hydrogenolysis catalysts ［M］. Preparation of catalysts，Amsterdam：Elsivier，1976，1：393.

［92］Peil K，Galya L G，Marcelin G. Acid and catalystic properties of nonstoichiometric alumina borate ［J］. Journal of Catalysis，1989，115：441.

［93］Decanio E C，Weissman G J. FT-IR analysis of borate-promoted NiMo/Al_2O_3 hydrotreating catalysts ［J］. Colloids and Surfaces，A：Physiochemical and Engineering Aspects，1995，105：123.

［94］Ishutenko D，Minaev P，Anashkin Y，et al. Potassium effect in K-Ni（Co）PW/Al_2O_3 catalysts for selective hydrotreating of model FCC gasoline ［J］. Applied Catalysis B：Environmental，2017，203：237-246.

［95］Chen Y，Wang L，Liu X，et al. Hydrodesulfurization of 4，6-DMDBT on multi-metallic bulk catalyst NiAlZnMoW：Effect of Zn ［J］. Applied Catalysis A：General，2015，504：319-327.

［96］孙昱东．原料组成对渣油加氢转化性能及催化剂性质的影响［D］．上海：华东理工大学，2011.

［97］孙磊．重油加氢装置长周期运行分析及优化措施［J］．石油炼制与化工，2021，52（6）：50-56.

［98］曾松．固定床渣油加氢催化剂失活的原因分析及对策［J］．炼油技术与工程，2011，41（9）：39-43.

［99］刘小隽．加氢催化剂器内外再生的生产实践［J］．石化技术，2015，22（12）：23-24.

5 典型劣质重油沸腾床加氢技术

劣质重油沸腾床加氢技术国外的代表性工艺有美国 CLG 公司的 LC-Fining 工艺、法国 AXENS 公司的 H-Oil 工艺和 T-Star 工艺。国内的工艺主要有(FRIPP) 的 STRONG 工艺、上海新佑能源科技有限公司的 NUEUU® 工艺。在李春年的专著中（2002 年），曾对国外渣油沸腾床加氢工艺进行了系统论述。

5.1 H-Oil 技术

20 世纪 50 年代中期，美国烃研究公司（HRI）开发了沸腾床加氢反应器，1963 年 HRI 公司与美国城市服务研究开发公司（CSRD）合作共同开发了 H-Oil 工艺，并在 CSRD 的莱克查尔斯炼油厂建设了一套 33 万吨/年 H-Oil 沸腾床加氢工业示范装置。1975 年 HRI 公司与德士古（Texaco）合作，继续开发沸腾床加氢技术，仍沿用 H-Oil 商标。1995 年法国石油研究院（IFP）收购了 HRI 公司，目前 H-Oil 工艺许可证由法国 AXENS 公司（隶属于 IFP 公司）颁发。

Oil 工艺反应器采用外置循环泵。据统计，国内外已建（或在建）的采用 H-Oil 技术沸腾床加氢的企业共 16 家，加工能力约 3825 万吨/年（见表 5-1）。

表 5-1　H-Oil 技术渣油沸腾床加氢工业应用

企业	生产目的	规模/（万吨/年）	应用年份/年
美国城市服务公司查理湖炼厂	低硫焦化原料油	33	1963/1971
科威特国家石油公司舍巴炼油厂	加氢裂化料	260	1968
美国亨伯尔石油公司贝威炼油厂	加氢裂化料	83	1970
墨西哥石油公司萨拉门卡炼油厂	加氢裂化料	104	1972
美国明星企业公司康文特炼油厂	低硫燃料油/FCC 料	260	1984
加拿大劳埃德明斯特炼油厂	低硫焦化油/馏分油	188	1992

续表

企业	生产目的	规模/（万吨/年）	应用年份/年
墨西哥石油公司图拉炼油厂	低硫焦化油/馏分油	260	1997
日本东燃石油公司川崎炼油厂	低硫燃料油/FCC 料	130	1997
波兰 Plock 炼油厂	低硫焦化油/馏分油	180	1999
俄罗斯 Lukoil 公司	未知	352	2004
白俄罗斯 JSC Mozyr 石油公司	未知	300	2010
加拿大 Husky 石油公司	未知	195	2010
保加利亚 Lukoil Neftochim 公司	生产高质量馏分油	250	2012
中国恒力石化（大连）公司	高硫减渣转化	320×2	2019
中国石化镇海炼化公司	渣油转化	260	2019
中国盛虹炼化	渣油转化	330	2022

5.1.1 主要技术特点

沸腾床技术的特点是使用由反应物流、气体和催化剂组成的气、液、固三相流化床反应器。良好的返混特性可以控制反应温度接近于恒温反应；可以保持压力降恒定、不会发生床层堵塞和“沟流”现象。

沸腾床反应器可保持产品质量恒定。图 5-1 为固定床和沸腾床反应器的时间-温度关系图。对于固定床反应器，需要在操作中逐步提高反应温度以便维持催化剂活性，其操作周期的长短与原料油的性质和杂质含量有关。沸腾床反应器可以在运转中补充少量催化剂，运转周期内反应器温度可以保持恒定，可以按照检修计划，规定运转周期，一般可达 24～36 个月。

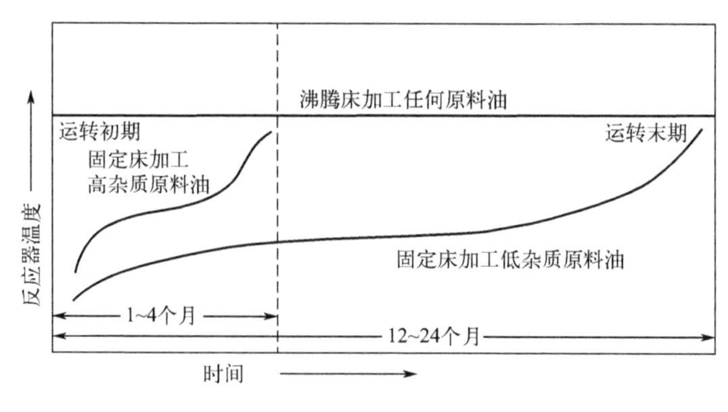

图 5-1 反应器的时间-温度图

沸腾床反应器中的催化剂可在较短时间（约 30d）内达到平衡活性，并根据催化剂置换速率和其他工艺条件确定催化剂活性。因此可以保持产品产量、质量不变。

与固定床装置相比，沸腾床技术在工程方面具有以下特点：

① 便于控制反应温度。由于沸腾床的返混特性，可以靠送入温度较低的原料油来控制加氢处理放热反应的温度，而无需像固定床反应器那样注入急冷氢气，需要的循环氢压缩机功率较小。所以公用工程消耗量也比固定床低。

② 具有改变原料的灵活性。沸腾床反应器可在保持产品选择性和产品质量情况下，通过改变催化剂品种、使用量就可以调整操作条件，加工不同的原料油。而固定反应器却没有这种灵活性。

③ 调节产品种类的灵活性。由于沸腾床反应器的混合效果和置换催化剂的能力，改变反应温度、循环油流量和组成就可改变产品的选择性。故能够根据市场对产品需求和价格的变化，迅速调整产品生产方案。

④ 催化剂活性恒定和可在运转中取出、装入催化剂，可以加工特种的原料油而无需停工置换催化剂。

⑤ 投资较低。用于高金属、重质渣油改质或需要达到较高转化率时，若采用固定床技术需要的反应器个数较多，床层之间需要使用氢气冷却和装置操作周期较短。在这种情况下，采用沸腾床技术的装置投资将低于固定床装置。反映出料换热器需要的传热面积也比固定床装置少。

⑥ 有充分的自由空间使进料中夹带的固体物通过催化剂床层，而不会造成床层堵塞或压力降增大，容许原料油中含有一定量的固体物。此点对于加工重质原料（沥青等）十分重要。

⑦ 由于系统压力降较小，而且压力降不会随运转时间的延长而增加，故可以使用颗粒很小的催化剂（直径 0.8mm 的挤出型催化剂）。由于重油加氢过程为扩散控制，使用小颗粒催化剂对于提高反应速率十分有利。

沸腾床工艺也存在一定的缺点和不足：

① 脱硫率较低。受反应器性能的限制，一段反应器的脱硫率只有 65%左右；要求提高脱硫率时，需采用几台反应器串联流程，使投资增大。

② 反应器中的催化剂浓度比固定床低。每立方米反应器容积中催化剂储藏量为 40～60kg；约只相当于固定床反应器的 60%。

③ 催化剂耗量较高，尤其是高脱硫操作时，催化剂成本更高。反应器内返混现象造成新鲜催化剂损失。据 HRI 公司的数据。加工阿拉伯轻、重质混合原油的渣油，转化率为 65%，脱硫率为 75%～80%时，每吨进料的催化剂费用为 3～5 美元；脱硫率提高至 93.6%（转化率仍为 65%）催化剂费用升至 10 美元/t。

表 5-2 为加工重阿拉伯减压渣油时，在转化率 40％下，不同脱硫率的催化剂耗量比较。

表 5-2 不同脱硫率的催化剂耗量

转化率/％	脱硫率/％	催化剂耗量/（kg/d）
40	82.9	2263
40	84.7	3402

表 5-2 的数据表明，在转化率相同情况下，脱硫率提高 1.8％，催化剂耗量增加了 50％。

④ 产品质量稍差，需要进一步加氢处理。未转化渣油残炭高，用作焦化原料时，生焦率高。用作燃料油时，稳定性差；重瓦斯油用作催化裂化原料时，需要再加氢处理。

沸腾床反应器相当于连续搅拌的釜式反应器，其反应动力学特性不如活塞流的固定床反应器。采用多个沸腾床串联可以补偿这个缺点。

5.1.2 沸腾床反应器

原料油和氢气进入沸腾床反应器下部的集气室，在此与循环油混合。经过专门设计的分布板，保证气、液物流沿反应器截面的均匀分布。分布板上的气液混合物向上通过催化剂床层，催化剂是靠油和氢气的流速保持运动状态形成沸腾床，沸腾床的高度高于催化剂的静止高度。与所有的流化床一样，气液混合物通过床层的压力降等于催化剂颗粒在液体中的浮力。由于系统中催化剂的运动和油气的高速流动，使油、氢气和催化剂密切接触，有效地促进化学反应的完成。

调节反应器内循环油流量可以控制催化剂的膨胀高度，在反应器底部装有专门设计的循环泵。循环油流量一般是进料流量的几倍，循环泵是靠反应器中心的循环管提供吸入高度的。中心管上部为循环室，用于气液相分离。催化剂膨胀床的料位保持在循环室以下，以免发生磨损和堵塞问题。由于催化剂颗粒是被油覆盖着，在沸腾床中运动，所以磨损不大。加上催化剂的运动是限定在反应器容积之内，故不需要从生成油中分离催化剂的过程。

为了使反应器中催化剂活性保持恒定，可以在不停工状态下向系统中加入新催化剂和取出废催化剂。

图 5-2 为 H-Oil 工艺沸腾床反应器的结构。

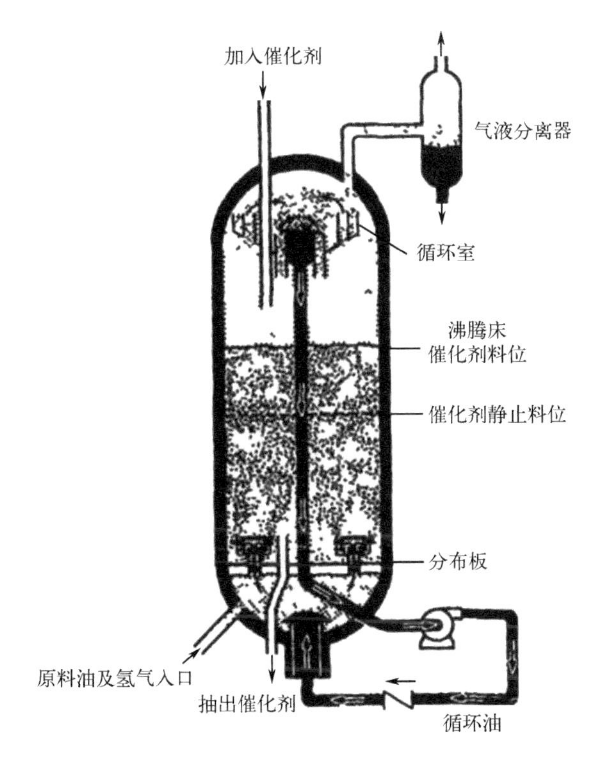

图 5-2 沸腾床反应器

5.1.2.1 反应器结构

沸腾床反应器为高压容器。早期设计的反应器为卷筒式，后期设计的均为单层锻造、热壁结构。受运输等条件限制，大型反应器的制造程序均采用在工厂制成桶节，运至施工现场焊接、检验。反应器内衬为合金钢堆焊层。

以加工阿拉伯轻、重质（50∶50）混合原油的＞350℃重油为例，处理量为1.1兆吨/年的装置，反应器规格：反应器外径，4900mm；内径，4300mm；总高度（切线），26.5m；反应器壁厚度，302mm；保温厚度，102mm；反应器质量，1100t；反应器个数，2台。

5.1.2.2 反应器内件

沸腾床反应器内件包括循环室、分布板、下部混合室及循环泵，是保证实现沸腾床操作的主要部件。

（1）循环室

反应器上部的循环室用于气液分离。当循环油中带出的气体过多时，会降低循环泵的能力和影响床层的稳定性。循环液体中过量的气体带出会降低循环泵的能力和液体流速，最终导致沸腾床稳定性降低，床层塌落。早期使用的是升气管式、锥形收集-分离式循环室，升气管的作用是收集从反应区向上流动的气、液流体。结构如图 5-3。

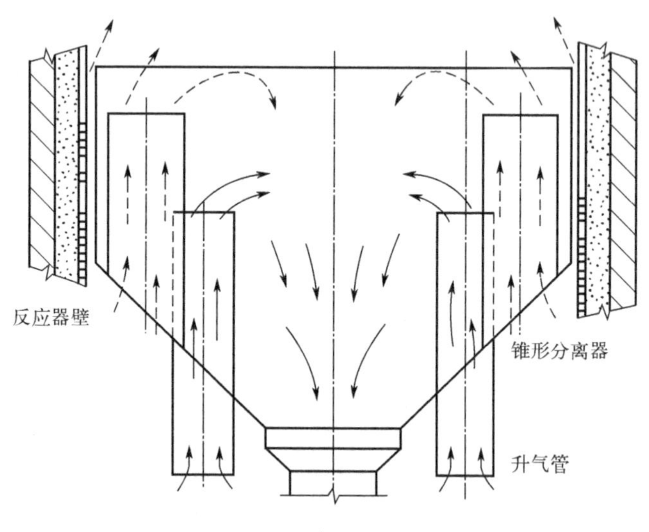

图 5-3　管式循环室

原有的内循环室虽已成功地使用了多年，但当气液进料流速较高时会造成气液分离不完全。因而导致反应器内气体滞留量增大，对反应动力学产生负面影响，使装置处理量降低。新式内循环室是根据气旋原理设计的，改善了气液分离效果。工业使用情况表明可达到提高处理能力、平稳操作的目的。一套减压渣油处理能力为 1.5～2.0 兆吨/年的单系列 H-Oil 装置，采用新、旧式循环室的效果比较如表 5-3。

表 5-3　新、旧式循环室的使用情况

项目	旧式循环室	新式循环室
设计原理	抽气管式	气旋分离式
最高气流速度	基数	1.3×基数
最高处理能力/（dm^3/d）	318×10^4～477×10^4	477×10^4～632×10^4
使用情况	—	已在全部新建装置中推广使用

（2）分布板及混合室

原料油和氢气从反应器底部进入反应器。液体进料不能提供床层膨胀所需的流速，需要由上部来的循环油用循环泵产生的流速使催化剂床层膨胀。原料油、氢气和循环油在反应器底部充分混合，然后通过分布板进入催化剂床层。物料的充分混合和均匀分布是避免反应器超温、实现平稳操作的重要条件。沸腾床反应器下部进料结构如图 5-4。分布板为“泡罩式”结构，升气管上有止逆球阀以防止床层上的液体和催化剂倒流。分布板的泡罩见图 5-5。

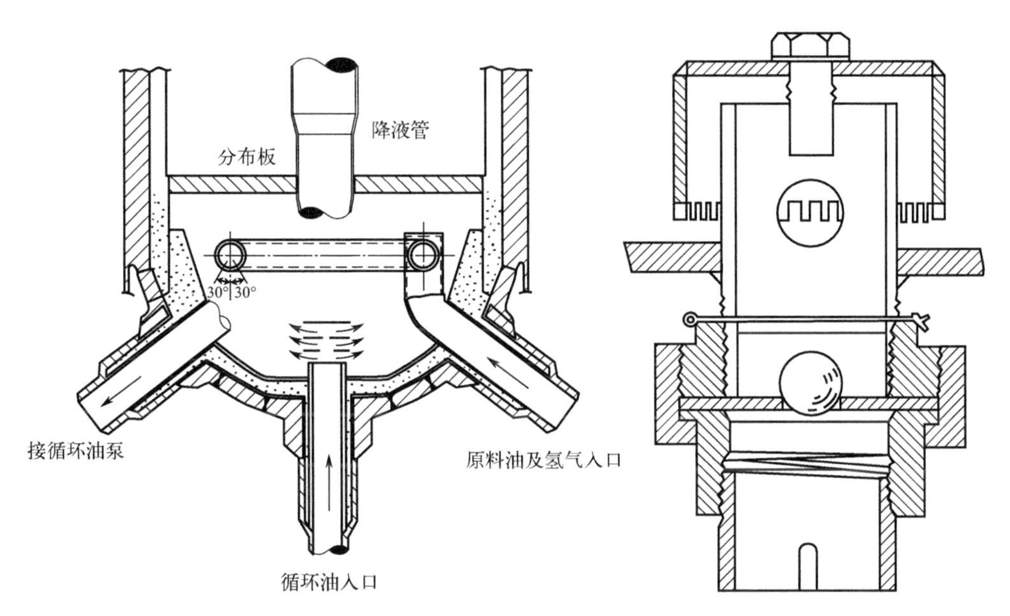

图 5-4　沸腾床反应器下部进料结构　　**图 5-5　沸腾床反应器分布板的泡罩**

(3) 循环泵

为了避免高压密封的困难和考虑节约循环管线和阀门投资，第一套 H-Oil 装置采用了内置循环泵。其后，实际经验证实，外置循环泵密封没有问题，循环管线阀门以及投资均增加不多，而且具有维修方便等许多优点，所以后期建设的装置，多采用了外置循环泵。

循环泵使用调速电机驱动以便调节循环油流量。循环油的流量约比进料量高 4～5 倍。以处理量为 $397\times10^4\,dm^3/d$ 的装置为例，循环泵的最大流量为 $1800m^3/h$，正常流量为 $900\sim1000m^3/h$。电机的调速范围为 600～1700r/min，电机功率为 250kW。

装在反应器中心的循环油降液管为循环油流通管，用于为循环泵提供吸入头。

(4) 床层高度检测装置

催化剂装层膨胀高度约比静止高度增大 35%。使用核探测器测定反应器内催化剂料位高度。核探测器的安装如图 5-6 所示。

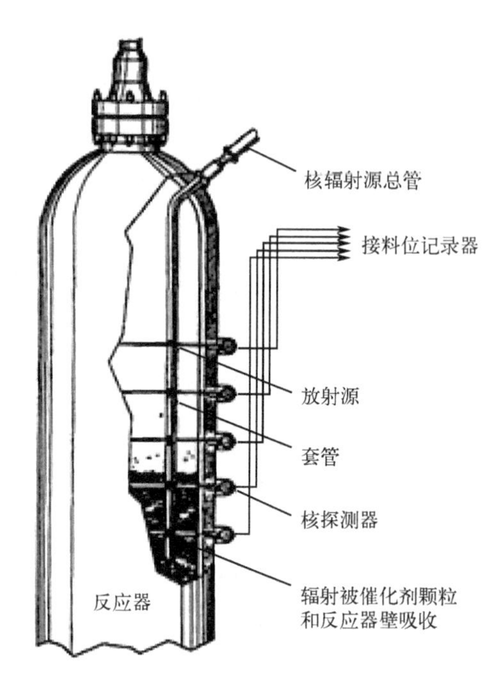

图 5-6　用核探测器测定催化剂床层高度

5.1.3　生产工艺过程

5.1.3.1　工艺流程

不同用途的 H-Oil 法工艺流程基本相同，只是在以下几个方面有差别：

① 多个反应器的串联或并联；

② 降压次数和分馏流程；

③ 循环氢的净化流程。

H-Oil 工艺均采用氢气和原料油分别加热的流程。油和氢气在转油线中预混合后，再送入反应器底部。反应器串联时，第一反应器顶部的油、气出料一起进入第二反应器的底部。

H-Oil 工艺可以和其他工艺过程联合，例如延迟焦化、催化裂化或脱沥青工艺联合，也可以单独应用于加工重油或渣油。

沸腾床反应器的特点使 H-Oil 工艺具有很大的操作灵活性，针对不同的应用可有下列多种工艺流程。

（1）脱硫型流程

用于加工高金属原料油时，可用两段式反应流程。第一段为加氢脱金属过程，第二段为加氢脱硫过程，其工艺流程如图 5-7 所示。

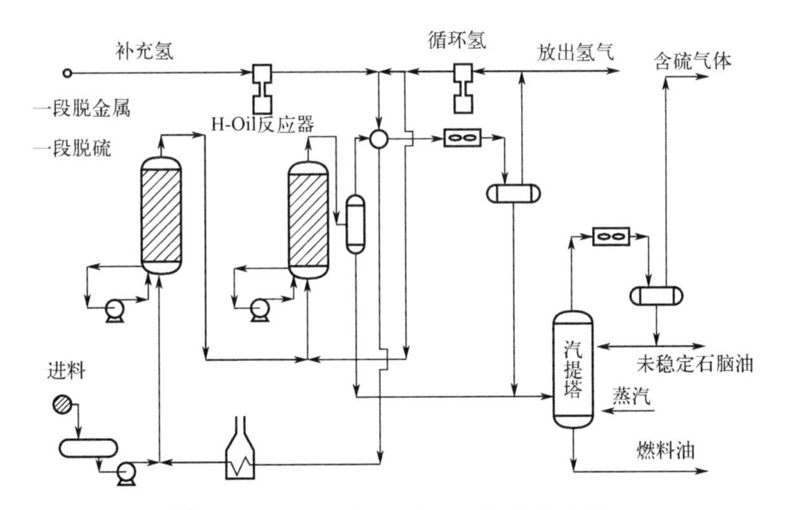

图 5-7 H-Oil 工艺流程之一（加氢脱硫型）

(2) 简单一次通过型流程

简单一次通过型工艺流程如图 5-8 所示。

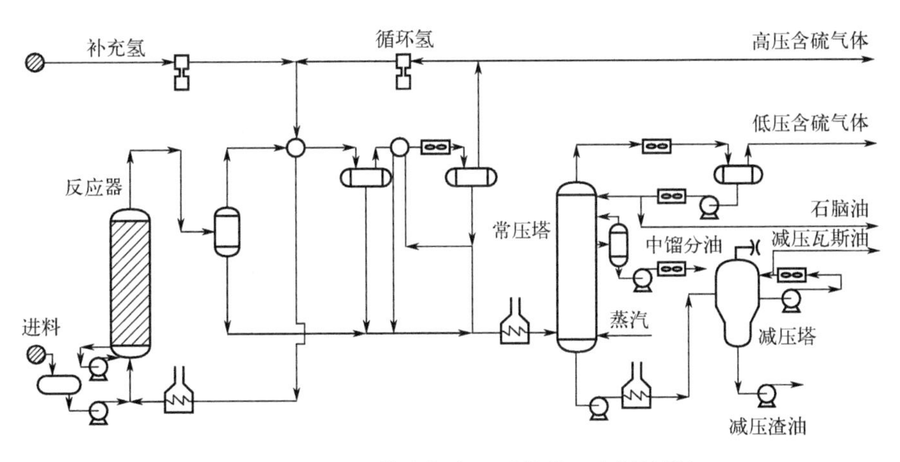

图 5-8 H-Oil 工艺流程之二（简单一次通过型）

(3) 带有馏分油加氢处理的一次通过型流程

在反应器系统之后设有固定床反应器用于进行轻馏分油的加氢处理，工艺流程见图 5-9。

(4) 重瓦斯油循环型流程

为达到最大的轻油收率，把过程中生成的减压瓦斯油循环回到反应器系统中，可将瓦斯油全部转化为轻馏分油。此流程适用于进行重质原油的转化改质，生产合成原油；也适用于石油化工型炼油厂，提高中馏分油产量；但不适用于催化裂化型增产汽油的炼油厂。工艺流程如图 5-10 所示。

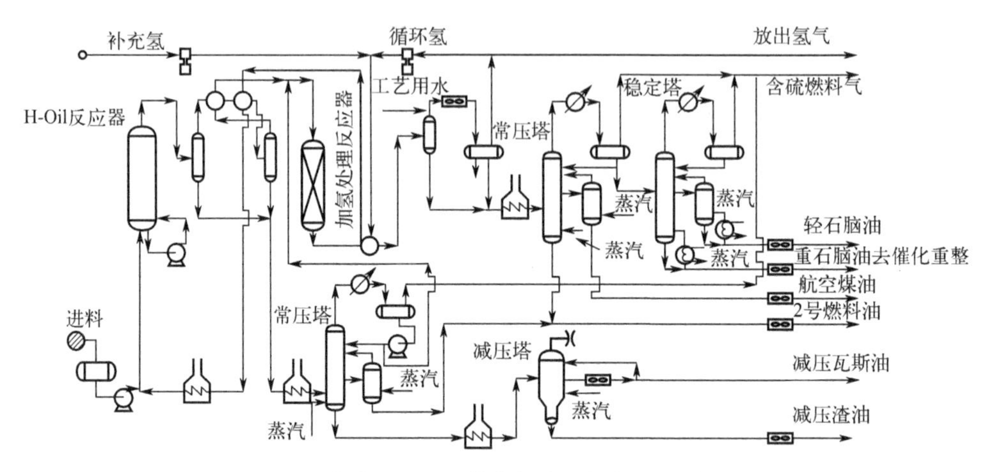

图 5-9 H-Oil 工艺流程之三（带有馏分油加氢处理的一次通过型）

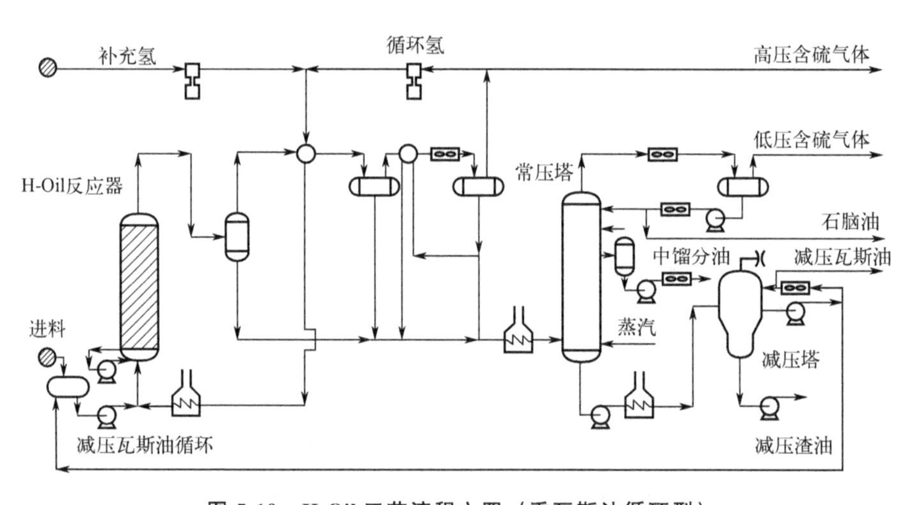

图 5-10 H-Oil 工艺流程之四（重瓦斯油循环型）

（5）减压渣油循环型流程

减压渣油循环可提高沸腾床反应器物流中的渣油浓度，在不增加气体产率的情况下提高转化率，因而可以降低化学氢的耗量。图 5-11 为减压渣油循环型流程图。

减压渣油循环的 H-Oil 装置适合于渣油预处理、增产催化裂化原料油。

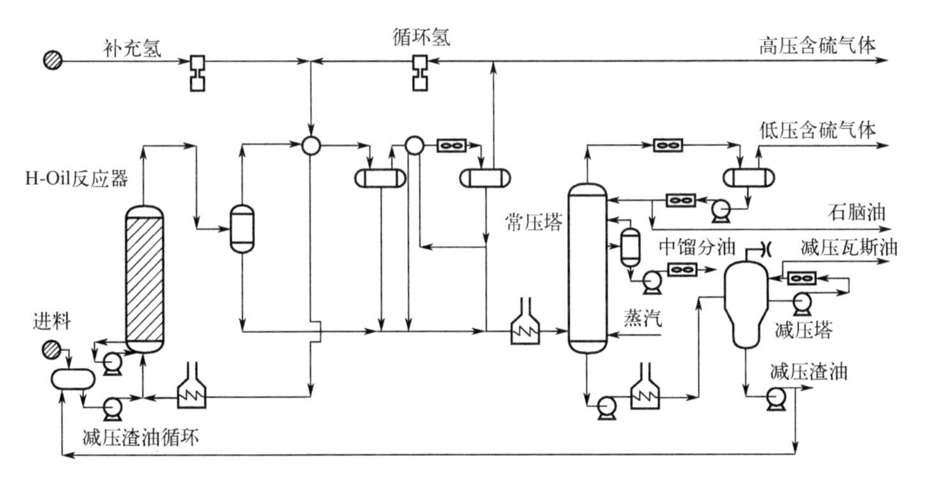

图 5-11 H-Oil 工艺流程之五（高转化率、减压渣油循环型）

5.1.3.2 原料和产品

沸腾床加氢裂化工艺对选择原料油的灵活性很大，几乎各种重质、高杂质的重油/渣油均可采用沸腾床技术加工。原料油所容许的性质和杂质指标如下：

馏程：切割温度可达 566℃。

相对密度：0.96～1.27。

康氏残炭：可达 40%（质量分数）。

重金属含量：可达 800×10^{-6}。

硫含量：可达 8%（质量分数）。

以加工阿拉伯轻、重质（50∶50）混合原油的＞343℃常压渣油为实例，采用 H-Oil 渣油加氢裂化工艺，原料和产品性质如下：

（1）原料油性质

馏程：＞343℃常压重油，其中＞566℃渣油含量为 39.3%（体积分数）。

相对密度：0.9718。

硫含量：3.49%（质量分数）。

氮含量：2013×10^{-6}。

钒含量：51×10^{-6}。

镍含量：15×10^{-6}。

康氏残炭：9.5%（质量分数）。

元素分析（质量分数）。

碳：85.18%。

氢：10.89%。

氧：0.24%。

(2) H-Oil 产品性质

H-Oil 渣油加氢裂化工艺的产品性质如表 5-4 所示。

表 5-4　H-Oil 产品性质

项目	C_5～205℃石脑油	205～343℃柴油	343～566℃VGO	>566℃渣油
收率（质量分数）/%	9.95	26.50	44.09	14.13
相对密度	0.7370	0.8708	0.9071	0.9986
硫含量（质量分数）/%	0	0	0.03	1.28
氮含量（质量分数）/10^{-6}	0	22	35	2260
碳含量（质量分数）/%	85.41	86.96	87.04	87.46
氢含量（质量分数）/%	14.59	13.03	12.87	10.80
研究法辛烷值（RON）	57	—	—	—
马达法辛烷值（MON）	53	—	—	—
压力/kPa	26	—	—	—
十六烷指数	—	46	—	—
闪点/℃	—	99	—	—
倾点/℃	—	−21	—	—
镍含量（质量分数）/10^{-6}	—	—	<1	31
钒含量（质量分数）/10^{-6}	—	—	<1	52
残炭（质量分数）/%	—	—	0.1	16.6

H-Oil 工艺的产品质量稍差，石脑油、柴油需加氢处理，VGO 可作加氢裂化或催化裂化原料油。H-Oil 工艺的重油主要是用作燃料油或焦化原料。H-Oil 工艺的重油能否用作重油催化裂化原料，与 H-Oil 装置原料油质量、操作条件和使用的催化剂等因素有关。

5.1.3.3　操作条件

沸腾床工艺可以加工劣质（重金属含量及残炭均较高）渣油/重油，并可保持一定的转化率生产轻质产品。与固定床技术相比，需要反应温度较高，反应压力相近。主要操作条件和工艺指标如下。

H-Oil 工艺的操作条件：

反应温度：410～440℃。

反应压力：17～21MPa。

液时空速：0.4～1.3h^{-1}。

催化剂置换速率：0.3～2.0kg/t（进料）。

使用新一代催化剂的主要工艺指标：

渣油转化率：45%～85%。

脱硫率：75%～92%。

脱氮率：30%～50%。

脱金属率：60%～90%。

脱残炭率：65%～75%。

化学氢耗量（标准状态）：130～300m^3/m^3（进料）。

5.1.4 典型生产装置

（1）第一套 H-Oil 工业化装置

科威特 Shuaiba 炼油厂的 H-Oil 装置是第一套工业化装置，于 1968 年建成投产。设计的生产能力为 3945t/d。装置为双系列，每系列一台反应器，反应器直径为 3.96m。原设计为转化型流程。产品方案为生产轻、中馏分油，供应欧洲市场。建成后，由于中东战争，苏伊士运河关闭而失去了市场，于是装置的产品方案改为生产低硫燃料油。这套 H-Oil 装置按脱硫模式操作（转化率为55%）时，处理量可提高至 7261t/d，比设计能力提高了 84.1%。

由于在高处理量、低转化率下操作，在反应器内停留时间较短，所以加氢脱硫、脱氮效率也较低。装置的石脑油、柴油产品需进一步加工，VGO 产品直接去加氢裂化；未转化渣油与柴油调和生产重燃料油。

早期的调查结果表明，H-Oil 装置的机械设备使用情况良好。循环油泵等关键设备的利用率达 99.5%。催化剂抽出和添加系统使用性能良好，没有造成停产事故。催化剂系统阀门只需每年更换 1 次。投产后，经过 8 年运转的反应器衬里仍然完好无损。

（2）Salamanca 炼油厂的 H-Oil 装置

墨西哥 Salamanca 炼油厂的 H-Oil 装置可以说明 H-Oil 工艺的灵活性。

装置于 1972 年开工投产，为单系列装置，设两台反应器并联。装置是按处理墨西哥减压渣油，加氢脱硫生产电站燃料油设计的。采用 VGO 循环的流程生产柴油，基本上不产减压瓦斯油。

表 5-5 中的数据表明，装置可按两种流程操作。方案 1 为 VGO 循环流程，不产加氢 VGO，处理能力较小；方案 2 为一次通过流程。

表 5-5　Salamanca 炼油厂 H-Oil 装置的产品收率

项目	方案 1（VGO 循环）		方案 2（一次通过）	
原料油/（t/d）	2533		3466	
减压渣油/（t/d）	1027		1959	
脱沥青渣油/（t/d）	1027		1028	
抽余油/（t/d）	479		479	
产品收率	t/d	%（体积分数）	t/d	%（体积分数）
石脑油	917	36.1	897	25.0
煤油	381	15.0	425	11.9
柴油	621	24.5	690	19.2
VGO	—	—	473	13.2
>565℃沥青	745	29.4	1105	37.8
液体产品合计	2664	105.0	3590	107.1
氢气耗量（标准状况）/（m^3/h）	14800		15200	
单位氢耗（标准状况）/（m^3/m^3）	121		91	
催化剂用量/（kg/d）	1680		1680	

（3）Convent 炼油厂的 H-Oil 装置

美国 Convent 炼油厂的 H-Oil 装置是加工重质原料油的实例。

Convent 炼油厂考虑加工重质含硫原油和减少重燃料油产量的需要，决定建设渣油加氢裂化装置。设计 H-Oil 装置之前，曾在一套 5t/d 的工艺技术开发装置（PDU）上进行工业放大试验。首先用 Lloydmister 渣油做了减压渣油循环流程的试验。在 28 天连续运转中，>524℃渣油平均转化率为 88%（体积分数），>565℃渣油实际收率仅为 3.5%（体积分数）。其后又用阿拉伯轻、中质混合原油的>538℃渣油做了试验，运转情况良好，没有操作问题。Convent 炼油厂 H-Oil 装置的工艺设计是以工艺技术开发装置的数据为基础的。按照已经工业验证的转化率为 60%～65%，H-Oil 装置就可取得较好的投资利润率，而提高转化率的效益则更佳。故工艺设计是按三种操作模式设计的：

① 新鲜进料 4795t/d，按 65%转化率（对>538℃渣油，下同）操作，渣油去调和低硫燃料油。需要生产低硫燃料油时，可按此模式操作。

② 新鲜进料 4795t/d。减压渣油循环，转化率为 90%。需要最大量生产轻馏分油、减少燃料油产量时，应选用此操作模式。

③ 新鲜进料 5891t/d。一次通过，转化率为 70%。渣油可调和为中硫或高

硫燃料油。需要改质更多的渣油进料时，应按此模式操作。

按照一次通过、中等转化率和一定脱硫率设计的 H-Oil 装置，可以改按高转化率、渣油循环模式运行，反应器容积足够，无需再增加大量投资。

H-Oil 装置的反应器为双系列，每系列设串联反应器两台。

石脑油、柴油需进一步加氢处理。根据原料油品种和操作条件，柴油可直接去产品调和，VGO 产品直接去催化裂化装置。原设计是将未转化油（转化率为 65%时）作重燃料油或（转化率为 86%时）作为德士古造气-制氢的原料。造气的氢产量可满足 H-Oil 装置用氢量。

H-Oil 装置从 20 世纪 90 年代初开始使用第二代 H-Oil 催化剂以来，在渣油转化率高达 80%情况下，仍能生产出性质稳定的低硫燃料油。在四台反应器中均安装了内循环室，由于反应器内气体滞留量的减少，渣油转化率已获得改善。

（4）生产合成原油的 H-Oil 装置

加拿大 Husky 炼油厂的 H-Oil 装置于 1992 年开工投产。其使用设计的原料，在接近设计的工艺条件下运转，处理量比设计值高 10%～15%。共有两个反应系列，每系列有一台反应器。是唯一加工常压重油的装置（其他已建和计划的装置都是处理减压渣油）。

Husky 炼油厂 H-Oil 装置的反应器是最先采用新型 3Cr-1Mo 合金钢制造的。装置加工冷湖-Lloydmister 原油时，减压渣油转化率达 65%（体积分数），未转化油去延迟焦化处理（加拿大西部有丰富、廉价的天然气，不需生产燃料油）。H-Oil 工艺馏分油与焦化馏分油和直馏的馏分油一起去加氢处理装置，全部加氢生成油调和成为不含渣油的合成原油。合成原油经管线送至加拿大东部和美国炼油厂。

H-Oil 装置试用过第二代催化剂，由于特殊经济条件，仍使用第一代催化剂。

（5）Tula 炼油厂的 H-Oil 装置

墨西哥 PEMEX 公司的 Tula 炼油厂，生产规模为 16 兆吨/年。炼油厂组成包括：两套常压蒸馏装置、一套减压蒸馏装置、一套减黏裂化装置、一套催化裂化装置、一套催化重整装置、两套馏分油 HDS 装置。该项目是在 Tula 炼油厂建设一套“HDR 联合装置”（减压渣油加氢处理联合装置）。“HDR 联合装置”用于加工 Ithmus 和/玛亚（60∶40）混合原油的减压渣油。联合装置包括：

① 6850t/d H-Oil 装置；

② 制氢装置；

③ 分馏及轻组分回收装置；

④ 气体脱硫装置；

⑤ 硫回收及尾气净化装置；

⑥ 气体脱臭及胺液再生装置；

⑦ 含硫污水汽提装置；

⑧ 催化剂处理。

HDR 联合装置流程如图 5-12 所示。联合装置于 1997 年初开始试运，H-Oil 装置于 1997 年 1 季度开工。

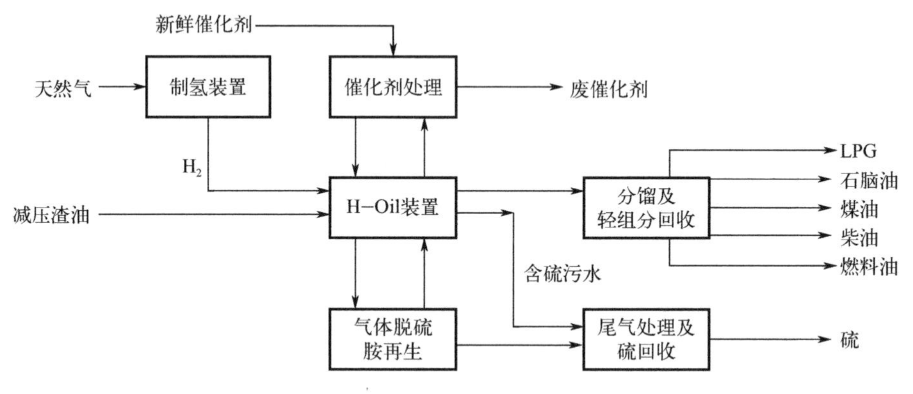

图 5-12　HDR 联合装置方块流程

H-Oil 装置反应器用 3Cr-1Mo 合金钢制造，每台重 1100t。由于运输原因，采用现场制作。工厂制成的反应器桶节，运至现场焊接，在现场进行最后的检验和测试。

（6）川崎炼油厂的 H-Oil 装置

日本 TONEN 公司是一家大型能源公司，由于需要加工重质含硫原油，TONEN 公司决定在川崎炼油厂建设一套渣油加氢裂化装置，加工能力为 1.3 兆吨/年。这是亚太地区第一套 H-Oil 渣油加氢裂化装置。

炼油厂扩建的基准是加工阿拉伯轻、重质混合原油，利用渣油转化所产的未转化渣油生产 6 号燃料油。HRI 公司在实验室工作中评价了二段和三段沸腾床加氢裂化两个方案，目标是使脱硫率达到 85%～90%，转化率达到 55%～70%。经过对试验研究、对工程和工业化数据的评估之后认为，根据工艺要求的转化率较高、应有选择原料油的灵活性和投资较低，最后决定采用沸腾床 H-Oil技术，不采用固定床 VRDS 技术。确定 H-Oil 装置为单系列，采用两台反应器串联流程，因使用第二代催化剂，二段流程比三段流程在经济上更为有利。

工程项目于 1994 年 8 月被批准，装置于 1997 年 6 月顺利开工，装置包括以下工序：两段流程的 H-Oil 装置、胺处理、氢提纯、补充氢压缩机、凉水塔、硫回收及其他辅助设施。

装置在设计能力和渣油转化率下运转，渣油进料一般比设计进料重，处理量在 254×10^4～413×10^4 dm^3/d 范围之内。

原料油：＞565℃减压渣油，其中＜565℃ VGO 含量不超过 5%（体积分数）；硫含量 3.2%～4.0%（质量分数）；康氏残炭 20%～25%（质量分数）。

转化率：60%～71%（体积分数）。

脱硫率：75%～85%（质积分数）。

脱残炭率：55%～62%（质量分数）。

耗氢量（标准状况）：196～240m^3/m^3进料，为两段装置在中等转化率下的典型值，耗氢量与转化率和加氢深度有关。

上述六套 H-Oil 装置的现状见表 5-6。

表 5-6　六套 H-Oil 装置的现状

炼油厂		Shuaiba	Salamanca	Convent	Husky	川崎	Tula
开工年份/年		1968	1972	1984	1992	1997	1997
处理量/（10^4 t/a）		265	104	234～260	188	130	250
原料油		科威特出口减渣	Maya/Isth 减渣	阿中/阿重减渣	冷湖/Lloyd 常重	中东减渣	Maya/Isth 减渣
系列数/段数		2/1	2/1	2/2	2/1	1/2	2/2
反应器类型		冷壁	热壁	冷壁	热壁	冷壁	冷壁
循环泵位置		外置	内置	外置	外置	外置	外置
产品去向	石脑油	加氢处理	加氢处理	加氢处理	加氢处理/合成原油	加氢处理	加氢处理
	柴油	加氢处理	加氢处理	加氢处理或作成品	加氢处理/合成原油	作成品	作成品
	VGO	加氢裂化	H-Oil 循环	催化裂化原料	加氢处理/合成原油	催化裂化原料	燃料油
渣油		燃料油	燃料油	燃料油	延迟焦化	燃料油	燃料油
催化剂		第一代	第二代	第二代	第二代	第二代	第二代
转化率（体积分数）/%		50～60	40～50	65～90	65	60～71	52
脱硫率（质量分数）/%		50～60	60～65	75～82	70～75	75～85	87

（7）中国石化镇海炼油化工公司的 H-Oil 装置

2019 年 9 月 10 日，镇海炼化 260 万吨/年沸腾床渣油加氢装置举行工程中交仪式，标志着中石化首套大型沸腾床渣油加氢装置建成。

该装置是中石化引进 AXENS 公司的 H-Oil 专利技术建设的第一套大型工业生产装置，也是第一个实现基于工厂对象属性的数据、文档和信息模型的工程数字化交付的新建项目，由中石化洛阳工程有限公司 EPC 总承包建设。

该项目 2017 年 7 月 12 日开工建设，其间洛阳工程有限公司围绕催化剂在线加排、高温高压临氢设备多等难点，展开了一系列工程技术开发，实现了高压换热器等关键设备的国产化。他们克服工艺技术新、工期紧、施工区域狭窄等困难，通过组织开展劳动竞赛，实现设计、采购和施工的合理交叉。同时，还采用液压提升和履带中心旋转吊梁组合方案，实现了目前世界上单体最重的加氢反应器（2389t）一次吊装成功；攻克了壁厚达 73mm 的 TP347 高压工艺管道、水平度误差不得大于 1mm 的泵配管等施工难题，焊接工程一次合格率达 98.01%。

在数字化交付中，洛阳工程有限公司推行了以管道专业为主导、各专业深度参与的 PDMS 协同设计，开发了基于元件库的 PDMS 智能实体支吊架设计系统，完成了从桩位、钢结构，到塔器、容器、加热炉、设备平台、梯子的精细化建模，建立了全专业参与的项目数字化工厂模型，实现了数字工厂与物理工厂的同步建设。

（8）中国恒力石化（大连）的 H-Oil 装置

2019 年 5 月 17 日，恒力 2000 万吨/年炼化一体化项目举行全面投产仪式。

该项目是列入国务院文件的第一个重大民营炼化项目，也是新一轮东北振兴的战略项目，从破土动工到全部建成 19 个月，全流程开车投产仅 3 个月，全面达产仅半个月，创造了世界石油化工行业工程建设速度、全流程开车投产速度和全面达产速度最快的奇迹。

恒力采用 AXENS 公司的 H-Oil 沸腾床渣油加氢技术，原油得到最高效加工、最充分利用，原油利用率提高 5 个百分点，增产高附加值化工品多达百万吨以上。

恒力应用全加氢工艺，总加氢规模高达 2700 万吨/年，可产出大量优质的芳烃原料；450 万吨/年芳烃联合装置，规模世界超大，可提高国内芳烃总产量 30%，补齐芳烃供应短板，扭转长期进口的局面。

恒力炼化项目原油、成品油和化工品仓储能力大，陆运、海运能力强，园区内物料互供、成本低，生产、经营具有很强的灵活性。炼油、化工、煤制氢流程联合、物料互供、能量耦合，开创了油、煤、化一体化加工的新一代工厂模式。

恒力采用柴油加氢、脱氢、正异构分离等新技术，将低附加值物料转化成高附加值的化工产品，用 2000 万吨的原油加工量，生产出 1400 多万吨的化工品，化工品率高达 70%，开创了炼化企业生产油品率最低、化工品率最高、高附加值产量最大的先河。

项目产出的芳烃等原料，直供 PTA 工厂，打通恒力全产业链关键一环，实现从“炼油-芳烃-化工-PTA、乙二醇-民用丝、工业丝、聚酯切片、工程塑料、薄膜-纺织”全产业链发展。

在绿色发展方面，恒力创新整合烟气排放系统，设置7座高烟囱，大幅降低对环境影响；首次成功应用污水一体化处理技术；海水冷却取代工业凉水塔，首创低温余热联合、集成预热、发电、制冷、海水淡化等综合利用新途径，每年可节约标煤达120万吨，节约淡水4000万吨，增产淡水1600万吨；园区内每小时供应量达5000t的7种等级蒸汽，实现能源梯级高效运用。

5.1.5　技术研究进展

经过多年的开发和工业应用实践，H-Oil沸腾床劣质量油加氢技术在工艺集成、催化剂研发、工程放大、材料设备以及工业运转等方面取得了巨大进步，安全性、可靠性、有效性大大提高，工业装置的规模扩大、周期延长、投资降低、效益提高。

5.1.5.1　提高加工能力

提高加工能力的一项措施是在H-Oil装置的两台反应器之间增加一台级间分离器（图5-13），分出的液相产物进第二台反应器，分出的气相产物进入第二台反应器下游的高压低温分离器。由此可以大幅度提高装置的加工能力，在转化率为65%时，装置的最大加工能力可以由$716\times10^4 dm^3/d$提高到$1270\times10^4 dm^3/d$，并可有效除去反应生成的硫化氢，大大改善了第二段反应器的反应环境，提高工艺性能和产品质量，提高单个反应器的加工能力。这项技术已在工业装置上广泛应用。

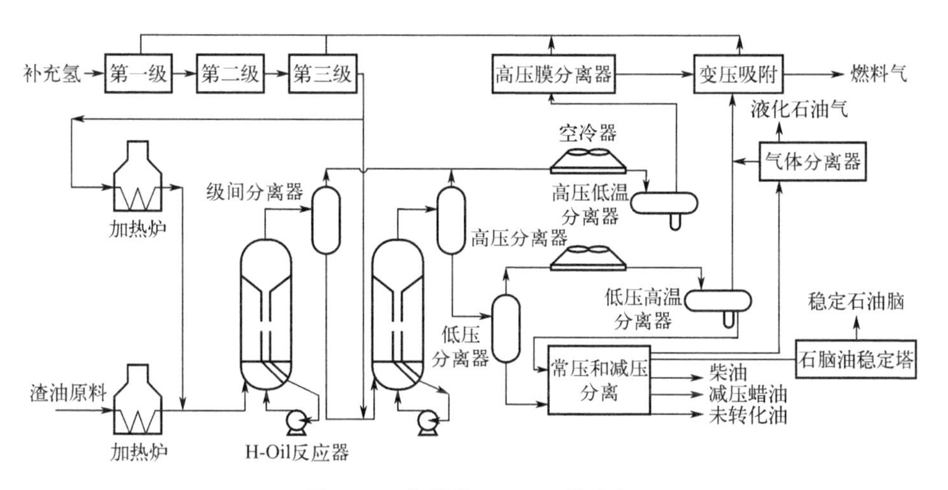

图5-13　典型的H-Oil工艺流程

5.1.5.2 渣油循环流程

H-Oil 法初期的工业实践的结果是>538℃渣油转化率为 55%～70%（体积分数）。美国 HRI 公司开发了渣油循环流程，可使>538℃渣油转化率提高至 90%（见表 5-7）。选择性地将渣油组分循环回到反应器中，提高反应器中渣油的浓度达到提高反应速率的目的。并可以达到在相同转化率条件下降低反应温度的目的。

表 5-7 渣油循环流程的数据

原料性质		操作数据	
相对密度	1.107	>538℃转化率（体积分数）/%	90
硫含量（质量分数）/%	4.01	脱硫率（质量分数）/%	70.6
氮含量（质量分数）/%	0.41	化学氢耗量（标准状况）/（m^3/m^3）	199
镍含量（质量分数）/10^{-6}	34		
钒含量（质量分数）/10^{-6}	126		
兰氏残炭（质量分数）/%	17.1		

产品收率	%（质量分数）	%（体积分数）	相对密度	硫含量（质量分数）/%
H_2S/NH_3	3.2	—	—	—
C_1	1.9	—	—	—
C_2	1.8	—	—	—
C_3	2.0	—	—	—
C_4～204℃	20.5	28.0	0.7398	0.16
204～343℃	27.5	32.7	0.8602	0.94
343～538℃	34.7	36.0	0.9725	1.57
>538℃	9.7	8.6	1.1365	2.62
合计	101.6	105.3	0.8894	1.18

与一次通过流程相比，渣油循环可以在气体产率和耗氢量均降低约 25%情况下实现高转化率。其原因是改善了产品的选择性。即转化率提高后，轻烃产率增加很少；瓦斯油收率增加，故化学氢耗量增加不大。

用渣油循环流程的 H-Oil 装置加工重质原油时，可采用原油蒸馏-H-Oil 联合流程，即原油进料可与加氢生成油一起进分馏系统，直馏渣油与循环渣油一起进入 H-Oil 反应器，见图 5-14。

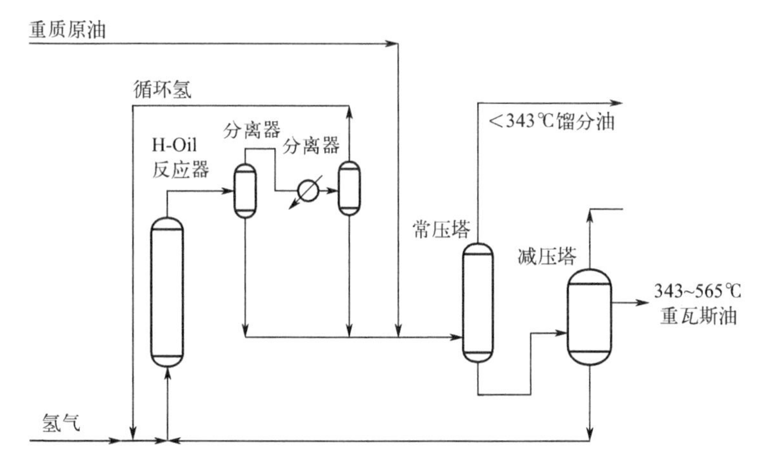

图 5-14 用原油蒸馏-H-Oil 联合流程改质重质原油

H-Oil 装置可按双流程设计——既可按一次通过操作，又可按渣油循环操作，这是 H-Oil 工艺特有的灵活性。操作上，由低转化率的一次通过流程改为高转化率的渣油循环流程不需增加太多的投资。反应器容积按深度脱硫，生产低硫燃料油设计，也能适应按高转化率的操作。

5.1.5.3 催化剂的升级

沸腾床加氢裂化催化剂通常是直径 0.8mm 的小条，活性金属组分是镍-钼或钴-钼。第三代新催化剂已开发成功，使用新催化剂能使装置的操作性能得到较大改进，特别是脱硫、脱残炭和产品的氧化安定性，能在渣油转化率高达 80%～85%的情况下生产稳定的低硫燃料油。这些新催化剂在两器串联的 H-Oil 装置中的使用性能与第一代催化剂的比较如表 5-8 所示。由于使用新催化剂，不仅杂质脱除率提高，而且还能用高硫重质原油如阿拉伯重质原油或玛雅重质原油的减压渣油生产低硫低残炭的燃料油，使未转化渣油的价值提高。

表 5-8 渣油沸腾床加氢裂化新催化剂的使用性能

项目	第一代	第二代		第三代
		Ⅰ型	Ⅱ型	
脱硫率/%	基准	基准+8	基准+（2～5）	基准+8
残炭转化率/%	基准	基准+6	基准+（2～5）	基准+6
脱氮率/%	基准	基准+8	基准+（2～5）	基准+8
生产稳定燃料的最高转化率/%	65～75	65～75	85	85

为了提高转化率，减少未转化油中沉积物的生成量，美国 HTI 公司（Headwaters Technology Innovations Group）开发了一种与固体催化剂一起使用的液体催化剂（图 5-15），这种液体催化剂可以促进氢向沥青质转移，使沥青质实现较高的转化率，避免未转化油沉淀析出。在反应条件不变的情况下，渣油转化率提高 5%～10%，温升增大，燃料油产品中的沉积物减少 50%以上，加热炉负荷降低。美国 Convert 炼油厂 H-Oil 装置实际使用的结果表明，年节省产成本 400 万美元。

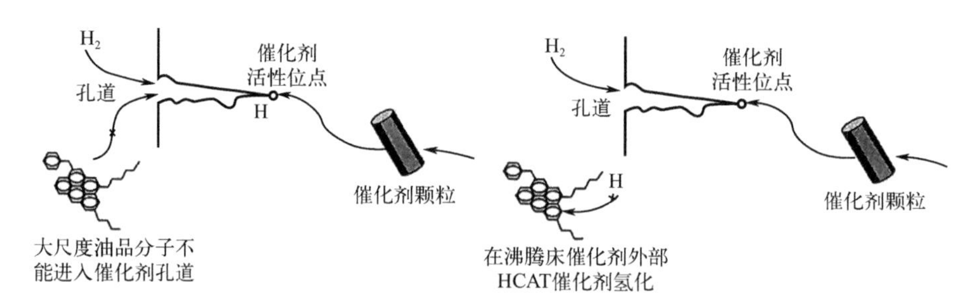

图 5-15　HTI 公司 HCAT 催化剂反应机理

美国先进炼油技术公司（ART）为解决波兰 Plock 炼油厂 H-Oil 渣油沸腾床加氢裂化装置的设备结垢和未转化渣油不稳定问题，还专门开发了一种少生成沉积物的新催化剂，与原用的第二代催化剂相比，在硫、脱金属、脱残炭和渣油转化率略高的情况下，使用新催化剂减少沉积物生成 35%～40%。

美国 HRI 公司开发的废催化剂再生技术包括丙酮洗涤除油、酸洗除金属和常规烧焦复活 3 个步骤。再生以后的催化剂活性接近新鲜催化剂水平，因而可以大大减少新鲜催化剂用量。一套 250 万吨/年的渣油沸腾床加氢装置由于新鲜催化剂用量减少，每年可节省催化剂 3500 万美元。

5.1.5.4　防结焦技术

在 H-Oil 工艺的生产过程中，发现存在诸多影响装置稳定运转的因素，其中最为重要的因素为渣油在深度转化过程中因体系分相结焦而导致的设备堵塞等。实际工业运转装置停工原因统计发现：反应器、级间分离器、热低分、常减压塔底部、减压炉及减底换热器等部位易结焦，是导致装置非正常停工的重点区域。

为了防止结焦，近年来骆胜兵对其进行了系统研究，实验用的渣油（VR）为沙中、沙重渣油；实验装置的催化剂为标准公司的催化剂 TEX2910（见表 5-9）。

表 5-9 实验用原料

实验试剂	特性或等级	生产商
沙中渣油	渣油	沙特阿拉伯的公司
沙重渣油	渣油	沙特阿拉伯的公司
催化剂	优	美国标准公司
脱沥青油（DAO）	重蜡油	自制
重芳烃（HA）	C_{10}以上芳烃	天津大港芳烃公司
催化油浆	蜡油组分	大连石油七厂
重循环油（HCO）	重柴油和蜡油	大连石油七厂
轻循环油（LCO）	柴油	大连石油七厂

实验装置使用沙中和沙重渣油为原料，质量比为 0.6∶0.4，混合后的原料性质见表 5-10。

表 5-10 渣油原料性质（质量分数）

项目	相对密度（15℃）	硫/%	氮/%	胶质/%	沥青质/%	Ni/%	V/%
数值	1.03	5.61	3840×10^{-6}	23.12	14.32	56.4×10^{-6}	145×10^{-6}

实验选用标准公司的催化剂 TEX2910 性质如表 5-11 所示。

表 5-11 TEX2910 催化剂性质

项目	平均直径/mm	平均长度/mm	Mo（质量分数）/%	孔体积/（cm^3/g）	堆积密度/（kg/m^3）
数据值	1.08	3	6.6	0.98	520

实验选用的 5 种稀释油性质见表 5-12。

表 5-12 稀释油的性质（质量分数）

项目	密度/（g/cm^3）	饱和烃/%	芳香烃/%	胶质/%	沥青质/%	胶体不定性指数（CII）
DAO	0.9608	24.1	47.9	26.5	—	0.32
HA	0.9170	0	100	0	0	0
HCO	0.9804	17.9	82.1	0	0	0.22
LCO	0.9569	20.1	79.9	0	0	0.25
催化油浆	1.0090	32.9	59.7	7.4	0	0.49

实验装置为微型连续搅拌式渣油加氢裂化实验装置，装置的规模为 3.78L/h，原料和氢气分别经电加热至合适的温度后进入反应器，装置设置了两个串联

反应器，单个反应器体积为 7.57L，催化剂装填量 4.5L（约 2.32kg）。

在实验中，第一反应器温度 419℃，入口压力为 17.5MPa、空速 $0.23h^{-1}$、氢气纯度 99.2%，第二反应器 431℃（反应加权平均温度 WABT 为 425℃）。

（1）不掺稀释油

在不掺炼稀释油的条件下，转化率与沉淀物的关系如图 5-16 所示。

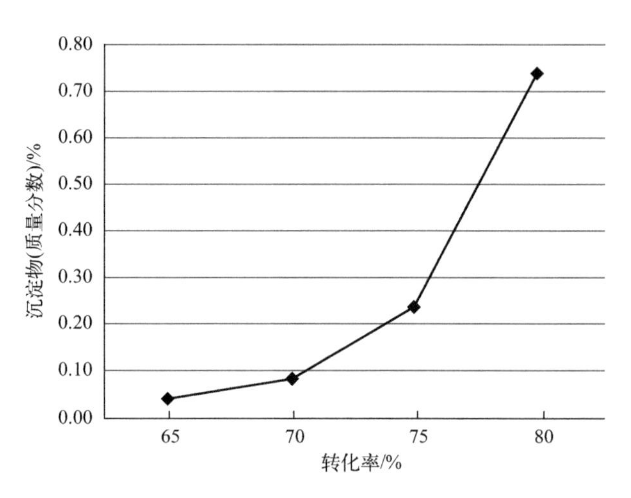

图 5-16　不掺炼稀释油渣油转化率与沉淀物的关系

由图 5-16 可以看出，当渣油（VR）转化率较低时，沉淀物含量较少，随着转化率增加，沉淀物的含量变化不大；当转化率提高至 75%时，沉淀物含量的平均值增加到 0.23%左右；当转化率达到 80%时沉淀物含量平均值达到 0.7%以上了；由此可以看出，转化率越高，沉淀物的含量与转化率呈一个上抛物线的趋势。当渣油的转化率达到 80%时，装置的操作难度较大，容易出现沉淀物堵塞设备、管线，因此此时 80%的转化率不是一个理想的转化率。

（2）掺炼稀释油

减少渣油（VR）加氢反应生成的沉淀物，是防止设备出现结焦的一种重要方法。为此，在实验中使用 5 种稀释油按不同的掺炼比例掺入到渣油原料中，得到了不同的实验结果，实验中选取转化率为 65%、70%、75%、80%时沉淀物的含量数据进行对比和分析。

图 5-17 为渣油原料中分别掺炼 5%的五种不同的稀释油沉淀物的含量与渣油转化率之间的关系图，从图 5-17 中可以看出在相同转化率的前提下，掺炼稀释油，对沉淀物的含量均有一定的影响，其中当渣油的转化率为 80%时的数据差异较为明显，五种稀释油中影响最大的为催化油浆，其次是重循环油（HCO)，影响最小的为重芳烃（HA）。

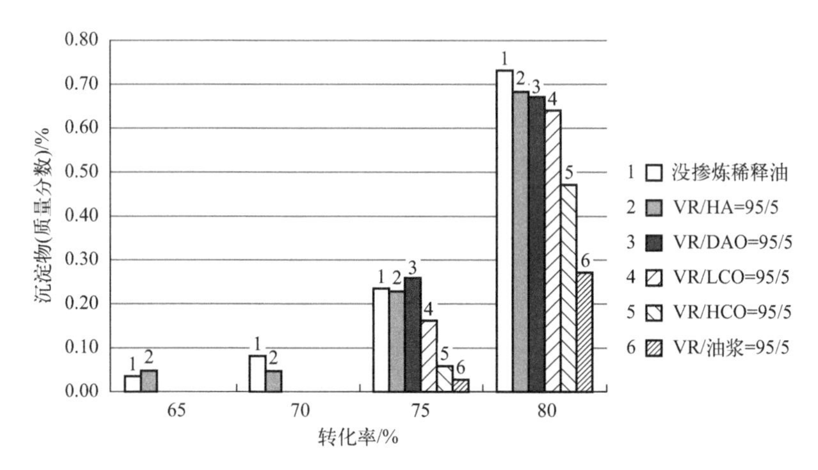

图 5-17 掺炼 5%的五种不同的稀释油与沉淀物的关系

从图 5-18 可以看出，掺炼 10%的五种不同的稀释油，对沉淀物的含量的影响增大，当渣油的转化率为 80%时的数据较为明显，其中影响最大的为催化油浆，其次是重循环油（HCO），影响最小的为重芳烃（HA）。

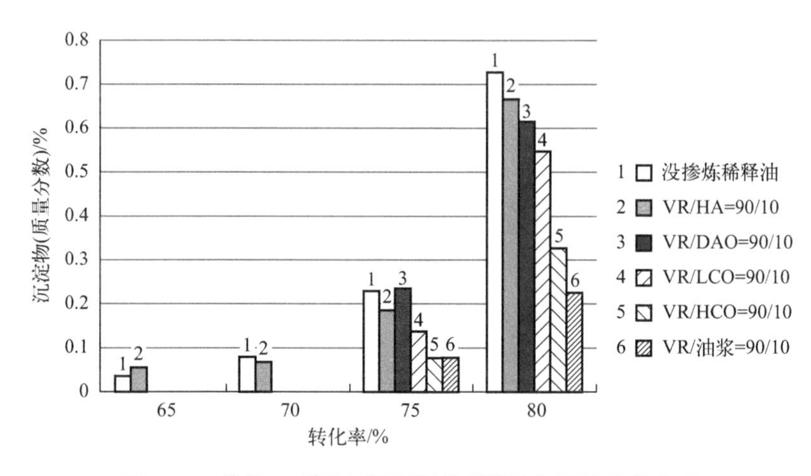

图 5-18 掺炼 10%的五种不同的稀释油与沉淀物的关系

从图 5-19 可以看出掺炼 15%的五种不同的稀释油，对沉淀物的含量的影响更大，当渣油的转化率为 80%时的数据较为明显，其中影响最大的为催化油浆，其次是重循环油（HCO），影响最小的为重芳烃（HA）。

综合上述五种稀释油的实验结果对比分析，掺兑的稀释油有助于减少反应产物沥青质的析出，它们的顺序是：催化油浆＞HCO＞LCO＞DAO＞HA。因此若在有条件的前提下，在沸腾床渣油加氢反应中掺炼一些催化裂化装置的催

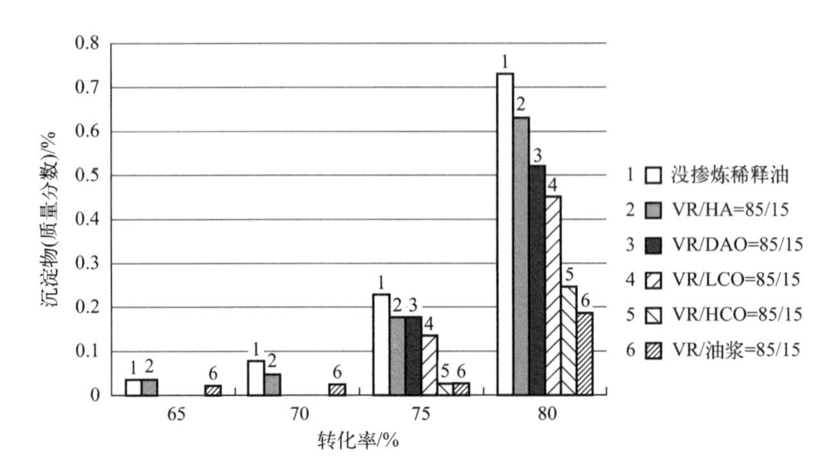

图 5-19 掺炼 15%的五种不同的稀释油与沉淀物的关系

化油浆，可降低沸腾床渣油加氢装置的沉淀物含量，由此可延长装置的操作周期。但掺炼比例多少最合适、最经济，还需进一步分析。

5.2 LC-Fining 技术

1975 年，美国城市服务公司与 Lummus 公司合作，将 H-Oil 沸腾床渣油加氢裂化过程更名为 LC-Fining 过程。目前，LC-Fining 技术许可证由美国 Chevron 公司颁发。H-Oil 和 LC-Fining 沸腾床渣油加氢技术都使用带循环杯的沸腾床反应器，主要区别在于前者使用外循环泵，而后者使用的是内循环泵。LC-Fining 沸腾床反应器的操作条件主要取决于原料的性质和产品的要求。

国外已建的采用 LC-Fining 技术的沸腾床装置的一些企业见表 5-13。

表 5-13 LC-Fining 技术渣油沸腾床加氢工业应用

企业	生产目的	规模/（万吨/年）	应用日期
美国阿莫科公司得克萨斯城炼厂	低硫燃料油/馏分油	330	1984
加拿大合成原油公司	由沥青生产合成原油	220	1988
意大利 Milazzo 炼厂	生产催化料和低硫燃料油	137	1995
斯洛伐克石油公司	生产催化料和低硫燃料油	120	1999
壳牌加拿大公司（2 套）	生产合成原油	395	2003
芬兰 Neste 石油公司	最大量生产柴油	200	2007
加拿大西北改质公司	生产合成原油	385	2010

5.2.1 主要技术特点

LC-Fining 与 H-Oil 技术相近，两者都可以通过增加串联反应器的数量以提高装置的加工能力和杂质的脱除率。典型的 LC-Fining 技术反应器见图 5-20、工艺流程见图 5-21。LC-Fining 反应器的操作条件取决于原料的性质和装置的操作模式。主要参数见表 5-14。

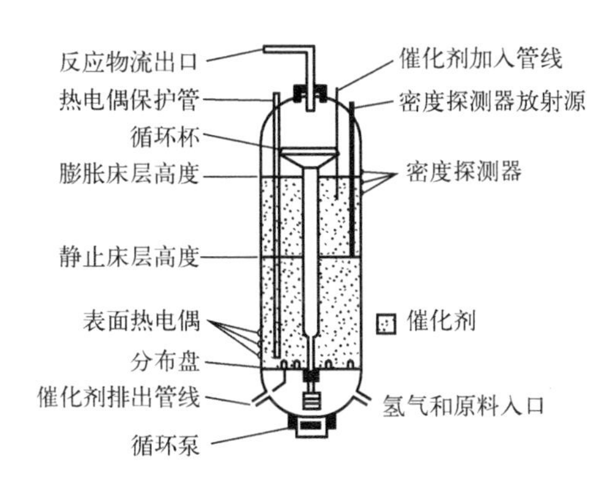

图 5-20 LC-Fining 沸腾床反应器

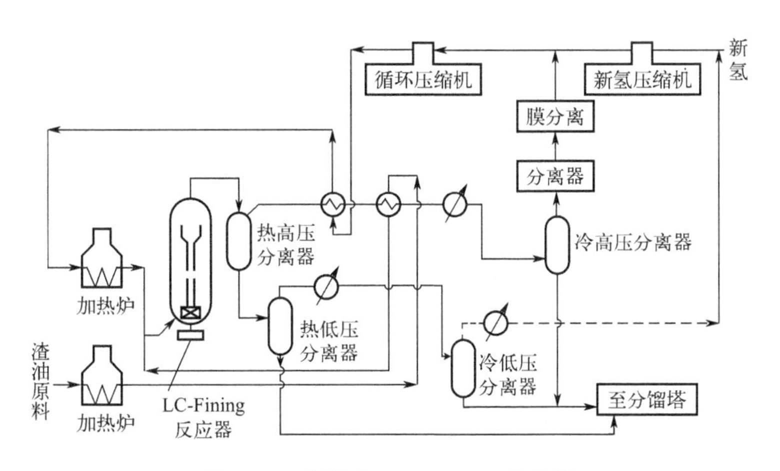

图 5-21 典型的 LC-Fining 工艺流程

图 5-14 LC-Fining 工艺主要操作条件及处理效果

操作条件及效果	范围
反应器温度/℃	400～450
反应器压力/MPa	10～20

续表

操作条件及效果	范围
转化率（525℃）/%	60～92
氢分压/MPa	7～17
氢耗（标准状况）/（m^3/m^3）	120～340
脱硫率（质量分数）/%	60～95
脱金属率（质量分数）/%	70～98
脱残炭率（质量分数）/%	40～75

LC-Fining 工艺可以加氢处理世界上各种重质原油的渣油、极劣质的原油、油砂沥青油、油页岩油甚至溶剂精制煤浆。工业应用已经证明，LC-Fining 工艺能够有效地脱除原料中最高质量分数高达 95%的硫、95%以上的各种金属以及降低 75%的残炭。减压渣油转化率最高可达 92%甚至 97%，液体收率体积分数大于 100%。其石脑油产品是重整装置一种很好的原料；中馏分油可以调和柴油（依原料性质而定）；减压瓦斯油是 FCC 的好原料；未转化油可以调和成优质低硫燃料油或作为延迟焦化装置、溶剂脱沥青装置以及重油催化裂化装置的理想原料。如果在 LC-Fining 工艺内设置一台固定床加氢精制反应器，就可以生产高质量的清洁燃料，这要比单独的加氢精制装置节约很多费用。

5.2.2 渣油加氢工艺

美国阿莫科石油公司的得克萨斯城炼厂采用 LC-Fining 技术，于 1982 年 2 月建成年加工高硫减压渣油 330 万吨装置。

5.2.2.1 工艺流程

LC-Fining 装置包括反应、分馏和催化剂输送 3 个工序。

① 反应工序：包括脱金属和脱硫反应器、分离闪蒸、循环氢压缩机、氢气及原料油加热炉，共有三个反应系列。

换热后的原料油和氢气分别在加热炉中预热后，从第一反应器底部进入，依次通过三台串联的反应器。进料与液体循环油在反应器底部汇合，以适宜的流速通过分布板，使上面的催化剂膨胀、呈湍流运动。通过控制循环泵转速和监测床层密度使膨胀床料位保持在高出静止料位 35%的位置上。循环油泵的吸入高度是由反应器顶部附近的液位供给的。回流盘作用是把循环油中的气体分离出去。一个反应系列的工艺流程见图 5-22。

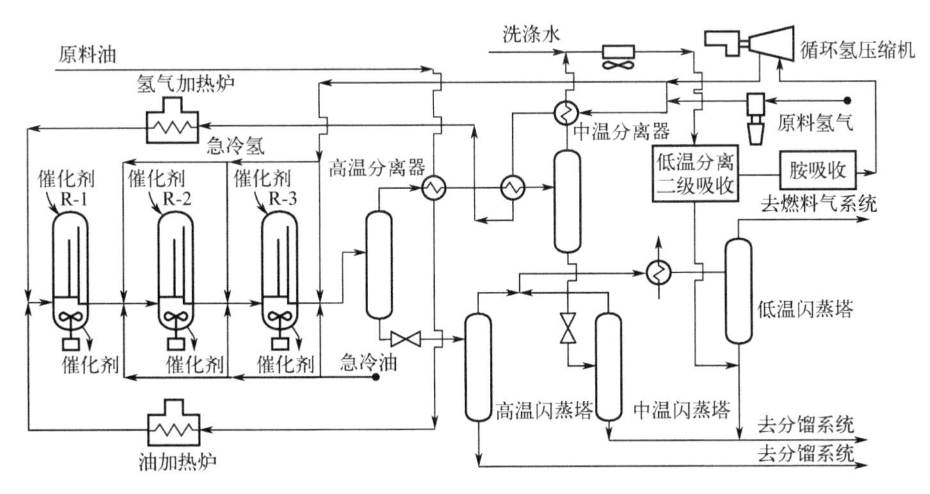

图 5-22　LC-Fining 装置反应工序工艺流程

② 分馏工序：为常规的常压、减压分馏系统，包括常压塔、减压塔及相应的加热炉。回收的轻烃送至附近的气体回收装置。

③ 催化剂输送工序：包括新鲜催化剂输送，每日向（从）反应器添加（取）出催化剂和废催化剂输送、排出共三个部分。

新鲜催化剂从铁路运进炼油厂。用容量 5t 的催化剂罐送至装置内催化剂储罐中。催化剂输送系统可处理两种催化剂，可向每个反应器系列输送催化剂。脱金属催化剂在高压输送罐中用重 VGO 调制油浆，然后送入每个系列的第一反应器中。脱硫催化剂也以油浆形式从高压输送罐送入每个反应系列的第三反应器中。从第三反应器抽出的平衡脱硫催化剂再以油浆液形式送至第二反应器。按照装置设计的工艺流程，第二反应器的催化剂不能串级送到第一反应器。从第一和第二反应器抽出的废催化剂排至高压输送罐。经过洗涤、冷却后，也用油浆形式送至废催化剂罐，由此经过脱油后排出装置。催化剂输送系统见图 5-23。分馏和催化剂输送工序为三个反应系列共用的。

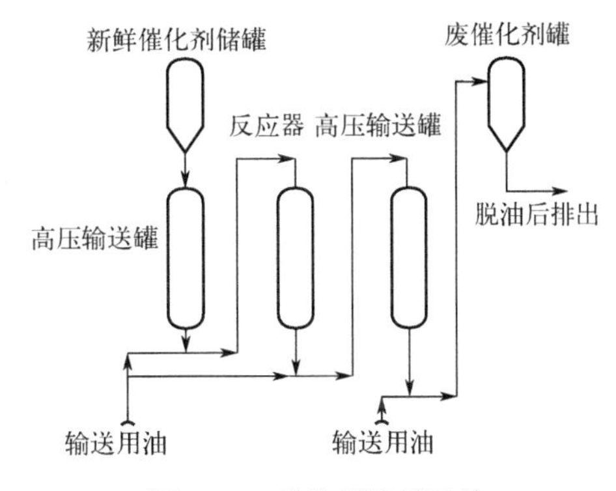

图 5-23　催化剂输送系统

5.2.2.2　反应器

每个系列设加氢脱金属反应器一台、加氢脱硫反应器二台，全装置共计 9 台。反应器直径 2.27m，切线长度 30.49m，壁厚 305mm，单台质量为 1150t。反应器结构见图 5-24。

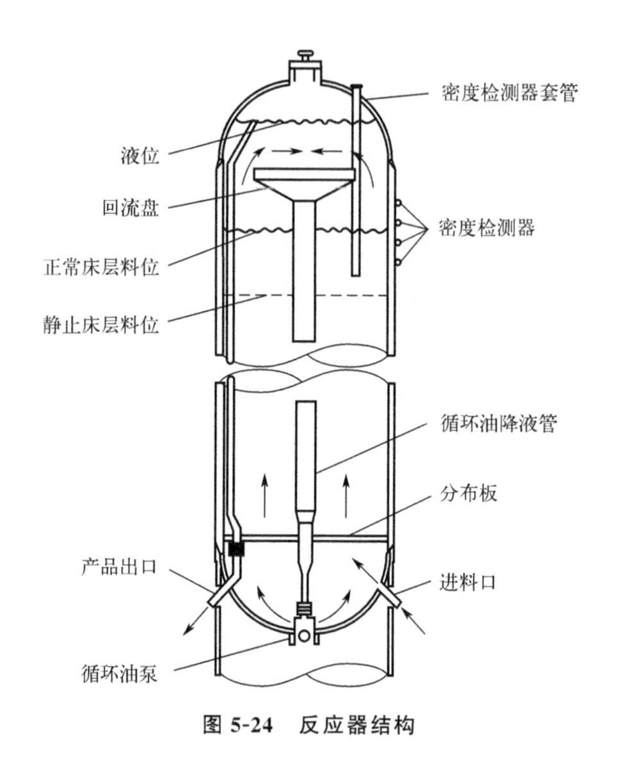

图 5-24　反应器结构

5.2.2.3　操作数据

LC-Fining 装置投产以来加工了多种原料油，包括加拿大、美国得克萨斯、委内瑞拉、中东及非洲等地的 10 多种原油，其操作数据见表 5-15。

表 5-15　LC-Fining 装置的操作数据

项目		设计值	操作数据①	项目		设计值	操作数据①
处理量/($10^4dm^3/d$)	减压渣油	954	916	减压渣油进料性质	相对密度	1.0536	1.0313
	稀释剂	0～236	70		硫含量(质量分数)/%	5.5	3.8
	总进料	954～1193	988		兰氏残炭(质量分数)/%	21.5	18.3
	进料中稀释剂(体积分数)/%	0～25	7.1		(镍+钒)含量(质量分数)/10^{-6}	340	359
					初馏～538℃馏分含量(体积分数)/%	3	8

续表

项目		设计值	操作数据①	项目		设计值	操作数据①
反应器数据	渣油转化率（体积分数）/%	—	75	反应器数据	残炭脱除率（质量分数）/%	62	66
	>538℃转化率（体积分数）/%	59.2②	70		脱金属率（质量分数）/%	88	96
	脱硫率（质量分数）/%	80	89				

① 为1986年8～9月操作数据。

② >538℃转化率的设计值为60%（质量分数）。

5.2.2.4 产品质量（见表5-16）

表5-16 LC-Fining装置的产品质量

项目	相对密度	硫含量（质量分数）/%	氮含量（质量分数）/10^{-6}	兰氏残炭（质量分数）/%	干点/℃	（镍+钒）含量（质量分数）/10^{-6}	>538℃馏分（体积分数）/%
重石脑油	0.7857	0.008	200	—	196	—	—
轻馏分油	0.8328	0.07	650	—	291	—	—
中馏分油	0.8660	0.17	1030	—	349	—	—
轻瓦斯油	0.8990	0.31	1800	—	—	—	—
轻减压瓦斯油	0.9377	0.45	2160	0.2	—	0.1	3.2
重减压瓦斯油	0.9548	0.52	3500	0.8	—	0.3	21.3
减压渣油	1.0291	1.0	—	18.3	—	5.4	83.3

5.2.3 油砂沥青改质

加拿大合成原油公司所属的合成原油厂位于加拿大艾伯塔省麦克默里堡以北16km处，年产合成原油9Mt，是世界最大的用油砂沥青生产合成原油的工厂。其生产工序为：

① 露天矿开采油砂沥青；

② 抽提厂从油砂中回收沥青；

③ 一次改质过程将沥青转化为轻质馏分；

④ 对一次产品进行二次改质，除去硫、氮等杂质。

合成原油厂已有一套流化焦化装置用作一次改质过程。20 世纪 80 年代中期，由于抽提沥青和原料制备过程的工艺进步，可以回收油砂中的重质沥青。于是又建了 LC-Fining 装置以扩大一次改质能力。

5.2.3.1 流程特点

LC-Fining 装置为缓和的渣油加氢裂化工艺，生产能力为 220 万吨/年。工艺目的是将进料中的重组分转化为轻质产品并除去硫、氮等杂质。装置于 1988 年 8 月建成投产，工艺流程见图 5-25。

这套 LC-Fining 装置采用了 Lummus 公司的低压循环氢精制技术，也是第一套使用“低压循环氢精制技术”的工业装置。

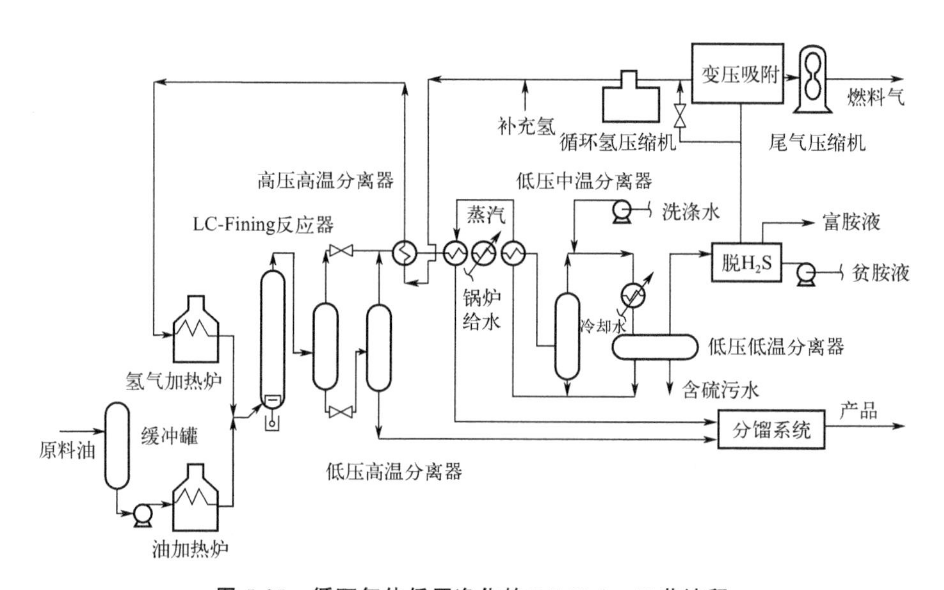

图 5-25 循环气体低压净化的 LC-Fining 工艺流程

从图 5-25 可以看出，高压高温分离器分出的气体立刻从反应压力 12.0MPa 降至 3.5MPa，并与从低压高温分离器的液体中闪蒸出来的油气一起通过一系列换热器和冷却器。然后依次用水洗、胺液洗以除去 NH_3 和 H_2S。循环氢经过变压吸附净化、除去杂质后，氢纯度可达 92%～97%。采用常规的高压氢气净化流程时，氢纯度仅为 75%～87%。

循环氢经过升压与补充氢混合。进入反应器的氢纯度为 94%～98%。

低压循环氢精制技术的主要特点是：

① 降低了净化气体的流量；

② 提高反应器的液体处理量；

③ 降低了高压系统的设计压力。

这套装置的反应系统采用了两台反应器并联操作。在选择、确定反应器规格过程中，考虑了以下因素：

① LC-Fining 装置的产品收率；

② 流化焦化装置的产品收率，LC-Fining 装置的渣油作为流化焦化的进料；

③ 馏分油加氢处理工序用作成品油精制的可利用性；

④ 低压氢气的可利用性；

⑤ 可运至施工现场的最大反应器尺寸。

最终确定采用两台小型反应器，设计压力为 12MPa，设计空速较高，反应器切线长度 17m。

5.2.3.2 运转情况及操作经验

装置运行状况良好，达到以下工艺指标：

① 处理量曾达到 $716\times10^4 dm^3/d$，超过了设计能力。

② 计划将流化焦化从循环操作改为一次通过式操作，焦化洗涤塔的渣油用作 LC-Fining 装置的进料。

③ >524℃渣油转化率为 67%。

④ 脱硫率为 65%，超过设计值。

⑤ 残炭脱除率达 42%，超过设计值。

⑥ 氢耗量低于设计值。

⑦ 进料的灰分含量约为 0.9%，仍可在沸腾床反应器内处理。

主要设备（包括循环泵及调速电机、反应器温度及料位调节仪表、原料油，氢气及分馏塔加热炉、催化剂输送设施、变压吸附装置、油泵及压缩机等）运转情况良好，保证了装置运行的可靠性。

5.2.4 联合工艺过程

LC-Fining 工艺可在炼油总流程中作为渣油一次改质过程，与焦化、部分氧化造气等渣油转化工艺组成联合过程，实现渣油轻质化、提高炼油效益。以下为加工劳埃德明斯特（Liodminster）和冷湖（50∶50）混合原油的两个渣油加工方案，即 LC-Fining 与延迟焦化联合方案及 LC-Fining 与部分氧化造气联合方案。分别说明如下：

5.2.4.1 LC-Fining 工艺与延迟焦化联合方案

若炼油厂已有延迟焦化装置，加工重质高硫原油又需要生产电极焦炭时，可以再建设一套LC-Fining装置进行重油改质。LC-Fining装置的规模应与焦化能力相适应。LC-Fining装置的>524℃渣油转化率可设计为65%（体积分数）。脱硫、脱金属的苛刻度可根据原料油性质进行调整，LC-Fining装置的未转化渣油可作为焦化装置原料，生产电极焦，所产焦炭质量（硫含量、金属含量）可符合电极焦的质量规格。

此联合流程具有分期建设的灵活性。如果低硫燃料油有销售市场，炼油厂可以先建设一套LC-Fining装置，按生产低硫燃料油方案投产。调节LC-Fining装置的操作可以控制未转化渣油的质量，生产稳定性好的重燃料油。将来再建延迟焦化装置，用渣油生产电极用焦炭。

以加拿大已建成的重质原油改质生产合成原油的炼油厂为例，年处理Liodminster和冷湖混合原油2.1Mt/d，可产合成原油及电极焦，工艺流程如图5-26。原油性质和产品收率数据分别列于表5-17和表5-18。

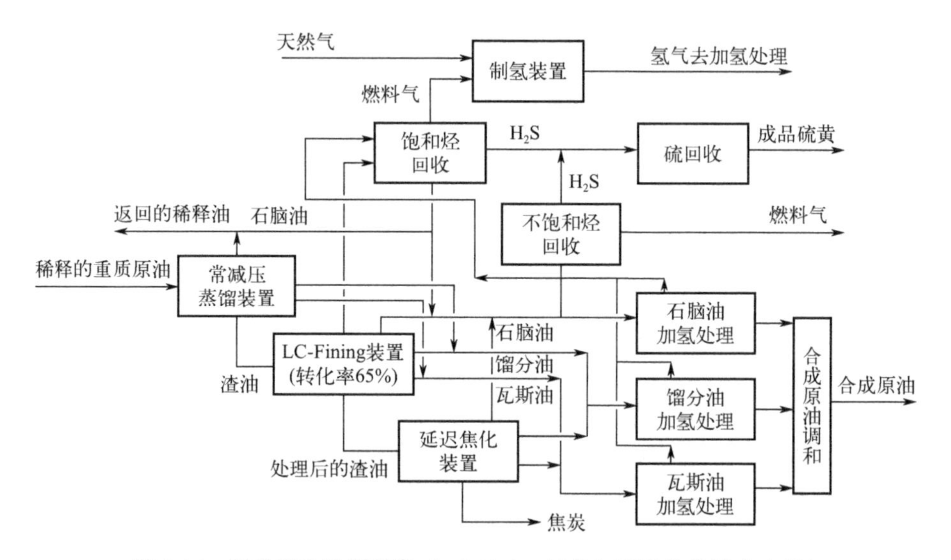

图5-26 重质原油改质流程（LC-Fining工艺与延迟焦化联合方案）

表5-17 重质原油的性质

项目		Liodminster和冷湖混合原油
相对密度		0.9770
硫含量（质量分数）/%		4.0
组成（体积分数）/%	石脑油	4.7
	馏分油	19.4
	瓦斯油	9.3
	渣油	66.6

续表

项目	Liodminster 和冷湖混合原油
钒含量（质量分数）/10^{-6}	160
镍含量（质量分数）/10^{-6}	70

表 5-18　LC-Fining 工艺与延迟焦化联合方案的产品收率及质量

工艺装置		常压蒸馏	LC-Fining 装置	延迟焦化装置	合成原油调和
进料名称			直馏渣油	LC-Fining 渣油	
产品收率①	≤C_4气体（质量分数）/%	—	8.3	8.8	—
	C_5～204℃（体积分数）/%	—	15.2	17.3	18.3
	204～343℃（体积分数）/%	—	23.7	27.0	41.0
	343～524℃（体积分数）/%	31.0	40.9	21.0	38.6
	＞524℃（体积分数）/%	69.0	24.1	—	—
	焦炭（质量分数）/%	—	—	37.1	6.4
产品硫含量（质量分数）/%	C_5～204℃	—	0.05	0.3	0.0001
	204～343℃	—	0.20	1.0	0.02
	343～524℃	3.3	0.60	1.8	0.04
	＞524℃	5.7	2.20	—	—
	焦炭	—	—	3.0	—
产品的相对密度	C_5～204℃	—	0.7547	0.7587	0.7559
	204～343℃	—	0.8735	0.8654	0.8644
	343～524℃	0.9593	0.9352	0.9659	0.9267
	＞524℃	1.0552	1.0489	—	—
化学氢耗量（标准状况）/（m^3/m^3进料）		—	207	—	172

① 产品收率为对装置进料的收率。

混合原油在常减压蒸馏装置中分馏出馏分油及稀释油，直馏渣油作为 LC-Fining 装置的原料油，装置的转化率为 65%（体积分数）。未转化渣油用作延迟焦化装置的原料，生产电极焦。LC-Fining 的石脑油、馏分油和瓦斯油与焦化装置相应的馏分混合到一起，再分别经过加氢处理后调和成为合成原油。此流程的合成原油和电极焦产率分别相当于进料原油的 97.9%（体积分数）和 6.4%（质量分数）。化学氢耗量（标准状况）为 $172m^3/m^3$。

5.2.4.2　LC-Fining 工艺与部分氧化制氢联合方案

由 LC-Fining 工艺与部分氧化制氢组成的联合过程可将 90%以上的＞524℃

渣油转化为轻质产品而不生产重燃料油或焦炭。重质原油经过常减压蒸馏，直馏渣油去 LC-Fining 装置，>524℃渣油转化率提高至 85%。所产的石脑油、馏分油和瓦斯油与直馏产品一起，分别进行加氢处理。联合过程的工艺流程如图 5-27。产品收率数据列于表 5-19。LC-Fining 的未转化渣油用作部分氧化制氢的原料。按燃料油当量计算，部分氧化装置的氢气-燃料气产率（体积分数）为 5.9%。氢气产量相当于改质过程用氢量的 68%。

改质过程的氢耗量（标准状况）为 240m³/m³。

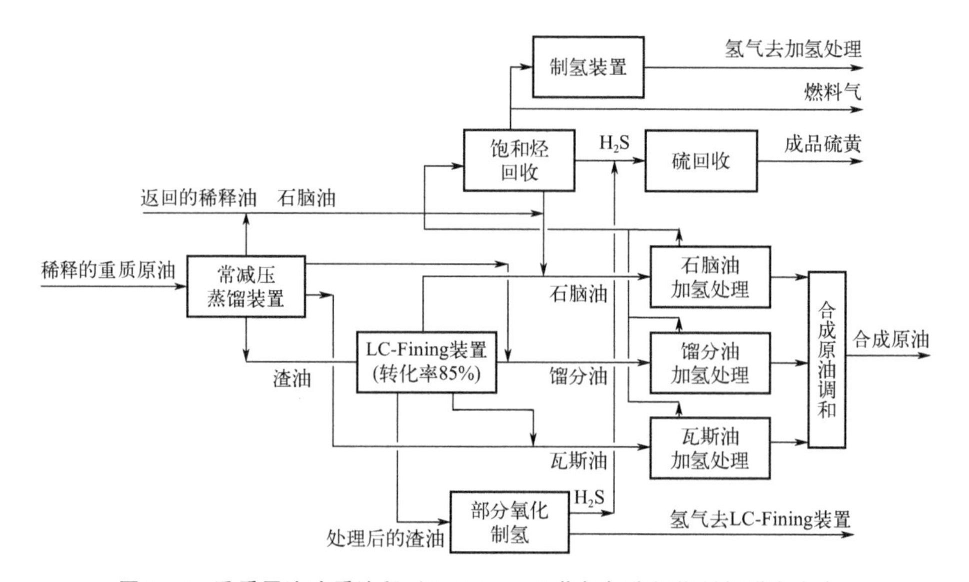

图 5-27 重质原油改质流程（LC-Fining 工艺与部分氧化制氢联合方案）

表 5-19 LC-Fining 工艺与部分氧化制氢联合方案的产品收率及质量

工艺装置		常压蒸馏	LC-Fining 装置	合成原油[3]
进料名称			直馏渣油[2]	
产品收率[1]	≤C_4气体（质量分数）/%	—	10.6	—
	C_5～204℃（体积分数）/%	—	25.7	22.5
	204～343℃（体积分数）/%	—	39.9	47.2
	343～524℃（体积分数）/%	31.0	29.5	27.8
	>524℃（体积分数）/%	69.0	10.3	—
	合计		105.4	97.5

续表

工艺装置		常压蒸馏	LC-Fining 装置	合成原油[③]
产品硫含量（质量分数）/%	C_5～204℃	—	0.05	0.0001
	204～343℃	—	0.35	0.02
	343～524℃	3.3	1.10	0.06
	>524℃	5.7	3.3	—
产品的相对密度	C_5～204℃	—	0.7547	0.7587
	204～343℃	—	0.8735	0.8654
	343～524℃	0.9593	0.9497	0.9328
	>524℃	1.0552	1.0404	—
化学氢耗量（标准状况）/（m^3/m^3进料）		—	295	240

① 产品收率为对装置进料的收率。

② 直馏重油为常压蒸馏的>343℃拔头重油，作用 LC-Fining 装置的原料油。

③ 合成原油由直馏油与 LC-Fining 装置生成油调和而成。

由上述可知，合成原油产率（对进料原油）（体积分数）为 97.5%。不含渣油、硫含量（质量分数）低至 0.03%，其中一半以上为中馏分油。

5.3 T-Star 技术

1984 年德士古公司在美国路易斯安那州肯本特炼油厂的波特阿撒研究所建立了一套模拟试验装置，对沸腾床反应器加工重油进行研究和改进，同时研究了中间馏分油的加氢处理。并将此项技术定名为 T-Star 工艺（texaco-strategic-total activity-retention）。

1992 年 T-Star 工艺在加拿大的一套加氢改质装置上得到工业验证。

1999 年在俄罗斯的 Lukoil 建设了一套 T-Star 装置，对催化裂化装置的减压瓦斯油原料进行加氢预处理，加工能力为 3.4 兆吨/年，该装置的开工标志着 T-Star 工艺已经完全工业化。

2001 年 7 月法国石油研究院（IFP）在收购 HRI 资产的基础上，重组并成立 AXENS 公司，成为 T-Star 的技术许可人。之后，IFP 又将 T-Star 沸腾床缓和加氢裂化工艺与 FCC 装置联合，新工艺可以生产硫质量分数不大于 50μg/g 的汽油。

2006 年，神华煤制油分公司煤直接液化项目采用 AXENS 拥有专利权的 T-Star 沸腾床技术，在内蒙古鄂尔多斯市建立了一套规模为 3.25 兆吨/年的加氢稳定装置（即T-Star装置）。装置于2008年12月首次投用，并一次开车成功。在此主要对神华制油分公司的煤直接液化油加氢技术作以系统的叙述。

5.3.1 主要技术特点

神华煤直接液化项目（先期工程）工艺过程见图5-28。该工程的原料来自神华补连塔煤矿生产的原煤，洗选后的精煤经厂外由皮带机输送后进入备煤装置，经过备煤加工为干煤粉；一部分精煤在催化剂制备单元与催化剂混合，制备成含有催化剂的干煤粉，另一部分干煤粉送至煤液化装置；煤粉、催化剂以及供氢溶剂，在高压、高温、临氢和催化剂的作用下发生脱氧、脱硫、脱氮和氢解等一系列加氢反应，生成煤液化油并送至加氢稳定装置，包含未反应煤、煤中无机物和部分重质油的液化残渣经成型后供自备电厂作燃料。煤液化油在加氢稳定（溶剂加氢）装置的主要目的是生产满足煤直接液化芳烃含量要求的具有供氢性的溶剂，同时脱除部分硫、氮、氧等杂质，从而达到预精制的目的，可作为下游加氢改质装置的原料，进一步提高油品质量；大部分溶剂返回煤液化装置作为供氢溶剂。装置产生的含硫富气均经轻烃回收装置处理以回收气体中的液化气、轻烃。回收液化气后的干气经脱硫装置进行脱除硫化氢后回收氢气。同时，加氢稳定装置的石脑油至轻烃回收装置作吸收剂，解吸石脑油到加氢改质装置加工。各装置产生的酸性水均经过含硫污水汽提装置处理，回收硫化氢。净化水去生化处理、复用。对于煤直接液化产生的含酚酸性水经脱除硫化氢和氨后，送至酚回收装置回收其中的粗酚，污水经生化处理后回用。煤液化过程中的煤制氢、轻烃回收及脱硫和含硫污水汽提装置的硫化氢经硫黄回收装置制取硫黄，供煤直接液化装置使用，不足的硫黄可外购。各加氢装置所需的氢气，由煤制氢提供。

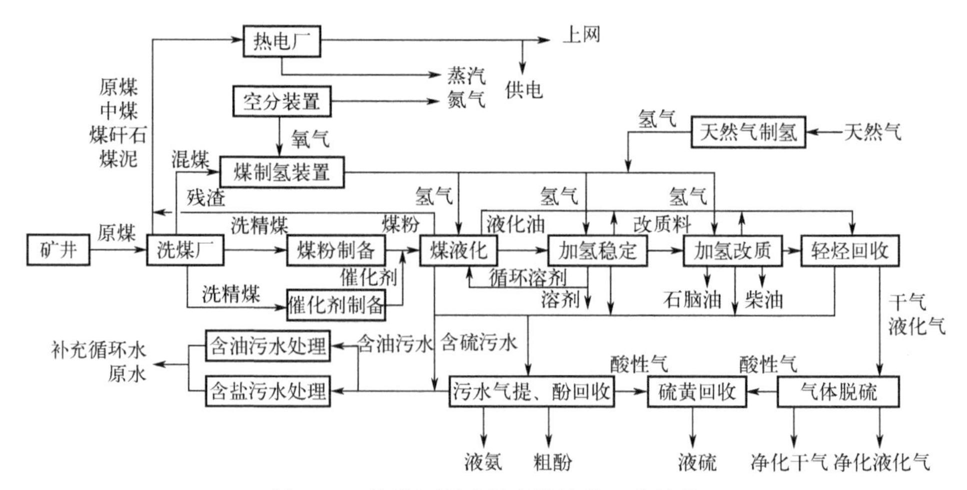

图5-28 神华百万吨煤直接液化工艺过程

由于煤液化油的金属、沥青质含量高，并含有一定量的煤粉，不适宜采用固定床加氢技术，因此煤液化油的加氢稳定采用AXENS公司拥有专利权的T-Star沸腾床加氢技术，其主要作用是提供供氢溶剂，在煤液化装置投煤连续运转过程中，对煤液化油进行全馏分加氢，脱除其中的硫、氮、氧及金属等杂质，一部分加氢重油返回煤液化装置作为供氢溶剂，其余作为产品进入下游装置，同时可以生产煤液化油开工所需的起始溶剂。煤液化装置开车时，由于没有循环溶剂，需要外来的蒽油、燃料油为原料生产起始供氢溶剂。

根据煤液化油固含量较高的特点，神华煤制油分公司的T-Star反应器在德士古T-Star反应器基础上进行了改进。神华煤制油分公司T-Star反应器的结构示意见图5-29。德士古反应器的产物是经高压分离器后，再经泵升压回到反应器，实现床层的沸腾；神华煤制油分公司的T-Star反应器内设循环杯，采用直接强制循环工艺，即产物从反应器底部流出后直接经强制循环泵回到反应器。该工艺反应器内液速高，没有矿物质沉积。同时，由于反应器设有内循环杯，较好地实现了气液分离。

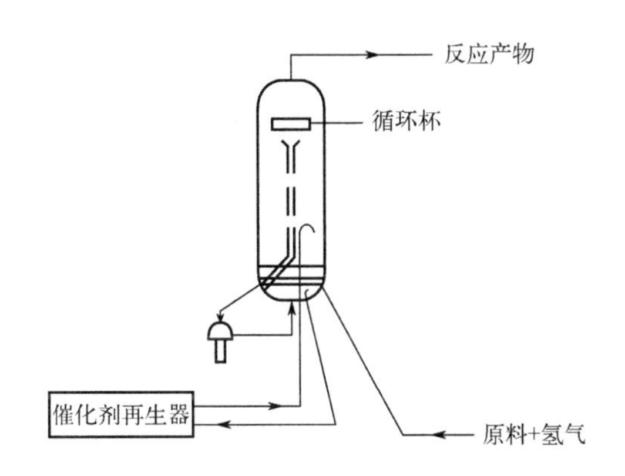

图5-29　神华煤制油分公司T-Star反应器结构示意

T-Star技术属沸腾床缓和加氢过程，相对于固定床加工劣质原料，T-Star工艺具有显著的特点：原料适应性强，操作灵活性强；产品的选择性高，产品质量稳定；连续运转，更换催化剂无需停工。

5.3.2　生产工艺过程

乔爱军和张传江对神华煤直接液化重油加氢生产工艺过程作了描述。

5.3.2.1　生产工艺流程

神华煤直接液化油加氢的T-Star装置设计规模为330万吨/年，年操作7440h，实际进料为煤液化重油437t/h，煤液化轻油4.274t/h。调低能力是设计能力的50%。

T-Star工艺包括三个部分：反应部分、分馏部分、催化剂处理系统。来自上游装置的煤液化生成油与来自罐区的混合物经多次加热后进入T-Star反应器反应，反应器流出物经多重分离后进入分馏系统，分馏系统包括一个常压塔及回流罐以及侧线泵等附属设备，常压塔设置塔顶流程，三个侧线流程以及一个塔底流程。液化油沸腾床加氢工艺流程见图 5-30。原料加热后经反应进料泵加压与混合氢合并进入沸腾床反应器底部，反应温度为 360～400℃，压力 12～14MPa，循环泵将反应器内循环杯中的油抽出外循环回反应器，实现反应器床层内催化剂的沸腾，循环液体流量的控制通过调节循环泵的转速而实现，从而使催化剂料位维持在一定的高度范围内，并保证反应器内气、液和催化剂分布均匀。反应产物从顶部流出，进入高、低压分离器系列进行气、液相分离，冷高分顶部气体作为循环氢，经压缩机升压后与新氢混合后返回到反应系统，热低分油去分馏进料加热炉加热后进入分馏塔进行轻、中和重馏分分离。分馏塔顶油气经冷凝冷却后，塔顶气和石脑油去轻烃回收装置回收轻烃。侧线抽出油大部分为中间馏分油，部分作为供氢溶剂返回煤液化装置，其余去下游的加氢改质装置作原料，分馏塔底油全部返回煤液化装置作为供氢溶剂。

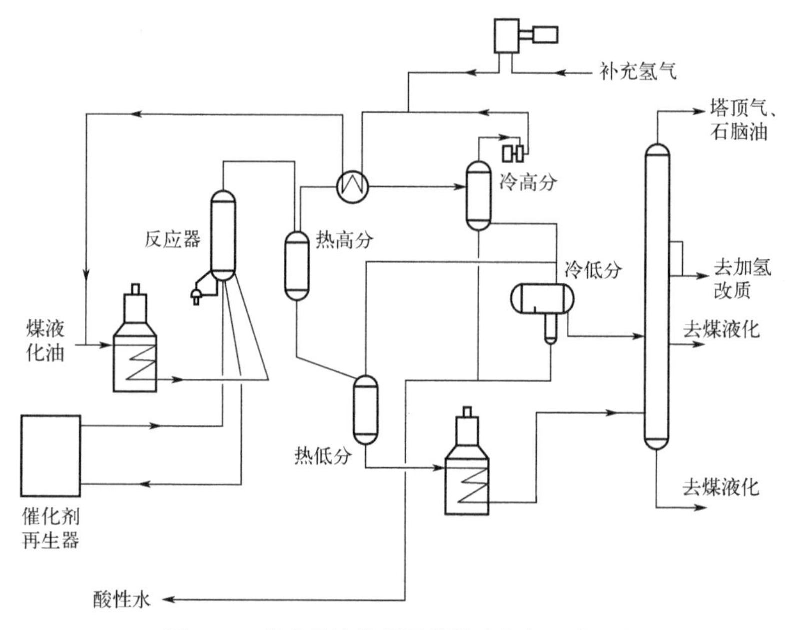

图 5-30 煤直接液化项目沸腾床加氢工艺流程

煤液化油性质见表 5-20，产品性质见表 5-21，反应条件见表 5-22，沸腾床反应器温度分布见表 5-23。

表 5-20 煤液化油性质

项目	数值	存在形式
密度（20℃）/（g/cm^3）	0.9681	

续表

项目		数值	存在形式
硫（质量分数）/%		0.05～2.50	苯并噻吩和二苯并噻吩衍生物
氮（质量分数）/%		0.2～2.0	咔唑、喹啉、氮杂菲、氮蒽、氮杂芘
黏度/（mPa·s）		0.448	
固含量（质量分数）/%		0.089～0.220	煤粉、钛、铁、硅和铝
馏程/℃	10%	225.80	
	30%	273.60	
	50%	302.50	
	70%	329.80	
	90%	389.88	

表 5-21 产品性质

项目		温供氢溶剂	热供氢溶剂
密度（20℃）/（g/cm^3）		0.918	0.968
硫/（μg/g）		5.5	5.2
氮/（μg/g）		142.8	236.7
黏度（20℃）/（mm^2/s）		2.12	6.16
折射率		1.50	1.55
馏程/℃	10%	240	287.9
	30%	257	306.6
	50%	268	325.6
	70%	281	350.8
	90%	305	395.6
	95%	320	420.0

表 5-22 反应条件

项目	数值
加热炉出口操作温度/℃	286.3
反应器出口操作温度/℃	385.3
反应器出口操作压力（绝压）/MPa	13.5
平均反应床层温度/℃	385
循环泵正常流量/（m^3/h）	980.5

续表

项目	数值
床层体积膨胀/%	30
催化剂置换速率/（kg/t原料）	0.114
循环氢纯度（体积分数）/%	93
新氢纯度（体积分数）/%	99.9
反应器压差/kPa	150～160

表 5-23　沸腾床反应器温度分布　　单位：℃

轴向位置	径向位置							
	1	2	3	4	5	6	7	8
A	388.98	385.58	386.03	385.39	385.21	385.69	384.56	384.57
B	385.74	386.27	385.89	386.19	385.12	385.07	384.85	385.04
C	385.79	385.13	384.70	384.97	384.31	384.41	384.61	385.26
D	385.08	385.08	384.78	384.63	383.74	383.37	385.42	385.09
E	384.98	384.99	384.11	382.97	382.80	383.13	385.08	384.38
F	383.05	383.33	382.40	382.55	381.80	382.05	385.13	384.15
G	382.39	382.01	380.98	380.93	380.99	380.97	383.62	384.05
H	380.68	380.92	379.70	380.17	380.19	380.45	382.76	382.44
I	380.02	381.15	380.12	380.03	381.26	380.97	383.00	382.63

从表5-20可以看出：液化油的固含量比较高，不适合采用固定床加氢。由表5-21可以看出：热和温供氢溶剂的密度小于1，具有良好的供氢效果。表5-22中反应器的压差仅为150～160kPa，表明采用沸腾床加工煤液化油是合适的，避免了由于原料中的固体杂质造成催化剂床层的堵塞。

沸腾床反应器是该工艺的核心设备。反应器共设4个热电偶套管，均从反应器顶部插入。以间距900mm沿反应器轴向共设置了9个测温层，测温层自上而下记为A～I；每一测温点为双支热电偶，每层共4对测温点，记为1～8。从表5-23可以看出：反应器径向最大温差不大于5℃，温度分布基本均匀。

5.3.2.2　生产过程操作

张林和王虎等对生产操作要点作了总结性论述，其基本内容如下。

S-Trar技术主要特点属于沸腾床反应器、热高分流程。采用沸腾床反应器可以处理较重的原料；采用热高分流程，使大量反应产物直接进入分馏系统，不仅减少了高压换热器和高压空冷的换热面积，而且大大降低了分馏加热炉的热负荷，提高了装置的热效益。主要缺点是：沸腾床反应器等设备造价较高，装置流程较冷高分流程复杂，装置采用的高温减压阀门是一个易出问题的关键设备。

沸腾床反应器的一个重要特点是催化剂时刻处于运动状态，不仅反应器床层压降较小，而且阻断了反应器内局部过热点的形成，反应器内部温度波动较小；沸腾床反应器通过每日更新部分催化剂，不仅保持了催化剂的活性在某一个较小的范围内波动，也为装置的长周期运行提供了保证。

（1）沸腾床反应器开停工

由于沸腾床反应器采用下进上出的形式，反应器升压前必须灌满油；反应器内部的催化剂处于流化态，在开停工过程应加以考虑。

① 沸腾床反应器开工　装置首次开工，为做好试车准备，主要工作有：装置进行全面吹扫、水冲洗、单机试运、烘炉、仪表和控制系统的调校、反应系统初步气密。进入试车阶段，主要工作有：水联运、冷油运、热油运、氮气气密、氢气气密、催化剂装填、催化剂硫化等。

沸腾床反应器的开工步骤主要包括：a. 检修后的检查；b. 氨气置换和气密；c. 氢气置换和气密；d. 反应系统泄压实验；e. 催化剂装填；f. 反应升温升压，反应器并入氢气；g. 催化剂硫化；h. 引入新鲜进料，正常生产。

其中氮气、氢气密过程包括从 1MPa 至全压的各个阶段，每个阶段升压 2MPa，由于该装置采用热高分流程，热高压分离器与反应器的材质一样，因此与反应器有一样的要求，即热高压分离器器壁温度各点温度在达到 135℃之前，压力不应大于全压的 1/4。由分析得知，热高压分离器底部的温度是限制升压的瓶颈，这与实际操作相符。建议装置对热高压分离器底部增加加热盘管。

催化剂的装填，在氢气气密合格之后，将压力降至低压，启动进料泵将反应器灌满油后并溢流至热高压分离器，待热高压分离器见液位后停运进料泵。将反应系统压力控制在较低压力，建立循环油，由反应器底部催化剂添加/卸出管线加入催化剂。

开工期间反应器并入氢气是沸腾床反应器操作的特点之一。催化剂装填完毕之后，反应系统升压，并启动进料泵，建立循环流程。由于此时反应器装满了油，在开始并入氢气时，少量的氢气无法与油均匀混合，氢气在反应器中会形成气泡，在反应器内快速上升，氢气留下的大量空间需要油去填补，这不仅导致了系统压力的波动，还导致热高分液位的大幅变化。目前只能通过大幅调节高分液控阀门来防止窜压和满罐。

② 沸腾床反应器停工　沸腾床反应器的停工步骤主要包括：a. 反应系统切

出新鲜进料，降温降压；b. 反应系统氮气置换；c. 催化剂卸出；d. 系统吹扫；e. 高压系统碱洗；f. 系统交付检修。

在反应系统氮气置换全格之后，停止氮气进入反应器，这时氮气可直接进入高压分离器以维持系统压力。在催化剂卸出过程中，要求反应器处于溢流状态，随着催化剂的卸出。在反应系统吹扫过程中，应当考虑到反应器进料下进上出，在吹扫完毕之后，反应器内油只能通过反应器底部排污管线排放。

（2）沸腾床反应器的日常操作

沸腾床反应器的日常操作除了注意反应温度和压力，还应当注意沸腾床反应器的催化剂床层。

① 反应温度的调节　反应温度是沸腾床反应器的关键参数之一，操作工应时刻关注并及时调节反应温度。在沸腾床反应器内部，安装几根热电偶套管，每根热电偶套管分布数目相同的温度测量点，然后计算所有测量点的加权平均温度以表示反应温度。维持恒定的温度不仅要带走反应产生的热量，还要均匀催化剂床层，避免局部过热的状况。

在实际调节中，调节反应器入口温度是调节反应温度的常用手段。

由于沸腾床反应器顶部大量的热油（约占总量的 3/4）直接返回反应器的底部，在需要提高温度时，反应器顶部温度会较低，返回的油会降低反应器底部的温度，因此需要提到更高的温度才能达到升温的效果；同理在降低反应温度时，需要降低更多的温度才能达到降温的效果。在反应器平时操作时，应当关注加权平均床层温度的变化趋势而给予及时的调节。

② 反应氢分压的调节　在加氢过程中，影响反应的主要因素之一是氢分压，氢分压主要取决于反应系统的压力和循环氢的氢气纯度。在实际操作中，系统压力一般是一个恒定的量，通过控制新氢的补入量来维持系统的压力是控制系统压力的有效方法。在循环氢的氢气纯度降低时，应当通过排放部分循环氢来提高循环氢的氢气纯度，并及时查找原因，如果是新氢纯度下降造成的，应及时联系相关人员处理。

③ 催化剂床层的调节　沸腾床反应器内的催化剂处于流化状态，即固体的催化剂在液体、气体和重力的作用下，具有某些流体的性质。在反应器中，催化剂在油气、氢气的作用下达到一定的高度，可以预计，催化剂床层的高度与催化剂的总量、进料量、循环氢量、循环油流量都有着密切的关系。虽然催化剂的流化态是一个复杂的流体力学问题，但是在实际操作中，通过改变循环油流量就可以很好地控制催化剂床层的高度。通过在反应器一定高度安装一定数量的射线仪表，就可以比较好地了解反应器中催化剂中的位置，从而对催化剂床层进行调节。

④ 作化剂的添加和卸出 沸腾床反应器的一个特点是可以在正常生产过程中，进行催化剂的添加和卸出，从而保证催化剂始终处于相当的活性。

在催化剂日常的卸出工作中，通过对与反应器相连的催化剂罐进行升压，升压至比反应器压力略低后打通流程，反应器中的催化剂和油在压力的作用下，进入催化剂罐，催化剂罐内油和催化剂会因密度不同而分离，通过催化剂罐筒体不同高度的射线仪表的测定来确定催化剂的卸出量。卸出的催化剂经过降压、降温、脱油之后现场卸出、装桶。

在催化剂日常的添加工作中，先将计量后的催化剂放入催化罐中并灌满油，通过对催化剂罐进行升压，升压至比反应器压力略高之后打通流程，催化剂在压力的作用下流入反应器，通过催化剂底部的射线仪表确定催化剂是否添加完毕。添加完毕后，催化剂罐泄压到微正压。催化剂添加和卸出步骤为程序自动控制，操作员只需要确认程序继续进行的条件已经达到即可。

（3）沸腾床反应器事故处理

沸腾床反应器事故主要包括进料中断、高压系统泄漏、反应器温度超高、公用工程故障等。通过切断氢气进入反应器和高压系统放空将反应系统压力降至较低压力是防止事故进一步恶化的有效措施。

对于沸腾床反应器，在出现事故时，在保证人员安全的情况下，应首先考虑保护催化剂。一旦反应器内的催化剂不再膨胀，催化剂床层迅速下沉，如果氢气继续进入反应器，气体将由于阻力的增大，而失去良好的分布将倾向于沿着反应器内构件及反应器器壁流动，反应器内就会形成氢气的聚集区，催化剂与油失去了良好的混合效果，热量的分布也就不均匀，就可能会导致局部结焦。因此沸腾床反应器事故的处理原则是，首先切断氢气进入系统，在进料泵的设计范围之内，尽可能地提高进料量将反应器充满油，从而使循环油尽快恢复正常，保证催化剂处于流化态。在实际事故处理过程中，一旦发生了触发系统的泄压联锁，由于新氢的切断，催化剂床层的下沉，高分液位会急剧下降，这时应大幅调节液控阀，严防窜压事故发生。在进料泵故障导致进料油中断的情况下，应该首先考虑恢复进料油，只有恢复了进料油才能进一步保证催化剂处于流化态。

5.3.3 生产工艺优化

在生产实践中，对 T-Star 工艺进行了不断的改革和优化，并获得了良好的效果。李小强和韩来喜等对其工艺优化做了系统论述。

5.3.3.1 催化剂优化

T-Star 装置首次开工采用的催化剂是 Axens 工艺包中配套的挤条型 HTS-

358镍钼催化剂。在2009～2010年的运行中发现，当装置原料变差且高负荷运转时，使用HTS-358催化剂，芳烃饱和性能就无法满足要求，导致装置能耗和剂耗增加，而且严重影响到神华项目整体的油收率和经济效益。为此，2011年4月，神华集团联合抚顺石油化工研究院，专门开发了不以脱硫、脱氮为主，而是以满足部分芳烃饱和提供供氢溶剂为目的的FFT-1B高活性国产催化剂。通过2011年9月至2014年6月的工业运行数据表明，国产FFT-1B催化剂的磨耗、活性、稳定性和产出溶剂油的供氢性等主要指标显著高于HTS-358催化剂，达到了预期的应用效果。通过多年的不断努力，2014年5月，又通过公开招标的方式，引进了Axens公司最新一代的HRK-658镍钼型沸腾床催化剂。3种催化剂基本物性对比列于表5-24。

表5-24　3种催化剂基本物性对比

催化剂	颗粒形状	颗粒直径/mm	No+Ni含量	堆积密度/(kg/m^3)	侧压强度/(N/mm)	磨损消耗/%
HTS-358	圆柱	0.8～1.0	++	690～810	≥10.7	≤3.0
FFT-1B	圆柱	0.8～1.0	+++	800～850	≥12.0	≤0.05
HRK-658	圆柱	0.8～1.0	+++	690～860	≥15.0	≤1.4

注：1. 3种催化剂的孔容和比表面基本相当；
2. “Mo+Ni含量”中的“+”数量越多，表示No+Ni含量越高。

通过近一年的运行数据跟踪可知，HRK-658催化剂的脱硫、脱氮和溶剂供氢性能等关键指标与国产FFT-1B催化剂基本相当，两种催化剂生成油性质对比见表5-25。这标志着T-Star催化剂（FFT-1B）在神华项目中完成了从进口到国产化、从使用专利产品到全面推向市场的转变，也为提高神华工艺成套技术经济效益奠定了基础。

表5-25　FFT-1B与HRK-658催化剂生成油性质对比

催化剂	堆积密度（20℃）/（kg/m^3）	硫/（μg/g）	氮/（μg/g）	供氢指数
国产FFT-1B	940.6	6.8	156	24.5
引进的HRK-658	942.6	8.4	162	24.4

注：供氢指数是一种与溶剂油密度、族组成等相关的衡量煤直接液化循环溶剂油供氢性能的量化指标。

5.3.3.2　催化剂脱油系统改造

可以在线卸出和添加催化剂是T-Star工艺的显著优势，按催化剂活性及原料性质变化，催化剂的置换速率一般控制在0.61～2.0t/d，每年会产生186～620t的卸出催化剂。加氢稳定催化剂失活的原因，除了少量Fe、Ca、Na和Mg等杂质金属沉积外，主要是煤液化重油中大量的大分子多环芳烃在催化剂上发生聚合反应，形成积炭，导致催化剂孔容和比表面的降低。因此，卸出催化剂再生的最佳途径仍是传统的器外烧焦再生方式。

在T-Star工艺中，正常运行期间，每天置换卸出的催化剂只能放在催化剂装卸系统的临时储罐内，依靠重力，完成静置脱油，由于无法实现热气体带油，导致卸出剂中携带20%～25%油品。如将含有大量油品的卸出剂直接委托催化剂烧焦再生厂家再生，一则给再生过程温度控制增加了难度，也不利于再生企业的环保排放；二则大量油品被直接烧掉，造成资源浪费。按卸出剂中油质量分数为22.5%计算，每年因催化剂再生过程损失掉的油品达40～135t。

针对这一情况，2011年加氢稳定装置通过技术改造，在现有催化剂卸出/添加系统基础上，新增了催化剂脱油系统，新增部分工艺流程见图5-31。

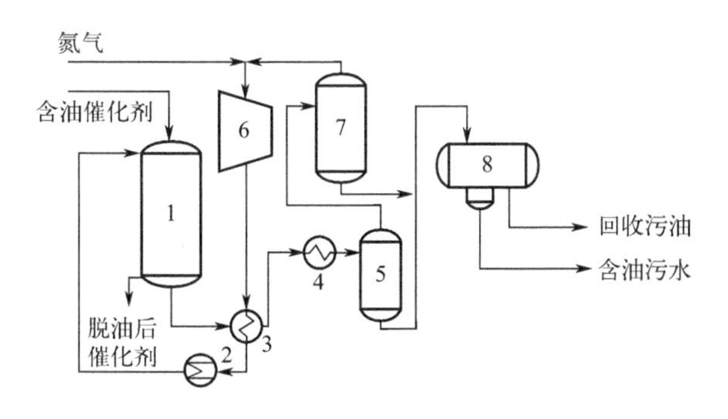

图5-31 新增的加氢稳定催化剂脱油系统工艺流程

1—催化剂罐；2—电加热器；3—换热器；4—水冷器；5—分离器；6—压缩机；7—分液罐；8—污油罐

该系统为间歇式操作，通过低压热氮气（300℃）循环的方式，将催化剂罐中催化剂所含油品脱除，直至分离器液位不再上升，可视为脱油结束，将催化剂从催化剂罐中卸出即可。近几年的工业运行表明，催化剂脱油率超过了98%，脱油后催化剂含油质量分数<0.5%，也完全能够满足每天最高卸出2t含油催化剂的脱油负荷，达到了预期目标。另外，该系统中仅有1台循环氮气压缩机是动设备，系统运行维护简单、成本低。通过不断优化操作，在脱油率不变的情况下，已将需80h左右才能完成4t催化剂的脱油任务，优化到了仅需50h，就可完成8t催化剂的脱油，脱油系统主要运行数据列于表5-26。

表 5-26　催化剂脱油系统主要运行数据

项次	含油催化剂量/t	催化剂含油（质量分数）/%	脱油时间/h	脱油率/%	脱油后催化剂含油（质量分数）/%
第 1 次	4	21.7	78	99.1	0.20
第 2 次	4	22.0	85	99.1	0.21
第 3 次	4	25.7	65	98.2	0.45
第 4 次	5	24.2	55	98.3	0.40
第 5 次	8	19.4	50	99.9	0.02

2014 年加氢稳定装置实际卸出 213t 含油催化剂，按平均含油量 22.5%、脱油率为 99%计算，可回收污油 47.5t，按扣除成本的污油内部核算价格 3000 元/t 计，每年可回收价值 14.3 万元的污油，经济效益和社会效益显著。

5.3.3.3　反应系统注水优化

（1）脱酚水替代除盐水

神华工艺在煤炭直接液化和油品加氢过程中，会产生高 NH_3、H_2S 和酚含量的酸性水约 96t/h。因新鲜水资源受限和环保压力的影响，必须尽可能降低吨油水耗和提高污水回用率。神华工艺在酸性水处理中，采用了“双塔汽提＋溶剂萃取酚＋生化处理”的技术路线。

为了减少除盐水使用量，以降低新鲜水的消耗和降低高浓度污水处理部分的运行负荷，同时也充分考虑到加氢稳定装置馏出口均为中间产品、对出厂产品影响较小等关键因素，2012 年在加氢稳定装置中，实现了反应系统的高压、中压注水由脱酚水（指标见表 5-27）替代除盐水方案的实施，共计节约除盐水 23t/h，每年可节约除盐水 17.1 万吨以上。

表 5-27　脱酚水主要指标　　单位：mg/L

COD	水中油	氨氮	挥发酚	总酚	硫化物
5490.2	132.5	174.4	42.9	280.8	62.5

注：pH 值 9.2。

按内部成本核算价，除盐水为 9 元/t、高浓度污水处理成本为 50 元/t 计算，每年全厂可降低运行费用 1000 万元以上，这对神华工艺中水资源优化配置、降本增效和实现污水“零排放”起到了积极作用。

（2）增加注水点

在正常运行情况下，加氢稳定反应原料油依次要与煤液化装置热高压分离器气相和加氢稳定热高压分离器气相（以下简称热高分气）进行换热升温。煤液化装置为原料油提供充足热量，保证了设在加氢稳定氢气/热高分气换热器的注水点，完全能够达到溶解、冲洗结晶盐类的目的。

但当加氢稳定装置提前开工2～3d，以生产足够的供氢溶剂油供煤液化装置开工时，煤液化装置无法为加氢稳定反应进料提供热源，温度较低的加氢稳定反应原料油与加氢稳定热高分气在热高分气/原料油换热器内换热后，往往会使热高分气/氢气换热器壳程入口的温度较设计值偏低50℃以上，导致其中易结晶的铵盐提前在热高分气/氢气换热器发生结晶，严重时会在上游的热高分气/原料油换热器内结晶，造成设计的氢气/热高分气换热器入口的注水点不能真正发挥作用，最终导致铵盐在注水点之前的高压换热器内结晶、沉积，使高压系统换热器部分的差压升高和换热效率下降。这给加热炉燃料气消耗、压缩机功耗和高温天气高压空冷运行等造成不利影响，甚至影响到装置的安全运行。

为此，在2014年的停工检修中，对加氢稳定装置热高分气/原料油换热器进行了入口和出口增加注水点的技术改造，改造流程见图5-32。

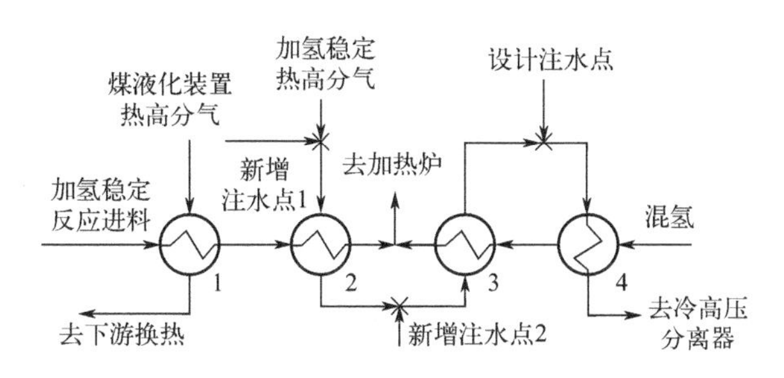

图5-32　加氢稳定装置增加注水点工艺流程

1—煤液化装置热高分气/加氢稳定原料油换热器；2—加氢稳定装置热高分气/原料油换热器；3—热高分气/氢气换热器；4—氢气/热高分气换热器

在装置开工初期或生产波动期间，在高压注水总量不变的条件下，通过及时投用新增注水的方式，保证了系统内无大量铵盐结晶。通过一年多以来的运行，尤其在装置开工过程中，表现了显著成效，反应系统差压（反应器顶部与冷高压分离器顶部差压）由改造前的0.5MPa左右降低到0.21MPa左右。

另外，在加氢稳定装置中，还采取了冲洗油系统改造、增设循环泵软化水站改造、反应加热炉温度监控方案优化、催化剂置换方案优化和开停工装卸催化剂过程优化等措施进行改造，均在节能降耗、优化操作、安全运行等方面取得了良好的效果。

5.3.4 生产工艺考核

刘建平通过对神华煤直接液化重油加氢工艺考核后认为：在实际原料明显较设计原料偏重的情况下，日的产品的性质仍然与设计值相符，装置的加氢效果符合设计要求；经过沸腾床加氢工艺处理后，煤直接液化重油的硫、氯含量大幅降低，胶质脱除效果明显，芳碳率从55.86%降低到38.30%，降低了17.56个百分点，装置的芳烃饱和反应深度符合设计要求；催化剂国产化后，性能优于进口催化剂，且保持较高的长周期运转活性。沸腾床加氢技术能够很好地解决煤直接液化油加氢改质的难题，该技术在煤直接液化工艺中应用成功。

5.3.4.1 原料和产品性能

T-star沸腾床加氢技术工业装置的原料为煤液化装置生产的煤液化重油、煤液化轻油，产品为石脑油、改质料（作下游装置进料），轻供氢溶剂（轻溶剂）和重供氢溶剂（重溶剂）。装置设计进料量为436t/h，液体收率不小于94%。于2010年6月26日8：00至6月29日8：00对装置进行了3天的性能考核。考核条件为：煤液化装置负荷95.0%、加氢稳定装置负荷94.4%、反应温度375～380℃、氢分压11.6MPa、体积空速1.5h^{-1}。性能考核期间进出装置的各物料总量如表5-28所示。由表5-28可知，该装置的液体产品收率为95.3%，达到设计要求。

表5-28 性能考核期间进出装置的各物料总量 单位：t

项目		数据
原料	液化重油	25806
	液化轻油	1163
	蒽油及燃料油	2936
产品	石脑油	1010
	改质料	5850
	轻溶剂	3281
	重溶剂	18372

装置性能考核期间的原料性质与其设计值的对比如表5-29所示，产品性质与其设计值的对比如表5-30所示。由表5-29可看出，装置性能考核期间原料的密度高于设计值，馏程各点温度也均高于设计值。由表5-30可看出，性能考核

期间该装置目的产品轻溶剂和重溶剂的密度和馏程分析数据与设计值接近。可见，在实际原料明显较设计原料偏重的情况下，目的产品的性质仍然与设计值相符，说明装置的加氢效果符合设计要求。

表 5-29 性能考核期间原料性质与其设计值的对比

项目		煤液化重油		煤液化轻油	
		设计值	实际值	设计值	实际值
密度（20℃）/（kg/m^3）		848.9	989.5	745.7	747.0
硫/（μg/g）		29	32	38	35
氮/（μg/g）		168	212	105	101
馏程/℃	初馏点	—	134	—	46
	10%	216	236	20	66
	30%	266	281	114	93
	50%	295	313	141	129
	70%	337	351	166	198
	90%	388	409	206	269
	95%	470	—	264	287

表 5-30 性能考核期间的产品性质与其设计值的对比

项目		重溶剂		轻溶剂	
		设计值	实际值	设计值	实际值
密度（20℃）/（kg/m^3）		987.2	984.3	923.9	925.9
馏程/℃	初馏点	255	263	238	210
	10%	263	293	248	244
	30%	296	315	270	260
	50%	325	336	286	272
	70%	358	361	305	285
	90%	402	411	338	308
	95%	478	—	338	325

5.3.4.2 芳烃加氢饱和性能

由于催化剂初活性较高，故考察其主反应芳烃加氢饱和反应的研究不能以开工初期的结果为依据。按照催化剂运行特性，在开工一年后，即于 2010 年 9

月对装置的煤液化重油原料和加氢产品性质进行分析，来考察技术的芳烃加氢饱和性能。运行期间装置主要工艺参数为：反应温度 375～380℃、反应压力 13.0～13.4MPa、体积空速 1.5h^{-1}。考察期间原料及产品性质如表 5-31 所示。由表 5-31 可知：经加氢处理后，原料中的硫和氮大部分被脱除，装置的脱硫、脱氮效果明显；胶质质量分数从 9.1%降低到 2.9%，表明原料中的大部分胶质被脱除；密度（20℃）从 984.3kg/m^3降低到 973.1kg/m^3，馏分轻质化程度不大；芳碳率从 55.86%降低到 38.30%，降低了 17.56 个百分点，达到经过芳烃饱和后将原料芳碳率降低 7～20 个百分点的装置设计要求。

表 5-31　芳烃加氢饱和性能考察期间的原料及产品性质

项目		煤液化重油原料	加氢产品
密度（20℃）/（kg/m^3）		984.3	973.1
硫/（μg/g）		105	31
氮/（μg/g）		3925	328
氢/%		9.37	9.80
胶质/%		9.1	2.9
芳碳率/%		55.86	38.30
固含量（质量分数）/%		2.2	0.1
馏程（ASTM D1160）/℃	初馏点	77.6	92.5
	10%	207.6	200.0
	50%	297.5	294.6
	90%	394.2	387.0
	95%	504.2	494.6

5.3.4.3　国产催化剂的应用与评价

（1）国产催化剂应用情况

T-Star 沸腾床加氢技术工业装置首次开工时，反应器内填装的催化剂为国外某公司生产的加氢催化剂，反应器内催化剂总量为 220t，催化剂置换速率为 1.2 t/d。装置运行 3 年后，对其进行催化剂国产化试验。催化剂整体更换情况为：加氢稳定装置的催化剂于 2011 年 9 月全部更换为国产催化剂 FFT-1B，催化剂添加量为 200t，2011 年 10 月和 11 月进行每日添加，至 2011 年 11 月反应器内催化剂累计共添加 240t。2011 年 12 月开始对反应器内催化剂进行在线置换，置换速率为 0.6t/d。

装置催化剂更换前后的反应床层温度、温升与重溶剂产品密度的对比情况如表 5-32 所示。由表 5-32 可以看出：装置使用进口催化剂时，反应温升为 100～120℃，主产品重溶剂的密度（20℃）为 985～1050kg/m³；改用国产催化剂后，反应温升维持在 120～140℃，主产品重溶剂的密度（20℃）下降到 970～990kg/m³（一般为 970～985kg/m³）。表明在相同工况下更换国产催化剂后装置的主要产品质量有明显提升。

表 5-32　催化剂更换前后反应温度、反应温升和重溶剂密度的对比

项目	进口催化剂	国产催化剂
反应温度/℃	375～380	375～380
反应温升/℃	100～120	120～140
重溶剂密度（20℃）/（kg/m³）	985～1050	970～990

（2）国产催化剂性能评价

在国产催化剂运行两年后对反应器卸出催化剂再生后进行活性评价。2013 年 3 月和 2013 年 9 月两次卸出的催化剂的再生剂编号分别为 5 号催化剂和 11 号催化剂，对比所用新鲜催化剂为国产催化剂。评价试验原料油采用煤直接液化重油，于 2012 年 5 月 22 日取自加氢稳定装置的进料油。采样期间加氢稳定装置的操作工况为：进料量 420t/h（未掺兑外购油品），反应温度 380℃，反应压力 13.4MPa，循环氢量 80000m³/h，循环氢体积分数 92%～94%，新氢量 67000m³/h。

催化剂活性评价试验在两套 30mL 煤直接液化油加氢微反试验装置上进行，装置编号分别为 HM-01 和 HM-02。新鲜剂和 5 号催化剂的对比评价试验在装置 HM-01 上进行，11 号催化剂的评价试验在装置 HM-02 上进行。HM-01 和 HM-02 两套装置的工艺流程、设备、仪表及控制系统等完全相同，装置验收时进行的性能验证试验表明，两套装置的试验数据平行性很好，偏差小于 0.2%。装置设有两个串联的固定床反应器，每个反应器的等温段催化剂装填量为 60mL，系统设计压力为 20.0MPa，氢气和原料油均一次通过，进油量为 20～80mL/h，反应器设计温度为 500℃，装置的低压系统中设计有稳定塔，稳定塔可汽提操作，装置还配有气相色谱仪，气体组成可在线分析检测。评价试验工艺条件与沸腾床加氢装置相同，反应温度为 380℃、反应压力为 13.1MPa、体积空速为 $1.5h^{-1}$、氢油体积比为 800。

加氢稳定原料油的性质与生成油的性质见表 5-33。

表 5-33 催化剂评价试验原料油与加氢生成油的性质（质量分数）

项目	原料油	加氢生成油		
		新鲜催化剂	5 号催化剂	11 号催化剂
密度（20℃）/（kg/m^3）	974.5	939.9	943.7	943.4
硫/（μg/g）	111.0	6.8	4.5	9.0
氮/（μg/g）	2500	182	296	250
碳/%	88.93	88.81	88.69	88.88
氢/%	9.96	11.02	10.75	10.80
黏度（40℃）/（mm^2/s）	4.59	3.31	3.43	3.44
脱硫率/%	—	93.87	95.94	91.89
胶氮率/%	—	92.72	88.16	90.00
芳碳率/%	50.23	37.49	39.70	39.52

由表 5-33 可以看出：①与新鲜催化剂相比，5 号催化剂作用下的加氢生成油密度（20℃）升高 3.8kg/m^3，增幅为 0.40%；11 号催化剂作用下的加氢生成油密度（20℃）升高 3.5kg/m^3，增幅为 0.37%。②新鲜催化剂的脱硫率为 93.87%，5 号和 11 号催化剂的脱硫率分别为 95.94%和 91.89%，说明国产催化剂的工业再生剂保持了较好的脱硫活性。③新鲜催化剂的脱氮率为 92.72%，5 号和 11 号催化剂的脱氮率分别为 88.16%和 90.00%，与新鲜剂相比，5 号催化剂脱氮率下降 4.56 个百分点，降幅 4.92%，11 号催化剂脱氮率下降 2.72 个百分点，降幅 2.93%，说明 5 号催化剂的脱氮活性恢复得较 11 号催化剂差。④新鲜催化剂作用下的生成油芳碳率为 37.49%，较原料降低 12.74 个百分点；5 号催化剂作用下的生成油芳碳率为 39.70%，较原料降低 10.53 个百分点；11 号催化剂作用下的生成油芳碳率为 39.52%，较原料降低 10.71 个百分点；使用新鲜催化剂、5 号催化剂和 11 号催化剂加氢的产品芳碳率都满足比原料芳碳率降低 7～20 个百分点的设计要求。

沸腾床加氢技术工业装置使用国产化催化剂后，在催化剂置换率由进口催化剂时的 1.2t/d 降低为国产催化剂时的 0.6t/h 的情况下，反应温升高于进口催化剂反应温升，产品质量明显提升；经过两年运行后，对国产催化剂的活性评价结果表明，国产催化剂活性仍保持较高水平，产品质量仍满足生产需求，说明装置的催化剂国产化应用成功。

综上所述，经考核后认为：

① 在实际原料明显较设计原料偏重的情况下，采用沸腾床加氢技术处理煤直接液化重油后各产品性质仍然与设计值相符，工业装置的加氢效果明显，符

合设计要求。

② 经过沸腾床加氢工艺处理后，煤直接液化重油的硫、氮含量大幅降低，胶质脱除效果明显，可为油品的进一步加工提供较为可靠的原料；芳碳率从55.86%降低到38.30%，降低了17.56个百分点，装置的芳烃饱和反应深度符合设计要求。

③ 沸腾床加氢工艺工业装置催化剂国产化后，性能优于进口催化剂；经过长周期运行后，催化剂活性仍保持在较高水平，产品质量符合设计要求。

5.4 STRONG技术

中国石油化工股份有限公司大连石油化工研究院（FRIPP）最早于20世纪60～70年代开始进行沸腾床渣油加氢技术的研究开发工作，并取得了令人满意的结果。20世纪初中国石化组织抚顺石油化工研究院、洛阳工程有限公司和金陵分公司成立STRONG沸腾床渣油加氢技术攻关组，后又与华东理工大学合作进行项目攻关。目前采用STRONG沸腾床技术已建的工业装置如表5-34所示。

表5-34 STRONG沸腾床技术国内工业应用情况

序号	企业	加工能力/（万吨/年）	投产日期	原料油和加工目的
1	中国石化金陵石化公司	5	2014	高硫减渣转化，生产柴油加氢料、催化裂化料和焦化料
2	陕西精益化工有限公司	50	2019	煤焦油加氢生产石脑油及粗白油

2017年8月10日，由抚顺石油化工研究院、洛阳工程有限公司、金陵石化联合开发的STRONG沸腾床渣油加氢成套技术，在北京通过中国石化科技部组织的专家鉴定。与会专家一致认为，新开发的5万吨/年沸腾床渣油加氢技术，具有较强的原料适应性、操作灵活性等特点。与国外同类技术相比，没有高温高压循环泵，消除了因循环泵引起的装置停工，提高了反应系统的可靠性。

5.4.1 主要技术特点

STRONG技术的核心是带有特殊设计的气、液、固三相分离器的沸腾床反应器。反应器结构见图5-33。STRONG反应器与H-Oil及LC-Fining反应器相

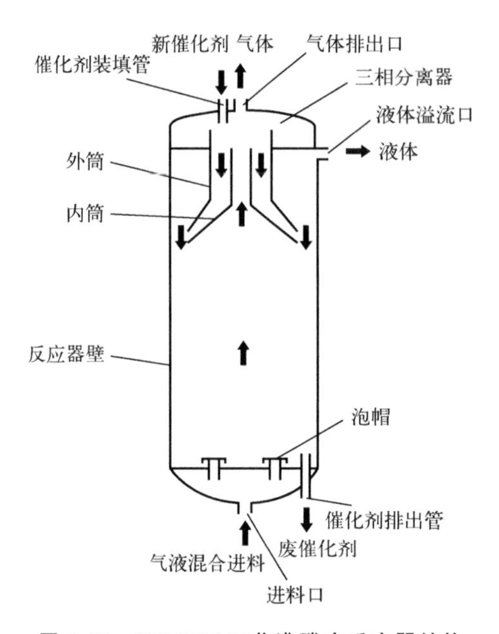

图 5-33　STRONG 工艺沸腾床反应器结构

比，相同之处在于同样采用了流体分配系统与催化剂在线加排系统，不同之处在于取消了内置循环杯和高温高压热油循环泵构成的循环系统，取而代之的是在反应器内部安置具有内外筒结构的三相分离器和利于沸腾的小颗粒微球状催化剂以促进产物的分离和循环。该三相分离器是STRONG技术的特点，催化剂在气液携带下通过三相分离器的内筒（具有提升管功能）进入反应器顶部，气体从反应器顶部排出，液体与催化剂则进入三相分离器内筒与外筒构成的折流区，折流区下端开口与反应器壁形成催化剂下料口，分离出催化剂和部分液体由此返回催化剂床层，而液相产物则从下料口上方与反应器壁形成的液固分离区排出反应器。

薛青普对STRONG装置与国外沸腾床渣油加氢装置进行了相比，认为STRONG技术的主要特点如图5-34所示。

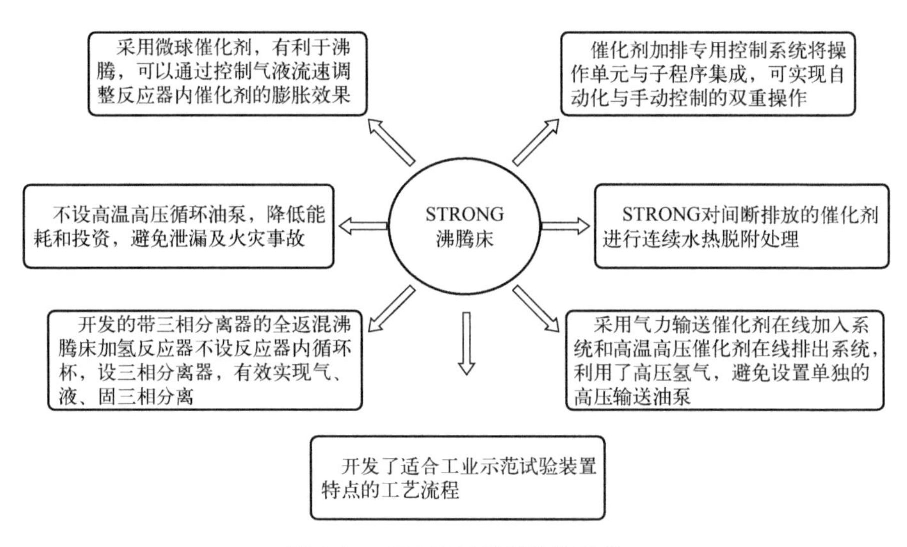

图 5-34　STRONG 沸腾床的特点

方向晨对 STRONG 技术与国外同类技术进行了分析对比，列入表 5-35 中。

表 5-35 STRONG 技术与国外同类技术的比较

项目		STRONG 技术	国外技术
催化剂	形状	微球	圆柱条
	粒径/mm	0.2～0.4	0.8～1.2
	利用率	高	低
反应器	循环油	无	有
	反应空速/h^{-1}	0.5～3.0	0.2～1.0
	体积/m^3	基准×60%	基准
	催化剂藏量	高	低
杂质脱除率	脱硫率/%	60～90	60～90
	脱氮率/%	30～70	30～70
	转化率/%	40～90	40～90

5.4.2 技术工艺研究

5.4.2.1 反应温度对渣油加氢的影响

贾丽等以高金属、高残炭、高沥青质的劣质渣油为原料，考察了反应温度对沸腾床渣油加氢反应性能的影响。试验结果表明：高温有利于原料重组分转化、沥青质脱除和残炭脱除；而对于金属和硫等杂原子的脱除影响不显著。当反应温度达到基准+30℃时，原料的转化率达到 49%，脱硫率达到 67%，脱残炭率达到 53%，脱镍率达到 80%，脱钒率达到 98%，沥青质脱除率达到 85%。加氢生成油的精细结构分析表明：随着反应温度升高，加氢生成油的分子量、总环数、芳香环数、芳碳率、芳香环系周边氢取代率都降低，而氢碳原子比、芳香环系的缩合度参数、烷基碳率都增加。

(1) 原料和工艺条件

采用单反一次通过的连续加氢装置操作模式，反应器中装填 FRIPP 自主研发的微球形加氢催化剂。

选择高金属、高残炭的渣油作为试验原料，原料性质见表 5-36。

表 5-36 原料性质（质量分数）

项目	数值
密度（20℃）/（g/cm^3）	1.01

续表

项目		数值
硫/%		3.43
氮/%		0.52
残炭/%		20.18
族组成/%	饱和烃	24.57
	芳烃	46.82
	胶质	23.46
	沥青质	5.15
金属/(μg/g)	镍	61.74
	钒	162.5

在实验中结合FRIPP自主研发的反应器结构、操作方式及微球形催化剂的特征，设计沸腾床渣油加氢的考察温度为380～430℃，反应压力为15.0MPa、氢油体积比为900∶1，反应空速为$1.0h^{-1}$，在这一操作区间探索渣油沸腾床加氢转化规律。

(2) 反应温度对加氢和转化性能影响

在沸腾床连续装置上完成加氢试验，加氢生成油取样分析，得到不同温度下原料的转化率及杂质脱除规律（见图5-35～图5-39）。

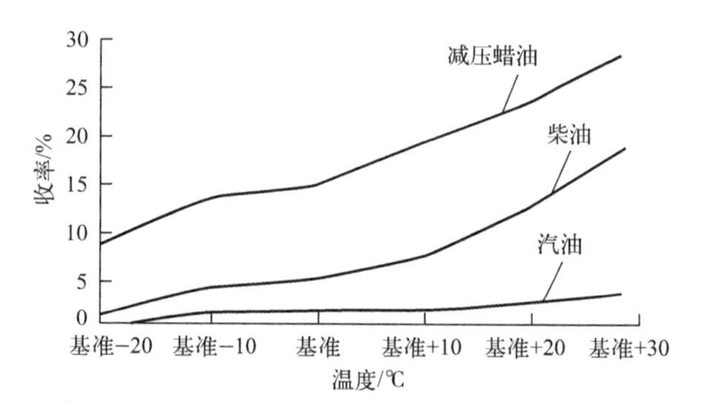

图5-35　温度对馏分油收率影响

从图5-35可以看出：随着反应温度增加，小于180℃汽油馏分、180～350℃柴油馏分和350～500℃减压蜡油馏分收率递增；当温度每升高10℃，小于180℃汽油收率增加1个百分点；对于180～350℃柴油馏分而言，当温度达到基准+10℃后，收率增幅增高，温度每升高10℃，收率增加5个百分点；对于350～500℃减压蜡油馏分，当温度达到基准温度后，该馏分的增幅上升，温度每升高10℃，该馏分收率增加5个百分点。

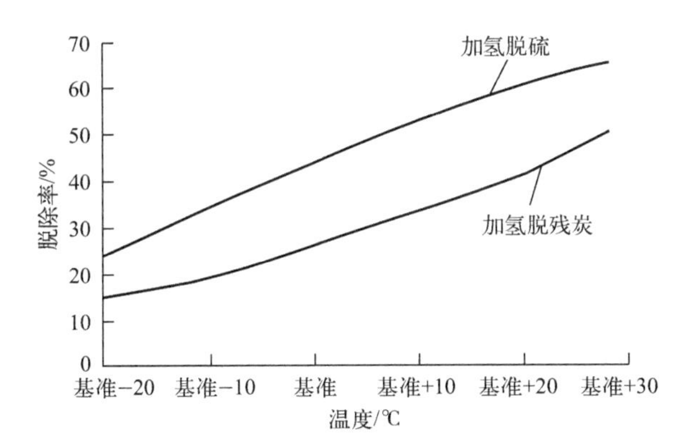

图 5-36　温度对原料脱硫率和脱残炭率影响

从图 5-36 可以看出：原料脱残炭率在基准－10℃至基准＋20℃随温度增加呈线性增长，温度每升高 10℃，残炭脱除率增加近 8 个百分点；在基准＋20℃至基准＋30℃高温区，残炭脱除率增幅为 11 个百分点；对于加氢脱硫而言，在基准－20℃至基准＋20℃，原料脱硫率随温度升高基本呈线性增长，温度每升高 10℃，脱硫率平均增加将近 10 个百分点；当温度又增加 10℃达到基准＋30℃时，脱硫率仅增加 5.5 个百分点。

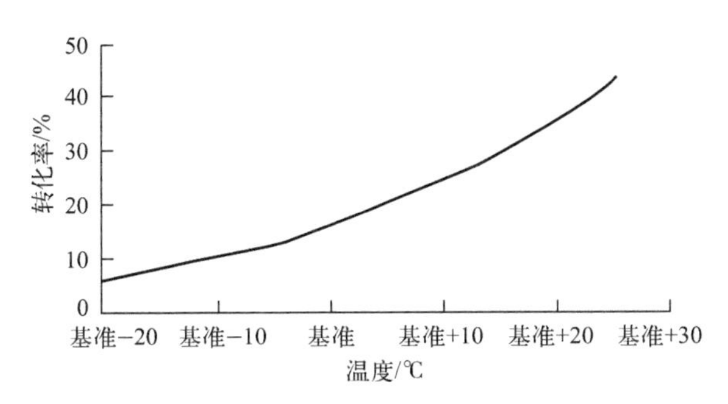

图 5-37　温度对原料转化率影响

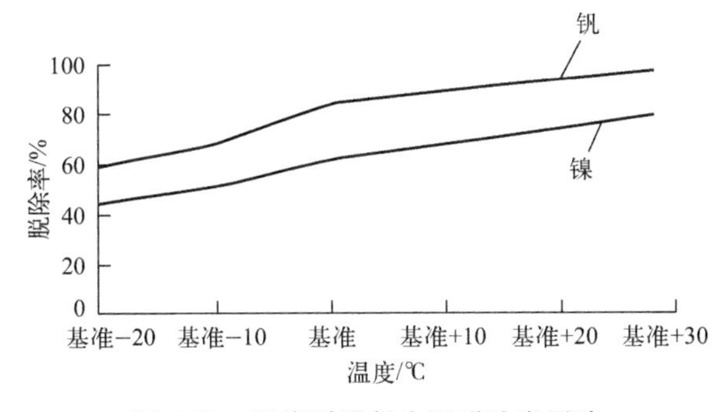

图 5-38　温度对原料金属脱除率影响

从图 5-37 可以看出：随着温度升高，原料的转化率增加，在高温区，原料转化率的增幅较大，其中在基准+20℃至基准+30℃，转化率增加了 15 个百分点。

从图 5-38 可以看出：在考察的温度区间，原料金属的脱除率有两个变化区间，在基准−20℃至基准这一区间，随温度升高金属脱除率增幅较大，温度每升高 10℃，脱镍率增加近 10 个百分点，脱钒率增加了近 12 个百分点；随着温度继续升高，脱镍率仍以线性增加，但此时增幅较小，温度每升高 10℃，脱镍率增加 6 个百分点，脱钒率增加的幅度递减，当温度从基准+20℃增至基准+30℃时，脱钒率仅增加 3.5 个百分点。

从图 5-39 可以看出，随着温度增加，原料沥青质脱除率呈直线上升，增幅为温度每升高 10℃，沥青质脱除率增加将近 10 个百分点。

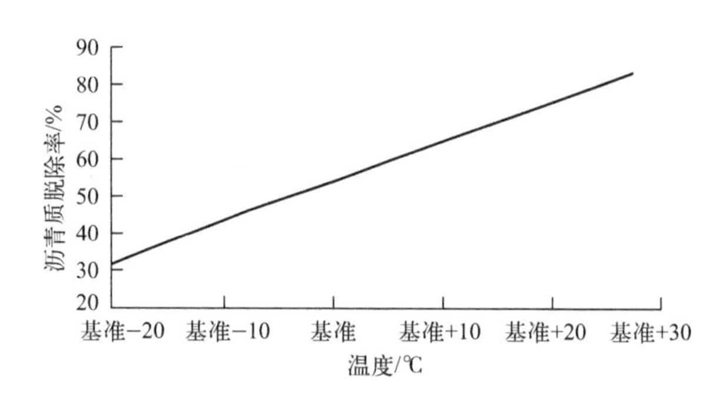

图 5-39　温度对原料沥青质脱除率影响

(3) 化学结构及特征化参数分析

为进一步对上述原料的性质及加氢反应性能进行深入分析，对原料和加氢生成油进行了化学结构和特征化参数（K_H）分析，分析结果见表 5-37。

表 5-37　原料和生成油的化学结构和特征化参数

油样	原料	生成油					
		基准−20℃	基准−10℃	基准	基准+10℃	基准+20℃	基准+30℃
H/C	1.482	1.498	1.517	1.533	1.538	1.559	1.574
M_n	1.468	1.336	1.219	1.098	1.077	0.923	0.773
R_A	9.134	8.054	6.995	5.978	5.812	4.683	3.640
R_N	3.126	2.791	2.560	2.447	2.277	1.792	1.677
R_T	12.261	10.845	9.556	8.425	8.089	6.475	5.316
f_A	0.301	0.296	0.286	0.279	0.278	0.274	0.270
f_N	0.090	0.088	0.088	0.093	0.089	0.082	0.091

续表

油样	原料	生成油					
		基准－20℃	基准－10℃	基准	基准＋10℃	基准＋20℃	基准＋30℃
f_P	0.609	0.617	0.626	0.628	0.634	0.644	0.639
δ	0.530	0.519	0.515	0.504	0.496	0.470	0.463
H_{AU}/C_A	0.602	0.625	0.650	0.651	0.672	0.742	0.784
K_H	5.94	6.18	6.38	6.60	6.70	7.00	7.34

注：H/C为氢碳原子比；M_n为分子量；R_A为芳香环数；R_N为环烷环数；R_T为总环数；f_A为芳碳率；f_N为环烷碳率；f_P为烷基碳率；δ为芳香环系周边氢取代率；H_{AU}/C_A为芳香环系的缩合度参数；K_H为特征化参数。

由表5-37可知：渣油原料的分子量为1.468，氢碳原子比为1.482，总环数为12.261，芳香环数为9.134，芳香环系的缩合度参数（H_{AU}/C_A）为0.602。由此可知，原料的芳香环含量高，芳香环系缩合程度大，K_H为5.94，原料的二次加工性能差。

比较不同反应温度的加氢生成油的精细结构可知：在其他条件相同的情况下，随着反应温度增加，加氢生成油的分子量、总环数、芳香环数、芳碳率、芳香环系周边氢取代率都降低，而氢碳原子比、芳香环系的缩合度参数、烷基碳率都增加。

从K_H可知：随着反应温度的增加，加氢生成油的K_H增加，当反应温度大于基准后，特征化参数值K_H大于6.5，加氢生成油的二次加工性能显著改善。

贾丽在进一步研究中，以劣质渣油为原料，采用中国石油化工股份公司抚顺石油化工研究院和中石化洛阳工程有限公司联合开发的沸腾床加氢技术（STRONG）进行单段串联渣油加氢脱金属和加氢脱硫试验，主要考察不同反应温度下，原料转化率、金属脱除率、脱硫率、残炭脱除率和生成油胶体稳定性的变化规律。结果表明：随着反应温度升高，原料的转化率、残炭脱除率、金属脱除率和脱硫率增加，生成油的胶体稳定性指数降低；优选的金属脱除温度均为410℃，反应温度相同条件下，原料中钒的脱除率远远高于镍的脱除率；当反应温度小于400℃时，加氢生成油稳定性指数大于1.43，说明加氢生成油保持稳定的胶体状态；当反应温度为400～420℃时，加氢生成油稳定性指数为1.23～1.43，说明此时加氢生成油易受其他因素影响。

朱慧红等对影响沸腾床渣油加氢转化率的因素进行了详细研究，以伊朗减压渣油为原料，分别在间歇式高压釜和沸腾床小型装置上进行实验考察。结果表明：提高反应温度和增加反应时间，可以提高渣油转化率。渣油转化率对反应温度非常敏感，与反应温度呈线性关系，反应温度提高1℃，转化率可增加1～2个百分点。反应温度和反应时间对产品分布也有很大影响。随着反应温度升高和反应时间延长，产品中轻质馏分收率增加，重质馏分收率减少。反应压力对渣油转化影响不大。在反应温度相同的条件，经过第二段加氢后，500℃以上渣油转化率还可提高10个百分点。

5.4.2.2 催化剂研究及工业放大

(1) 微球形催化剂载体的制备方法

在刘杰等的专利CN103769228B中，公布了一种微球形催化载体的制备方法，该专利的实施例如下：

实施例1

称取拟薄水铝石2000g，炭黑14g，醋酸（质量分数36%）28g和净水1750g，用混捏机捏合为可塑体后，送入制粒机制粒，使用筛网为40目。制粒后物料经传送带送至旋转盘为磨砂盘的整形机中，物料达到1000g左右，启动整形机进行整粒，风量为80m³/min，转盘转速为2500r/min，时间为1.5min。然后打开整形机边壁出料口，通过料管加入旋转盘为光盘的整形机中球形化，风量为55m³/min，转盘转速为2000r/min，时间为3min。将成球物料在80℃干燥5h，在750℃焙烧3h，得到载体Z-1，载体的基本情况见表5-38。

表5-38 催化剂载体情况

样品	Z-1	Z-2	Z-3
时间/min	4.5	4.5	4
粒度分布	<40目：5% 40～80目：92% >80目：3%	<40目：4% 40～80目：91% >80目：5%	<70目：7% 70～110目：91% >110目：2%
球形度	0.896	0.890	0.911

实施例2

实施例1中，将醋酸改为氨水（$d_{0.95}$即相对密度为0.95）42g，净水改为1780g，其他与实施例1相同，得到载体Z-2，载体的基本情况见表5-38。

实施例3

实施例1中，将净水改为1650g，制粒筛网改为60目，整粒风量为72m³/min，转盘转速为2000r/min，时间为1min，其他与实施例1相同，得到载体Z-3。

孙素华等结合STRONG工艺特点，采用定型的催化剂在连续搅拌釜式反应器

(CSTR) 上评价结果表明，其反应性能与国外同类技术领先水平相当。工业放大结果表明，该催化剂具有良好的重复性和再现性，为工业生产奠定了良好基础。

(2) 制备工艺选择

针对自主开发的沸腾床工艺技术特点，进行微球形沸腾床渣油加氢催化剂制备流程研究。选择三种制备方法进行考察，结果如表 5-39 所示。

表 5-39　载体不同制备方法考察

载体		Z-1	Z-2	Z-3
制备方法		Ⅰ	Ⅱ	Ⅲ
收率/%		55.6	85.2	90.5
粒度分布/%	<0.2mm	3.4	6.7	0
	0.2～0.5mm	48.1	93.1	0
	>0.5mm	48.5	0.2	100

由表 5-39 可以看出，采用方法Ⅰ制备的球形载体收率低，粒度分布弥散；按方法Ⅲ制备的球形载体收率较高，但很难获得颗粒细小的球；采用方法Ⅱ制备的球形载体收率高，颗粒细小，粒度分布较为集中，而且该方法粒度分布范围容易调整。在此最终基于方法Ⅱ进行催化剂制备工艺技术开发。

表 5-40 中催化剂磨损指数是在 FRIPP 自行建立的流化床催化剂颗粒磨损测试仪上测定，磨损指数是指单位质量样品在单位时间内的磨损率，数值越小，表明样品耐磨性越好。表 5-40 数据表明，与其他工艺制备的球形催化剂相比，其 Z-2（方法Ⅱ）催化剂具有良好的抗磨损性能。

表 5-40　催化剂磨损强度比较

样品	Z-2（方法Ⅱ）	参比样 1
粒度/min	0.4～0.5	0.4～0.5
磨损指数/%	0.6	2.6

(3) 孔结构对催化剂反应性能的影响

沸腾床反应器中没有固定的催化剂床层，反应物分子没有如固定床工艺中逐级转化的过程。沸腾床催化剂要同时具有脱金属、脱硫及残炭转化功能，优化催化剂的孔结构尤其是孔径分布很重要。催化剂要有不同孔径范围的孔：大孔可使胶质和沥青质大分子容易进入，进行加氢裂解及加氢脱金属反应；中、小孔可提供较丰富的活性表面，以提高催化剂加氢脱硫活性。

为了优化催化剂的孔结构，制备三种不同孔结构的载体，采用浸渍方式制备组成相同的相应催化剂（a、b、c）。图 5-40 为这三种催化剂采用压汞法测定的孔径分布。

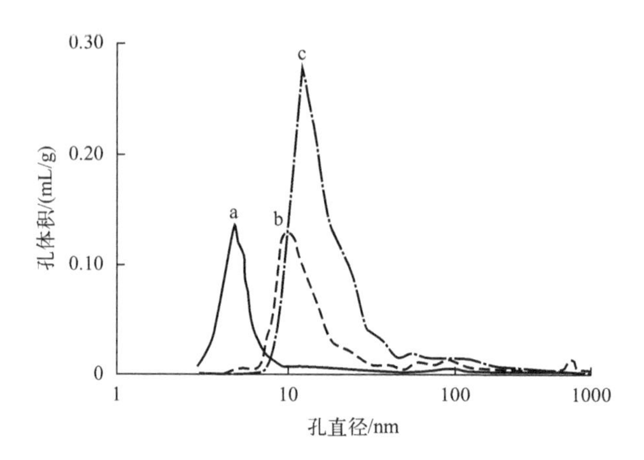

图 5-40　催化剂孔径分布

上述催化剂在小型加氢装置上进行反应性能评价，评价所用伊朗常压渣油的硫质量分数为 2.5%，（Fe＋Ni＋V）的质量分数为 250μg/g，康氏残炭为 13.2%，沥青质质量分数为 2.5%。考察不同孔结构对催化剂反应性能的影响，试验结果见图 5-41。

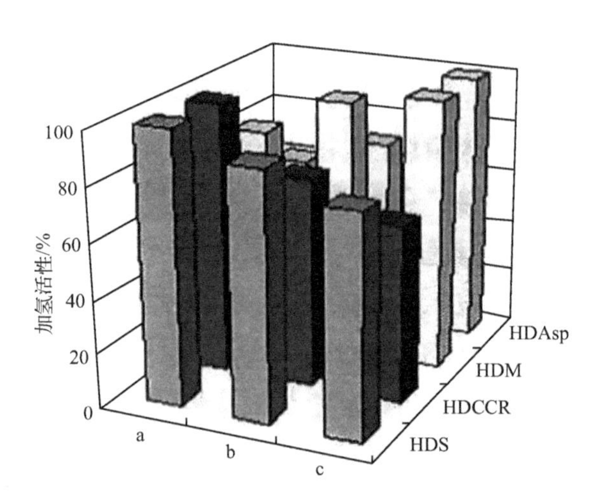

图 5-41　孔结构对催化剂加氢性能的影响

由图 5-40 可以看出，催化剂 a、催化剂 b、催化剂 c 孔径分布集中，孔径依次增大。从图 5-41 可以看出，随着催化剂孔径的逐渐增加，催化剂加氢脱硫（HDS）和加氢脱残炭（HDCCR）活性逐渐降低，加氢脱金属（HDM）和沥青质转化（HDAsp）活性逐渐增加。说明孔径小于 20nm 的孔有利于 HDS 和 HDCCR；孔径范围在 20～200nm 的孔，有利于沥青质大分子反应物的内扩散，从而达到较高的金属脱除率，这也说明脱金属反应与沥青质转化存在一定的关联性。

（4）金属含量对催化剂反应性能的影响

在研究中采用相同的 Al_2O_3 载体，Ni-Mo 为活性金属组分，制备不同 Ni-Mo 含量的催化剂，同样以伊朗常压渣油为原料，考察催化剂活性金属含量变化对反应性能的影响，结果见图 5-42。

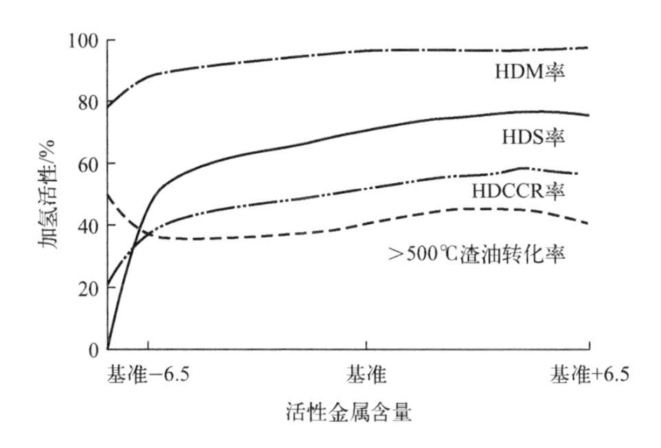

图 5-42　金属含量对催化剂加氢性能的影响

由图 5-42 可以看出，催化剂活性金属含量对渣油的转化率影响不大，但对加氢活性的促进作用是肯定的。增加活性金属含量，有利于提高杂质加氢脱除率，特别是有利于提高 HDS 率和 HDCCR 率。当活性金属含量增加到一定程度后，含量的变化对 HDM 率影响不大。随着活性金属含量继续增加，催化剂 HDS 和 HDCCR 活性反而降低。这是因为载体不变时，活性金属含量过高，会堵塞孔道，降低催化剂扩散能力，使一部分内孔没有发挥作用，从而使催化剂活性下降。

（5）STRONG 沸腾床渣油加氢催化剂性能

① 物化性质　基于上述考察试验，由此确定了优化的 STRONG 催化剂制备工艺流程，制备的催化剂物化性质见表 5-41。

表 5-41　STRONG 沸腾床渣油加氢催化剂主要性质

催化剂	Z-2（方法Ⅱ）	参比剂
外观形状	球形	条形
颗粒直径/mm	0.4～0.5	0.8
磨损指数/%	≤2.0	—
活性组分	Mo-Ni	Mo-Ni/Mo-Co

② 反应性能　沸腾床反应器内构件比较复杂，在小型装置上实现比较困难。沸腾床反应器具有良好的全返混性能，与连续搅拌釜式反应器（continuous stirred tank reactor，CSTR）动力学特征类似。因此，可以采用 CSTR 进行催化剂性能评价。催化剂在 2L CSTR 串联加氢反应装置进行评价试验，原料油和生成油性质见表 5-42。评价结果与国外 H-Oil 和 LC-Fining 工艺典型数据对比，结果见表 5-43。

表 5-42　CSTR 评价原料油和生成油性质（质量分数）

项目		原料油	生成油
密度（20℃）/（g/cm^3）		0.985 3	0.953 0
运动黏度（100℃）/（mm^2/s）		100.3	1.9
分子量		760	311
C/%		85.3	86.6
H/%		11.0	11.7
S/%		2.5	0.7
N/%		0.45	0.31
残炭/%		13.2	4.7
（Fe/Ni/V）/（μg/g）		11/59/180	1/4/5
四组分/%	饱和烃	37.8	53.3
	芳烃	42.1	36.7
	胶质	18.1	9.9
	沥青质（C_7不溶物）	2.0	0.1
>500℃收率/%		55.0	14.3

表 5-43　STRONG 催化剂反应性能与国外同类技术对比

项目		STRONG	H-Oil①		LC-Fining②
			第一代	第二代	
加氢活性/%	HDS	72	50～80	75～92	60～90
	HDCCR	64	45～65	65～75	35～80
	HDM（Ni+V）	96	65～90	65～90	50～98
	HDAsp	95	—	—	—
>500℃渣油转化率/%		74	40～90	45～85	40～97

① 原料油性质未注明。

② 原料油性质：常压渣油硫质量分数为 3.90%，（Ni+V）质量分数为 83μg/g；减压渣油硫质量分数为 4.97%，（Ni+V）质量分数为 181μg/g。

由表5-42结果可以看出，硫质量分数为2.5%、康氏残炭为13.2%、金属质量分数达250μg/g的原料油，经过STRONG催化剂加氢之后，在大于500℃渣油转化率74%的条件下，生成油中硫质量分数降至0.7%、康氏残炭降至4.7%、金属质量分数降至10μg/g，加氢脱硫率、加氢脱残炭率和加氢脱金属率分别达到72%、64%和96%，沥青质转化率达到95%，生成油密度、运动黏度、分子量也有明显下降。加氢渣油可以作为催化裂化原料。STRONG催化剂与国外H-Oil和LC-Fining工艺典型数据对比，结果表明，STRONG催化剂与国外同类技术水平相当（见表5-43）。

对STRONG催化剂进行稳定性考察试验。原料油采用一种高沥青质含量、高残炭、高运动黏度的减压渣油：康氏残炭为20.3%，沥青质质量分数为4.4%，黏度（100℃）为1060mPa·s。在第一反应器（一反）温度为410℃，第二反应器（二反）温度为420℃，反应压力15 MPa，总空速0.5h^{-1}条件下，进行了3000h的稳定性试验，结果如图5-43所示。

由图5-43可以看出，在3000h运转过程中，生成油性质比较稳定。运转至1600h和2000h，一反温度分别提高5℃，催化剂的HDS和HDM（Ni+V+Fe）活性水平基本不变，表明STRONG催化剂具有良好的稳定性。

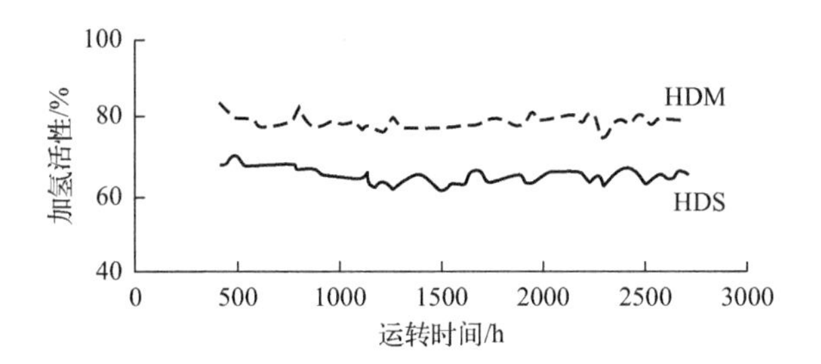

图5-43 催化剂稳定性试验结果

（6）STRONG沸腾床渣油加氢催化剂工业放大

为了检验小试催化剂制备工艺方案的合理性，进一步检验催化剂制备的重复性和再现性，以确定是否具备工业实施的条件。催化剂在实验室定型的基础上，在工业装置上进行了催化剂吨级放大试验。对放大产品检测分析，并与小试样品在相同工艺条件下进行了初活性对比评价，结果见表5-44。

表5-44 放大催化剂评价结果

批次	一批	二批	小试
形状	球形	球形	球形

续表

批次		一批	二批	小试
粒度（0.4～0.5mm）/%		90	91	90
磨损指数/%		0.57	0.45	≤2.0
加氢活性/%	HDS	73	72	72
	HDCCR	65	65	64
	HDM（Fe+Ni+V）	96	97	96
	HDAsp	95	94	95

注：原料油硫质量分数为2.5%，康氏残炭为13.2%，（Fe+Ni+V）质量分数为250μg/g。

放大试验结果表明，放大催化剂再现了小试的活性水平，并具有良好的重复性。说明STRONG催化剂制备工艺技术路线可靠，具备了工业生产条件。

综上所述，其主要研究结果是：

① FRIPP开发的微球形沸腾床渣油加氢催化剂制备工艺流程简便，容易操作，粒度大小及粒度分布容易控制和调整。催化剂抗磨损性能良好，产品收率高。该技术在工业上容易实现，无环保问题。

② 劣质减压渣油采用STRONG工艺，经STRONG催化剂加氢后，可以提供优质的FCC原料。与国外H-Oil和LC-Fining工艺典型数据对比，STRONG催化剂性能达到了国外同类技术水平。稳定性试验结果表明，STRONG催化剂具有良好的活性稳定性。

③ 实验室定型的催化剂在工业装置上进行了放大试验，结果表明，放大催化剂再现了小试结果，具有良好的重复性，为工业生产奠定了良好基础。

刘璐等对催化剂的制备工艺、制备原料、工艺条件和粒度分布对微球形沸腾床加氢催化剂耐磨性能的影响进行了研究。研究结果表明：制备工艺是影响微球形催化剂耐磨性能的重要因素，采用新型成球工艺制备的微球催化剂耐磨性能较好；不同原料制备的微球催化剂耐磨性能不同；在采用新型制备工艺时，增加混捏和成球的转速及时间，均能提高催化剂耐磨性能；在实验考察的温度范围内，载体焙烧温度对耐磨性能影响不大；粒度分布越小其耐磨性能越好。

朱慧红等采用挤压成型法和STRONG沸腾床的特殊成型法分别制备了圆柱形和球形Ni-Mo/Al_2O_3催化剂，系统地研究了催化剂的颗粒形貌对活性相和渣油加氢性能的影响。采用XRD、N_2物理吸脱附、H_2-TPR、HRTEM、XPS和电子微探针分析等手段对催化剂进行了表征。结果表明，球形催化剂具有活性更强的TypeⅡ类型活性位点、更优异的孔道结构性质和更好的流化性能，这使得其具有更高的渣油加氢活性。球形催化剂中的金属和载体之间相互作用较弱，这有利于形成更高硫化程度和堆垛层数的Ni-Mo-SⅡ型活性相，这种活性相在渣油加氢中具有更高的活性。此外，球形催化剂具有比圆柱形催化剂更大的孔径和孔体积，这有利于大分子杂质在孔道中的扩散和活性位点上的吸附，并且使得金属沉积物均匀分布在球形催化剂中，而不是集中分布在孔中。而且球形催化剂尺寸更小，可能更易于流化，这增强了催化剂的传质性能。

郑振伟等以高硫劣质渣油为原料，用自行研发的沸腾床渣油加氢微球催化剂，在STRONG沸腾床实验装置上进行了加氢脱金属实验，考察了温度、空速和氢油体积比对渣油脱金属率的影响。结果表明，在实验所考察的温度范围内，渣油加氢脱金属率随着反应温度的增加呈上升趋势；在实验所考察的空速范围内，原料的脱金属率随着空速的增加呈下降趋势，且下降趋势明显；在实验所考察的氢油体积比范围内，脱金属率先随氢油体积比的增大而提高，达到一个最佳反应区域后，又随氢油体积比的增大而降低。

孙素华等在专利CN101240190B中，公布了沸腾床加氢处理催化剂及制备方法。在实施例中描述了其制备方法：称取拟薄水铝石干胶粉1000g和34.5g炭黑，加入混捏机中，混合均匀。然后与8g硝酸（质量分数为67%）、39.82g磷酸（质量分数为85%）和900g水进行混合。混捏成可塑体后取出，送入制粒装置的料仓，通过机械传动使料仓内的滚筒正、反旋转，将物料从40目筛网中挤出，制成粒度均匀的小颗粒，然后将颗粒装入球形整粒机内，通入空气，在50r/min下处理5min，然后在600r/min下处理15min，使颗粒转变成球形物，颗粒没有明显长大现象，球形物直径为0.2mm左右。球形物在120℃干燥4h，在800℃焙烧2h，得到催化剂载体S1。该载体收率（颗粒介于40～100目之间的量占总质量的比例）为94%。

取100g载体S1用Mo、Ni溶液等体积法浸渍，然后120℃干燥4h，450℃焙烧2h，得到最终催化剂C1。该催化剂C1中含有（质量分数）MoO 8.59%、NiO 2.10%、P 1.2%。

李新等采用抚顺石油化工研究院（FRIPP）自主研发的微球形催化剂，以伊朗常压渣油（IRAR）为原料油，在间歇式高压反应釜内考察了粒径变化对沸腾床渣油加氢催化剂性质影响。结果表明：减小催化剂粒径可以提高脱金属率、脱硫率、残炭转化率。生焦后催化剂的比表面积、孔容损失严重。

张文光等采用抚顺石油化工研究院自主研发工艺技术制备的催化剂，以伊朗常渣为原料油，用间歇式高压反应釜考察活性金属和工艺条件对催化剂生焦的影响。结果表明：

① 在一定范围内，催化剂上负载活性金属量增加，有助于提高渣油加氢活性，同时活性金属有明显抑制积炭的作用。

② 反应后催化剂上的碳含量和硫含量基本上成反比关系，焦炭含量高的催化剂其上沉积的硫含量低。

③ 工艺条件的改变对催化剂积炭有较大影响。催化剂上碳含量随反应温度的升高和反应时间延长而增加；氢气有抑焦作用，在一定范围内，增加反应压力，催化剂碳含量降低。

朱慧红等制备了含有不同助剂的沸腾床渣油加氢催化剂，采用 N_2 吸附法测定催化剂孔性质见表 5-45。加入助剂硼（B）和磷（P）后催化剂酸性质发生了变化，FT-IR 结果见表 5-45。

表 5-45　助剂对催化剂孔结构和红外酸的影响

助剂	无	B	P	B+P
比表面积/（m^2/g）	136	126	120	125
孔容/（mL/g）	0.698	0.665	0.654	0.655
B酸/L酸	0.033	0.071	0.052	0.089

从表 5-45 可以看出：加入助剂后催化剂的孔容和比表面都减小。从 FT-IR 研究中发现，B 酸/L 酸的顺序为：（B+P）＞B＞P＞无助剂，说明助剂的加入增加了 B 酸含量。B 酸含量的增加有助于裂化能力的提高，同时抑制结焦。从 NH_3-TPD 研究中发现，添加助剂后催化剂的总酸量显著提高，且强酸减弱，总酸值的顺序为助剂（B＋P）＞P＞B＞无助剂。由此可以看出，在其试验条件下，加入助剂 B 和 P 可提高催化剂的总酸量，并改变酸强度分布。

研究结果表明：

① 加入助剂增加了 B 酸含量，提高催化剂的总酸量，并改变酸强度分布。

② 加入助剂可以改变催化剂的还原性质，加入助剂 P 可以改善金属在载体表面的分散状态。

③ 加入助剂后对催化剂晶相没有带来太大影响，没有形成金属聚集。

④ 加入助剂后提高了催化剂的加氢活性，加入助剂 P 的催化剂加氢性能较好。

5.4.2.3　渣油加氢沸腾床的多相流和流场分布模拟研究

（1）渣油加氢沸腾床多相流的模拟研究

李立权等在抚顺石化研究院（FRIPP）的反应器直径分别为 40mm、160mm、500mm 和 1000mm 的冷模实验装置上，对 10 种带旋风分离器的三相沸腾床加氢反应器及多种带三相分离器的全返混沸腾床加氢反应器进行了大量的冷模试验研究：在满足三相分离器的催化剂分离效率提高 30 倍、催化剂带出量小于 1 μg/g，反应器底部分配器催化剂止逆阀不泄漏条件下，确定将带三相分离器的全返混沸腾床加氢反应器作为 STRONG 的反应器，确定了三相分离器的操作区域。

薛青普等以 FRIPP 的流化段直径为 0.1m 的冷模模型进行模拟。STRONG 渣油加氢沸腾床如图 5-44 所示由两个重要的部分组成，下面的流化段和上面的三相分离器。反应器内部尺寸 $D_1=100mm$，$D_2=100mm$，$D_3=126mm$，$D_4=150mm$，$H_1=600mm$，$H_2=330mm$。

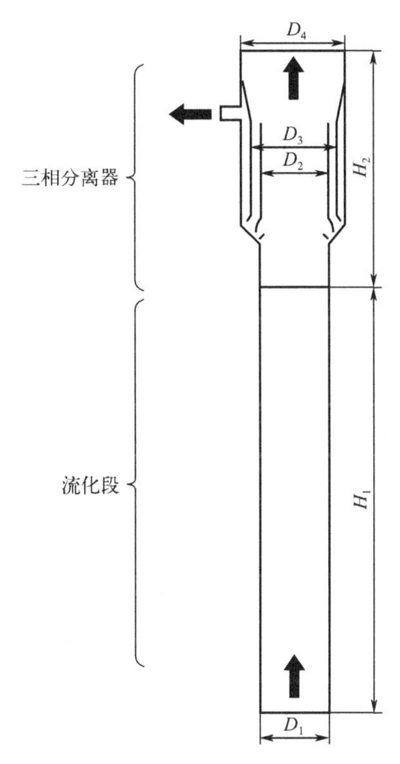

图 5-44 STRONG 沸腾床反应器的物理模型

STRONG 沸腾床初始运行时，空气与水从底部进口处进入，液相和气相为标准状况下的水和空气，空气和水的进口流量分别为 $7m^3/s$ 和 $0.7m^3/s$。进口处气液相的体积分数为 50%，将催化剂近似处理为圆形的固体小颗粒，颗粒直径为 2mm，初始高度为 600mm。模拟计算过程中，底部进口边界条件设定为速度进口（velocity inlet），反应器上部出口界面环境为大气，因此设置为压力出口边界条件。侧出口连接的是管道，压力近似为大气压力，因此设置边界条件为压力出口（pressure outlet）。对于反应器内器壁和三相分离器内的隔板壁面，设置边界条件为壁面（wall），对壁面处理使用标准壁面函数，非滑移壁面。计算开始时，反应器内全部为水。

该研究依据 STRONG 渣油加氢沸腾床反应器的特点，通过建立多相流的 E/E/E 三相流模型，建立了标准 k-ε 湍流模型，忽略其附加质量力和升力，考虑气-液、液-固、气-固的曳力作用力，液-固间作用力模型采用 Syamalal-O'Brien 模型，气-液间与气-固间采用 Schiller-Naumann 模型。建立了 STRONG 沸腾床的物理模型，并对其进行离散化处理，选用 SIMPLE 算法对 N-S 方程进行求解。其研究结果是：

① 仿真结果表明，STRONG 反应器内的气液固三相分布比较均匀，在沸腾

床中反应器内气相含量相对比较大，气相含量在0.66到0.71之间；反应器内的水含量在0.14到0.16之间，催化剂含量在0.14到0.16之间。由此说明在反应器内气相保持着相对较高分离和压力。

② 对三相分离器进行考察表明分离器工作效率良好，能够实现气液固三相的分离。但是分离器局部结构相对比较复杂，不利于气液固三相的分离。

③ 考察了气液两相速度同比例增加时对反应器内流动状况的影响。实验结果表明由于气相的增加量远大于液相的增加量，使得反应器内的空气含量增大，液相含量降低，固相的催化剂含量呈现先增加然后减少的趋势。模拟结果表明当操作条件在0.6倍到1.2倍变化时，反应器的适应性良好。

④ 考察了液相进料量增加对反应器内流动状况的影响。模拟结果表明液相速度在1倍到3倍之间变化时，由于液相速度增加使得反应器内气相含量降低，催化剂含量增加，反应器适应性良好。

⑤ 考察了渣油黏度变化时对反应器内部流动状况的影响。模拟结果表明当液相的黏度在0.01Pa•s到0.03Pa•s变化时，反应器内气液固三相含量的变化并不明显，但是当黏度增加时反应器内的阻力增大，在局部会形成明显的漩涡。

许彦达在进一步研究中应用gambit软件对STRONG沸腾床反应器进行从物理模型到计算网格的抽象，利用Fluent软件对其进行数学建模，通过选取适当的控制方程以求能够最大精度模拟真实反应器中的流动；采用颗粒动力学对固体颗粒进行建模，并且考察了选用不同湍流方程和壁面条件对模拟结果的影响。

该研究考察了液相速度的增加、气相速度的增加、固体颗粒直径的增加、固体颗粒密度的增加、气泡直径增加对沸腾床反应器内流动特性和混合特性的影响。同时，对STRONG沸腾床反应器中的内构件进行了讨论，考察了设置不同类型挡板对于反应器内流动特性和混合特性的影响。另外，结合停留时间分布曲线数据，引入简单反应动力学模型和复杂反应动力学模型，考察操作条件以及结构参数对于液相转化率的影响。

利用数值模拟方法得到了STRONG沸腾床内液相停留时间分布曲线，提出了基于线性系统理论推导得到了循环结构停留时间分布函数，并将其用于液相停留时间的表征。

其研究结论如下：

① STRONG渣油加氢反应器内气液固三相分布较为均匀，其中气相含量最高，约为0.64；固相含量最小，约为0.15；液相含量约在0.21。对于渣油加氢反应动力学来说，需要维持反应器内较高的气相分压和催化剂藏量，因此该条件是有利的。

② 三相分离器内的相分离云图和流线表明其分离效率良好，能够有效分离

气相与液固两相，但是由于其局部的结构复杂，导致在反应器侧面出口处不能高效地将液固两相分离。

③ 气相速度的增加对于反应器内的流动状况有所改善，导致气相含量的增加，增大反应器内气液比，同时对于固体催化剂颗粒的相含量影响较小，因此气相速度的适当增加对于渣油加氢反应的进行是有利的。

④ 液相速度的增加造成反应器内液相含量的增加和气固两相含量的减少，从而导致反应器内气液比下降，并且固体催化剂颗粒藏量降低，进而使反应效率降低。因此，液相速度的增加对于渣油加氢反应的进行是不利的。

⑤ 固体颗粒直径的增加会直接增加床层阻力，使气液比下降。因此，固体颗粒直径的增加对于渣油加氢反应的进行是不利的。

⑥ 气泡直径的增加意味着较低的气相速度，导致反应器内气相含量的降低和液固两相含量的增高，并且较低的气相速度导致较低的流动速度，进而造成反应器内易发生结焦生炭反应。因此，气泡直径的增加对渣油加氢反应的进行是不利的。

⑦ STRONG 沸腾床反应器内循环流动较为严重，尤其在壁面处存在多个涡流，因此需要设置挡板来改善其内部流动结构。“Y”形挡板的设置会导致气液固三相在反应器内的流动出现轴向分层流动，气液固三相含量在反应器径向也出现较为明显的分层流动，同时“Y”形挡板的设置会在反应器内产生多个死区。

⑧“八”字形挡板的设置能够有效改善反应器内气液固三相的流动结构，减少局部涡流的产生，并且从停留时间分布曲线来看，设置挡板后反应器更趋近于平推流反应器，同时气液固三相在反应器内的分布均匀。

⑨ 对于一级不可逆反应，气相速度的增大使得反应器内液相转化率升高约5%，液相速度的增大使得反应器内液相转化率升高约 4.5%，固体颗粒直径的增加使得反应器内液相转化率升高约 4.5%，气泡直径的增加使得反应器内液相转化率降低约 2.8%。

⑩ 对于复杂反应模型，即连串反应和并行反应模型，气相速度的增大可以有效抑制连串反应中二次反应的进行，同时可以提高并行反应的反应选择性，因此在实际操作过程中应适当增加气相速度。

⑪ 液相速度的增大可以有效抑制连串反应中二次反应的进行，同时可以提高并行反应选择性，但是会造成达到同样的反应物转化率所需循环次数和循环时间增大，该现象会造成发生二次反应的可能性增大，因此在实际操作过程中应保持合适的液相速度。

⑫ 固体颗粒直径的增大降低了连串反应中间产物的最大浓度，并且使单位

时间内反应物的转化率降低，同时会使并行反应选择性降低，抑制反应速率常数较大的反应进行，因此在实际操作过程中应适当减小固体颗粒的直径。

⑬ 气泡直径的增加降低了连串反应中间产物的最大浓度，并且使单位时间内反应物的转化率降低，同时会使并行反应的选择性降低，即抑制反应速率常数较大的反应进行，因此在实际操作过程中应设法减小气泡的直径。

⑭ 增设 Y 形挡板会降低单位时间内的反应物的转化率，但是会在一定程度上增大并行反应的选择性。增设“八”形挡板会增加单位时间内反应物的转化率并且抑制二次反应产物的增加，同时会使并行反应选择性升高。

（2）渣油加氢沸腾床内流场分布的模拟研究

周宇采用数值模拟方法进行了 STRONG 渣油加氢沸腾床反应器的流场特性研究。因其对原料适应性强，操作过程灵活，能够实现催化剂的在线加排，运转周期长等特点，使得 STRONG 沸腾床具有广阔的应用前景。由于在反应器中的多相流非常复杂，局部结构复杂，很难通过实验精确测试内部流动。因此，基于 STRONG 渣油沸腾床反应器的特点，考虑三相流流动过程中的湍流涡流，建立了 E/E/E 三相流模型。使用 RNG k-ε 湍流模型，忽略升力和附加质量力，考虑气液和气固之间的曳力，使用 Schiller-Naumann 模型，并且在液体和固体之间使用改进的连续分段曳力模型。其研究结果如下：

① 采用将进料改为实际工况下的渣油、氢气进行气液固三相流模拟，根据模拟结果，沸腾床反应器中气-液-固三相的分布相对均匀。其中气相含量相对较大，大部分区域在 0.65 到 0.72 之间；液相含量在 0.12 到 0.15 之间；催化剂含量在 0.10 到 0.25 之间。结果表明，气相在反应器中保持较高的气含率和压力，可以更好地保证床层沸腾状态。

② STRONG 沸腾床反应器中，三相分离器中气-液-固三相流体的压降相对均匀。随着高度增加，压力趋于降低，因此三相分离器的分离更好。但是在远离主流区和复杂结构的地方发生湍流，不利于固体分离。

③ 随着催化剂装填量的增加，反应器内的平均气含量随之降低。固含量的大小对床层膨胀高度影响不大。在三相分离器内压力分布均匀，随着催化剂装填量的增加，分离器中非主流区域的催化剂堆积现象严重，会降低分离器的效率。

④ 随着渣油黏度的增加，反应器内的平均气含量降低，在局部容易形成较明显的漩涡。

⑤ 相比于表观液速对反应器内气含量的影响，表观气速是影响平均气含量的主要因素。气速较低时，气速对气含率影响较大，气速较高时气速对气含量的影响相对平缓。

5.4.3 示范装置工艺

5.4.3.1 工艺流程

李立权等对 5 万吨/年沸腾床渣油加氢示范装置工艺做了系统描述。反应部分示意流程见图 5-45，分馏部分示意流程见图 5-46。

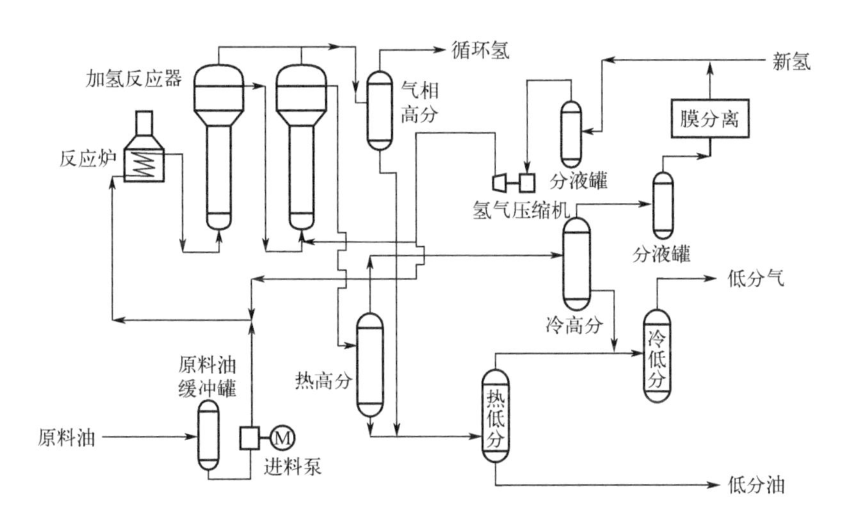

图 5-45 STRONG 反应部分示意流程

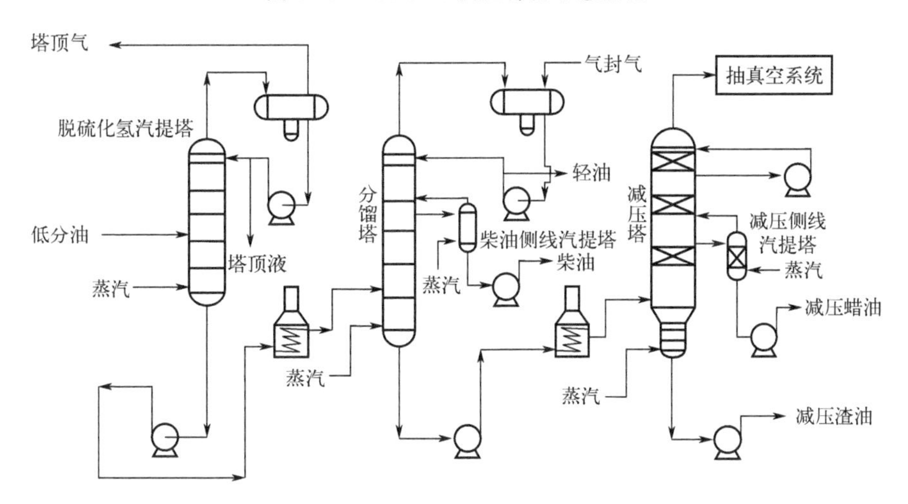

图 5-46 STRONG 分馏部分示意流程

针对工业示范试验规模的特点及需求，同时设置了部分尾油循环的流程。

(1) 高温高压催化剂在线排出技术

STRONG 的反应器每两天在线排出高温高压催化剂一次，排出的催化剂首先进入催化剂排出罐，该罐用蜡油按差压低于反应器 0.5 MPa 控制，可满足一次排放要求；反应器排放、吹扫结束后，再将催化剂排入储罐。

图 5-47 是高温高压催化剂在线排出的示意流程。从图 5-47 可看出，高温高压催化剂在线排出时，催化剂排出罐用氢气充压到初始压力，随着排放升高压力，差压控制气体排至热低压分离器。

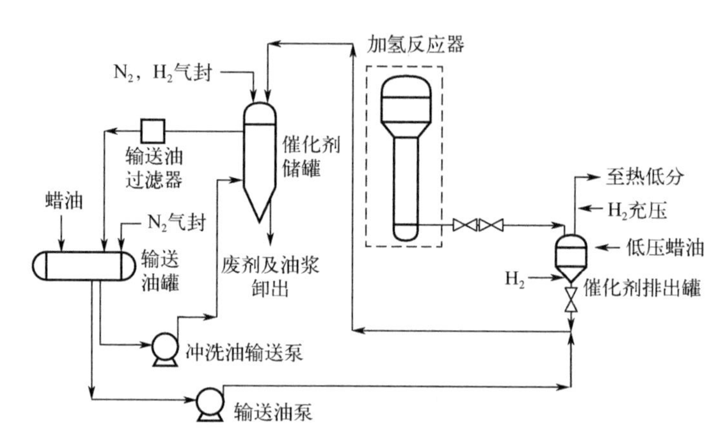

图 5-47 高温高压催化剂在线排出示意流程

（2）外排催化剂的处理方法

图 5-48 是 STRONG 外排含油催化剂的组成分析。由图 5-48 可看出，外排催化剂固体质量分数占 40%，游离油占 23%，毛细油＋表面油占 15%，孔隙油占 22%，油总计 60%。

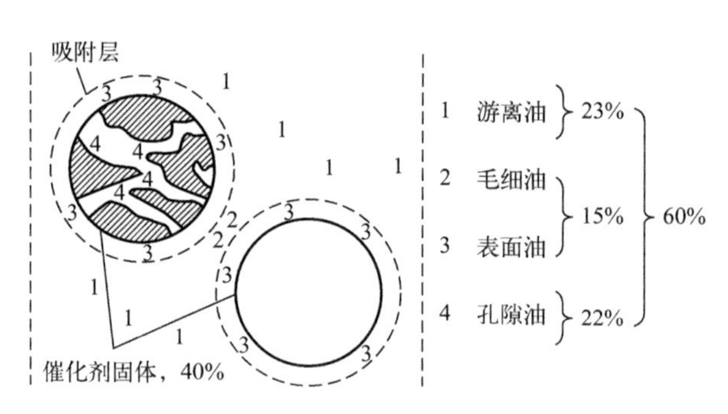

图 5-48 外排含油催化剂组成

针对 40%固含量的外排催化剂，试验了过滤、磁分离、传统搅拌脱附、水热旋流脱附等处理方法。水热旋流脱附技术可将间断排放的含油催化剂转化为连续处理（见图 5-49）。从图 5-49 可看出，外排催化剂水热旋流脱附流程为减黏、脱附、分离、干燥。试验表明，该技术可实现油回收率71.77%、脱附后催化剂含油率仅8.87%，外排催化剂颗粒表观不带油，呈分散颗粒，满足装袋运送条件。

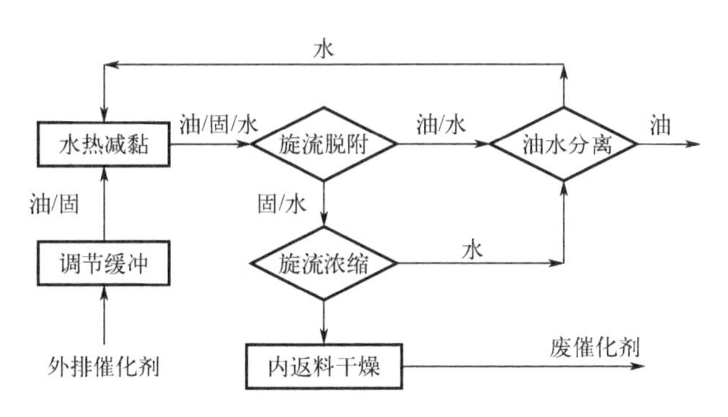

图5-49　外排催化剂水热旋流脱附示意流程

图5-50是几种催化剂形状的对比。从图5-50可看出，脱附前的外排催化剂表面包覆油相、颗粒与颗粒之间的毛细油清晰可见，旋流水热脱附后的催化剂颗粒呈分散状，游离油和毛细油被完全清除。

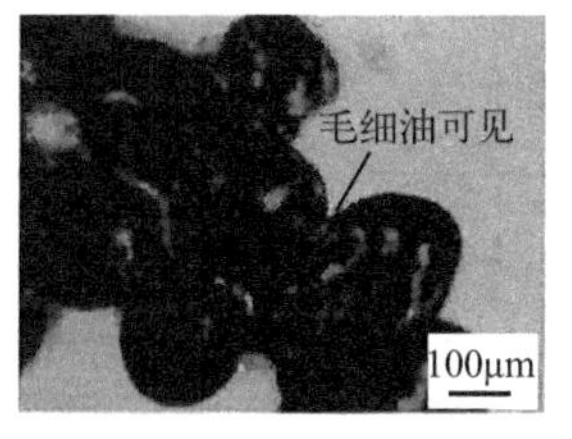

(a)脱附前的外排催化剂

(b)传统脱附后

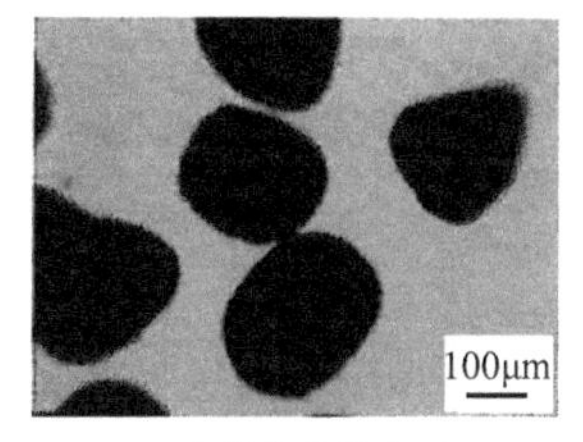

(c)水热旋流脱附后

图5-50　几种催化剂的形状对比

(3) 催化剂加排专用控制系统

STRONG催化剂加排专用控制系统包括催化剂输送和储存系统、催化剂加入系统、催化剂排出系统、催化剂加排输送油系统、催化剂加排冲洗油系统和安全控制系统。按操作过程分为：开工条件下全部催化剂加入、正常操作条件下催化剂加入、正常操作条件下催化剂排出及正常停工条件下全部催化剂排出；按操作模式分为：垫油模块、油循环模块、排油模块、升压模块、装剂模块、降压模块、退油模块及模块之间的转换等。

5.4.3.2　运行效果

刘汪辉等对5万吨/年沸腾床渣油加氢示范装置工艺的运行效果进行了论述。

（1）加氢转化的稳定性

该装置于2015年7月12日开工并稳定运行，打通了全部流程，以金陵劣质减压渣油为原料，主要性质见表5-46，在不同的工艺条件下，考察了不同加氢转化的深度。在运行过程中系统压力约为14.1 MPa，循环氢量（标准状况）约为4000m^3/h，总体积空速为0.17～0.22h^{-1}（相对反应器体积），平均温度400～420℃完成了不同转化率的加氢，540℃加氢转化率达到了51.2%～78.6%。部分生成油的全馏分性质、杂质脱除率以及转化率见表5-47。

表5-46　金陵减压渣油性质

项目	数据
密度（20℃）/（kg/cm^3）	1035.8
残炭（质量分数）/%	23.73
N/（μg/g）	4600
S（质量分数）/%	6.00
Ni/（μg/g）	47.30
V/（μg/g）	163.50
（Ni+V）/（μg/g）	210.8
黏度（100℃）/（mm^2/s）	3063

表5-47　沸腾床渣油加氢转化结果

工艺条件	1	2	3
残炭（质量分数）/%	10.83	7.50	4.36
S（质量分数）/%	1.87	1.17	0.83
N/（μg/g）	3774	3010	2830
（Ni+V）/（μg/g）	23.24	6.34	6.35
脱残炭率/%	56.7	70.9	83.5
脱硫率/%	70.4	82.0	87.6
脱氮率/%	22.1	39.6	44.8
脱金属率/%	89.5	97.2	97.3
转化率（>540℃）/%	51.2	69.5	78.6

沸腾床示范装置运行过程中，在不同的阶段对反应器液相产物进行跟踪分析，均没有出现带剂现象。为考察三相分离器的操作弹性，循环氢气量最大时超过设计值的50%～100%，通过采样分析发现无催化剂带出现象，充分说明三

相分离器具有很好的分离效果和抗冲击性能，能够保证STRONG技术的加氢反应器正常运行。

（2）催化剂在线置换

催化剂加排系统是STRONG沸腾床渣油加氢技术的重要组成部分之一。催化剂可以在线加入和排出，从而保证稳定的产品质量，避免了固定床反应器所存在的频繁停工换剂问题，大大延长了装置的操作周期。针对STRONG沸腾床渣油加氢技术的特点，研发了专用的催化剂在线加排系统。示范装置试验过程中对催化剂在线加排系统的可靠性等进行了多次考察，获取了在线加排系统中的关键参数及其对催化剂输送的影响等。试验结果表明：在线加排系统可以在不影响装置正常运转的情况下实现催化剂的在线加入与排出，不会对反应系统及分馏系统造成冲击，加排剂过程稳定可控，排剂量与加剂量持平，达到了设计要求。

（3）装置停工拆检

试验结束后对示范装置进行了全方位的拆检。从拆检的情况来看，反应系统、分离系统、汽提塔和常压塔均没有发现生焦和带剂的现象，说明在试验的条件下，转化率最高达到78.6%，反应和分离系统能够正常稳定操作，没有生焦的风险，证明了STRONG技术在高转化率条件下平稳运行的可靠性。拆检的结果再一次表明STRONG沸腾床反应器及内构件、工艺流程以及工程放大过程等关键设备与技术是安全可靠的，经得起实践的检验。

示范装置工业应用的结果表明：

① 打通了STRONG沸腾床技术的全流程，证明了STRONG沸腾床技术的可行性。

② 验证了所研发微球催化剂的性能：催化剂颗粒度均匀，抗磨损性能好、活性强、稳定性好，可以满足沸腾床渣油加氢技术要求。

③ 验证了催化剂在线加排系统的可靠性：在线加排系统可以在不影响装置正常运转的情况下实现催化剂的在线加入与排出，不会对反应系统及分馏系统造成冲击，加排剂过程稳定可控，排剂量与加剂量持平，达到了设计要求。

④ 验证了工艺的可行性及先进性：针对密度1 036kg/m^3、残炭23.73%、金属（Ni+V）含量210.8μg/g的劣质渣油，在总体积空速0.17～0.22h^{-1}的条件下，脱残炭率为56.7%～83.5%，脱硫率为70.4%～87.6%，脱金属率为89.5%～97.3%，540℃转化率为51.2%～78.6%。

⑤ STRONG沸腾床技术可靠，经得起实践检验，具备了工业推广及应用基础。

姜来通过分析沸腾床渣油加氢技术的设计思路，讨论了在操作上需要实现催化剂、油相和气相的分离所采取的措施，并针对技术的特点及操作要求，提出了加强平稳操作、控制合适料面、降低阀门磨损等措施。

5.4.4 煤焦油的加氢

薛倩等对中温煤焦油全馏分采用 STRONG 技术进行沸腾床加氢处理，将加氢产物经分馏切割出大于 355℃的馏分或大于 400℃的馏分，对两者的性质进行分析，并考察大于 400℃馏分与水上油、煤柴油、页岩油调和的相容性和储存安定性。建立了梯度黏度法，用于评价燃料油的储存稳定性。结果表明：大于 355℃馏分可直接作为 180 号船用燃料油；大于 400℃馏分与水上油、煤柴油、页岩油具有较好的相容性，可以作为 180 号船用燃料油的优质调和组分，在大于 400℃馏分、水上油、页岩油和煤柴油的比例（质量分数）分别为 67%，12%，10%，11%时，能够调和得到满足 GB/T 17411 标准要求的 180 号船用燃料油。

5.4.4.1 原料和实验装置

（1）原料

实验所用煤焦油为神华公司中温煤焦油全馏分，其性质见表 5-48。从表 5-48可见，煤焦油的密度（20℃）大于 1g/cm^3，胶质质量分数超过 50%，Ca 和 Al 金属离子含量较高，煤焦油性质较差。特别是煤焦油出现严重分层现象，底部有大量黏性沉积物。

表 5-48 煤焦油的基本性质（质量分数）

<table>
<tr><th colspan="2">项目</th><th>数据</th><th colspan="2">项目</th><th>数据</th></tr>
<tr><td colspan="2">密度（20℃）/（g/cm^3）</td><td>1.0653</td><td colspan="2">灰分/%</td><td>0.135</td></tr>
<tr><td colspan="2">黏度（80℃）/（mm^2/s）</td><td>14.11</td><td rowspan="6">馏程/℃</td><td>初馏点</td><td>170.0</td></tr>
<tr><td colspan="2">残炭/%</td><td>7.24</td><td>10%</td><td>227.2</td></tr>
<tr><td colspan="2">闪点/℃</td><td>142</td><td>30%</td><td>303.6</td></tr>
<tr><td colspan="2">酸值（以 KOH 计）/（mg/g）</td><td>0.02</td><td>50%</td><td>367.2</td></tr>
<tr><td rowspan="7">元素组成/%</td><td>C</td><td>82.22</td><td>70%</td><td>435.6</td></tr>
<tr><td>H</td><td>8.53</td><td>90%</td><td>731.4</td></tr>
<tr><td>S</td><td>0.23</td><td colspan="2">终馏点</td><td>750.0</td></tr>
<tr><td>N</td><td>0.85</td><td colspan="2">链烷烃/%</td><td>6.4</td></tr>
<tr><td>O</td><td>7.11</td><td colspan="2">环烷烃/%</td><td>3.6</td></tr>
<tr><td>Ca</td><td>38.33①</td><td colspan="2">总芳烃/%</td><td>38.2</td></tr>
<tr><td>Al</td><td>54.17①</td><td colspan="2">胶质/%</td><td>51.8</td></tr>
</table>

① 单位为 μg/g。

表5-49列出了3种调和组分油（水上油、页岩油和煤柴油）的性质。煤柴油主要来源于中温煤焦油，它是通过分馏装置提取出的塔顶馏分。水上油是中温煤焦油冷却过程中，浮在水面上的组分，其密度（20℃）小于1.0g/cm³的轻油。水上油和页岩油的密度、黏度小，胶质含量低，其他性质也较好，可以作为调和组分。煤柴油的黏度较小，但密度较大，胶质含量高，热值低，不利于调和使用。表5-49中只列出了各组分油的C、H、S、N元素的含量，氧元素和金属元素含量未列出，氧元素影响该油品的热值，各油品中金属元素含量均低于国家标准规定值，故不予考虑。

表5-49 调和组分油的性质（质量分数）

项目		水上油	页岩油	煤柴油
密度（20℃）/（g/cm³）		0.9397	0.8974	1.0233
黏度（50℃）/（mm²/s）		22.57	9.28	24.88
残炭/%		1.73	1.72	2.51
闪点/℃		140	136	70
酸值（以KOH计）/（mg/g）		0.03	0.76	0.15
灰分/%		0.079	0.007	0.009
元素组成/%	C	84.66	84.61	83.08
	H	10.55	11.84	8.68
	S	0.13	0.49	0.17
	N	0.34	1.20	0.63
热值/（MJ/kg）		39.6	41.1	37.2
水分/%		1.1	<0.03	1.2
链烷烃/%		27.4	29.5	7.2
环烷烃/%		14.5	15.1	8.4
总芳烃/%		33.4	27.1	33.6
胶质/%		24.7	28.3	50.8

（2）沸腾床加氢工艺流程

煤焦油加氢工艺采用中国石化抚顺石油化工研究院（FRIPP）开发的4LSTRONG沸腾床双反应器串联流程，催化剂采用FRIPP自行开发的微球形加氢催化剂FEM-10。反应压力为15MPa，氢油体积比为600。煤焦油经电脱盐脱水后与氢气混合后从反应器底部进入，向上流动时带动反应器内的催化剂进行流化，使反应器内处于全混流状态。反应后的物料经过反应器上部三相分离器分离后，催化剂返回反应区，油气进入热高压分离器进行气-液分离。富含氢气的气体经洗气塔后循环使用。从热低压分离器底部分离出重生成油，从冷低压分离器底部分离出轻生成油。轻油收集后送往固定床进行深度加氢，用于制备汽油、柴油等轻质燃料。重组分作为船用燃料油或调和组分使用。

（3）调和实验

将各种组分油放入烘箱中，使其均匀受热，待组分油融化后，按一定比例将组分油倒入500mL烧杯中，用磁力搅拌器混合搅拌均匀。调和30min后测定调和后油品的性质指标。

（4）储存稳定性实验

燃料油的储存稳定性不好，体系的稳定平衡系统就会破坏，导致整个体系出现沉淀物，会在燃烧过程中容易导致过滤器和火嘴的堵塞。目前国内外还没有统一的检测燃料油稳定性和燃料油调和储存稳定性的方法，因此在研究中建立了一种快速测定燃料油稳定性的方法，即梯度黏度法。具体方法为：将油品放入特定的带多个取样口的老化管中，将每个取样口具塞密闭，固定后竖直放入120℃烘箱中老化12h。老化后，分别从玻璃管上端侧口和下端侧口进行取样。用逆流黏度法分别测定上层样品和下层样品的逆流黏度值，测定上下层样品的总沉淀物、酸值以及密度。在下层黏度不超过标准规定上限且上下黏度差值小于15，并且底层的总沉淀物、酸值以及密度不超过规定上限时，认为该油品稳定、不易分层，沥青质不易絮凝，能够满足日常使用要求；而在下层黏度超过标准规定上限且黏度差值大于15，并且底层的总沉淀物、酸值以及密度超过规定上限时，则认为油品的储存稳定性较差，沥青质极易絮凝或是已经絮凝。

5.4.4.2 实验结果与讨论

（1）加氢煤焦油的性质

图5-51为煤焦油在不同处理条件下的显微镜照片。由图5-51可见：全馏分煤焦油含有很多游离态分散水滴及悬浮的颗粒，而且有大量黏稠状重组分聚集，极易导致分层沉积，不能作为燃料油使用；经过简单的脱水处理后，固体沉积物减少，但仍不满足均匀性要求；进行沸腾床加氢处理后，煤焦油状态均匀，稳定性好，性质得到了极大的改善，其加氢煤焦油的性质见表5-50。由表5-48和表5-50可知，煤焦油经沸腾床加氢处理后，密度、黏度、残炭、硫含量、氮含量等都降低了很多，具备分馏切割直接生产船用燃料油或调和组分的条件。

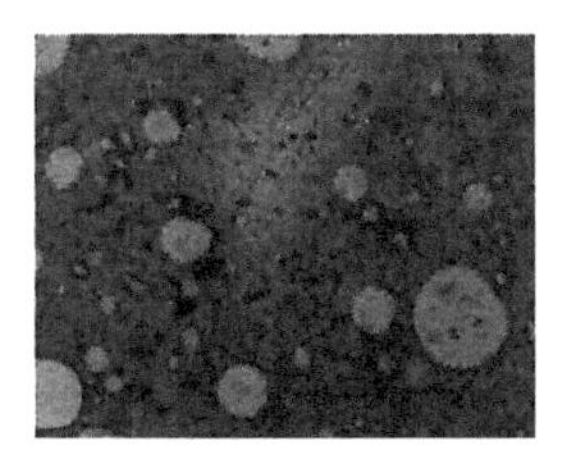

(a)煤焦油

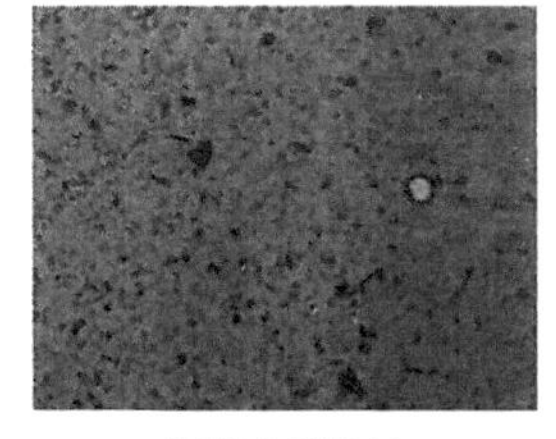

(b)脱水煤焦油

(c)加氢后煤焦油

图 5-51 煤焦油在不同处理条件下的显微镜照片

表 5-50 加氢煤焦油的基本性质

项目		数据
密度(20℃)/(g/cm^3)		0.9074
黏度(40℃)/(mm^2/s)		3.4
残炭(质量分数)/%		0.17
酸值(以 KOH 计)/(mg/g)		0.14
元素组成(质量分数)/%	C	86.81
	H	11.89
	S	0.011
	N	0.048
	Ca①	3.87
	Ni①	0.01

① 单位为 μg/g。

(2) 加氢煤焦油切割方案及馏分油性质

加氢后的煤焦油黏度过低,不能直接作为重质船用燃料油来使用。将加氢生成的全馏分油进行分馏分离,可得到大于 355℃的馏分或大于 400℃的馏分,这两个馏分油的质量收率分别为 31.8%和 24.6%,其基本性质如表 5-51 所示。由表 5-51 可知,大于 355℃馏分的残炭、酸值和总沉积物明显优于 GB 17411 180 号船用燃料油的指标要求,密度、黏度、灰分略优于指标要求,倾点刚满足指标要求,因此大于 355℃馏分可以直接作为 180 号船用燃料油;大于 400℃馏分的大部分性质优于指标要求,只有黏度、倾点稍高于指标要求,因此,可以将大于 400℃馏分作为 180 号船用燃料油的调和组分。

表 5-51 两种馏分油的基本性质

项目	大于 355℃馏分	大于 400℃馏分	GB 17411 指标要求
密度(20℃)/(g/cm^3)	0.9802	0.9810	≤0.9876

续表

项目	大于 355℃馏分	大于 400℃馏分	GB 17411 指标要求
黏度（50℃）/（mm^2/s）	131.3	648.8	≤180
残炭（质量分数）/%	0.08	1.30	≤15.0
灰分（质量分数）/%	0.04	0.04	≤0.07
酸值（以 KOH 计）/（mg/g）	0.06	0.12	≤2.5
倾点/℃	30	45	≤30
总沉淀物（质量分数）/%	0.01	0.02	≤0.1

（3）180 号船用燃料油的调和

① 调和组分油的相容性实验将大于 400℃馏分与其他调和组分油按体积比 1∶1混合，考察其相容性，混合油的显微镜照片如图 5-52 所示。由图 5-52 可见，大于 400℃馏分分别与煤柴油、水上油和页岩油混合后，形成了均一稳定的体系，没有明显的沉积物形成，因此，大于 400℃的馏分与上述几种油品具有较好的相容性。

(a)大于400℃馏分与煤柴油

(b)大于400℃馏分与水上油

(c)大于400℃馏分与页岩油

图 5-52　混合油的显微镜照片

② 180 号船用燃料油的调和将大于 400℃馏分与水上油、页岩油、煤柴油进行调和试验后，以成本最低和各个指标满足国家标准为限制条件，得到 180 号船用燃料油最优调和方案，即大于 400℃馏分油、水上油、页岩油、煤柴油的调和比例（质量分数）分别变为 67%、12%、10、11%。所得调和燃料油的性质如表 5-52 所示。由表 5-52 可知，调和燃料油的主要性质均优于 GB 17411 180 号船用燃料油指标要求。

表 5-52　调和燃料油的主要性质

项目	数据
密度（20℃）/（g/cm^3）	0.9810

续表

项目	数据
运动黏度（50℃）/（mm^2/s）	138
灰分（质量分数）/%	0.04
残炭（质量分数）/%	1.3
总沉淀物（质量分数）/%	0.02
倾点/℃	28
闪点/℃	135
酸值（以KOH计）/（mg/g）	0.12

（4）调和180号船用燃料油的相容性和储存稳定性

① 相容性斑点试验（ASTM D4740—2004）是一种描述渣油的洁净度和混合原料与渣油相容性（配伍性）的方法，可将其用于预测调和船用燃料油组分油之间的相容性。所考察样品的斑点成像图及显微镜照片如图5-53所示。与斑点试验的评价标准进行对比，调和船用燃料油的斑点等级为一级，在滤纸上呈现均匀的斑点，内部无环状物出现，表明油品的整个体系是稳定的，组分油之间的相容性和分散性都较好。利用显微镜观察，也没有明显的黑色聚集沉淀出现，表明调和后油品是稳定的，组分油之间的相容性较好。

(a)斑点成像图

(b)显微镜照片

图5-53 调和船用燃料油的斑点成像图和显微镜照片

② 储存稳定性将调和船用燃料油放入梯度黏度管中，进行老化试验，经12h老化后，分别从梯度黏度管上端侧口和下端侧口进行取样。用逆流黏度法分别测定上、下层样品的逆流黏度值，以及上下层样品的密度、酸值和总沉淀物含量，结果如表5-53所示。由表5-53可知，180号船用燃料油上、下层之间的

黏度差为10.9mm^2/s，下层的密度为0.985g/cm^3，不大于GB 17411规定的密度值，上、下层的酸值均低于GB 17211的规定值，下层总沉淀物质量分数为0.02%，低于GB 17411的规定值。因此，用加氢煤焦油的大于400℃馏分调和得到的船用燃料油的储存稳定性较好，能够满足180号船用燃料油的使用要求。

表5-53 调和船用燃料油的稳定性测试结果

项目	上层	下层
黏度（50℃）/（mm^2/s）	132.7	143.6
密度（20℃）/（g/cm^3）	0.975	0.985
酸值（以KOH计）/（mg/g）	0.11	0.12
总沉淀物（质量分数）/%	0.01	0.02

5.4.5 组合工艺过程

5.4.5.1 沸腾床-固定床组合工艺加氢处理渣油

杨涛等的研究表明：沸腾床渣油加氢技术与固定床渣油加氢技术组合可以明显改善固定床进料性质，大幅度降低杂质含量，大大改善固定床操作；同时可以扩大可加工的原料范围，延长操作周期。中试数据表明，加工金属质量分数分别为118μg/g、233μg/g，残炭质量分数分别为15.7%、21.1%的劣质渣油，沸腾床与固定床组合工艺均可稳定操作，所得加氢渣油金属质量分数分别为10.6、7.8μg/g，残炭质量分数分别为5.6%、5.2%，可以直接作为催化裂化装置原料，从而实现劣质渣油的高效转化。通过技术特点和技术经济分析，并与单独的固定床方案对比，发现沸腾床与固定床组合渣油加氢处理技术具有更好的盈利能力，并可实现三年稳定运转，从而与下游装置相匹配，实现同步开停工。

（1）原则流程

该组合技术原则流程见图5-54，劣质渣油与氢气混合后首先经沸腾床渣油加氢反应器，将大部分的硫、金属等杂质脱除，并进行适度的转化，以降低原料的黏度和残炭。由于STRONG沸腾床反应器顶部带有气液分离器，其气相产物直接进入分离系统，液相产物与另外一股循环氢混合后进入固定床反应器，未转化的渣油继续在后续的一个或多个固定床反应器中进行脱金属、脱硫、脱氮和脱残炭反应，使其产物满足下游装置进料要求。该组合技术充分利用沸腾床反应器原料适应性好的优势，解决了固定床对劣质原料适应性差、运行周期受限的问题。而固定床反应器反应效率高又恰好弥补了沸腾床的物料返混影响反应深度的问题。在流程设置上的优点是：两套反应单元共用一套氢气循环系统，以简化流程，降低投资；沸腾床反应器的气相产物直接去热高分，避免了二次反应，同时降低了固定床反应单元的负荷，相对增加了催化剂活性位的利用率，从而可以提高装置的处理能力；另外，通过优化催化剂级配等措施能够使沸腾床取消在线催化剂加排系统，使在其投资和操作费用上更具竞争力。

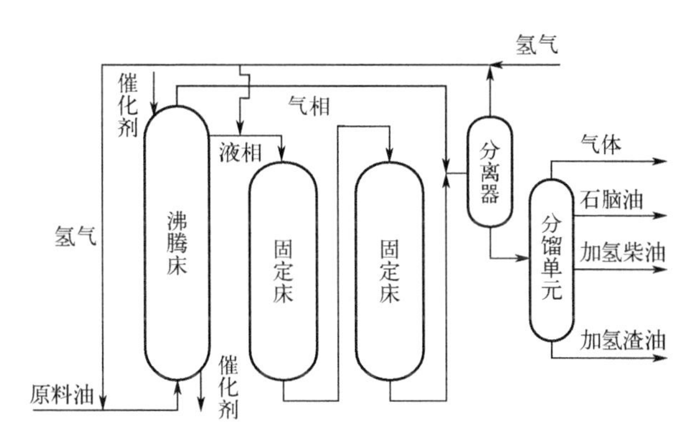

图 5-54 组合技术方案流程

(2) 组合工艺原料适应性

固定床渣油加氢装置原料一般要求金属镍和钒的总质量分数小于 120μg/g，残炭小于 12%，运转周期一般为一年。表 5-54 中的两种原料油均为固定床渣油加氢装置难以加工的原料，尤其是原料 2。如果直接用固定床渣油加氢装置处理，由于其高黏度和高杂质含量，难以保证产品指标和运转周期。即使采用可切除或可切换的固定床保护反应器，也不能很好地解决相关问题，一般需要掺炼一定量的蜡油馏分来改善原料的流动性能和降低杂质含量。

表 5-54 原料油性质

项目	原料 1	原料 2
密度（20℃）/（g/cm^3）	1.0054	1.0102
运动黏度（100℃）/（mm^2/s）	310.0	241.9
硫（质量分数）/%	3.96	3.31
残炭（质量分数）/%	15.7	21.1
镍+钒/（μg/g）	118.0	233.0

如果采用组合技术，劣质渣油首先进入STRONG沸腾床反应器，由于沸腾床反应器内物料返混，能够很好地稀释原料，同时STRONG技术采用FEM系列微球催化剂（性质见表5-55），大大降低了反应物的扩散阻力，提高了催化剂反应性能；另外，STRONG沸腾床反应器内温度均匀，床层压力降恒定，能够保证长周期运转。STRONG沸腾床反应器的操作条件和生成油性质见表5-56，劣质渣油的性质得到了很大的改善，大大降低了后续固定床反应的苛刻度，同时固定床采用FRIPP开发的FZC系列催化剂，通过合理的催化剂级配，可延长固定床单元的运转周期。沸腾床生成油经固定床单元进一步加氢改质，生成油通过常压蒸馏，所得加氢渣油性质见表5-57，其硫质量分数小于0.3%，残炭质量分数小于6%，金属镍+钒的质量分数小于11μg/g，可以直接作为催化裂化原料，生产轻质油品。

表5-55　催化剂性质

项目	沸腾床	固定床
催化剂类别	FEM系列	FZC系列
外观形状	球形	球形/条形
颗粒直径/mm	0.4～0.6	1～5
活性组分	Mo-Ni	Mo-Ni/Mo-Co
装填方式	常规装填	常规装填

表5-56　沸腾床操作条件及其生成油性质

项目		原料1	原料2
操作条件	氢分压/MPa	15.0	15.0
	温度/℃	基准	基准+10
	液时空速/h^{-1}	基准×1.25	基准
生成油性质	硫（质量分数）/%	1.75	1.36
	残炭（质量分数）/%	7.04	10.73
	镍+钒/（μg/g）	31.53	32.21
	>540℃转化率/%	36.5	35.9
	脱硫率/%	55.8	58.9
	残炭脱除率/%	55.2	46.9
	金属脱除率/%	73.3	86.2

表 5-57 固定床操作条件及其加氢渣油性质

项目		原料 1	原料 2
操作条件	氢分压/MPa	15.0	15.0
	温度/℃	基准	基准
	液时空速/h^{-1}	基准×2	基准
加氢渣油	硫（质量分数）/%	0.28	0.26
	残炭（质量分数）/%	5.6	5.2
	镍+钒/（μg/g）	10.6	7.8

（3）组合工艺经济性

将固定床加氢方案作为基准方案，组合技术方案作为对比方案进行技术经济对比。为便于对比，选用一种相对劣质的渣油原料，性质见表 5-54 中的原料 1，其金属镍+钒的质量分数为 118μg/g，残炭质量分数为 15.7%，可采用固定床加工，也可采用沸腾床加工。要求两种方案的加氢渣油均满足重油催化裂化原料指标要求。

① 基准方案——固定床加氢方案 该方案设置 3 台固定床反应器，每台反应器设置两个催化剂床层，每个催化剂床层入口设置冷氢管线。整套装置包括进料、氢气、反应、产品分离和公用工程等系统，其原则流程见图 5-55。

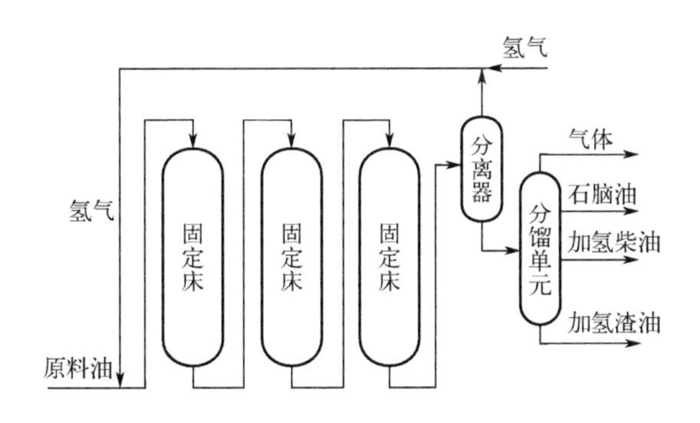

图 5-55 固定床加氢方案示意流程

② 对比方案——组合技术方案 该方案采用 SINOPEC 开发的 STRONG 沸腾床渣油加氢处理工艺和 S-RHT 固定床渣油加氢处理组合技术。将原料首先引入沸腾床反应器加氢转化，沸腾床的生成油直接进入固定床反应器加氢处理，整个方案共设置 1 台沸腾床反应器和 2 台固定床反应器，其原则流程见图 5-54。为延长装置的操作周期至三年，沸腾床加氢单元设置催化剂在线加排系统。

③ 评价结果及分析 各方案物料平衡见表 5-58，经济评价结果汇总见表 5-59。

表 5-58　物料平衡　　单位：万吨/年

项目		基准方案（固定床加氢方案）	对比方案（沸腾床-固定床组合方案）
原料	渣油	200	200
	氢气	3.28	3.58
产品	酸性气	8.56	8.94
	干气	0.74	2.44
	液化石油气	0.82	3.24
	石脑油	4.86	9.42
	加氢柴油	16.94	29.14
	加氢渣油	171.36	150.4
装置运行周期/年		1	3

表 5-59　经济评价结果　　单位：亿元

项目	固定床加氢方案	沸腾床-固定床组合方案
建设投资合计	基准	基准+4.07
销售收入	基准	基准+3.25
总成本费用	基准	基准+1.64
年均税后利润	基准	基准+1.21
净现值	基准	基准+2.59

技术经济评价按照《石油化工项目可行性研究报告编制规定》的要求进行。根据方案的特点及相互关系，两两之间采用增量计算法进行对比。相应参数按照《中国石油化工项目可行性研究技术经济参数与数据 2011》中价格体系测算。采用合适的评价方法并选择好基准价格参数后，进行经济评价。从评价结果看，尽管由于对比方案采用了沸腾床反应器及催化剂加排系统，投资相对较高，但是增加了高附加值产品收率，并延长运转周期到三年，更具有技术经济优势，同时对比方案在操作上更具灵活性。因此对比方案优于基础方案，即对比方案相比单纯的固定床渣油加氢工艺具有较好的盈利能力，投资回报指标佳，经济上可行。

5.4.5.2　沸腾床-固定床组合工艺加氢处理煤焦油

孟兆会等对沸腾床加氢预处理-固定床加氢裂化组合工艺处理煤焦油技术进行了研究，并在 STRONG 沸腾床加氢试验装置上进行试验。试验结果表明：沸腾床加氢预处理可大幅降低煤焦油原料中的S、N、残炭及金属等含量，降低不饱和分含量；生成油能够满足直接进固定床加氢处理要求；经固定床加氢处理后生成油性质得到改善：轻石脑油S、N含量均小于1.0μg/g，芳烃潜含量为56%，可以作为重整原料；柴油馏分密度0.8566g/cm^3，S含量50μg/g以下，十六烷值高达53，可以作柴油调和组分或生产合格柴油；尾油以蜡油为主，S、N含量分别为59μg/g、21μg/g，残炭含量为0.15%，可作加氢裂化原料。

(1) 原料和工艺条件

① 试验原料　试验所用原料为新疆某地中低温煤焦油，原料常规性质分析结果是：密度（20℃）为1.0653g/cm^3；黏度（80℃）为14.11mm^2/s；S、N、金属含量分别为2300μg/g、8569μg/g、250.5μg/g；C、H、O分别为82.22%、8.53%、8.45%（质量分数）；康氏残炭、饱和组分、芳香组分、胶质、沥青质质量分数分别为7.24%、10.09%、41.08%、47.59%、1.23%；芳碳率71.36%；在初馏点，收率为10%、30%、50%、70%、90%、95%；以及终馏点时，馏程分别为170.0℃、227.2℃、303.6℃、367.2℃、435.6℃、731.4℃、742.0℃、750.0℃。

由以上原料常规性质分析可知，此煤焦油原料密度较大，略高于常规石油基减压渣油密度（0.95～1.05g/cm）；氮含量高，硫含量低，属于低硫高氮原料；同时氧含量比较高，要求催化剂有较好的耐水性；金属含量高达250.5μg/g，其中Fe、Ca、Al含量较高，三者含量达到238.5μg/g，而Ni、V含量很少，与常规石油基减压渣油金属含量及类别有较大差别，这与煤焦油生产工艺有较大关系；由馏程分布可以看出，大于350℃组分含量在50%以上，重组分所占比例较大；结合残炭、甲苯不溶物及金属含量等因素综合来看，此原料直接进固定床加氢处理难度较大，需要经过预处理才能满足进固定床装置加工的要求。

② 试验装置　试验所用装置为STRONG沸腾床渣油加氢4L热模装置，采用双管式反应器串联模式，电加热炉供热，反应器底部设有气液分布器，顶部设有三相分离器用于氢气、油样及催化剂的分离，反应器后设有分离器用于气液分离，固定床反应器采用自设计的小型试验装置。

③ 工艺条件及催化剂选择　煤焦油中含有主要以酚及其衍生物形式存在的含氧化合物，含量为10%～30%；此外，还有大量二烯烃等不饱和烃，这些不饱和烃在加工过程中容易缩聚生焦。煤焦油中的酚类等氧化物在加氢过程中会发生脱氧反应生成水，水对催化剂尤其是裂化催化剂的活性及机械强度造成很大影响；二烯烃等不饱和烃如果直接进固定床反应器会造成床层压降升高过快，导致反应器频繁进行撇头操作或缩短运转周期；另外，在反应深度方面，煤焦油不同于传统石油基原料，多数煤焦油是由煤高温裂解产物缩聚而成，需要首

先采用相对缓和的加氢条件对其氢解预处理并脱除部分杂质，再进行深度转化。基于上述考虑，沸腾床反应中分别装填高耐水的加氢脱氧催化剂及精制催化剂，催化剂采用氧化铝作为载体，活性金属采用 Mo、Ni，催化剂为微球形，粒径为 0.4～0.5mm；固定床反应器中装填裂化催化剂，煤焦油沸腾床加氢预处理工艺条件见表 5-60。

表 5-60　煤焦油沸腾床加氢预处理工艺条件

工艺条件	温度	
	反应器 1	反应器 2
条件 1	T	T+60℃
条件 2	T+10℃	T+70℃
条件 3	T+20℃	T+80℃

注：氢分压为 15MPa；氢油体积比为 600；T 为反应评价基准温度,℃；3 种条件下的总体积空速均为单位时间内通过单位体积催化剂的油样体积，h^{-1}。

（2）研究结果与讨论

① 煤焦油沸腾床加氢预处理效果分析　采用 STRONG 沸腾床加氢工艺，按照表 5-60 确定的工艺条件，对煤焦油原料进行加氢预处理后，生成油全馏分性质见表 5-61。

表 5-61　不同工艺条件下煤焦油原料加氢处理后生成油全馏分性质

样品编号	密度(20℃)/(g/cm³)	运动黏度(80℃)/(mm²/s)	康氏残炭(质量分数)/%	S 含量/(μg/g)	N 含量/(μg/g)	金属含量/(μg/g)	O 含量(质量分数)/%	甲苯不溶物(质量分数)/%	芳碳率(质量分数)/%
条件 1	0.9619	8.695	0.46	198.0	6158	35.70	1.35	0.76	43.43
条件 2	0.9210	6.852	0.02	68.1	498	1.45	≤0.03	≤0.02	31.02
条件 3	0.8925	5.235	0.01	52.1	453	1.26	≤0.03	≤0.02	27.46

在初馏点，收率为 10%、50%、70%、90%以及终馏点时，条件 1 高温模拟蒸馏分别为 71.8℃、190.6℃、333.6℃、367.2℃、443.6℃、575.0℃；条件 2 高温模拟蒸馏分别为 69.0℃、171.6℃、321.2℃、369.2℃、433.6℃、630.4℃；条件 3 高温模拟蒸馏分别为 48.4℃、99.0℃、275.2℃、331.0℃、405.2℃、539.2℃。条件 1 饱和分、芳香分、胶质、沥青质质量分数分别为 36.69%、25.61%、37.69%、0.01%；条件 2 分别为 56.55%、18.87%、

24.56%、0.02%；条件3分别为62.22%、19.34%、18.43%、0.01%。

由表5-61煤焦油原料在不同沸腾床加氢工艺条件下试验结果可知，经过沸腾床预加氢后，煤焦油全馏分生成油密度得到改善，黏度降低，康氏残炭由7.24%降至0.50%以下，金属含量由250.5μg/g降至小于2.0μg/g，氧含量及甲苯不溶物含量分别由8.45%、1.87%降至0.03%、0.02%左右；在馏程分布方面，原料中<350℃馏分占43.7%，<500℃馏分占80.2%，经过沸腾床预加氢后馏程明显前移，全馏分生成油中<350℃馏分所占比例提高到60%以上，<500℃馏分所占比例提高到95%以上，即>500℃尾油部分很少，基本不用外甩就可以实现全馏分进固定床转化。

由表5-62可知，随着转化深度加大，煤焦油杂质脱除率初期增长较快，尤其是脱氮率；在试验条件2下，各种杂质脱除率已达到很高水平，其中脱金属率和脱残炭率均达到99%以上；转化深度继续增大，各种杂质脱除率基本维持不变；总体来看，煤焦油经沸腾床加氢处理后杂质脱除比较彻底，脱除效果明显优于石油基减压渣油沸腾床加氢处理效果，研究认为这与煤焦油特殊的结构及性质有关，煤焦油一般是由煤高温裂解产物缩聚而成，其中，高温煤焦油是低温煤焦油在高温下二次分解的产物，高温下煤焦油裂解产物多数以小分子形式存在，这些小分子以氢键、范德华力等作用力松散地结合一起，相互作用力比较弱，在外界作用下容易解聚发生加氢反应；其次，煤焦油中多是呈松散状态分布的小分子，且分子间及分子内部作用力较弱，体系黏度小，加氢过程中扩散阻力小，杂质脱除相对容易；从煤焦油族组成分布中可以看出，煤焦油中含有大量芳香组分和胶质，两者比例总和将近90%，而作为体系中极性最大、性质最复杂的沥青质含量很少，远低于传统减压渣油中沥青质含量，沥青质中累积了整个体系中绝大多数的硫、氮、金属等杂质，沥青质组分极性高、分子大等特性影响了这些组分的脱除，致使杂质脱除率相对较低，煤焦油中含有极少量的沥青质，杂原子相对较多地分散在胶质、芳香组分等结构相对简单的组分中，有利于杂质脱除。由族组成分布可以看出，煤焦油中的芳香组分和胶质经加氢饱和或断侧链反应生成小分子烷烃，使饱和分含量增加，而不饱和组分含量降低，这一点从芳碳率变化上亦可以验证，加氢后体系芳碳率由71.36%降至27.46%，体系饱和度增加，易结焦的不饱和组分含量降低，有效降低了在后续处理工艺中结焦的风险。

表5-62 不同试验条件下煤焦油加氢转化效果对比 单位：%

项目	试验条件1	试验条件2	试验条件3
加氢脱硫率	91.39	97.04	97.73

续表

项目	试验条件 1	试验条件 2	试验条件 3
加氢脱氮率	27.94	94.17	94.70
加氢脱残炭率	93.65	99.72	99.86
加氢脱（Ni+V）率	85.75	99.42	99.50
＞500℃组分转化率	84.47	87.67	93.61

比较 3 种试验条件生成油性质可以发现，条件 2 与条件 3 生成油性质要明显好于条件 1，更适宜做固定床进料。条件 3 与条件 2 相比，在反应器 1、反应器 2 温度均提高 10℃的情况下，生成油性质有所改善，但改善程度不大，从综合考虑经济成本的角度出发，优先考虑采用条件 2 作为煤焦油沸腾床预处理的操作条件。

② 固定床加氢处理煤焦油效果分析　以沸腾床预处理后的煤焦油全馏分生成油作为固定床加氢装置进料，固定床加氢工艺采用双反应器串联流程，氢分压采用 15MPa，氢油体积比 600，反应温度与沸腾床反应器 2 温度相同，空速亦相同。煤焦油全馏分生成油经固定床加氢处理后生成油进行实沸点切割，当切割温度为＜160℃、160～370℃、＞370℃时，固定床加氢生成油各馏分收率分别为 9.3%、74.8%、13.4%。经固定床加氢处理后，柴油馏分收率达到 74.8%，轻石脑油比例为 9.3%，而＞370℃时，主要以蜡油为主的尾油所占比例仅为 13.4%，加氢过程中液体产品收率可以达到 97.5%。由此表明：经过固定床加氢处理后煤焦油全馏分生成油得到明显轻质化，尾油主要以蜡油为主，可以作为加氢裂化的原料，同时能得到较高的液体产品收率。煤焦油固定床加氢生成油各馏分性质如下。

a. 温度小于 160℃轻石脑油性质：密度（20℃）为 0.7605g/cm^3；S、N 含量均为 1.0μg/g；在初馏点，收率 10%、30%、50%、70%、90%、95%以及终馏点时，馏程分别为 36℃、68℃、76℃、99℃、117℃、136℃、144℃、170℃；芳烃潜含量为 56%。

b. 温度为 160～370℃柴油性质：密度（20℃）为 0.8566g/cm^3；凝点为−6℃；S、N 含量分别为 38.3μg/g、3.0μg/g；在初馏点，收率 10%、30%、50%、70%、90%、95%以及终馏点时，馏程分别为 194℃、217℃、246℃、273℃、300℃、332℃、343℃、350℃；实测十六烷值为 53。

c. 温度大于 370℃尾油性质：密度（20℃）为 0.9114g/cm^3；凝点为 30℃；S、N 含量分别为 30μg/g、21μg/g；在初馏点，收率 10%、30%、50%、70%、90%、95%以及终馏点时，馏程分别为 329℃、372℃、394℃、412℃、435℃、

488℃、520℃、602℃。

由煤焦油固定床加氢生成油各馏分性质可知，石脑油馏分密度 0.7605g/cm³，氮含量 1.0μg/g，芳烃潜含量 56%，可以作为催化重整的原料；柴油收率高达 76.8%，且柴油质量较好，密度 0.8566g/cm³，S 含量 50μg/g 以下，十六烷值高达 53，可以作为柴油调和组分或经适当处理生产合格柴油；尾油部分由馏程分布可以看出，<500℃组分占 90%以上，且尾油质量较好，硫、氮含量分别为 59μg/g、21μg/g，残炭含量 0.15%，可以作为加氢裂化原料生产汽、柴油。

沸腾床加氢预处理-固定床加氢裂化组合工艺处理煤焦油可以实现资源的高效转化与利用，与煤焦油预蒸馏-固定床加氢组合工艺及焦化-固定床加氢组合工艺中总液体产品收率 75%～80%相比，沸腾床加氢预处理-固定床加氢裂化组合工艺可以实现 94%～96%的液体产品收率，同时还可以避免产生低价值焦炭或重质燃料油，相较而言，该组合工艺可以将劣质煤焦油尽量多地转化成清洁、高附加值的汽、柴油燃料。提高了煤焦油的利用率，符合资源清洁利用和高效转化的趋势，是处理煤焦油原料的一种清洁、高效的转化方法。

5.5　NUEUU® 技术

2015 年劣质重油沸腾床加氢技术 NUEUU®，在河北 10 万吨/年煤焦油加氢装置上一次开车成功，成为首套国内自主研发的工业化沸腾床加氢装置。河北 10 万吨/年煤焦油加氢装置连续、安全、稳定运行一年后，于 2016 年 8 月 15 日～18 日，进行了现场考核。以中低温煤焦油和蒽油为原料，考核结果数据：(以每吨原料加工为基准）能耗 7.41kg 标油；液收 0.934t 产品；加工水耗 0.09t 新鲜水；脱硫率 92.5%、脱氮率 85.2%、脱残炭率 93.5%、脱胶质率 92.1%、脱沥青率 97.1%、脱金属率 94.1%。

5.5.1　主要技术特点

河北 10 万吨/年煤焦油沸腾床加氢开车成功后，通过不断改进煤焦油沸腾床加氢装置的各项工艺条件致使生产指标有了大幅改善，装置运行稳定性及安全性得到大幅度提高。

在生产实践中，齐跃和万景博等对 NUEUU® 技术的装置特点进行了总结。

5.5.1.1　工艺特点

该装置将煤焦油和稀释油在原料罐中进行合理的配比，然后通过换热设备将原料油升温至180～240℃，再进入常压塔进行脱水操作，经液体增压泵将原料油压力升至15MPa并与氢气在加热炉前混合，通过加热炉加热到230～290℃后从反应器底部进入反应器，反应后的油气混合物从反应器顶部流入热高压分离器进行油气分离，热高压分器中的油相经过降压、换热后进入下游的固定床加氢装置或罐区，通过对换热设备的调节，使出装置的油品温度控制在50～170℃；热高压分离器中的气相经过换热后进入冷高压分离器，冷高压分离器中的气相进入循环氢缓冲罐，然后进入压缩机循环利用，冷高压分离器的液相经过降压进入下游的固定床加氢装置或罐区。

煤焦油沸腾床加氢工艺的特别之处在于反应器的独特结构和在线装卸催化剂系统。沸腾床反应器内部主要构件有液相集液器、泡罩塔盘和升气管。罩塔盘上方是催化剂，下方是进料口，原料油从反应器底部进入后通过泡罩到达泡罩塔盘上部与催化剂接触并发生反应，泡罩盘有效地将催化剂床层与进料口分离，有效防止了事故状态下催化剂倒流堵塞管线的状况；沸腾床反应器内油杯收集反应器内的液相，油杯中的液相通过油杯中心管进入反应器循环泵入口，然后通过反应器循环泵再从反应器底部回到反应器，通过反应器内部液相的强制循环增加了反应器内的液体流速从而保持了催化剂床层的膨胀状态，有利于原料和催化剂充分接触，提高了产品质量；反应器油杯口上设有升气管，反应完的气相通过升气管到达反应器顶部，升气管内部的螺旋式设计有效地阻挡了气体带出的催化剂，减少了反应器内催化剂的流失，同时也避免了催化剂进入下游分离系统堵塞物料管线。反应器底部设计了催化剂装卸管，装卸管一端与催化剂装卸系统相连，一端在反应器内泡罩塔盘的上部，当反应器内的催化剂活性降低后，通过催化剂装卸系统可以置换反应器内的催化剂，实现了在装置生产过程中更换催化剂的目的。

5.5.1.2 开工特点

（1）催化剂无需预硫化

采用微球形催化剂，状态为活化态，因此开工过程中不需要催化剂预硫化，催化剂具体形态见图5-56。催化剂活性金属组分为Ni-Mo，球形直径为0.65～1.0mm，堆积密度为0.85～0.92g/mL。该催化剂与传统沸腾床加氢挤条形催化剂相比，拥有较高强度及耐磨性。同时，微球形催化剂比条形催化剂具有更大的反应比表面，而且有利于增加催化剂的流动性，使整个床层更加均匀。

（2）并气操作

考虑到催化剂的性质，该反应系统应先引油后并气，这不但有利于控制催化剂床层的沸腾床状态，而且能避免催化剂被带出反应器，对后续设备和管线

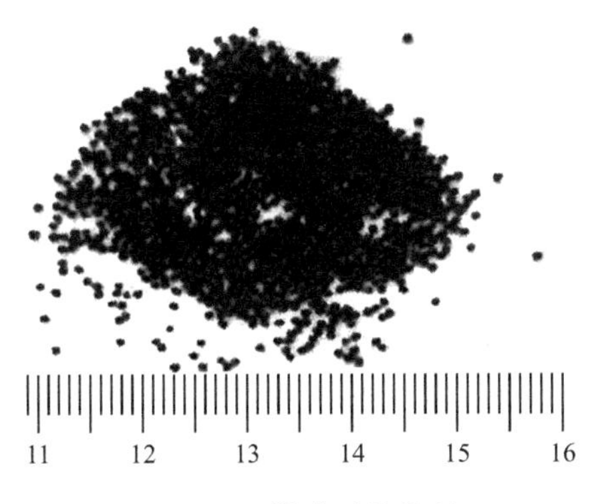

图 5-56　微球形催化剂

造成损害。

在系统氢气气密完成后，系统需要先降压将柴油引入反应系统充满反应器，充分浸泡催化剂（催化剂密度增大），再将氢气慢慢并入，随着气体的逐渐并入，反应器内的油被气相带入后续热高压分离罐，会引起热高压分离罐内液位的大幅波动，应将高分油及时送入低压系统。在并气过程中需要不断观察反应器内各料位仪显示，防止并气量过大将催化剂带出反应器。

并气过程中系统压力会在短时间内大幅降低，待气体穿透反应器内柴油，系统压力会急速升高，造成系统内循环氢压缩机操作波动增大，基于以上考虑并气前系统压力不宜选取过高或过低，一般选取 3～6MPa（G）。

并气过程中反应器内温度、反应器进料流量及循环泵循环油量均会影响反应器内催化剂床层沸腾状态。并气结束后，反应器内催化剂床层处于沸腾状态，反应器进出口压差稳定在 0.1～0.2MPa，反应器内温度分布均匀，轴向与径向温差≤5℃。

5.5.1.3　操作特点

（1）沸腾床反应器内料位控制

沸腾床工艺中，催化剂床层料位是反应区位，要稳定。过高的料位催化剂反应为稀相反应，反应物易反应不完全，过低的床层料位为密相反应，会使反应强烈，反应热易集中释放造成有反应温差。河北 10 万吨/年煤焦油加氢沸腾床加氢反应器有 A、B、C、D 四个床层密度监测点，正常操作条件下催化剂床层控制在 C、D 之间，反应器各点密度见表 5-63。催化剂的料位受进入反应器的气体量和液体进料量的共同影响，开工初期由于氢耗不稳定所以进入系统的循环氢量会有所波动，这一阶段的催化剂床层波动较大，当反应器内温度和进料量恒定以后，氢耗变得稳定，进入反应系统的氢气量基本不变，此时催化剂床层的料位主要由进入反应器的油量进行控制。由于反应进料量是不能随意变化的，故可通过调节反应器底部循环泵的流量来控制催化剂料位变化。

表 5-63　沸腾床反应器密度检测点数据

密度监测点	密度/（kg/m^3）
A	780.2
B	798.8
C	821.7
D	1221.1

（2）反应器床层温度控制

原料油和氢气混合后经过加热炉进入反应器，通过控制加热炉的温度来控制反应器入口温度和反应器内床层温度，加热炉是沸腾床加氢反应器床层温度控制的主要手段。

在氢油比满足设计要求的条件下，通过控制循环氢向反应器的进入量也能控制反应器内床层温度。循环氢量大，导致床层热量带出量多，为了维持热量平衡，需要提高反应器入口温度。在氢油比满足设计要求和产品质量达标的情况下，适当地降低循环氢的进入量有利于降低装置能耗，提高装置的综合效益。

5.5.2　沸腾床反应器

王小英在专利 CN207828192U 中，公布了沸腾床加氢反应系统，如图 5-57 所示。

如图 5-57 所示，该沸腾床加氢反应系统，包括反应釜 3，反应釜 3 上部设有三相分离器，三相分离器的液相区设有液相导出管，液相导出管贯穿反应釜 3 设有液体出口 9；三相分离器设有气相空间，反应釜 3 顶部设有催化剂加入口 7 和气体出口 8，催化剂加入口 7 和气体出口 8 位于气相空间上方；反应釜 3 底部设有催化剂外排系统，催化剂外排系统包括贯穿反应釜 3 底部的催化剂外排管路 11，催化剂外排管路 11 上端开口设于气液分配盘 2 上方；催化剂外排管路 11 下端开口并联连通外排催化剂接收和处理系统 16 和循环油泵 14 出口，循环油泵 14 出口支路设有控制阀 15；循环油泵 14 入口通过管路连通液体出口 9。液体出口 9 连通反应液体流出物分离系统 13，反应液体流出物分离系统 13 分离后即得产品。

反应釜 3 底部设有物料入口 1，物料入口 1 分别通过管路连通反应釜进料系

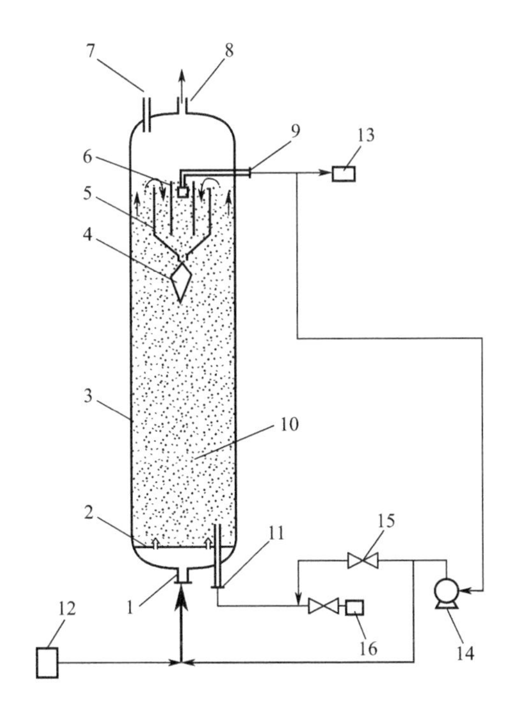

图 5-57　沸腾床加氢反应系统

1—物料入口；2—气液分配盘；3—反应釜；4—导流体；5—外筒；6—内筒；7—催化剂加入口；8—气体出口；9—液体出口；10—反应区域；11—催化剂外排管路；12—反应釜进料系统；13—反应液体流出物分离系统；14—循环油泵；15—控制阀；16—外排催化剂接收和处理系统

统 12 和循环油泵 14。

三相分离器包括两端开口的内筒 6 和两端开口的外筒 5，内筒 6 套装到外筒 5 内，外筒 5 上端开口低于内筒 6 上端开口，外筒 5 下端开口低于内筒 6 下端开口。

该沸腾加氢反应系统的沸腾床加氢方法，包括以下步骤：

① 原料准备：反应原料为重质或劣质原料，如减压渣油、煤焦油、煤液化油、沥青油砂、页岩油等。

催化剂为固体颗粒，颗粒直径，以等体积球形计，一般为 0.6～2mm，催化剂以氧化铝为载体，以 Mo、W、Ni、Co 中至少一种为活性组分；催化剂在反应釜 3 内装量为反应釜 3 容积的 50%～85%，同时可以添加相关助剂，催化剂在反应釜内装量以静止状态计为反应釜容积的 50%～85%，优选为 65%～80%，最优选为 72%～78%。反应条件可以根据原料性质和反应深度要求确定，一般反应压力为 5～25MPa、反应温度为 200～500℃，氢气与原料油标准状态下体积比为 300～2000，原料油与催化剂体积静止状态相比的体积空速为 0.1～$2h^{-1}$。

② 反应过程中，通入催化剂外排管路11中循环油，保持催化剂外排管路11畅通：通过控制阀15，连续或间歇地将循环油通过催化剂外排管路11通入反应釜3中。催化剂通过催化剂加入口7加入反应釜3，反应原料和氢气由反应釜进料系统12从物料入口1送入反应釜，反应后气相从气体出口8排出，液相从液体出口9排出。

通过催化剂外排管路11通入反应釜3的循环油量为总循环油量的20%以下，优选为10%以下，进一步优选为5%以下，催化剂外排管路11中物料流速不低于0.05m/s。经试验，可以保持催化剂外排管路11长周期保持通畅状态。

上述三相分离器分离效果采用冷模进行模拟实验。冷模装置的尺寸为：反应釜壳体的内径200mm，反应釜壳体的高度3500mm，三相分离器高度400mm，三相分离器的外筒上部直筒段的直径为300mm，内筒与外筒之间的环隙距离为80mm，内筒上端与外筒上端的高度差为60mm，内筒的下端开口与外筒收缩段之间的间隙为60mm，外筒收缩段下端开口直径为90mm，外筒下部锥台形收缩段的收缩角，直筒段与锥台形收缩段的锐角夹角为35°。导流体纺锤形轴向横截面最大处直径为150mm。以煤油作为液体，进油量为60～120L/h；气相选用氮气，进气量（标准状况）为2～4m^3/h。固相选用粒径为0.7～0.8mm的氧化铝微球催化剂，催化剂藏量以静止时计，为反应釜有效容积的55%～80%，不计封头空间。试验结果见表5-64。

表5-64 冷模装置试验结果

序号	进油量/（L/h）	进气量（标准状况）/（m^3/h）	催化剂藏量（体积分数）/%	催化剂带出量/（μg/g）
1	90	3	80	1.7
2	90	4	75	1.7
3	80	3	70	1.5
4	80	4	75	1.7
5	120	4	65	1.5

从冷模试验可以看出，该沸腾床反应器具有良好的固体分离效果，适用的操作区间较广。

5.5.3 生产工艺过程

5.5.3.1 生产装置运行分析

河北10万吨/年煤焦油沸腾床加氢装置，经3年的稳定运行，充分验证了

NUEUU®技术的先进性。之后又将装置加工能力提升到30万吨/年，并在原有装置基础上进行了流程优化，使装置原料适应性增强、能耗降低、催化剂的使用周期变长。齐跃等通过对河北新启元30万吨/年煤焦油沸腾床加氢装置工艺进行分析，并对该装置3个多月工艺运行数据和产品质量进行探讨，以此说明该技术具备的工艺先进性，为该技术的推广提供了技术依据。

（1）生产工艺流程

图5-58是煤焦油床加氢装置工艺流程。原料油由罐区进料泵增压后进入生产装置区，首先用超级离心机将原料油中油、水、固体机械杂质（直径大于100μm的固体）进行分离；脱杂后的原料油经过换热后进入脱水处理，一般要求进入反应系统原料的水分要小于300μg/g，以防止水进入反应系统后迅速膨胀造成催化剂粉碎和反应系统压力波动。脱水后的原料与氢气混合后经过换热器换热、加热炉升温从沸腾床预反应器进入并与催化剂接触开始反应，反应后的油品经过换热降温后进入沸腾床主反应器继续进行反应。反应后的产物进入热高压分离系统进行分离：气相组分经过换热冷却至50℃，然后进入冷高压分离罐进行气液两相分离，气相进入循环氢缓冲罐然后经压缩机压缩后重新进入反应系统，液相进入冷低压分离罐降压脱气后送出装置；液相组分减压后进入热低压分离罐进行脱气，然后经过减压加热炉进入减压塔进行分离。减压塔共有4股物料采出，其中塔底采出的减压渣油组分返回脱水塔经增压泵加压后继续进

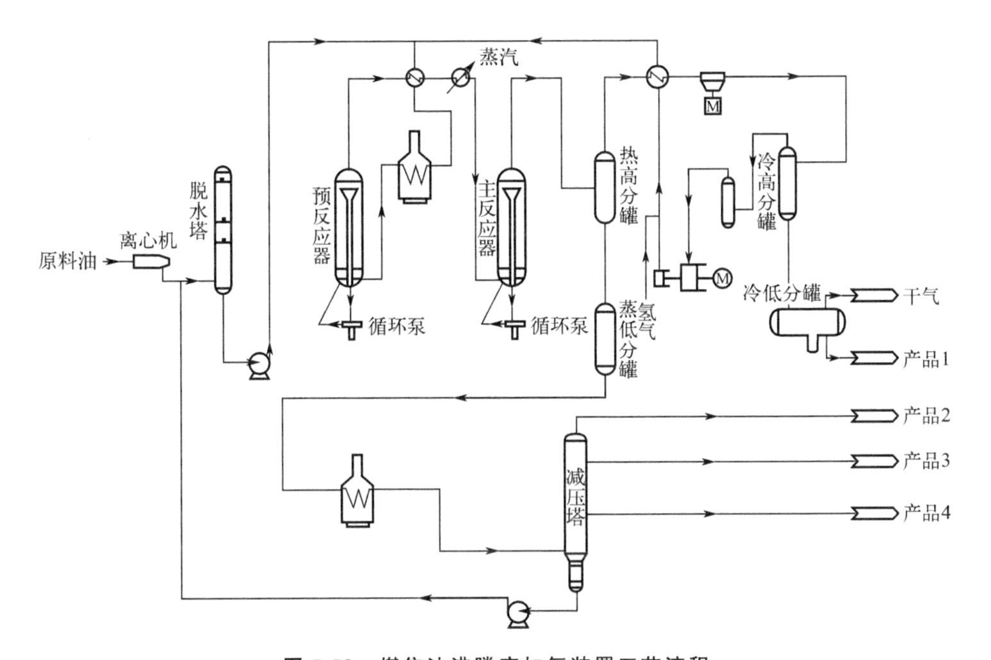

图5-58 煤焦油沸腾床加氢装置工艺流程

入反应系统进行反应，另外 3 股物料送往下游的燃料油固定床加氢装置、石脑油精制装置进行深度处理。沸腾床工艺的特殊性在于反应器内部设置油杯，油杯底部与循环泵相连，循环泵带动反应器内的油不断循环，从而使反应器内的催化剂维持流动的状态。

为了验证 NUEUU® 技术对原料的适应性，对装置在 3 个多月里，煤焦油、尾油、蒽油、煤焦油减压渣油等原料进行了不同配比的进料测试。原料油产品的性质见表 5-65。

表 5-65 原料油产品性质

原料		煤焦油	尾油①	蒽油	煤焦油减压渣油②
密度（20℃）/（kg/m^3）		1010～1030	890～920	1100～1140	1070～1140
残炭（质量分数）/%		2～10	<0.05	0.2～0.6	4～10
机械杂质（质量分数）/%		0.2～0.3	<0.05	0.1～0.2	0.6～1.2
硫/（μg/g）		1500～3000	<100	7000～9000	6000～9000
氮/（μg/g）		5500～6500	<100	7000～9000	7000～9000
馏程/℃	初馏点	92	324	190	254
	50%	334	382	387	>500
	70%	396	407	420	—
	90%	493	442	>500	—
	终馏点	>500	>500	—	—
>460℃组分（体积分数）/%		15～25	5～8	10～15	>90

① 尾油为固定床加氢装置的加氢产物经 350℃常压蒸馏后的塔底组分；

② 煤焦油减压渣油为煤焦油减压蒸馏后大于 460℃的组分。

装置运行初期，催化剂活性较强，采用煤焦油、尾油混合进料的方式对催化反应效果进行测试，通过尾油对煤焦油进行稀释，缓和加氢反应过程，有利于稳定催化剂的活性。控制煤焦油与尾油进料的质量比为 4∶1，2 台反应器温度均控制在 380～400℃之间，反应压力控制在 13～13.5MPa，反应后产物经减压分馏后大于 460℃的组分与煤焦油、尾油混合进入反应系统，最终控制反应进料为 30～40t/h。煤焦油、尾油混合进料原料及产品性质见表 5-66。

表 5-66 煤焦油、尾油混合进料原料及产品性质

项目	煤焦油+尾油	产品 1	产品 3	产品 4
产物收率/%	—	48.13	15.24	29.04

续表

项目	煤焦油+尾油	产品 1	产品 3	产品 4
密度（20℃）/（kg/m³）	966	843	886	924
残炭（质量分数）/%	2.7	<0.05	<0.05	<0.16
机械杂质（质量分数）/%	0.2	<0.01	<0.01	<0.01
硫/（μg/g）	2100	154	6	26
氮/（μg/g）	4017	320	213	177
>460℃组分（质量分数）/%	17	0	0	6

注：产品干气、产品 2、脱水塔塔顶轻油等的收率未在表中列出。

装置在煤焦油与尾油进料比例 4∶1 条件下运行一段时间后，催化剂反应活性趋于稳定，逐步提高煤焦油的进料比例，最终达到煤焦油全组分进料，反应总进料量控制在 30～40t/h。煤焦油全组分进料原料及产品性质见表 5-67。

表 5-67 煤焦油全组分进料原料及产品性质

项目	煤焦油	产品 1	产品 3	产品 4
产物收率/%	—	63.15	10.65	19.24
密度（20℃）/（kg/m³）	1011	854	886	924
残炭（质量分数）/%	3.5	<0.05	<0.05	<0.2
机械杂质（质量分数）/%	0.25	<0.01	<0.01	<0.01
硫/（μg/g）	2465	101	12	39
氮/（μg/g）	5538	1094	1044	1538
>460℃组分（质量分数）/%	18	0	0	8

装置稳定运行期间，分别对不同种类的煤基劣质重油进行进料测试，蒽油全组分进料原料及产品性质见表 5-68，煤焦油∶煤焦油减压渣油=2∶1 进料原料及产品性质见表 5-69。

表 5-68 蒽油全组分进料原料及产品性质

项目	蒽油	产品 1	产品 3	产品 4
产物收率/%	—	57.47	15.14	22.32
密度（20℃）/（kg/m³）	1127	936	933	1039
残炭（质量分数）/%	0.16	<0.05	<0.05	<0.05
机械杂质（质量分数）/%	0.25	<0.01	<0.01	<0.01

续表

项目	蒽油	产品 1	产品 3	产品 4
硫/（μg/g）	7631	286	9	240
氮/（μg/g）	8717	347	118	968
＞460℃组分（质量分数）/%	13	0	0	4

表 5-69　煤焦油：煤焦油减压渣油＝2：1 进料原料及产品性质

项目	煤焦油＋煤焦油减压渣油	产品 1	产品 3	产品 4
产物收率/%	—	66.18	7.41	20.36
密度（20℃）/（kg/m^3）	1019	869	904	962
残炭（质量分数）/%	6.4	＜0.05	＜0.05	＜0.5
机械杂质（质量分数）/%	0.5	＜0.01	＜0.01	＜0.01
硫/（μg/g）	2643	132	7	532
氮/（μg/g）	5842	829	532	1418
＞460℃组分（质量分数）/%	36	0	0	13

通过对表 5-65～表 5-69 分析可知，NUEUU® 技术能够对不同种类的劣质重油进行加氢反应，通过反应有效降低油品的密度、硫、氮、残炭等指标，并且对各种原料的脱硫率均能达到 90%以上，脱硫效果明显；原料加氢后残炭明显降低，其产品完全满足新启元公司燃料油固定床加氢装置残炭小于 0.8%的指标要求，是固定床加氢装置的优质原料；加工该物料能够延缓固定床催化剂的失活，有效延长固定床加氢装置的运行周期；在测试的原料中残炭含量最高可达 6.4%，但装置仍然保持稳定的运行状态，其原因在于沸腾床反应器内催化剂在原料油、循环油、氢气的作用下处于流动状态，使得反应器内部各处温度分布以及反应器进出口压差基本恒定，解决了固定床加氢工艺因担心局部热点形成、催化剂床层压差过大而无法加工高残炭劣质油品的难题；虽然 4 种原料经过加氢反应和蒸馏后相同产品的收率存在差异，但产品 1、产品 3、产品 4 总收率均大于 92%，产品总收率较为稳定；煤焦油减压渣油中大部分组分为大于 500℃的重质油品，在与煤焦油混合进入沸腾床反应器完成加氢反应并经过减压分离后，馏分小于 460℃的产品 1、产品 3、产品 4 的收率为 91.3%，表明混合进料的部分重质组分通过加氢反应实现轻质化。

为了增强装置的原料适应性，煤焦油沸腾床加氢装置共设置了 2 台沸腾床反应器，预反应器装载的 JMHC-2608B 微球形催化剂比主反应器装载的 JMHC-2608C 微球形催化剂具有更高的孔体积，但活性金属含量低、价格相对便宜。

合理的催化剂分配使得原料中的金属、机械杂质在通过预反应器的过程中被孔体积较大的JMHC-2608B催化剂吸附，有效地保护了主反应器内的催化剂，减少主反应器催化剂在线装卸次数，降低生产成本；通过对预反应器催化剂的在线置换，使该装置能够加工机械杂质较高的油品。

（2）装置能耗

煤焦油沸腾床加氢装置运行能耗情况见图5-59。忽略开工初期装置消耗大量的能源以及运行过程中因为机泵、原料不稳定造成的能源消耗量的增加，该煤焦油沸腾床加氢装置每加工1t原料油品，所需消耗的公共能源在500MJ/kg以下，装置稳定运行期间基本能耗维持在100～300MJ/kg；通过加工不同种类的原料发现，装置的生产能耗变化基本不大，且维持在一个较低的水平，与相同规模固定床加氢装置相比，由于固定床装置要用压缩机带动大量的冷氢给反应器床层降温，所以电能消耗大，故此生产能耗基本维持在1500MJ/kg以上。较低的产品加工能耗使得NUEUU®技术在劣重质油品加工领域具有较强的竞争优势。

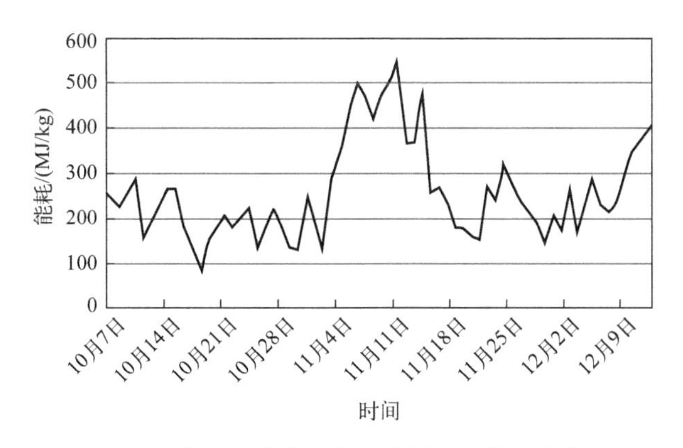

图5-59 煤焦油沸腾床加氢装置运行能耗变化图

装置的低能耗运行得益于高活性的催化剂、合理的换热流程及对反应热的高效利用。NUEUU®技术采用的JMHC-2608微球形系列催化剂具备相比于传统的圆柱形催化剂拥有更高的活性金属含量以及更大的比表面积，使得催化剂的活性显著增强，原料油品在反应过程中能够充分地与催化剂接触，高效地完成反应并释放反应热，其中预反应器的温度达到90～110℃，主反应器的温度达到120～150℃。预反应器与主反应器之间设置了1台小型锅炉，利用反应热产生蒸汽的同时控制进入主反应器的原料温度，降低装置的整体能源消耗。主反应器出口物料通过与原料油及氢气换热，提升进入加热炉的原料温度，节约了能源。与固定床反应器相比，沸腾床反应器无需冷氢对床层进行降温，极大地降低了循环氢的使用，减少了压缩机的电量消耗。

(3) JMHC-2608微球形系列催化剂磨损强度

催化剂的磨损强度是评价沸腾床反应器应用催化剂的重要指标。由于催化剂在反应器内处于流动状态，并且催化剂之间、催化剂与反应器之间不断发生碰撞，此过程易造成催化剂磨损、破碎，甚至泥化，最终使催化剂因骨架坍塌而失去反应活性，影响装置的长周期运行。脱水、脱轻烃后的原料油品在经过2台反应器后进入热高压分离罐，气相产品经过降温、降压后最终形成冷低分油，此类油品中灰分极低，对研究催化剂的磨损无参考意义；液相产品经过减压后进入热低压分离罐，形成热低分油，催化剂磨损组分基本分布在此类油品中。为了监测JMHC-2608微球形催化剂的磨损强度，在装置运行稳定后分别对原料及热低分油的灰分及冷热低分油产率进行了分析，所得结果分别见表5-70和表5-71。

表5-70 原料及热低分油灰分监测数据

日期	2019年11月18日	2019年11月20日
原料灰分（质量分数）/%	0.05	0.02
热低分油灰分（质量分数）/%	0.048	0.013

表5-71 冷低分油、热低分油产率

日期	2019年11月18日	2019年11月20日
冷低分油产率/%	61.16	32.47
热低分油产率/%	66.14	26.68

按照装置进料30t/h进行分析，2019年11月18日原料中的灰分约为15kg/h，热低分油中的灰分约为14.5kg/h；2019年11月20日原料中的灰分约为6kg/h，热低分油中的灰分约为4kg/h。由此可知，加氢后产物热低分油灰分并未出现大幅度增加，说明JM-HC-2608催化剂在运行期间并未出现严重的磨损以及催化剂溢出反应器的状况。灰分降低的主要原因是在加氢过程中原料油品中的金属成分被催化剂吸附。

5.5.3.2 生产装置设计与运行

冯光平对由河北另一套采用NUEUU®技术的20万吨/年煤焦油加氢从装置运行初期的数据，对有关操作条件、产品性质等进行了分析。装置以中低温焦油为原料，产品石脑油、柴油硫氮含量完全满足国五要求，实现了煤焦油全馏分的全部转化。

（1）生产装置

装置由预处理、反应、分馏、公用工程四部分组成，为两段加氢尾油全循环的加氢裂化工艺，其中一段为沸腾床加在线精制工艺，二段为加氢精制裂化工艺。反应部分采用炉前混氢方案；分馏部分采用硫化氢汽提塔和常压塔出柴油方案，设分馏进料炉；沸腾床催化剂采用预硫化方案，固定床催化剂采用湿法硫化和器外再生方案，催化剂不需要钝化。

① 沸腾床反应器设器间换热　装置设置两台沸腾床反应器，反应器之间设置换热器，可以取热，也可以走旁路。这种流程的设置，在国内属于首次。减压渣油和煤焦油性质差别很大，尤其是煤焦油芳烃含量远比渣油高，其中大部分都是4～6环的芳烃，芳烃加氢后放热量大，反应器温升高，因此两种油品的加氢反应条件差别很大，煤焦油单台沸腾床反应器温升可以达到120～140℃。设置两台反应器，是为了加工兼顾减压渣油和煤焦油，第一台反应器装填脱金属催化剂和精制剂，第二台反应器装填裂化剂。

设置换热器的目的，可以调整反应器的入口温度，达到加工不同原料的目的。

② 设置在线精制反应器　沸腾床反应器杂质反应条件和脱除效果为：反应温度350～380℃，反应压力16～18MPa，重组分转化率60％～75％，脱硫率80％～90％，脱氮率50％～60％。而煤焦油中轻组分的硫、氮主要以RSH、RSR′、RNH_2等形式存在，比较容易脱除，生成对应的饱和烃。重组分（＞350℃）的硫、氮等主要分布在芳烃、胶质和沥青质中，较难脱除。而煤焦油的硫、氮等杂质，主要集中在重组分中。

沸腾床反应产物，经过热高压分离罐分离，气相中包含石脑油、柴油组分，经换热后进入在线精制反应器深度脱除硫、氮等杂质，生产出含硫＜10μg/g的合格产品。同时通过设置在线精制反应器，减少加热炉和高压泵，充分利用沸腾床放热量，减少了能耗，降低了投资。

③ 设置二段精制裂化反应　未通过沸腾床转化的重油，在二段精制裂化部分进行转化，以生产尽可能多的石脑油和柴油。采用固定床反应器，催化剂由脱金属、精制、裂化、后精制四个部分组成，以高活性裂化剂为主。操作条件为：温度380～410℃；压力16～18MPa。

在加氢裂化过程中，反应温度较高时烯烃和硫化氢容易反应生成硫醇，增加了反应产物中的硫醇含量，降低了脱硫率，后精制剂的目的，就是针对这部分油品中含量较少而较难脱除的硫化物设置的。

④ 设置在线装卸设施　催化剂与高温重油接触，沥青质逐渐在催化剂表面产生聚合，形成焦炭，焦炭的沉积会堵塞催化剂孔道，使催化剂失去活性，而

再生是恢复催化剂活性的主要方法。常规固定床反应器，催化剂失活后都需要停工再生。而沸腾床反应器可以在不停工的条件下，催化剂随时在线添加和移出，保证催化剂活性恒定和维持稳定的产品质量及收率，避免了固定床反应器所存在的反应初、末期产品收率的变化、目标产品质量逐渐下降和每年停车换剂对全厂生产、物料总平衡的影响问题，延长了装置操作周期。沸腾床加氢装置操作周期一般为2～4年，从而保证了加氢装置能够与全厂检修周期同步。

⑤ 催化剂　沸腾床反应器具有催化剂层膨胀和硫化均匀性的特征，因此反应器保持良好的动力学平衡。这就要求催化剂应具有某些特殊的理化性质，如催化剂颗粒形状、尺寸及机械强度，以满足特殊的使用条件。

沸腾床催化剂采用球形催化剂，颗粒直径为0.85～0.95mm。国外类似装置，催化剂采用0.8mm条形催化剂。与条形催化剂相比，球形催化剂颗粒强度更高，在沸腾状态下，具有易流动、不易磨损的优点，但满足此条件的球形催化剂制备难度较大。同时沸腾床催化剂采用预活化性质，减少了装置开工初期的硫化过程，简化了开工流程，缩减了开工时间。催化剂物化性质见表5-72。

表5-72　催化剂的主要物化性质

物化性质	本项目	参比
外观形状	球形	条形
颗粒直径/mm	0.85～0.95	0.8
磨损指数/%	≤0.5	—
活性组分	Mo-Ni	Mo-No/Mo-Co

（2）装置的投产运行情况

2018年9月装置投产一次成功，生产出合格产品。自开工以来，运行平稳，处理量一直保持设计负荷，产品合格率达100%，满足国五要求。从运行情况看，煤焦油沸腾床加氢系列催化剂初期活性高，产品质量和产品分布达到了设计要求和工厂的需要。在产品质量合格且达到设计要求的前提下，催化剂初期反应温度较低。

① 原料油　装置设计和实际使用的原料性质见表5-73，由表5-73可以看出，实际使用的原料性质接近于设计值。

表5-73　设计与实际的原料性质（质量分数）

性质	设计值	实际值
密度（20℃）/（g/cm^3）	1.04	1.036

续表

性质		设计值	实际值
馏程/℃（ASTM-D1160）	IBP	171	—
	10%	240	
	30%	320	—
	50%	382	
	70%	432	—
	90%	496	
	95%	524	—
运动黏度（50℃）/（mm^2/s）		44.5	—
凝点/℃		19	—
残炭/%		5.49	6.45
机械杂质/%		0.2	0.2
灰分/%		0.031	—
S/%		0.31	0.46
N/%		0.86	0.88
O/%		7.5%	6.7%

② 反应操作条件　装置设计和实际生产的主要反应条件对比见表 5-74。

表 5-74　沸腾床反应条件对比

项目		设计值	生产值
沸腾床反应器温度/℃	入口	260	252
	出口	380	375
热高分温度/℃		380	383
冷高分压力/MPa（G）		15.6	15.3
催化剂体积空速/h^{-1}		0.3	0.25
沸腾床入口氢油比/（m^3/m^3）		600	556

从实际运行数据看，操作条件与设计值相比，在正常波动范围，在这样的条件下，生产出合格产品。

③ 产品性质　装置设计与实际生产的产品性质对比见表 5-75，由此可以看出，两者接近。

表 5-75　产品性质对比

名称	石脑油		柴油		尾油	
	设计	生产	设计	生产	设计	生产
馏分范围/℃	<160	<155	160～360	155～360	>400	>400
密度（20℃）/（g/cm³）	0.765	0.749	0.87	0.88	0.906	0.92
总硫/（μg/g）	<5	<5	<10	6	<30	28
总氮/（μg/g）	<5	<5	<10	8	<50	44
闪点/℃	—	—	58	56	>150	>150
凝点/℃	—	—	<−20	−12	36	38
十六烷值	—	—	>38	40	—	—
RON	69	67	—	—	—	—
芳烃（质量分数）/%	—	—	<20	17	—	—
多环芳烃（质量分数）/%	—	—	<2	1.5	—	—
芳烃指数	—	—	—	—	8	7

柴油的凝点，与设计偏差较多。由于冬季低凝点柴油的需求量较大，可通过调整柴油的馏分范围，减少重组分含量，降低柴油凝点。

④ 物料平衡　装置设计和实际生产的物料平衡对比见表 5-76。

表 5-76　物料平衡对比（质量分数，%）

产品分布		设计	实际生产
入方	煤焦油	100	100
	氢气	8.1	7.8
	合计	108.1	107.8
出方	干气	4.25	4.11
	液化气	3.85	3.67
	水	6.86	6.5
	石脑油	19.37	13.62
	柴油	68.77	71.9
	加氢尾油	5	8
	合计	108.1	107.8

5.5.4　技术优势分析

张甫等对国内外 4 种典型沸腾床加氢技术进行了分析比较，如表 5-77 所示，分析认为：沸腾床加氢技术设备结构复杂，设备要求高，投资较高，但由于该技术相对成熟，可以处理固定床加氢处理不了的劣质重油，近年来发展也很迅速，是重油加氢技术发展的方向。一般适用于加工重质原料油的残炭含量20%～40%，金属（Ni+V）含量200～800μg/g。姚春雷等的研究表明，中温煤焦油经过沸腾床加氢后，原料和产品性质比较见表5-78，煤焦油全馏分经过沸腾床加氢后，可使煤焦油硫、氮含量降低，馏程大幅度前移，甲苯不溶物和残炭含量降低到固定床加氢长周期运转允许的范围，同时饱和了含氧化合物和单、双烯烃等杂质，简化了后续固定床加氢流程。

表5-77 典型沸腾床加氢工艺技术对比

技术名称	H-Oil	T-Ster	LC-Fining	STRONG	NUEUU
所属公司	AXENS	AXENS	CLG	中国石化	新佑能源
反应温度/℃	415～440	360～380	400～450	380～450	200～500
反应压力/MPa	16.8～21.0	12.5～13.5	11.0～20.0	8.0～18.0	5.0～25.0
体积空速/h^{-1}	0.4～1.3	—	—	—	0.8～1.0
转化率/%	45～85	20～60	55～80	40～90	≥90
脱硫率/%	62～82	93～99	60～85	50～98	≥90
脱氮率/%	25～45	40～85	—	30～70	≥90
脱残炭率/%	45～75	—	40～70	—	≥90
脱金属率/%	65～90	—	65～88	62～90	≥90

表5-78 煤焦油沸腾床预处理原料和生成油性质对比（质量分数）

项目		煤焦油原料	沸腾床加氢生成油
密度（20℃）/（g/cm^3）		1.0881	0.9735
模拟馏程/℃	IBP	152	100
	10%	236	187
	30%	315	260
	50%	375	316
	70%	439	370
	90%	750	449
	FBP	—	587
碳/氢		81.75%/7.75%	82.88%/10.01%
氧/%		4.25	≤0.03
硫/（μg/g）		1986	267

续表

项目	煤焦油原料	沸腾床加氢生成油
氮/（μg/g）	7617	5021
甲苯不溶物/%	0.73	0.01
残炭/%	9.87	0.89
重金属/（μg/g）	269.84	0.85

生产实践表明，NUEUU® 专利沸腾床加氢技术的优势是：原料适应性广，既可加氢处理各种劣质煤焦油，也能处理金属 Ni+V 含量在 150～800μg/g 的劣质原油、油砂沥青油、页岩油甚至溶剂抽提脱油沥青等。可以解决固定床加氢技术在处理高金属含量、高沥青质、高胶质原料时，存在催化剂失活快、易结焦、床层压力降增长快、装置运行周期短、原料适应范围相对较窄等弊端。且沸腾床加氢技术转化率高、轻油收率高、加工中低温煤焦油时目标产品 1 号煤基氢化油和 2 号煤基氢化油收率>90%，催化剂能够在线置换，整个装置连续运转周期超过 2 年。从而能降低企业运营成本，提升经济效益（见表 5-79）。同时，沸腾床加氢技术还可以解决煤焦油固定床加氢过程放热量大、易产生飞温现象、床层局部热点严重、反应器压降大等问题。整个沸腾率反应器床层温度均匀维持在 380～410℃，且床层径向和轴向温差均小于 3～5℃，催化剂整体活性较高、利用率高、空速较小，反应器体积较其他加氢技术中反应器均要小。

表 5-79　沸腾床反应器与固定床反应器的比较

项目	沸腾床	固定床
反应温度/℃	385～420	340～390
体积空速/h^{-1}	0.85～1.5	0.25～0.5
氢油比（标准状况）/（m^3/m^3）	500～600	1000～1200
循环气压差/MPa	1.3	2.4
操作周期	>3 年	1 年
冷氢量	无	较大
反应器温度差/℃	<5	>5
加工吨原料消耗成本	约 0.9*a*①	*a*
加工吨原料销售收入	约 1.2*a*	*a*
加工吨原料利润（不含折旧、人工及财务成本）	约 1.5*a*	*a*

① *a* 为基准数。

综上所述NUEUU®沸腾床加氢处理劣质重油的主要优势是：

① 加氢过程无床层结焦堵塞等问题，适用于处理煤焦油、渣油等多种劣质重油原料，有利于后续固定床加氢或其他后续装置的长周期平稳运转。

② 操作温度、压力均高于固定床渣油加氢技术，尤其是反应温升远大于固定床渣油加氢，但却更易操作，装置运行安全性更好。能够保证关联装置的安全长周期稳定高效运行。

③ 在加氢处理劣质重油过程中，NUEUU®装置承担预处理功能，脱除原料中大部分硫、氮、氧等杂原子，并使烯烃、芳烃大量饱和，脱除原料中的胶质、沥青质。原料油中的大分子缩聚物在NUEUU®加氢装置中充分氢解，其反应产物在其后续固定床加氢或其他后续装置中更易实现进一步转化。

④ 反应器操作灵活，可根据原料性质适当改变反应条件，以调节反应深度，从而实现：在原料变化的情况下NUEUU®装置仍能为固定床加氢或其他后续装置提供更加稳定原料。

⑤ 反应器采用微球形催化剂，有利于其流化沸腾，反应器内催化剂膨胀沸腾依靠气液进料提升，通过调整反应器循环泵的流量来调整催化剂的膨胀效果。操作简单，反应充分，转化率高。

⑥ 该加氢技术采用压差输送催化剂在线加入反应系统和高温高压催化剂在线排出反应系统，利用了高压氢气，避免设置单独的高压输送油泵，降低了投资、占地和能耗。

⑦ 该加氢技术能处理多种全馏分劣质重油，可充分提高资源利用率，获取较高的液体产品收率，使得劣质重油不再难以加工。

⑧ 该加氢技术目前已在工业化生产中得到应用，生产实践表明：其具有良好的环保效益和综合技术经济效益，对促进我国劣质重油的清洁高效转化具有重要意义。

参考文献

[1] 潘赟，孟兆会．沸腾床渣油加氢装置长周期稳定运转技术研究［J］．当代化工，2019，48（7）：1603-1606，1610.

[2] 辛靖，高杨，张海洪．劣质重油沸腾床加氢技术现状及研究进展［J］．无机盐工业，2018，50（6）：6-11.

[3] 张甫，任颖，杨明等．劣质重油加氢技术的工业应用及发展趋势［J］．现代化工，2019，39（6）：15-20.

[4] 李春年．渣油加工工艺［M］．北京：中国石化出版社，2002.

[5] 方向晨．国内外渣油加氢处理技术发展现状分析［J］．化工进展，2011，30（1）：95-104.

[6] 刘建锟，蒋立敬，杨涛等．沸腾床渣油加氢技术现状及前景分析 [J]．当代化工，2012，41 (6)：585-587.

[7] 郑文兰．镇海炼化建成沸腾床渣油加氢装置 [J]．炼油技术与工程，2019，49 (12)：39.

[8] 叶锋，蒋波，庞修海．镇海沸腾床渣油加氢装置数字化交付探索与实践 [J]．炼油技术与工程，2019，49 (6)：46-49.

[9] 梁龙．恒力改写芳烃新格局开创石化新典范 [J]．中国纺织，2019 (6)：65.

[10] 张庆军，刘文洁，王鑫，等．国外渣油加氢技术研究进展 [J]．化工进展，2015，34 (8)：2988-3002.

[11] 骆胜兵．沸腾床加氢裂化装置防结焦技术的研究 [D]．武汉：武汉工程大学，2016.

[12] 刘鹏，王宁宁．沸腾床渣油加裂采用分散剂防结焦技术的研究 [J]．化工管理，2019 (12)：168-169.

[13] 朱赫礼，朱宁．沸腾床渣油加氢技术的工业应用及展望 [J]．石化技术，2014，21 (2)：58-63.

[14] 路磊，段爱军，候娜，等．用于转化劣质渣油的 LC-Fining 沸腾床加氢工艺 [J]．当代化工，2005，34 (2)：103-105，120.

[15] 李雪静，乔明，魏寿祥，等．劣质重油加工技术进展与发展趋势 [J]．石化技术与应用，2019，37 (1)：1-8.

[16] 姚国欣．渣油深度转化技术工业应用的现状、进展和前景 [J]．石化技术与应用，2012，30 (1)：3-7.

[17] 黎元生．T-star 加氢技术与固定床技术对比研究 [J]．抚顺烃加工技术，2004 (1)：9-18.

[18] 韩来喜．STAR 工艺的发展及其在煤炭液化工艺中的应用 [J]．石油炼制与化工，2011，42 (11)：57-61.

[19] 张林．沸腾床加氢反应技术与操作 [J]．内蒙古石油化工，2018 (8)：91-93.

[20] 王虎，李小强．浅谈沸腾床油品加氢工艺的操作要点及对策 [J]．石化技术，2019 (8)：24-25，48.

[21] 乔爱军．沸腾床加氢工艺在神华煤直接液化项目中的应用 [J]．石油化工设计，2016，33 (1)：12-17.

[22] 李小强，韩来喜．沸腾床加氢工艺在煤直接液化项目中的应用及优化 [J]．煤化工，2015，49 (6)：5-9.

[23] 张传红，杨文，韩来喜．沸腾床加氢研究进展与工业应用现状 [J]．内蒙古石油化工，2017 (4)：1-4.

[24] 吴春来．煤炭直接液化 [M]．北京：化学工业出版社，2010.

[25] 白欣．一套典型的加氢裂化装置工艺路线及产品调整方案 [J]．内蒙古石油化工，2018 (10)：58-60.

[26] 韩来喜，王云．沸腾床加氢 PPT-IB 催化剂的首次国产化工业应用及性能评价 [J]．石油炼制与化工，2013，44 (11)：19-22.

[27] 刘建平．沸腾床加氢技术在煤直接液化油加氢改质中的应用 [J]．石油炼制与化工，2020，51 (4)：38-36.

[28] 张传江，韩来喜．HRK-658 催化剂在沸腾床加氢工艺中的应用及分析 [J]．煤化工，2017，45 (3)：25-29.

[29] 李小强，韩来喜．煤直接液化沸腾床加氢催化剂失活原因分析及使用方案探讨［J］．当代化工，2016，45（11）：2695.

[30] 白雪梅，李克健，章序文，等．煤直接液化油加氢催化剂活性评价［J］．煤炭转化，2016，39（2）：36-40.

[31] 吴秀章，石玉林，马辉．煤炭直接液化油品加氢稳定和加氢改质的试验研究［J］．石油炼制与化工，2009，40（5）：1-5.

[32] 李立权，方向晨，高跃，等．工业示范装置沸腾床渣油加氢技术 STRONG 的工程开发［J］．炼油技术与工程，2014，44（6）：13-17.

[33] 杨涛，方向晨，蒋立敬，等．STRONG 沸腾床渣油加氢工艺研究［J］．石油学报（石油加工增刊），2010：33-36.

[34] 孙素华，王刚，方向晨，等．STRONG 沸腾床渣油加氢催化剂研究及工业放大［J］．炼油技术与工程，2011，41（12）：26-30.

[35] 薛青普．渣油加氢沸腾床冷模多相流流动特性模拟［D］．北京：北京化工大学，2015.

[36] 刘汪辉，姜来，刘海涛，等．STRONG 沸腾床示范装置应用［J］．当代化工，2017，46（9）：1894-1896，1901.

[37] 贾丽，杨涛，葛海龙，等．反应温度对沸腾床渣油加氢的影响［J］．炼油技术与工程，2013，43（2）：15-18.

[38] 贾丽．反应温度对渣油沸腾床加氢改质及生成油稳定性影响［J］．炼油技术与工程，2014，44（12）：13-16.

[39] 刘路，朱慧红，金浩，等．影响微球型沸腾床加氢催化剂耐磨性能的因素考察［J］．当代化工，2020，49（6）：1027-1030.

[40] 朱慧红，茆志伟，杨涛，等．催化剂形貌对沸腾床渣油加氢 Ni-Mo/Al_2O_3 催化剂活性位的影响机制［J］．化工学报，2021，72（4）：2076-2085.

[41] 刘杰，孙素华，朱慧红，等．一种微球形催化剂载体的制备方法：CN103769228B［P］．2016-08-17.

[42] 郑振伟，韩照明，葛海龙，等．沸腾床渣油加氢脱金属工艺条件的研究［J］．当代化工，2011，40（1）：56-59.

[43] 李新，王刚，孙素华，等．粒径变化对沸腾床渣油加氢催化剂的影响［J］．当代化工，2012，41（6）：558-561.

[44] 朱慧红，孙素华，金浩，等．沸腾床渣油加氢转化影响因素考察［J］．炼油技术与工程，2016，46（7）：12-15.

[45] 辛亚男，薛青普，张建文，等．渣油加氢沸腾床的多相流流动特性模拟［J］．当代化工 2018，47（2）：294-297，301.

[46] 张文光，王刚，孙素华，等．沸腾床渣油加氢催化剂生焦规律的研究［J］．当代化工，2013，42（1）：1-4.

[47] 朱慧红，金浩，刘杰，等．助剂对沸腾床渣油加氢催化剂性能的影响［J］．当代化工，2012，41（1）：33-35.

[48] 孙素华，朱慧红，刘杰，等．沸腾床加氢处理催化剂及制备方法．CN101240190B［P］．2011-05-18.

[49] 孙素华，朱慧红，刘杰，等．微球型沸腾床渣油加氢催化剂研究［C］//中国石油化工信息学

会，2007年中国石油炼制技术大会论文汇编．北京：石油工业出版社，2007：188-192.

[50] 周宁．渣油加氢沸腾床反应器内流场分布模拟研究［D］．北京：中国石油大学，2019.

[51] 许彦达．渣油加氢沸腾床冷模多相流的模拟与分布［D］．北京：北京化工大学，2020.

[52] 姜来．渣油沸腾床加氢技术现状及操作难点［J］．炼油技术与工程，2014，44（12）：8-12.

[53] 薛倩，张雨，刘名瑞，等．煤焦油沸腾床加氢制备180号船用燃料油调和组分［J］．石油炼制与化工，2015，46（10）：88-92.

[54] 杨涛，刘建锟，耿新国，等．沸腾床组合渣油加氢处理技术研究［J］．炼油技术与工程，2015，45（5）：24-27.

[55] 孟兆会，方向晨，杨涛，等．沸腾床与固定床组合工艺加氢处理煤焦油试验研究［J］．煤炭科学技术，2015，43（3）：134-137，81.

[56] 齐跃，刘彪．沸腾床加氢工艺先进性的分析［J］．精细与专用化学品，2018，26（7）：23-26.

[57] 万景博，张胜，许建云．10万t/a沸腾床加氢装置运行浅析［J］．精细与专用化学品，2016，24（12）：19-22.

[58] 王小英．沸腾床加氢反应系统：CN207828192U［P］．2018-09-07.

[59] 齐跃，郑拥军，张胜．煤焦油沸腾加氢装置运行分析［J］．精细与专用化学品，2020，28（9）：23-27.

[60] 冯光平．煤焦油加氢的设计和运行［J］．化学工程与装备，2019（7）：196-198.

[61] 姚春雷，全辉，张忠清．中、低温煤焦油加氢生产清洁燃料油技术［J］．化工进展，2013，32（3）：501-507.

6 NUEUU® 技术

NUEUU® 技术是劣质重油沸腾床加氢技术，加工原料范围广泛，包括常规的劣质重油（常压渣油、减压渣油、催化油浆等），还包括非常规的劣质重油（中低温煤焦油、高温煤焦油、蒽油、废旧轮胎油、地沟油等）；同时该技术能实现在线更换催化剂，保证装置运行周期内催化剂活性的稳定，从而保证装置的运行周期≥2 年；与传统固定床加氢技术对比，该技术有效液收产品收率高的同时，吨产品能耗大大降低。因此近年来，NUEUU® 技术应用较多，以下主要介绍该技术的工程应用概况。

6.1 煤焦油加氢

第二章对煤焦油性质进行了具体说明，由于其胶质和沥青质含量高，传统的、成熟的固定床加氢技术无法对全馏分煤焦油进行有效加工。因此，NUEUU® 技术应运而生，在此主要对该技术在全馏分煤焦油加氢领域的应用进行描述。

6.1.1 装置组成

采用 NUEUU® 技术的全馏分煤焦油加氢装置一般包括：原料脱水单元、沸腾床反应单元（含催化剂在线装卸部分）、在线精制反应单元、减压塔单元、加氢裂化反应单元、产品分馏单元、吸收稳定单元、干气液化气脱硫单元和酸性水汽提单元。其中，吸收稳定单元、干气液化气脱硫单元和酸性水汽提单元与其他炼油装置的同类单元相比，并无明显的不同，故本书不再予以介绍。

6.1.1.1 原料脱水单元

（1）工艺特点

反应原料油中含水有多方面的危害：一是引起加热炉操作波动，炉出口温度不稳，反应温度随之波动，不仅会导致燃料耗量增加，更会使产品质量受到影响；二是原料中大量水汽化后引起反应压力变化，恶化各控制回路的运行；三是对催化剂造成危害，高温操作的催化剂如果长时间接触水分，容易引起催化剂表面活性金属组分的老化聚结，活性下降，强度下降，催化剂颗粒发生粉化现象，堵塞设备和管线。

全馏分煤焦油因其制备工艺的特性，水含量通常在3%～5%（质量分数）之间，为避免原料中水分对反应单元产生不利影响，都要设置原料脱水单元。但是，与固定床加氢技术不同的是，NUEUU® 技术设置脱水单元的主要目的是避免上述前两个危害的发生，所以在脱水后煤焦油的水含量要求上，该技术与固定床加氢技术相比要宽泛许多。一般来说，固定床加氢技术要求反应进料中水含量不大于300μg/g，甚至小于100μg/g，而NUEUU® 技术只需要控制反应进料中水含量在0.5%（质量分数）以下即可。所以，该技术更能适应因原料水含量的变化而带来的装置操作上的波动。

（2）工艺过程

全馏分煤焦油原料自罐区进入装置，经换热器由低压蒸汽加热后进入离心机脱除油品中携带的部分固体颗粒，然后经缓冲罐和进料泵缓冲升压再依次与减压塔一中油和减压塔二中油换热升温后进入常压塔，在常压塔进料管线上设置中压蒸汽加热器，用来在装置开工阶段为原料油提供热量。塔顶水相送至污水处理场，油相按全回流考虑不定期外甩部分轻油至轻污油罐。脱水至0.5%（质量分数）以下的合格塔底油相送至沸腾床反应单元。

原料脱水单元的工艺过程如图6-1所示。

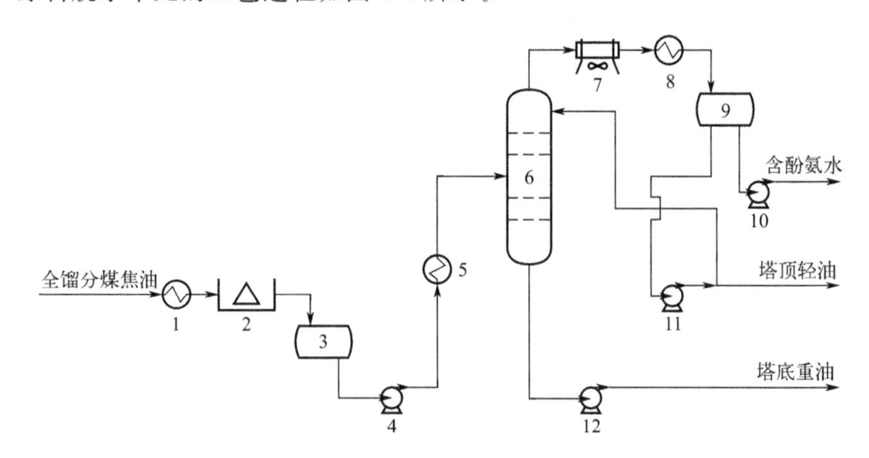

图 6-1　原料脱水单元工艺过程

1—蒸汽加热器；2—离心机；3—缓冲罐；4—进料泵；5—换热器；6—常压塔；7—空冷器；8—水冷器；9—回流罐；10—塔顶水泵；11—塔顶油泵；12—塔底油泵

6.1.1.2 沸腾床反应单元

（1）工艺特点

① 反应进料的过滤。全馏分煤焦油原料中常带有一些固体颗粒，虽然在原料脱水单元经离心机脱除掉一部分，但是由于离心机的过滤精度较差，所以还需要在本单元设置过滤器对反应进料中固体颗粒进一步脱除。NUEUU®技术与固定床加氢技术相比，在脱除原料中固体颗粒的原因上也不尽相同。对于固定床加氢技术，这些杂质将沉积在催化剂床层中，从而导致反应器压降升高而迫使装置无法继续维持生产；对于NUEUU®技术，沸腾床反应器内催化剂处于全返混状态，这些杂质只能附着在催化剂表面，然后随催化剂在线卸出离开反应器，不会在反应器内累积，因此沸腾床反应器整体压降可以始终维持在一个较小的定值，而NUEUU®技术更多考虑的是避免这些固体颗粒磨损管线、阀门或堵塞换热器等，从而保证装置长周期运行。

② 沸腾床反应器底部稳定泵。根据原料油性质的不同，NUEUU®技术需设置一台或多台沸腾床反应器，每台反应器底部均配置稳定泵。反应器顶部三相分离器中油品进入稳定泵，经升压后从底部返回反应器从而实现催化剂的全返混状态，使反应器压降、反应温度和轴、径向温差均处于稳定状态，进而保证装置稳定运行。

③ 催化剂在线装填与卸出。NUEUU®技术配套催化剂在线装卸部分，实现了在装置正常生产过程中对沸腾床反应器内催化剂进行装填和卸出。固定床加氢技术随着装置的运行，催化剂活性不断降低，为保证产品合格，需要提高反应压力和反应温度，或者降低原料处理量，从而导致装置的生产经济性下降。与之相比，NUEUU®技术可以在线添加新鲜催化剂、卸出使用过的催化剂，保证反应器内催化剂始终维持良好的活性，反应条件和原料加工量不会发生变化，大大提高了装置的生产经济性。

（2）工艺过程

常压塔底油与减压塔底油混合进入反应进料过滤器，过滤器按其精度不同分为三级设置，依次为篮式过滤器、刮板式过滤器和自动反冲洗过滤器。滤后混合油经缓冲罐和高压泵缓冲升压后混入氢气，再经换热器和加热炉加热至反应所需温度，由底部进入沸腾床反应器。反应产物经热高压分离罐进行气液分离，罐顶热高分气经换热器控温后进入在线精制反应单元，罐底油相经角阀降压后进入热低压分离罐。热低分罐顶气相经换热降温后进入冷低压分离罐，罐底油相进入减压塔单元。冷低分罐顶气相送至干气脱硫单元，罐底油相送至加氢裂化反应单元。

沸腾床反应单元的工艺过程如图 6-2 所示。

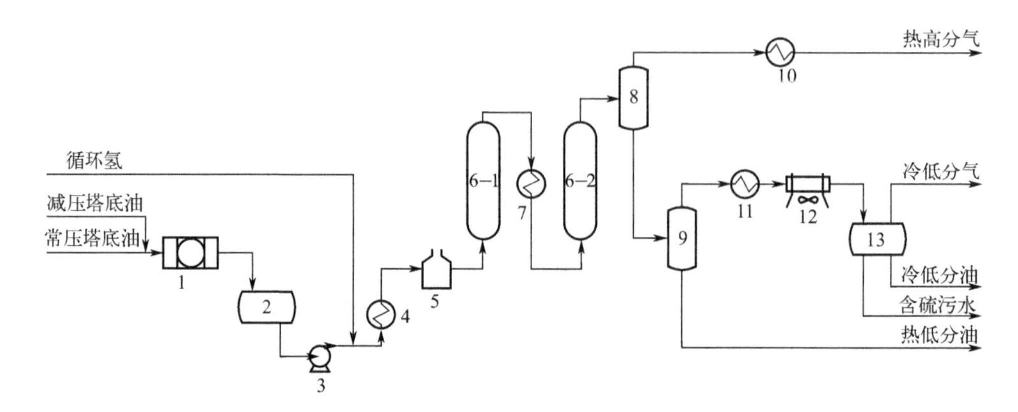

图 6-2 沸腾床反应单元工艺过程

1—反应进料过滤器；2—缓冲罐；3—高压泵；4，7，10，11—换热器；5—加热炉；6—沸腾床反应器；8—热高分罐；9—热低分罐；12—空冷器；13—冷低分罐

6.1.1.3 在线精制反应单元

（1）工艺特点

① 反应空速大。在线精制反应原料为沸腾床反应产物中的气相组分，其多环芳烃占比少、硫氮等杂原子含量低，在同样保证反应产物指标合格的前提下，反应空速远大于固定床加氢技术中精制反应空速。相同加工规模下，高反应空速则意味着催化剂装量少、反应器尺寸小，从而使装置一次投资显著降低。

② 采用冷高分流程。在线精制反应产物中轻质馏分油占比高，在流程方案设计上一般会选择冷高分流程，而固定床加氢技术通常会选择热高分流程。二者相比，在线精制反应单元的流程更为简单，不需要配置热高压、热低压分离罐及相关高低压仪表，并且氢气溶解损失少、循环氢纯度高、反应系统压力降小，在进一步降低装置投资的同时减少运行成本，从而提高装置生产效益。

（2）工艺过程

沸腾床热高分气经换热控温后进入固定床反应器进行进一步的精制反应，反应产物通过换热器换热降温后再经空冷器冷却至 50℃进入冷高压分离罐，罐底油相和水相经角阀降压后送至冷低分罐，罐顶气相经循环氢缓冲罐分离凝液后进入循环氢压缩机。压缩机出口气体一部分作为冷氢送至在线精制反应器，另一部分补入新氢后先经换热升温再与沸腾床反应进料油混合。冷低分罐顶部气相送至干气脱硫单元、罐底水相送至酸性水汽提单元、罐底油相送至产品分馏单元。

在线精制反应单元的工艺过程如图 6-3 所示。

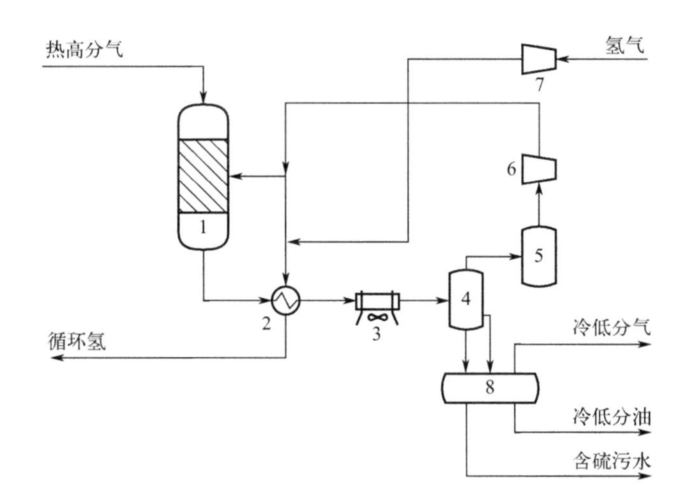

图 6-3 在线精制反应单元工艺过程

1—在线精制反应器；2—换热器；3—空冷器；4—冷高分罐；5—循环氢分液罐；6—循环氢压缩机；7—新氢压缩机；8—冷低分罐

6.1.1.4 减压塔单元

（1）工艺特点

减压塔进料是来自沸腾床反应单元的热低分油，经加氢处理后，其性质相较于传统减压塔原料有明显改善，因此 NUEUU® 技术配套的减压塔单元在较低真空度下即可以将进料中的有效馏分油加以回收。所以，在减压塔顶抽真空系统的配置上，只需设置水环式真空泵，不用增加蒸汽喷射器或罗茨抽真空等耗能较大的设备，在节约能耗的同时也避免增加装置的污水量。

（2）工艺过程

沸腾床热低分油经减压进料闪蒸罐分离出气相和液相，气相直接进入减压塔，液相经泵升压再经加热炉加热后进入减压塔。塔顶油气通过水冷器冷却后进入塔顶油水分离罐，罐顶气相进入抽真空系统、罐底油相经泵送至装置内轻污油总管、罐底水相经泵送至污水处理场。减压塔中段侧线采出一中油和二中油，作为加氢裂化反应单元的原料。减压塔底重油经泵升压后，通过蒸汽发生器回收部分热量再经空冷器冷却后，一部分作为循环油返回至沸腾床反应进料过滤器，另一部分再经水冷器冷却降温后送出装置。

减压塔单元的工艺过程如图 6-4 所示。

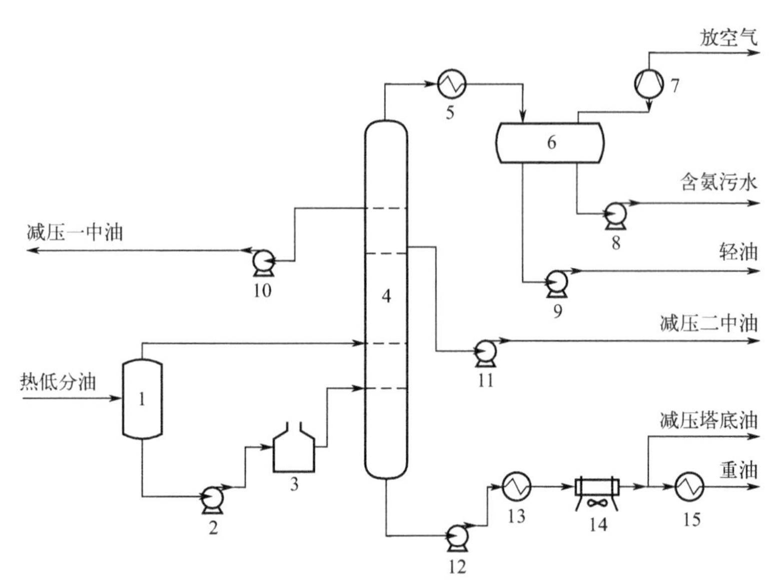

图 6-4　减压塔单元工艺过程

1—进料闪蒸罐；2—进料泵；3—加热炉；4—减压塔；5，15—水冷器；6—回流罐；7—抽真空系统；8—塔顶水泵；9—塔顶油泵；10——中油泵；11—二中油泵；12—塔底油泵；13—蒸汽发生器；14—空冷器

6.1.1.5　加氢裂化反应单元

（1）工艺特点

与固定床加氢技术相比，NUEUU® 技术在加氢裂化反应器内催化剂的级配方案上更为简单，保护剂和精制剂占比少，在反应器有限的体积中可以更多地装填裂化剂，从而提高装置目的产品的收率，减少尾油外甩。

（2）工艺过程

沸腾床冷低分油和减压塔一中、二中油以及循环尾油混合进入加氢裂化进料过滤器，滤后混合油经缓冲罐和高压泵缓冲升压后混入氢气，再经换热器和加热炉升温后，由顶部进入两台串联的固定床加氢反应器。反应器各催化剂床层之间设置冷氢，来控制单个催化剂床层的温升。反应产物经换热降温后进入热高压分离罐，罐底油相经角阀降压后送至产品分馏单元，罐顶气相经换热器和空冷器降温至 50℃后进入冷高压分离罐。冷高压分离罐顶部气相经循环氢缓冲罐分离凝液后进入循环氢压缩机，压缩机出口气体一部分作为冷氢送至加氢裂化反应器，另一部分补入新氢后先经换热升温再与反应进料油混合；罐底油相和水相分别经角阀降压后进入冷低压分离罐。冷低分罐顶气相送至脱硫单元进行处理，罐底水相送至酸性水汽提单元处理，罐底油相送至产品分馏单元。

加氢裂化反应单元的工艺过程如图6-5所示。

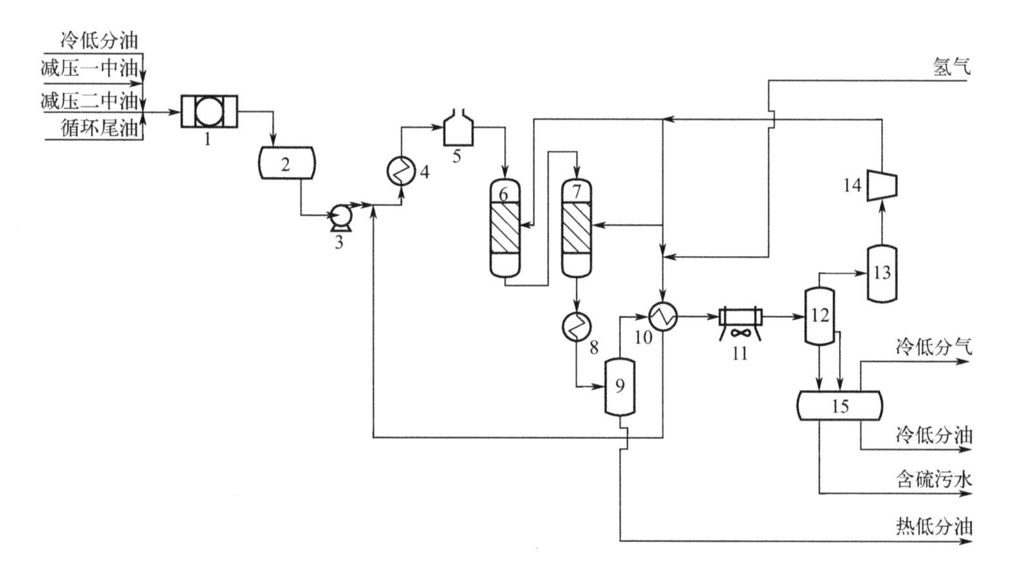

图6-5 加氢裂化反应单元工艺过程

1—加氢裂化进料过滤器；2—缓冲罐；3—高压泵；4，8，10—换热器；5—加热炉；6—加氢精制反应器；7—加氢裂化反应器；9—热高分罐；11—空冷器；12—冷高分罐；13—循环氢分液罐；14—循环氢压缩机；15—冷低分罐

6.1.1.6 产品分馏单元

（1）工艺特点

① 汽提塔底部汽提蒸汽。产品分馏单元的进料油中含有一定量的H_2S和NH_3，为保证下游分馏塔切割出的油品满足产品指标要求，同时避免对分馏塔配套设备和管线造成腐蚀，需要汽提塔底油中H_2S和NH_3尽量少。因此，在汽提塔底部通入汽提蒸汽，降低塔底油品分压，确保汽提效果。同时，汽提蒸汽选用经分馏进料加热炉对流室加热后的过热蒸汽，提高加热炉热效率。

② 分馏塔多股侧线采出。许多地区在夏季和冬季对油品指标的要求有所不同，为了提高装置灵活性，在产品分馏塔设置多股侧线采出，同时配备侧线汽提塔，通过调整侧线采出温度和侧线油品采出量，保证装置可以生产当地市场在不同季节所需的目的产品。

（2）工艺过程

来自各反应单元的热低分油和换热后冷低分油分别进入硫化氢汽提塔，塔顶气相经空冷器和水冷器冷却后进入回流罐，罐顶气相送至吸收稳定单元，罐底水相送至酸性水汽提单元，罐底油相部分回流、部分送至吸收稳定单元进行处理。塔底油相经换热升温后进入分馏进料闪蒸罐，罐顶气相直接进入分馏塔，罐底油相经泵升压和加热炉升温后进入分馏塔。分馏塔顶部气相经空冷器和水冷器冷却降温后进入回流罐，罐顶设置氮气补入和火炬气放空对塔顶压力进行分程控制，罐底水相作为反应单元注水补水，罐底油相部分回流、部分送至吸收稳定单元，之后作为1号煤基氢化油产品送出装置。分馏塔中段设置多股侧线采出进入侧线汽提塔，塔顶气相返回分馏塔，塔底油相经换热器和空冷器冷却降温后作为2号煤基氢化油产品送出装置。分馏塔底部油相换热降温后循环至加氢裂化进料过滤器。

产品分馏单元的工艺过程如图6-6所示。

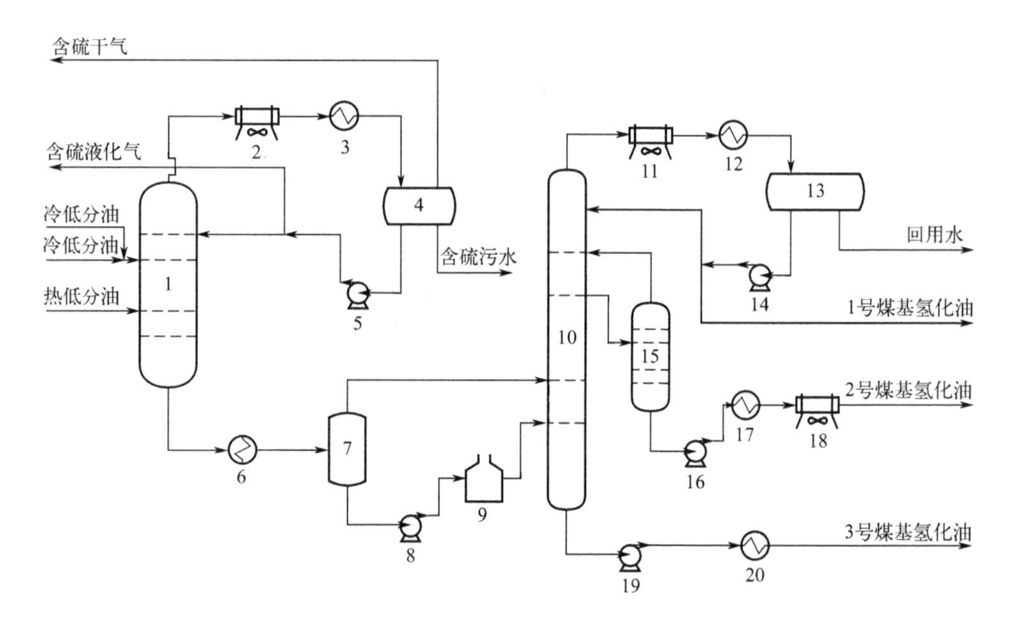

图6-6 产品分馏单元工艺过程

1—硫化氢汽提塔；2，11，18—空冷器；3，12—水冷器；4，13—回流罐；5，14—回流泵；6，17，20—换热器；7—进料闪蒸罐；8—进料泵；9—加热炉；10—分馏塔；15—侧线汽提塔；16，19—塔底泵

6.1.2 应用实例

NUEUU® 技术自研发以来，已成功应用于多套煤焦油加氢装置，装置规模在10万～60万吨/年。其中，60万吨/年煤焦油加氢装置为国内目前单套

生产规模最大的全馏分煤焦油处理装置。各装置自建成以来，均实现长周期稳定运行，在提高生产效益的同时，也为NUEUU®技术的成功提供了强有力的证明。

6.1.2.1 30万吨/年煤焦油加氢装置

以河北沧州某公司30万吨/年煤焦油加氢装置（如图6-7）为例进行介绍。

图6-7 30万吨/年煤焦油加氢装置

（1）装置概况

该公司厂区内原有10万吨/年煤焦油加氢装置（采用NUEUU®技术）和30万吨/年蒽油加氢装置（采用固定床加氢技术），为了匹配两套加氢装置的工程处理规模、提高装置加工原料的适应性和灵活性，将其煤焦油加氢装置由10万吨/年改建为30万吨/年。从而实现“利用NUEUU®技术对全馏分煤焦油原料进行预处理、利用固定床加氢技术对预处理产品进一步加工以生产合格油品”全流程的打通。

改建后装置主要包括：原料脱水单元、沸腾床反应单元（含催化剂在线装卸部分）和减压塔单元。

（2）原料与产品

装置以全馏分煤焦油为原料，其具体性质见表6-1。

表 6-1　煤焦油性质（质量分数）

性质		数据	性质		数据
密度（20℃）/（g/cm^3）		1.0630	金属含量/（μg/g）	Ca	31.97
馏程/℃	IBP/10%	176/243		Ni	1.10
	30%/50%	313/370		V	0.92
	70%/FBP	423/—		Fe	53.35
水含量/%		约 2		Na	20.70
凝点/℃		24	残炭/%		4.63
黏度（40℃）/（mm^2/s）		177.3	四组分/%	饱和烃	22.82
S/%		0.24		芳烃	20.90
N/%		0.84		胶质	42.94
C/%		87.10		沥青质	13.34
H/%		7.50			

注：IBP 表示初馏点；FBP 表示终馏点。

由表 6-1 可知，全馏分煤焦油中胶质和沥青质含量之和高达 56.28%（质量分数），传统的固定床加氢技术根本无法对其直接进行有效处理，而采用减压塔切割外甩的方式又会大大降低原料利用率，因此利用 NUEUU® 技术对全馏分煤焦油进行加工以生产固定床加氢原料，在工艺路线选择上是合理的。

该装置主要产品为冷低分油和减压塔中段油（混合油），其具体性质见表 6-2 和表 6-3。

表 6-2　冷低分油性质（质量分数）

性质		数据	性质		数据
密度（20℃）/（g/cm^3）		0.9214	四组分/%	饱和烃	65.0
馏程/℃	IBP/10%	72/124		芳烃	34.7
	30%/50%	233/271		胶质	0.30
	70%/90%	300/343		沥青质	—
	FBP	383	S/（μg/g）		307
凝点/℃		−11	N/（μg/g）		1038
黏度（20℃）/（mm^2/s）		4.002	C/%		83.90
10%残炭/%		0.004	H/%		14.80

表 6-3 减压塔中段油性质（质量分数）

<table>
<tr><th colspan="2">性质</th><th>数据</th><th colspan="2">性质</th><th>数据</th></tr>
<tr><td colspan="2">密度（20℃）/（g/cm³）</td><td>0.9956</td><td rowspan="5">金属含量/（μg/g）</td><td>Ca</td><td>3.25</td></tr>
<tr><td rowspan="4">馏程/℃</td><td>IBP/10%</td><td>174/263</td><td>Ni</td><td>0.15</td></tr>
<tr><td>30%/50%</td><td>315/343</td><td>V</td><td>0.17</td></tr>
<tr><td>70%/90%</td><td>377/425</td><td>Fe</td><td>4.98</td></tr>
<tr><td>FBP</td><td>495</td><td>Na</td><td>1.75</td></tr>
<tr><td colspan="2">凝点/℃</td><td>8</td><td colspan="2">残炭/%</td><td>0.47</td></tr>
<tr><td colspan="2">黏度（40℃）/（mm²/s）</td><td>14.26</td><td rowspan="4">四组分/%</td><td>饱和烃</td><td>61.00</td></tr>
<tr><td colspan="2">S/（μg/g）</td><td>336</td><td>芳烃</td><td>32.24</td></tr>
<tr><td colspan="2">N/（μg/g）</td><td>1574</td><td>胶质</td><td>5.84</td></tr>
<tr><td colspan="2">C/%</td><td>85.0</td><td>沥青质</td><td>0.92</td></tr>
<tr><td colspan="2">H/%</td><td>12.2</td><td colspan="2"></td><td></td></tr>
</table>

由表 6-2 和表 6-3 可知，在冷低分油中已经检测不出沥青质，而胶质含量也仅为 0.3%（质量分数）；在减压塔中段油中胶质和沥青质含量之和也已经不足 7%（质量分数）。因此，两种产品均可以作为固定床加氢装置的优质原料。相较于全馏分煤焦油原料，产品冷低分油和减压塔中段油中金属含量显著降低，可以有效解决固定床加氢催化剂床层压降增长过快的问题，保证装置可以长周期运行。并且，产品油中硫、氮含量明显减少、饱和烃含量大幅增加，缓和固定床加氢反应深度、降低反应放热量，在便于操作控制的同时，维持装置稳定生产，真正做到“安、稳、长、满、优”。

装置物料平衡统计见表 6-4。

表 6-4 物料平衡

<table>
<tr><th>项目</th><th>物料名称</th><th>出入量（质量分数）/%</th><th>出入量/（t/h）</th><th>出入量/（万吨/年）</th></tr>
<tr><td rowspan="3">入方</td><td>全馏分煤焦油</td><td>100</td><td>37.5</td><td>30.0</td></tr>
<tr><td>氢气</td><td>4.18</td><td>1.57</td><td>1.256</td></tr>
<tr><td>合计</td><td>104.18</td><td>39.07</td><td>31.256</td></tr>
<tr><td rowspan="6">出方</td><td>含硫干气</td><td>3.78</td><td>1.42</td><td>1.136</td></tr>
<tr><td>反应生成水</td><td>4.00</td><td>1.50</td><td>1.200</td></tr>
<tr><td>冷低分油</td><td>41.97</td><td>15.74</td><td>12.592</td></tr>
<tr><td>减压塔中段油</td><td>49.63</td><td>18.61</td><td>14.888</td></tr>
<tr><td>减压塔底油</td><td>4.80</td><td>1.80</td><td>1.440</td></tr>
<tr><td>合计</td><td>104.18</td><td>39.07</td><td>31.256</td></tr>
</table>

由表6-4可知，装置有效产品收率在90%（质量分数）以上，既能提高煤焦油利用率，又能为下游固定床加氢装置提供足够的优质原料，使上下游装置在规模上良好匹配。表6-4主要列出了原料和产品的平衡关系，并未包括稳定装置生产所涉及的全部辅助用料，如反应注水、化学试剂等。需要说明的是，NUEUU®技术采用载硫型催化剂，无论是装置开工阶段还是正常生产过程，均不需要向反应系统内补充硫化剂，节省装置操作成本。

另外，为了避免金属和机械杂质在系统内循环累积，影响沸腾床反应效果，装置需连续外排少量减压塔底油，其外甩量约占新鲜原料处理量的3%～5%。与固定床加氢装置20%～30%甚至更高的外甩尾油量相比，NUEUU®技术可最大程度上提高装置的生产效益。并且，该减压塔底油具有低硫、低残炭等特性，可以作为船舶重质燃料油。

（3）操作条件

本装置沸腾床反应单元设置两台串联的加氢反应器，器间采用换热方式控温，每台反应器底部均配有稳定泵。根据现场实际生产运行情况，整理两台反应器主要操作条件如表6-5所示。

表6-5 反应操作条件

项目	一反		二反	
温度/℃（行代表径向 列代表轴向）	387.1	386.8	360.8	361.0
	387.4	387.0	360.7	360.5
	387.3	387.4	360.7	360.6
	387.1	386.9	359.8	360.0
	—	—	360.1	360.3
	—	—	359.7	359.6
	—	—	360.0	360.0
	—	—	360.4	360.6
压力/MPa（G）（左代表入口 右代表出口）	15.2	15.0	14.8	14.6
料位/（kg/m³）（代表轴向）	694.8		777.0	
	711.9		790.5	
	714.1		795.1	
	1163.8		1124.4	

注：因为两台反应器规格不同，所以轴向测温点一反设置4个、二反设置8个。

由表6-5可知，每台反应器内轴向和径向温差均在3℃以内、进出口压差均在0.2MPa、料位读数均符合预期。温差、压差和料位的稳定，证明反应器内催化剂处于良好的返混状态，从而保证装置长周期稳定运行。

该装置自2019年9月成功开车，截至2021年10月底，已运行758天，两台反应器反应温度变化趋势如图6-8和图6-9所示。

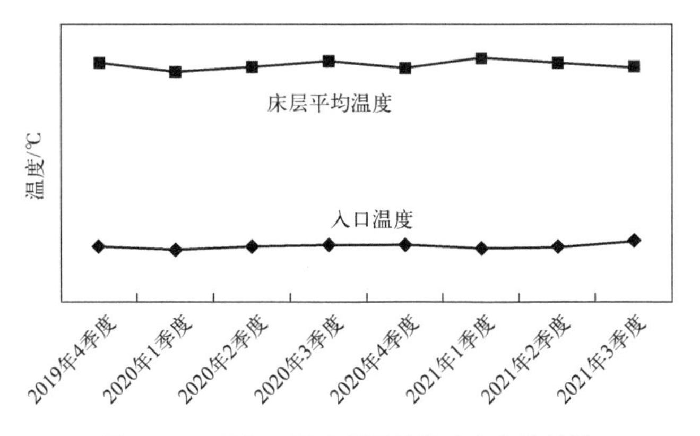

图6-8　一反入口及床层平均温度变化趋势图

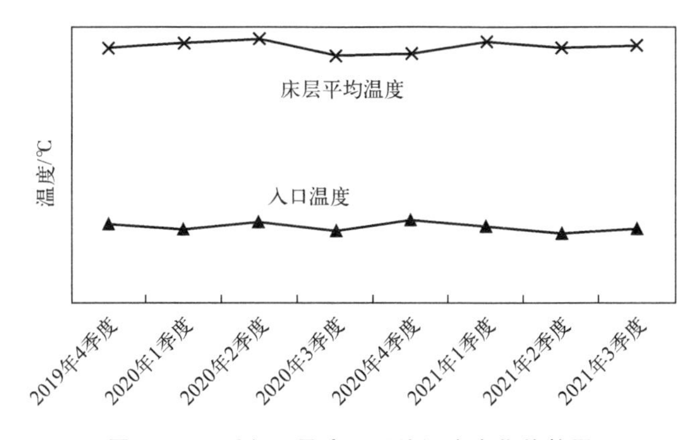

图6-9　二反入口及床层平均温度变化趋势图

由图6-9可知，随着装置运行周期的延长，两台反应器的入口温度和床层平均温度都没有明显的变化，可以说明反应器内催化剂的活性一直处在很稳定的状态，此状态主要归功于每台反应器底部均配置了稳定泵以及利用催化剂在线装卸系统定期对反应器内催化剂进行卸出旧剂和补充新剂。

（4）能耗指标

通过对生产装置内各公用工程耗量进行记录、统计与整理，按照《石油化工设计能耗计算标准》（GB/T 50441—2016），计算得出装置加工每吨原料的单位能耗为37.14kg标准油。其中，电力单耗为14.78kg标准油/t原料、蒸汽单耗为10.34kg标准油/t原料、燃料气单耗为9.65kg标准油/t原料，分别占到装置总能耗的39.8%、27.8%和26.0%。

6.1.2.2 50万吨/年煤焦油加氢装置

以新疆吐鲁番某公司50万吨/年煤焦油加氢装置（图6-10）为例进行介绍。

图6-10 50万吨/年煤焦油加氢装置

（1）装置概况

该公司以厂内兰炭装置副产煤焦油和当地丰富的煤焦油为原料，采用NUEUU®技术新建一套50万吨/年煤焦油加氢装置，生产合格的煤基氢化油产品。

装置主要包括：原料脱水单元、沸腾床反应单元（含催化剂在线装卸部分）、在线精制反应单元、减压塔单元、加氢裂化反应单元、产品分馏单元、吸收稳定单元、干气液化气脱硫单元和酸性水汽提单元。

（2）原料与产品

原料煤焦油具体性质详见表6-6。

表6-6 煤焦油性质（质量分数）

分析项目	分析结果			
	YH2019048	YH2019049	YH2019050	YH2019051
水分/%	0.59	1.75	0.57	4.66
以下均为无水基焦油的分析结果				

续表

分析项目		分析结果			
		YH2019048	YH2019049	YH2019050	YH2019051
灰分/%		0.02	0.06	0.02	0.87
黏度（35℃）/（mPa·s）		28.6	303.3	22.2	—
黏度（50℃）/（mPa·s）		—	—	—	409.6
密度（20℃）/（kg/m^3）		943.2	1058.4	945.4	1098.7
凝点/℃		19	17	18	26
元素分析	C/%	84.9	82.76	84.44	81.49
	H/%	9.60	7.82	9.72	6.89
	N/%	0.39	0.75	0.42	0.95
	S/%	0.17	0.19	0.16	0.23
	O/%	4.92	8.42	5.24	9.57
固含物（四氢呋喃不溶物）/%		0.03	0.11	0.03	2.39
残炭/%		3.3	8.0	2.0	22.1
馏程/℃	IBP	182	185	85	198
	5%/10%	227/241	230/243	207/211	236/248
	20%/50%	272/355	274/356	222/349	288/380
	70%/90%	390/438	414/473	391/463	438/—
	FBP（95）	481	480	495	486
金属含量/（μg/g）	Fe	48.1	165	18.6	108.2
	Ni	<0.1	<0.1	<0.1	<0.1
	V	<0.1	<0.1	<0.1	<0.1
	Na	6.1	6.3	4.7	71.4
	K	2.0	2.7	2.1	14.8
	Ca	4.1	37	3.8	107.9
	Mg	<0.1	5.3	<0.1	16.7
	Pb	<0.1	<0.1	<0.1	<0.1
	Al	3.5	33.3	3.6	41.4
	Cu	<0.1	<0.1	<0.1	<0.1

表 6-6 为该装置自成功开车以来近一年半的时间所加工原料油品的性质，根据表中数据可知，该装置原料适应性强，原料性质的波动对装置生产不会造成

较大影响。

装置主要产品为1号煤基氢化油和2号煤基氢化油，其指标满足标准《煤基氢化油》（HG/T 5146—2017）中各项要求。具体性质详见表6-7和表6-8。

表6-7　1号煤基氢化油性质

序号	项目		指标
1	馏分范围/℃		≤150
2	密度（20℃）/（g/cm³）		0.77
3	总硫/（μg/g）		<3
4	总氮/（μg/g）		<3
5	馏程/℃	IBP	89
		10%	102
		30%	106
		50%	112
		70%	120
		90%	135
		FBP	147
6	辛烷值		84
7	芳烃潜含量（质量分数）/%		75

表6-8　2号煤基氢化油性质

序号	项目		指标
1	馏分范围/℃		150～370
2	密度（20℃）/（g/cm³）		0.85
3	总硫/（μg/g）		<5
4	总氮/（μg/g）		<5
5	馏程/℃	IBP	154
		10%	201
		30%	239
		50%	263
		70%	292
		90%	333
		FBP	367

续表

序号	项目	指标
6	十六烷值	51
7	凝点/℃	−29
8	闪点/℃	62

装置所产1号煤基氢化油具有芳烃潜含量高、硫氮含量低、辛烷值高等优点，可以作为芳烃化装置原料生产“三苯”。

装置所产2号煤基氢化油具有十六烷值高、硫氮含量低、凝点低等优点，可以作为柴油调和组分。

装置在生产煤基氢化油时会副产少量干气、液化气和减底重油。干气经装置内脱硫单元进行处理后可送至燃料气管网供各加热炉使用。液化气经装置内脱硫单元处理后可直接作为产品出售，其性质满足标准《液化石油气》（GB 11174—2011）中“商品丙丁烷混合物”质量指标要求。

减底重油具体性质详见表6-9。

表6-9 减底重油性质（质量分数）

序号	项目	指标
1	密度（20℃）/（g/cm^3）	0.964
2	黏度（100℃）/（mm^2/s）	26.4
3	硫/%	0.15
4	氮/%	0.18
5	残炭/%	3.7
6	沥青质/%	1.42
7	凝点/℃	23

装置物料平衡如表6-10所示。

表6-10 物料平衡

项目	物料名称	出入量（质量分数）/%	出入量/（t/h）	出入量/（万吨/年）
入方	煤焦油	100	62.5	50
	氢气	6.87	4.30	3.44
	合计	106.87	66.80	53.44

续表

项目	物料名称	出入量（质量分数）/%	出入量/（t/h）	出入量/（万吨/年）
出方	H_2S+NH_3	1.20	0.75	0.60
	干气	1.28	0.80	0.64
	液化气	2.71	1.70	1.36
	反应生成水	5.28	3.30	2.64
	1号煤基氢化油	26.36	16.47	13.18
	2号煤基氢化油	65.24	40.78	32.62
	减底重油	4.80	3.00	2.40
	合计	106.87	66.80	53.44

（3）操作条件

本装置主要反应操作条件与前述装置运行条件差别不大，故不再列出。值得注意的是，NUEUU® 技术要求的反应空速大、氢油比小，可以有效减小反应器尺寸和循环氢压缩机规格，从而降低装置一次投资。

对 NUEUU® 催化剂进行了试验研究，主要考察了操作温度对反应效果的影响。试验选用原料煤焦油性质见表 6-11。

表 6-11 试验煤焦油性质（质量分数）

性质		数据	性质		数据
密度（20℃）/（g/cm^3）		1.0405	金属含量/（μg/g）	Ca	19.6
克氏蒸馏馏程	<360℃	41.43		Ni	15.7
	360～500℃	48.43		V	1.07
	>500℃	10.14		Fe	198
机械杂质/%		0.56		Cu	0.37
凝点/℃		0	残炭/%		4.28
黏度（50℃）/（mm^2/s）		137.8	四组分/%	饱和烃	—
S/%		0.18		芳烃	—
N/%		0.81		胶质	—
C/%		81.25		沥青质	—
H/%		8.18			

在反应压力、氢油比、空速相同的情况下，不同反应温度下进行一次通过方案的中试试验，试验条件及产物分布见表 6-12。

表 6-12 试验条件和产物分布（质量分数）

试验编号		条件 1	条件 2	条件 3
试验条件	反应温度/℃	395	400	405
	氢分压/MPa	12	12	12
	体积空速/h^{-1}	1.0	1.0	1.0
	氢油比（体积比）	800	800	800
	氢耗/%	4.40	4.55	4.74
产物分布/%	C_1～C_4馏分	6.00	6.08	6.17
	C_5～180℃馏分	5.77	5.83	6.07
	180～360℃馏分	42.66	43.32	44.05
	360～500℃馏分	35.50	36.23	36.51
	＞500℃馏分	7.70	6.99	6.28

根据表 6-12 中数据，对比编号为条件 1 和条件 3 的两组试验结果可以看出，当反应温度从 395℃提高到 405℃时，氢耗从 4.40%（质量分数）提高到了 4.74%（质量分数）；反应产物中＞500℃馏分占比从 7.70%（质量分数）下降到 6.28%（质量分数）。

不同反应温度下的石脑油馏分的性质和族组成见表 6-13。

表 6-13 试验石脑油馏分性质和族组成（质量分数）

试验编号		条件 1	条件 2	条件 3
馏分范围/℃		IBP～180	IBP～180	IBP～180
密度（20℃）/（g/cm^3）		0.7630	0.7645	0.7774
S/（μg/g）		113.9	112.6	109.3
N/（μg/g）		117.9	113.8	110.9
酸值（以 KOH 计）/（mg/100mL）		5.6	5.1	6.8
馏程/℃	IBP/5%	52/66	65/72	63/75
	10%/30%	72/85	80/90	84/91
	50%/70%	94/126	94/136	95/138
	90%/FBP	168/186	178/193	184/194
族组成/%	正构烷烃	16.98	23.56	23.70
	异构烷烃	18.13	20.42	18.72
	烯烃	7.83	9.40	16.01
	环烷烃	21.62	31.81	33.66
	芳香烃	20.70	14.43	7.57

不同反应温度下的柴油馏分的性质和族组成见表6-14。

表6-14 试验柴油馏分性质和族组成（质量分数）

试验编号			条件1	条件2	条件3
馏分范围/℃			180～360	180～360	180～360
密度（20℃）/（g/cm^3）			0.8700	0.8719	0.8805
黏度（40℃）/（mm^2/s）			6.0	7.3	7.9
凝点/℃			−20.0	−22.0	−26.0
闪点/℃			>50	>50	>50
实际胶质/（mg/100mL）			<2	<2	<2
S/（μg/g）			110	100	90
N/（μg/g）			640	550	520
馏程/℃	IBP/5%		130/140	130/140	128/144
	10%/20%		160/190	158/180	160/200
	30%/50%		208/228	197/221	214/240
	70%/90%		254/286	248/296	270/305
	FBP		320	318	312
族组成/%	链烷烃		24.2	25.8	27.5
	环烷烃	一环烷烃	8.2	8.3	7.4
		二环烷烃	1.4	2.1	2.7
		三环烷烃	1.3	2.1	1.4
		总环烷烃	10.9	12.5	11.5
	总饱和烃		35.1	38.3	39.0
	单环芳烃	烷基苯	5.5	7.6	7.0
		茚满或四氢萘	12.5	14.7	8.3
		茚类	6.2	5.0	4.2
		总单环芳烃	24.2	27.3	19.5
	双环芳烃	萘	0.9	1.7	1.4
		萘类	19.9	20.1	19.0
		苊类	12.8	8.4	12.7
		苊烯类	4.5	2.6	4.8
		总双环芳烃	38.1	32.8	37.9
	三环芳烃		2.6	1.6	3.6
	总芳烃		64.9	61.7	61.0

不同反应温度下的蜡油馏分的性质见表 6-15。

表 6-15 试验蜡油馏分性质（质量分数）

试验编号	条件 1	条件 2	条件 3
馏分范围/℃	360～500	360～500	360～500
密度（20℃）/（g/cm³）	0.9719	0.9790	0.9805
黏度（80℃）/（mm²/s）	28.3	19.5	16.3
凝点/℃	18.0	16.0	16.0
残炭/%	0.80	0.47	0.39
S/（μg/g）	120	120	110
N/（μg/g）	910	830	770

根据表 6-13～表 6-15 中数据，对比编号为条件 1 和条件 3 的两组试验结果可以看出，当反应温度从 395℃提高到 405℃时，石脑油馏分中硫氮含量逐渐降低、环烷烃含量明显上升、芳香烃含量明显下降，柴油馏分中硫氮含量逐渐降低、总饱和烃含量明显上升、总芳香烃含量明显下降，蜡油馏分中硫氮含量逐渐降低、残炭含量逐渐下降，说明加氢深度提高。

（4）能耗指标

通过对生产装置内各公用工程耗量进行记录、统计与整理，按照《石油化工设计能耗计算标准》（GB/T 50441—2016），计算得出装置加工每吨原料的单位能耗为 37.27kg 标准油。主要能耗指标为电力单耗，为 30.85kg 标准油/t 原料，占到装置总能耗的 82.8%。

相较于前述装置，虽然本装置的流程长、设备多、规模大，但是其能耗情况相对较小。由于能耗主要集中在电力，考虑到装置内较多高压液体仍在利用角阀降至低压，目前在尝试设置液力透平将该部分高压介质的能量予以回收利用，从而减少电力消耗，进一步降低装置能耗。

6.1.2.3 60 万吨/年煤焦油加氢装置

以新疆哈密某公司 60 万吨/年煤焦油加氢装置（图 6-11）为例进行介绍。

（1）装置概况

该公司 60 万吨/年煤焦油加氢装置，采用 NUEUU® 技术，是国内目前单套加氢装置规模最大的全馏分煤焦油加工处理装置。

装置主要包括：原料脱水单元、沸腾床反应单元（含催化剂在线装卸部

图 6-11　60 万吨/年煤焦油加氢装置

分）、在线精制反应单元、减压塔单元、加氢裂化反应单元、产品分馏单元、吸收稳定单元、干气液化气脱硫单元和酸性水汽提单元。

（2）原料与产品

装置加工全馏分煤焦油原料的主要性质见表 6-16。

表 6-16　煤焦油原料性质（质量分数）

性质		数据	性质		数据
密度（20℃）/（g/cm³）		0.9982	金属含量/（μg/g）	Ca	19.1
馏程/℃	IBP/10%	166/233		Ni	<1
	30%/50%	307/368		V	<1
	70%/FBP	452/—		Fe	47
水含量/%		5.6		Mg	6
凝点/℃		29	残炭/%		5.79
黏度（50℃）/（mm²/s）		121.7	四组分/%	饱和烃	46.2
S/%		0.31		芳烃	24.0
N/%		0.86		胶质	16.1
C/%		85.5		沥青质	9.3
H/%		7.83			

将煤焦油脱水后进行切割，各馏分油性质见表 6-17～表 6-20。

表 6-17 ＜230℃馏分油性质（质量分数）

<table>
<tr><th colspan="2">性质</th><th>数据</th><th colspan="3">性质</th><th>数据</th></tr>
<tr><td colspan="2">密度（20℃）/（g/cm³）</td><td>0.9375</td><td rowspan="5">金属含量/（μg/g）</td><td colspan="2">Ca</td><td><1</td></tr>
<tr><td rowspan="4">馏程/℃</td><td>IBP/10%</td><td>151/177</td><td colspan="2">Ni</td><td><1</td></tr>
<tr><td>30%/50%</td><td>200/214</td><td colspan="2">V</td><td><1</td></tr>
<tr><td>70%/90%</td><td>224/242</td><td colspan="2">Fe</td><td>4.0</td></tr>
<tr><td>FBP</td><td>289</td><td colspan="2">Mg</td><td><1</td></tr>
<tr><td colspan="2">凝点/℃</td><td>−38</td><td colspan="3">残炭/%</td><td>0.08</td></tr>
<tr><td colspan="2">黏度（40℃）/（mm²/s）</td><td>2.729</td><td rowspan="5">组分分析/%</td><td colspan="2">链烷烃</td><td>18.9</td></tr>
<tr><td colspan="2">S/%</td><td><0.5</td><td colspan="2">环烷烃</td><td>63.3</td></tr>
<tr><td colspan="2">N/%</td><td><0.5</td><td rowspan="3">芳烃</td><td>单环芳烃</td><td>13.4</td></tr>
<tr><td colspan="2">沉淀物/%</td><td><0.01</td><td>双环芳烃</td><td>4.4</td></tr>
<tr><td colspan="2">喹啉不溶物/%</td><td>0</td><td>三环芳烃</td><td><0.1</td></tr>
<tr><td colspan="2">闪点/℃</td><td>80</td><td colspan="3"></td><td></td></tr>
</table>

表 6-18 230～360℃馏分油性质（质量分数）

<table>
<tr><th colspan="2">性质</th><th>数据</th><th colspan="3">性质</th><th>数据</th></tr>
<tr><td colspan="2">密度（20℃）/（g/cm³）</td><td>0.9637</td><td rowspan="5">金属含量/（μg/g）</td><td colspan="2">Ca</td><td>1</td></tr>
<tr><td rowspan="4">馏程/℃</td><td>IBP/10%</td><td>198/244</td><td colspan="2">Ni</td><td><1</td></tr>
<tr><td>30%/50%</td><td>276/305</td><td colspan="2">V</td><td><1</td></tr>
<tr><td>70%/90%</td><td>333/365</td><td colspan="2">Fe</td><td>0.5</td></tr>
<tr><td>FBP</td><td>392</td><td colspan="2">Mg</td><td><1</td></tr>
<tr><td colspan="2">凝点/℃</td><td>11</td><td colspan="3">残炭/%</td><td>0.08</td></tr>
<tr><td colspan="2">黏度（40℃）/（mm²/s）</td><td>12.92</td><td rowspan="5">组分分析/%</td><td colspan="2">链烷烃</td><td>29.0</td></tr>
<tr><td colspan="2">S/%</td><td><0.5</td><td colspan="2">环烷烃</td><td>45.8</td></tr>
<tr><td colspan="2">N/%</td><td><0.5</td><td rowspan="3">芳烃</td><td>单环芳烃</td><td>11.7</td></tr>
<tr><td colspan="2">沉淀物/%</td><td><0.01</td><td>双环芳烃</td><td>12.1</td></tr>
<tr><td colspan="2">喹啉不溶物/%</td><td>0</td><td>三环芳烃</td><td>1.5</td></tr>
<tr><td colspan="2">闪点/℃</td><td>134</td><td colspan="3"></td><td></td></tr>
</table>

表 6-19　360～500℃馏分油性质（质量分数）

性质		数据	性质		数据
密度（20℃）/（g/cm^3）		1.0151	金属含量/（μg/g）	Ca	<1
馏程/℃	IBP/10%	283/372		Ni	<1
	30%/50%	404/429		V	<1
	70%/90%	453/491		Fe	<1
	FBP	560		Mg	<1
凝点/℃		43	残炭/%		4.09
黏度（80℃）/（mm^2/s）		51.79	四组分/%	饱和烃	27.6
S/%		<0.5		芳烃	29.7
N/%		0.8		胶质	26.7
沉淀物/%		0.02		沥青质	11.0
喹啉不溶物/%		0.12	甲苯不溶物/%		—
闪点/℃		228			

表 6-20　>500℃馏分油性质（质量分数）

性质		数据	性质		数据
密度（20℃）/（g/cm^3）		1.1136	金属含量/（μg/g）	Ca	71.7
馏程/℃	IBP/10%	457/519		Ni	7
	30%/50%	573/629		V	1
	70%/90%	731/—		Fe	31.1
	FBP	—		Mg	22
凝点/℃		>60	残炭/%		36.4
黏度（80℃）/（mm^2/s）		—	四组分/%	饱和烃	4.9
S/%		<0.5		芳烃	19.2
N/%		1.0		胶质	35.2
沉淀物/%		5g>25min		沥青质	36.5
喹啉不溶物/%		0.62	甲苯不溶物/%		1.52
闪点/℃		336			

结合各油品性质可见，煤焦油中杂质（如硫、氮及金属等）及组成（饱和烃、芳烃）的分布是不均匀的，且大多没有规律性；其中硫、氮主要分布在较重馏分中，随馏程变重逐步增加；金属主要集中在>500℃的焦油沥青中；而饱

和烃和芳烃含量则是 360～500℃的馏分油高于焦油沥青。

全馏分煤焦油经装置加工处理后，主要产品为 1 号轻油和 2 号轻油，指标满足市场要求，其具体性质见表 6-21。

表 6-21 主要产品性质

序号	项目		1 号轻油	2 号轻油
1	馏分范围/℃		<165	165～350
2	密度（20℃）/（g/cm³）		0.75	0.84
3	总硫/（μg/g）		<1	<3
4	总氮/（μg/g）		<1	<3
5	馏程/℃	IBP	77	161
		10%	93	173
		30%	101	199
		50%	109	222
		70%	116	246
		90%	127	280
		FBP	145	329
6	辛烷值		约 85	—
7	十六烷指数		—	约 50
8	凝点/℃		—	<−20

（3）操作条件

根据现场实际生产运行情况，分别整理沸腾床反应单元、在线精制反应单元和加氢裂化反应单元各反应器的主要操作条件如表 6-22～表 6-24 所示。

表 6-22 沸腾床反应单元反应操作条件

项目	一反		二反	
温度/℃（行代表径向列代表轴向）	386.5	387.9	409.8	411.2
	386.6	388.4	409.5	410.3
	389.1	388.5	411.2	409.3
	387.7	388.2	408.3	409.8
	388.2	387.0	408.8	408.8
	388.2	387.4	407.3	408.1

续表

项目	一反		二反	
压力/MPa（G）（左代表入口 右代表出口）	12.67	12.49	12.39	12.18
料位/（kg/m^3）（列代表轴向）	487.15		452.27	
	482.05		477.96	
	479.86		1015.04	
	512.71		1060.02	

表 6-23　在线精制反应单元反应操作条件

项目	一反		
温度/℃（行代表径向 列代表床层）	375.66	373.11	371.58
	396.54	395.73	394.08
	389.25	389.52	389.66
	398.08	398.44	397.65
压力/MPa（G）（左代表入口 右代表出口）	11.72	—	11.66

表 6-24　加氢裂化反应单元反应操作条件

项目	一反			二反		
温度/℃（行代表径向 列代表床层）	380.30	382.80	383.40	395.86	386.13	395.79
	394.60	393.40	392.90	399.05	398.32	398.95
	392.90	391.50	390.80	393.04	392.36	392.19
	397.20	397.30	397.70	397.07	398.91	397.12
	393.30	392.90	393.60	391.65	392.08	391.82
	398.40	397.90	398.00	402.20	402.91	401.47
压力/MPa（G）（左代表入口 右代表出口）	12.26	—	12.06	12.06	—	11.86

通过对上述各表列出的操作参数进行分析可知，在对全馏分煤焦油加工处理生产轻质油品过程中，沸腾床反应温度均匀，固定床反应温和、催化剂床层

径向温差小，各反应器压降小、冷氢量少，能确保装置长周期稳定生产。

该装置自2019年12月成功开车，截至2022年7月底，已稳定运行800多天，加氢裂化反应单元两台反应器反应温度变化趋势如图6-12和图6-13所示。

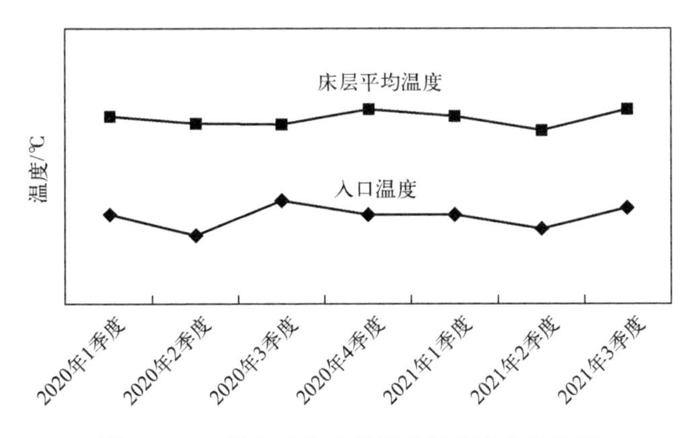

图6-12　一反入口及床层平均温度变化趋势图

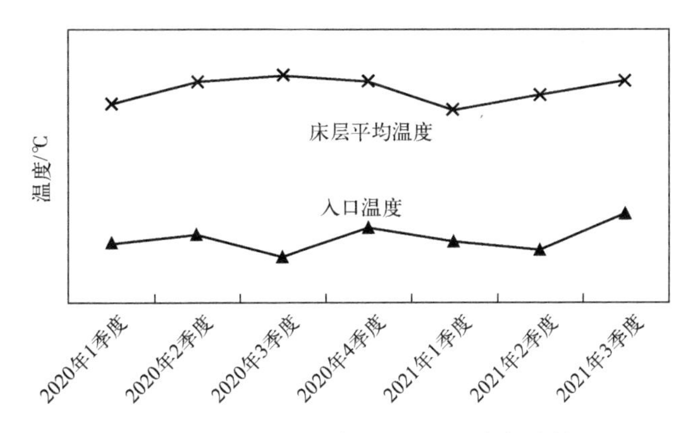

图6-13　二反入口及床层平均温度变化趋势图

由图6-13可知，随着装置运行周期的延长，两台反应器的入口温度和床层平均温度虽然有一定变化但是与常规固定床加氢装置内的精制和裂化反应器相比，其变化幅度是相当小的，可以说明固定床反应单元的进料油品性质是很稳定的，并且反应器内精制剂和裂化剂的催化剂活性衰减是很均匀、很缓慢的。

（4）能耗指标

通过对生产装置内各公用工程耗量进行记录、统计与整理，按照《石油化工设计能耗计算标准》（GB/T 50441—2016），计算得出装置加工每吨原料的单位能耗为46.52kg（标准油）。其中，电力单耗为31.50kg（标准油）/t（原料）、蒸汽单耗为2.12kg（标准油）/t（原料）、燃料气单耗为9.34kg（标准油）/t

(原料)，分别占到装置总能耗的67.7%、4.56%和20.1%。

6.1.3 同类技术生产装置简要说明

针对中低温煤焦油全馏分加氢，国内现有五种加工工艺：NUEUU®技术、STRONG技术、膜脱盐+液相加氢技术、电脱盐+全馏分加氢技术以及板框压滤+絮凝技术。

陕西某企业采用STRONG技术建设一套50万吨/年煤焦油加氢装置，该装置设置了预处理单元、沸腾床反应单元、固定床加氢裂化单元及分馏单元，该装置运行至今暂时未能实现催化剂的在线更换，与传统固定床加氢工艺类似，需要装置停车置换新的催化剂。

甘肃某企业采用膜脱盐+液相加氢技术建设一套50万吨/年的煤焦油加氢装置，该装置主要包括预处理（膜脱盐）单元、液相加氢单元、加氢精制单元、加氢裂化单元及分馏单元，暂时由于部分原因未实现长周期运行。

陕西某企业采用电脱盐+全馏分加氢技术建设两套煤焦油加氢装置，分别为16.8万吨/年与50万吨/年规模，该装置主要包括预处理（电脱盐）单元、加氢精制单元、加氢裂化单元及分馏单元，该装置稳定生产。

新疆某企业采用板框压滤+絮凝技术建设一套50万吨/年煤焦油加氢装置，该装置主要采用固定床加氢技术，设置三段加氢：低压预加氢、高压加氢精制及高压加氢裂化，相对传统固定床加氢该技术空速较小。

6.2 渣油加氢

目前，世界上渣油加氢工艺类型有四大类，即固定床、沸腾床（又称膨胀床）、移动床和悬浮床（又称浆态床）渣油加氢，其中固定床加氢工艺技术最成熟，发展最快，装置最多，加工能力约占75%；其余三种技术日益成熟，尤其是沸腾床加氢，不断得到推广应用。

影响渣油加氢过程工艺类型选择的主要因素有：金属含量（通常指Ni、V含量）、沥青质含量、残炭、硫氮含量及黏度等。

固定床渣油加氢技术主要有以下两大缺陷。一是在劣质原料加工方面有一定的局限性。为保证装置的运转周期，通常需要控制原料油的总金属含量小于200μg/g，残炭小于15%，沥青质含量小于5%。在处理高金属和高胶质、沥青质含量的原料时，催化剂结焦和失活较快，床层易被焦炭和金属有机物堵塞，产生压降和热点。同时，固定床渣油加氢装置很难将高硫渣油的含硫量降至100～200μg/g（催化裂化装置需要生产含硫量小于10×10^{-6}的清洁汽油组分）。

二是催化剂用量很大。催化剂使用寿命短，无法及时更换催化剂，空速很低，运转周期较短（一般在 12～15 个月），所以工业应用的局限性很大。

如果拟加工的渣油原料的残炭小于 20%，金属（Ni+V）质量浓度为 200～400μg/g，可选择移动床渣油加氢技术。移动床加氢技术的成熟性不如固定床加氢技术，反应器结构复杂，装置投资相对较高，操作难度大，控制系统要求较高，催化剂的连续加入和引出难以实现，其细小颗粒会进入后续的固定床反应器内，造成床层压降上升，因此移动床渣油加氢技术至今尚未在工业上获得广泛应用。

沸腾床渣油加氢技术由于反应器内温度均匀、可在线加排以保持催化剂活性稳定、运转周期长、装置操作灵活，在工业应用中得到了越来越多的关注。沸腾床渣油加氢可加工残炭、沥青质含量更高、镍钒含量达 800μg/g 的更劣质原料，自 2000 年以来，国外新建的沸腾床渣油加氢裂化装置多于固定床渣油加氢装置，以满足劣质重质原油深度加工的需要。

悬浮床是可加工原料质量更差、转化率大幅度提高的渣油深度转化的原始创新技术，是目前渣油直接深度高效转化的最新前沿技术。目前国内已经运行的装置有茂名石化的 260 万吨/年悬浮床渣油加氢装置，该装置采用意大利 ENI-EST 技术，此装置的成功投产标志着世界先进的悬浮床渣油加氢技术在我国成功实现工业化。

沸腾床渣油加氢技术是加工高硫、高残炭、高金属重质原油的重要技术，对于解决固定床渣油加氢空速低、催化剂失活快、系统压降大、易结焦、装置运行周期短等问题具有明显的优势。工业应用相比悬浮床渣油加氢技术多，技术成熟度高，是目前渣油加氢工艺的首选，而 NUEUU® 渣油加氢工艺作为国内自主研发的技术，应用领域将不断扩大，是未来加工高残炭、高金属渣油的首选技术。

根据目的产品的不同，本节分别论述一下主要的 NUEUU® 渣油加氢工艺。主要分为以下两部分：

（1）渣油加氢处理工艺

加氢处理工艺的主要作用是降低原料中的杂质（硫化物、氮化物、少量的重金属以及易生焦物质等）含量和芳烃含量，减少其对后续加工过程的负面影响，改善运行性能。

经过沸腾床渣油加氢处理后的重油可以作为固定床加氢精制裂化、催化裂化等装置的优质原料。作为固定床加氢原料时，可以明显降低固定床加氢催化剂结焦和金属沉积造成失活的频率，提高催化剂的单周期使用寿命，提高装置的生产周期。作为 FCC 装置原料时，可以改善 FCC 装置的运行性能、改善产品分布、提高产品质量、减少 SO_x、NO_x 排放和提高装置处理量。因此渣油经过加氢处理后作为固定床加氢精制裂化、FCC 进料已得到较多的工业应用。

渣油沸腾床加氢处理技术可以在线置换催化剂，非常适合加工金属含量更高的原料，并且渣油沸腾床加氢处理技术还具有空速大、反应器内基本无压降、温度分布均匀、传质和传热良好、催化剂利用率高、运转周期长、装置操作灵活等优点，克服了固定床加氢过程中由于催化剂上积炭和金属沉积造成床层压降快速上升的缺点，以及与催化裂化难以同步的不足，将沸腾床加氢处理与催化裂化进行组合可以发挥两者各自的优势，真正意义是将渣油“吃干榨尽”，效益最大化地对渣油进行加工。

（2）渣油加氢裂化工艺

渣油沸腾床加氢裂化技术是目前世界上成熟的渣油高效转化技术，该技术可以将90%以上的渣油转化为馏分油，在渣油高效加工利用方面发挥重要作用。沸腾床渣油加氢裂化技术一般设置多台串联反应器，可用来加工高残炭、高金属含量的劣质渣油，并兼有裂化和精制双重功能，转化率和精制深度高。该技术使整个装置的操作更平稳，易于控制，同时与传统固定床加氢相比，装置能耗、运行费用大幅降低，加热炉负荷大幅降低，冷氢量大量减少，吨原料能耗大大降低；后段匹配固定床加氢时，固定床反应的原料性质优良，使得催化剂再生周期、使用寿命均得到延长，同时可以提高后段匹配装置的原料处理量。多项叠加后经济效益可得到显著提高。

6.2.1 渣油加氢处理工艺

6.2.1.1 原料

原油的类型和来源不同，其渣油的性质差别很大，试验装置采用的原料为青海减渣，其性质见表6-25。

表6-25 减压渣油的物性（质量分数）

原料油	＞460℃减压渣油
加工量/（万吨/年）	120
操作弹性/%	70～120
馏分范围/℃	＞460
API度/（°）	20.7
密度（20℃）/（g/cm^3）	0.9262
黏度（80℃）/（mm^2/s）	146.2
黏度（100℃）/（mm^2/s）	64.78
凝点/℃	48

续表

残炭/%		8.83
S/%		1.00
N/（μg/g）		5000
C/%		85.60
H/%		12.30
碱性氮/（μg/g）		1800
分子量		699
酸值（以KOH计）/（mg/g）		0.41
金属含量/（μg/g）	Ni	27.1
	V	1.4
	Fe	11.6
	Ca	1.4
	Na	1.6
四组分/%	饱和分	47.9
	芳香分	26.7
	胶质	25.0
	沥青质（C_7不溶物）	0.4
馏程（ASTM D7169）/℃	初馏点/5%	385/432
	10%/30%	454/519
	50%/70%	579/637
	90%/93%	712/725

影响NUEUU®渣油加氢工艺反应器设置数量的主要因素有重金属Ni+V的含量和残炭。一般在重金属Ni+V的含量小于200μg/g、残炭小于15%时设置一台反应器，否则设置两台反应器。设置两台反应器时，第一台反应器主要装填脱金属催化剂，此部分催化剂失活后不可再生，第二台反应器装填加氢精制催化剂，此部分催化剂在线卸出后可以去再生然后再利用。由于青海减渣中重金属Ni+V的含量以及残炭均不高，本试验按照一台反应器设置。

6.2.1.2 主要产品

NUEUU®渣油加氢处理技术主要产品为石脑油、柴油和>350℃馏分油，其中以>350℃馏分油为其主要目标产品，其主要性质如表6-26所示。

表 6-26　加氢处理产品性质

序号	规格		石脑油	柴油	＞350℃馏分油
1	馏分范围/℃		≤160	160～350	＞350
2	密度/（g/cm^3）		0.73～0.75	0.82～0.85	0.89～0.92
3	总硫/（μg/g）		＜50	＜300	＜1200
4	馏程/℃	IBP	79	178	
		10%	96	201	
		30%	112	221	
		50%	125	237	
		70%	132	268	
		90%	150	318	
		FBP	163	365	
5	十六烷值			＞40	
6	收率/%		约 4.5	约 11.5	约 80
7	总氮/（μg/g）				＜2000
8	Ni+V/（μg/g）				＜8
9	残炭/%				＜5

经过 NUEUU® 渣油加氢处理后的石脑油和柴油可以送至汽柴油加氢精制装置进行脱硫脱氮，以使硫氮含量满足汽柴油国标要求。＞350℃馏分油是良好的固定床加氢精制和催化裂化的原料。

渣油沸腾床加氢处理技术主要是为催化裂化提供合格的原料时，渣油沸腾床加氢产品＞350℃馏分油的性能，尤其是金属、硫、氮及残炭对催化裂化过程具有重要影响。其中，渣油加氢产品＞350℃馏分油的残炭对催化裂化的影响较大，重油残炭代表着高沸点组分在加工过程中的生焦趋势，残炭转化率是渣油加氢工艺的重要指标。通常希望作为催化裂化进料的渣油加氢产品残炭低于6%。残炭高的原料，催化裂化加工过程中焦炭及油浆产率高，会大大影响催化裂化装置的操作稳定性和产品分布。降低渣油沸腾床加氢装置＞350℃馏分油的残炭将有利于提升催化裂化原料性能，改善产品分布，有助于提高催化裂化联合装置的经济效益。

渣油加氢处理技术主要是为固定床加氢提供原料时，由于渣油沸腾床加氢装置＞350℃馏分油在金属含量、残炭等方面都优于常规渣油，因此有效解决了固定床加氢氢耗高、床层温升大、反应不易控制、催化剂容易结焦失活、运行周期短等常见难题。整个装置连续运转周期超过 2 年。与此同时利用固定床加氢产品质量好的特点，将渣油最终加工成为汽柴油产品。对于已建固定床加氢项目，前面增加沸腾床渣油加氢装置后，送至固定床加氢的原料中硫氮、金属和残炭较原设计值变低，反应器空速可适当提高，相同催化剂装填量下可以提高装置处理能力。

6.2.1.3 工艺流程

NUEUU® 渣油加氢处理工艺流程主要包括沸腾床加氢单元、分馏单元和催化剂装卸单元，主要描述如下：

（1）沸腾床加氢单元

由于青海减压渣油的残炭、沥青质含量以及金属镍钒含量均不高，考虑设置一台沸腾床加氢反应器。

原料减压渣油由常减压装置送入催化裂化原料预处理单元原料缓冲罐，由高压泵加压混氢后再经过换热升温，经过沸腾床反应进料加热炉进入沸腾床反应器进行反应，反应产物自沸腾床反应器至热高压分离罐进行气液分离，热高分气经过换热冷却至 50℃后，进入冷高压分离器，冷高压分离器进行气液水三相分离。冷高分油和水经过减压后进入冷低压分离罐，冷高分气送至循环氢压缩机系统。冷低分油进入分馏单元汽提塔，热高分油经过减压后进入热低压分离罐，热低分油经过滤器滤除固体后送至汽提塔，热低分气送至硫化氢汽提塔，冷低分分离出酸性水去酸性水汽提装置。

由于原料青海减渣中的硫含量不高，循环氢系统不设置循环氢脱硫塔，主要靠高压注水溶解反应生成的硫化氢和氨气，以降低循环氢的硫化氢浓度。

本系统有新氢压缩机、循环氢压缩机。补充的新氢由制氢装置来，进入新氢分液罐。新氢经过新氢压缩机压缩升压，与循环氢混合进入反应系统。

来自冷高压分离罐的循环氢气，进入循环氢缓冲罐沉降分离凝液后，经循环氢压缩机压缩升压。压缩机出口气体分为两个部分：一部分至加氢产物空冷器入口，用于稳定压缩机的运行，保持压缩机入口流量稳定；另一部分补充新氢后经换热升温后分别送往反应系统。循环氢缓冲罐出口管线设有流量控制的放空系统，用于反应副产的不凝性轻组分的排放，以保证循环氢浓度。该部分气体排入低分气总管。循环氢缓冲罐的操作压力为加氢系统的压力控制点，主要由新氢补充量控制。

（2）分馏单元

硫化氢汽提塔塔顶气体经空冷器、水冷器冷却至 40℃，进入硫化氢汽提塔顶回流罐，回流罐顶出来的含硫干气和冷低分气混合后送至吸收稳定系统，经吸收稳定后作为产品送至干气/液化气脱硫装置，回流罐底轻烃经回流泵升压后一部分回流至硫化氢汽提塔顶，另一部分作为含硫液化气送至吸收稳定系统，经吸收稳定后作为含硫液化气送至干气/液化气脱硫装置；罐底含硫污水与冷低压分离罐底的含硫污水混合，一起送出装置。硫化氢汽提塔底油换热升温之后送入分馏塔进料闪蒸罐，罐顶闪蒸的油气直接送入产品分馏塔，罐底油经分馏进料加热炉升温后送入产品分馏塔。

产品分馏塔顶部气相经塔顶空冷器、水冷器冷凝冷却至40℃后进入分馏塔顶回流罐，回流罐底油经回流泵升压后一部分回流至产品分馏塔顶，另一部分送至吸收稳定系统，经吸收稳定后作为石脑油产品送出装置。

产品分馏塔中段侧线采出柴油馏分，送至产品汽提塔。汽提塔塔顶出来的油气返回至产品分馏塔中段，塔底采出柴油产品，经产品泵升压后，换热冷却至50℃后送至罐区。产品分馏塔塔底的＞350℃馏分油经泵升压换热降温后作为＞350℃馏分油产品送至催化裂化装置作为原料。

（3）催化剂装卸单元

催化剂装卸可以实现新鲜催化剂向反应器内的在线添加，以及废催化剂从反应器内的在线卸出。反应器内催化剂需定时在线置换，整个过程的次序、报警、联锁、控制以及人机界面完全由计算机程序自动完成。

工艺流程如图6-14所示。

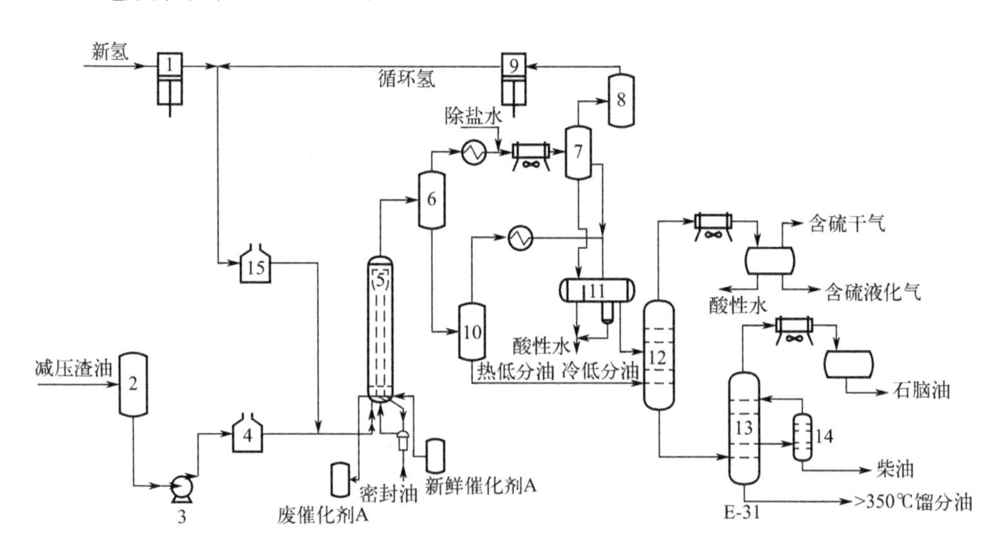

图6-14 渣油加氢处理工艺流程

1—新氢压缩机；2—原料缓冲罐；3—高压进料泵；4—原料油加热炉；5—沸腾床反应器；6—热高压分离器；7—冷高压分离器；8—循环氢缓冲罐；9—循环氢压缩机；10—热低压分离器；11—冷低压分离器；12—硫化氢汽提塔；13—产品分馏塔；14—柴油侧线汽提塔；15—氢气加热炉

6.2.1.4 主要操作条件

试验装置用青海减渣为原料进行 NUEUU® 渣油加氢处理试验，新鲜原料油的进料为 5.0kg/h，设置一台反应器，反应器内装填上海新佑能源科技有限公司自主研发的沸腾床渣油加氢催化剂 JMHC-2608C，原料性质见表 6-25，主要产品性质见表 6-26，主要操作条件和物料平衡见表 6-27 和表 6-28。

表 6-27 渣油加氢处理主要操作条件

反应总压（G）/MPa	16.5
沸腾床体积空速/h^{-1}	约 1.0
反应器入口温度/℃	约 340
反应温度/℃	380～410

表 6-28 渣油加氢处理物料平衡

项目	物料名称	质量分数/%
入方	减压渣油	100
	氢气	1.6
	合计	101.6
出方	H_2S	0.98
	NH_3	0.51
	C_1	0.73
	C_2	0.94
	C_3	1.15
	C_4	1.29
	石脑油	4.5
	柴油	11.5
	＞350℃馏分油	80
	合计	101.6

注：物料平衡为多次平行实验的平均结果。

青海减渣经过 NUEUU® 渣油加氢反应器处理后，在保证＞350℃馏分油收率大于 75%，残炭不低于 4.5%的情况下，脱硫率可以达到 85%（质量分数），脱氮率可以达到 75%（质量分数），脱金属（Ni＋V）率可以达到 70%（质量分数）。对于减压渣油这样劣质的油品脱杂质效果显著，产品性质良好，可以作为固定床加氢精制裂化、催化裂化等装置的优质原料。

6.2.2 渣油加氢裂化工艺

6.2.2.1 原料

试验装置采用的原料分别为胜利减渣和沙特常渣，具体性质见表6-29。

表 6-29 渣油原料性质与组成（质量分数）

样品	胜利减渣	沙特常渣
密度（20℃）/（kg/m^3）	992	1036.7
黏度（100℃）/（mm^2/s）	1914.4	2235.7
CCR/%	15.6	10.99
C/%	85.52	84.46
H/%	11.28	9.97
S/%	1.56	4.93
N/%	0.94	0.26
Ni/（μg/g）	67.3	22.3
V/（μg/g）	5.11	42.2
Ca/（μg/g）	7532	5452
Fe/（μg/g）	16.3	18.8
饱和分/%	20.2	15.03
芳香分/%	37.75	44.41
胶质/%	36.04	25.75
沥青质/%	6.2	14.81

由渣油的组成与性质可知，其黏度较大，密度较大，硫含量较高，氮含量较低，金属含量较高。根据以上性质与组成，两种油品均属于典型的劣质渣油。尤其是沙特常渣，其氢含量更低、沥青质含量更高，比胜利减渣的性质更差。

6.2.2.2 主要产品

主要产品为石脑油、柴油、加氢蜡油、减压塔底油，其质量指标见表6-30。

表 6-30 产品质量指标

规格	石脑油	柴油	加氢蜡油	减压塔底油
馏分范围/℃	<165	165～350	350～540	≥540
收率/%	约12～16	约28～33	约25～35	约18～22
密度（20℃）/（g/cm^3）	约0.75	约0.873	0.93	约0.97

续表

规格		石脑油	柴油	加氢蜡油	减压塔底油
残炭/%				0.1	约15
黏度（100℃）/（mm^2/s）				约15.0	约50
馏程/℃		恩氏蒸馏（D86）	D86	实沸点蒸馏（TBP）	
IBP		60	203	302	540
10%		99	269	358	
30%		108	300	414	
50%		120	310	455	
70%		132	325	484	
90%		160	345	524	
FBP		178	375	589	
硫含量/（μg/g）		约20	约1000	约1000	约10000
氮含量/（μg/g）		约20	约300	约1500	约2000
Ni含量/（μg/g）				约0.1	约21
V含量/（μg/g）				约0.1	约42
凝点/℃				约30	
辛烷值		70			
十六烷值			55		
四组分组成	饱和烃/%			85	50
	芳香烃/%			13.5	25
	胶质/%			2.5	15
	沥青质/%			0	0

经过NUEUU®渣油加氢裂化加工后的汽柴油硫氮指标虽然已经很低，但还不能满足国标的要求，需要进一步进行加氢精制；加氢蜡油的硫氮均在2000μg/g以内，是良好的固定床加氢裂化或者催化裂化的原料，与常规蜡油加氢相比较，作为固定床加氢原料时，可以提高催化剂的空速，延长催化剂的使用寿命，降低装置能耗等；作为催化裂化原料时，可以提高FCC装置高价值产品（LPG+汽油+柴油）产率，降低FCC产品，特别是FCC汽油中的硫含量，减少FCC催化剂生焦量，减少FCC烟气中SO_x、NO_x含量，降低催化剂的损耗；减压塔底重油可以作为延迟焦化的原料，由于沸腾床加氢裂化的残炭脱除率在40%～70%，使得未转化尾油中生焦母体大大减少，在焦化反应时石油焦

产量必然降低，轻油收率得以大幅提高。减压塔底重油也可去溶剂脱沥青，脱沥青油循环回沸腾床反应器，脱油沥青可以作为油浆制氢的原料。沸腾床加氢裂化与焦化、溶剂脱沥青等工艺的集成技术将是加工渣油、劣质重油尤其是油砂沥青优选的解决方案。

6.2.2.3 工艺流程

NUEUU® 渣油加氢裂化工艺流程主要包括沸腾床加氢单元、常压分馏单元、减压分馏单元和催化剂装卸单元，主要描述如下：

(1) 沸腾床加氢单元

由于原料中的残炭、沥青质和金属镍钒的含量比较高，故设置两台沸腾床反应器，同时原料中的硫含量较高，需设置循环氢脱硫塔。

原料渣油由罐区送至原料缓冲罐，由高压泵加压混氢后再经过换热升温，经过沸腾床反应进料加热炉进入沸腾床反应器 A 进行反应，在反应器内，混氢原料油先与循环油混合，在底部分配盘的作用下，进料中的气相、原料油与循环油充分混合，并充分返混、向上膨胀，使催化剂床层呈沸腾状态，从而反应器内几乎处于等温条件下操作。从沸腾床反应器 A 流出的反应流出物进入级间分离器进行气液分离，分离出的气体进入高压空冷器冷却，分离出的液相反应流出物经过二次混氢后送至沸腾床反应器 B，在沸腾床反应器 B 内继续进行加氢反应。在串联的两个反应器间加入一个级间分离器，可有效除去反应生成的硫化氢，大大改善了第二段反应器的反应环境，提高工艺性能和产品质量，提高单个反应器的加工能力。

在沸腾床反应器中，催化剂颗粒处于完全返混状态，床层高度由核料位计测定，并通过稳定泵的转速控制循环油的流量，从而达到控制床层高度的目的。原料油与氢气在催化剂的作用下进行一系列的加氢反应。每台反应器需要定时在线置换催化剂。

每台反应器底部均设有稳定泵。反应器催化剂床层的顶部设有循环分离盘，防止催化剂颗粒携带出反应器。脱除催化剂颗粒的一部分反应生成油溢流进入循环分离盘，再通过分离盘中心设置的降液管进入反应器外部稳定泵的入口，在稳定泵的作用下使反应生成油与新鲜原料油混合后在反应器内循环，从而实现催化剂床层的沸腾流动状态。

反应产物自沸腾床反应器 B 至热高压分离罐进行气液分离，热高分油经过减压后进入热低压分离罐，热低分油经过滤器脱除固体后送至分馏系统，热低分气经过换热冷却至 50℃送至冷低压分离罐，热高分气经过换热冷却至 50℃后，进入冷高压分离器，为防止在低温下生成铵盐结晶堵塞空冷器的管束，在热高分气空冷器的入口注水以洗涤铵盐。冷高压分离器进行气液水三相分离。冷高分油和水经过减压后进入冷低压分离罐，冷高分气送至循环氢压缩机系统。冷低分油进入分馏单元冷低分分离出酸性水去酸性水汽提装置。

本系统有新氢压缩机、循环氢压缩机。补充的新氢由制氢装置产生，进入新氢分液罐。新氢经过新氢压缩机压缩升压，与循环氢混合进入反应系统。

来自冷高压分离罐的循环氢气，经循环氢脱硫塔脱硫后进入循环氢缓冲罐沉降分离凝液后，经循环氢压缩机压缩升压。压缩机出口气体分为两个部分：一部分至加氢产物空冷器入口，用于稳定压缩机的运行，保持压缩机入口流量稳定；另一部分补充新氢后经换热升温后分别送往反应系统。循环氢缓冲罐出口管线设有流量控制的放空系统，用于反应副产的不凝性轻组分的排放，以保证循环氢浓度。该部分气体排入低分气总管。循环氢缓冲罐的操作压力为加氢系统的压力控制点，主要由新氢补充量控制。

(2) 常压分馏单元

热低压分离罐的重油直接进入常压分馏塔。冷低压分离罐的液体先经换热后再进入常压分馏塔。常压分馏塔采用水蒸气汽提。

分馏塔顶部的气体经分馏塔顶空冷器冷却后进入分馏塔顶回流罐，液体一部分作为回流至分馏塔，一部分作为粗石脑油产品，可送至石脑油加氢单元；罐底的水相经分馏塔顶酸性水泵升压后送至酸性水闪蒸罐闪蒸后送出装置外；而罐顶的气相经酸性气压缩机压缩后送至轻烃回收。

分馏塔侧线抽出两股物流，一股物流为轻柴油，一部分作为中段回流经换热降温后返回分馏塔，另一部分经换热冷却后，作为柴油产品送出单元。

分馏塔侧线抽出另一股物流为重柴油，一部分作为中段回流经蒸汽发生器降温后返回分馏塔，另一部分经换热器换热后，与轻柴油混合送出单元。

常压分馏塔底油经常压塔底油过滤器过滤后由常压塔底泵抽出送至减压塔进料加热炉。

(3) 减压分馏单元

常压分馏塔底油先与雾化蒸汽混合后进入减压塔进料加热炉加热至所需温度，然后进入减压塔闪蒸区。减压分馏塔侧线抽出两股物流，分别为轻蜡油与重蜡油，轻蜡油经轻蜡油泵升压后分成两部分：一部分冷却后返回减压塔；另一部分与重蜡油混合。重蜡油经重蜡油泵升压后分成两部分：一部分直接返回减压塔；另一部分经重蜡油/原料油换热器冷却后再分成两小部分，一小部分返回减压塔，另一小部分继续经重蜡油蒸汽发生器、换热器冷却后送至蜡油罐区。

减压塔顶的物流大部分为蒸汽及少量的烃类，经塔顶水冷器及抽真空系统的冷却后分离成不凝气、轻污油及含油污水。不凝气去加热炉的减压火嘴烧掉，含油污水及轻污油送至装置外处理。

减压塔底油经减压塔底油过滤器过滤后由减压塔底泵抽出，与原料油、低温热水冷却后送出单元。

(4) 催化剂装卸单元

催化剂装卸单元可以实现新鲜催化剂向反应器内的在线添加，以及废催化剂从反应器内的在线卸出。反应器内催化剂需定时在线置换，整个过程的次序、报警、联锁、控制以及人机界面完全由计算机程序自动完成。

工艺流程如图 6-15 所示。

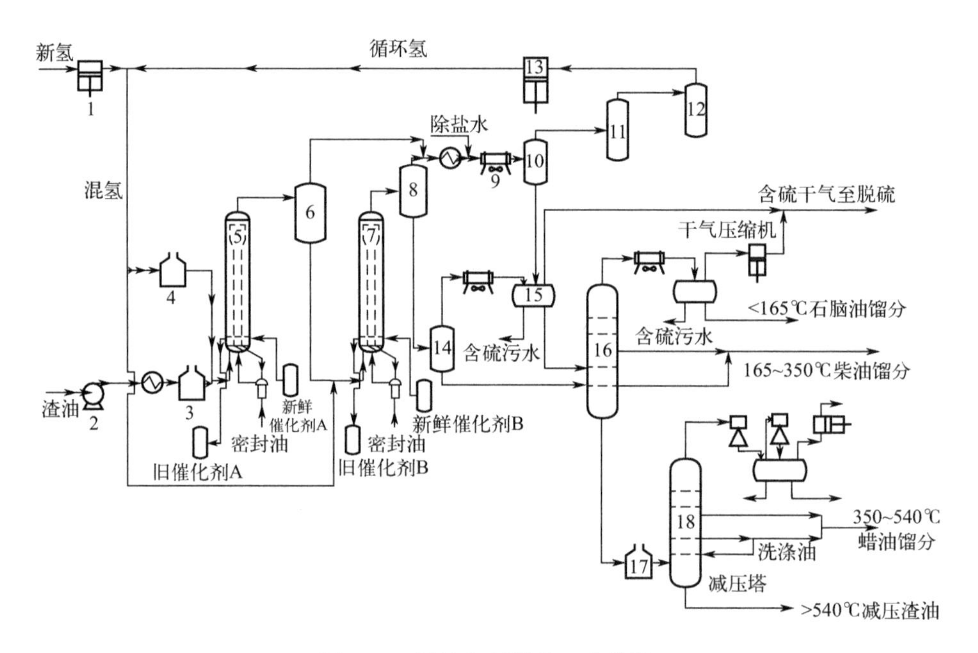

图 6-15 渣油加氢裂化工艺流程

1—新氢压缩机；2—高压进料泵；3—渣油加热炉；4—氢气加热炉；5—沸腾床反应器 A；6—级间分离器；7—沸腾床反应器 B；8—热高压分离器；9—高压空冷器；10—冷高压分离器；11—循环氢脱硫塔；12—循环氢缓冲罐；13—循环氢压缩机；14—热低压分离器；15—冷低压分离器；16—预分馏塔；17—减压炉；18—减压塔

6.2.2.4 主要操作条件

试验装置分别用胜利减渣和沙特常渣两种渣油原料分别做了多次 NUEUU® 渣油加氢裂化平行实验，新鲜原料油的进料量为 3.0kg/h，氢油比（标准状况）800m³/m³ 原料油，总进气量为 2400L/h（其中循环氢为 1400L/h，新鲜氢为 1000L/h），采用两台 NUEUU® 反应器（预反应器与主反应器）串联，新鲜原料油一次通过的实验方案。

两台反应器内部装填的催化剂由上海新佑能源科技有限公司提供，型号分别为 NUHC-61A 与 NUHC-61B。

以沙特常渣为原料时的主要操作条件和物料平衡见表 6-31，产品性质见表 6-32。

表 6-31 操作条件及物料平衡（沙特常渣）

反应条件					
条件编号		C_1	C_2	C_3	C_4
预反/主反反应温度/℃		380/390	380/400	390/400	390/410
反应器出口总压/MPa		15	15	15	15
预反/主反体积空速/h^{-1}		0.8/0.5	0.8/0.5	0.8/0.5	0.8/0.5
物料平衡（占总进料）					
进料	进出料名称	质量分数/%			
	常压渣油	100	100	100	100
	耗氢量	3.65	3.67	3.69	3.75
	总进料	103.65	103.67	103.69	103.75
出料	H_2S	3.92	4.09	4.19	4.45
	NH_3	0.18	0.20	0.22	0.23
	气体	7.84	8.02	8.48	9.22
	总液体产品	91.71	91.36	90.8	89.85
	石脑油（C_5～165℃）	15.25	15.34	16.02	16.55
	柴油馏分（165～350℃）	25.88	26.47	30.26	33.30
	减压馏分油（350～540℃）	30.33	29.70	25.87	25.42
	减压尾油（>540℃）	20.25	19.85	18.65	14.58
	合计	103.65	103.67	103.69	103.75

表 6-32 常压渣油沸腾床加氢原料及产品性质对比表（质量分数）

样品	沙特常渣	C_1	C_2	C_3	C_4
密度（20℃）/（kg/m^3）	1036.7				
黏度（100℃）/（mm^2/s）	2235.7				
S/%	4.93	1.24	1.08	0.99	0.74
N/%	0.26	0.11	0.10	0.08	0.07
Ni/（$\mu g/g$）	22.3	8.48	8.48	5.02	4.84

续表

样品	沙特常渣	C_1	C_2	C_3	C_4
V/（μg/g）	42.2	0.36	0.36	0.36	0.36
Ca/（μg/g）	5452	1150	1103	1103	888
Fe/（μg/g）	18.8	6.02	5.98	5.74	3.29
饱和分/%	15.03	50.14	52.11	54.69	57.76
芳香分/%	44.41	42.12	40.22	38.9	36.64
胶质/%	25.75	4.60	4.83	4.60	3.80
沥青质/%	14.81	3.14	2.84	1.81	1.80

以胜利减渣为原料时的主要操作条件和物料平衡见表6-33，产品性质见表6-34。

表6-33　操作条件及物料平衡（胜利减渣）

反应条件					
条件编号		C_5	C_6	C_7	C_8
预反/主反反应温度/℃		380/390	380/400	390/400	390/410
反应器出口总压/MPa		15	15	15	15
预反/主反体积空速/h^{-1}		0.8/0.5	0.8/0.5	0.8/0.5	0.8/0.5
物料平衡（占总进料）					
进料	进出料名称	质量分数/%			
	减压渣油	100	100	100	100
	耗氢量	2.65	2.68	2.74	2.81
	总进料	102.65	102.68	102.74	102.81
出料	H_2S	1.41	1.47	1.53	1.58
	NH_3	0.83	0.84	0.86	0.89
	气体	8.62	8.65	9.06	9.78
	总液体产品	91.79	91.72	91.29	90.56
	石脑油（C_5～165℃）	9.80	10.24	12.28	16.55
	柴油馏分（165～350℃）	28.87	28.89	30.26	33.30
	减压馏分油（350～540℃）	35.26	36.44	35.21	30.69
	减压尾油（>540℃）	17.86	16.15	13.54	10.02
	合计	102.65	102.68	102.74	102.81

表6-34　减压渣油沸腾床加氢原料及产品性质对比表（质量分数）

样品	胜利减渣	C_5	C_6	C_7	C_8
密度（20℃）/（kg/m^3）	992				
黏度（100℃）/（mm^2/s）	1914.4				

续表

样品	胜利减渣	C_5	C_6	C_7	C_8
S/%	1.56	0.23	0.18	0.12	0.07
N/%	0.94	0.26	0.25	0.23	0.21
Ni/（μg/g）	67.3	7.10	6.82	6.44	5.80
V/（μg/g）	5.11	0.92	0.92	0.92	0.92
Ca/（μg/g）	7532	2846	2755	2063	1981
Fe/（μg/g）	16.3	3.4	3.4	2.5	2.5
饱和分/%	20.2	66.89	70.02	72.22	72.25
芳香分/%	37.75	23.24	22.32	21.26	21.39
胶质/%	36.04	5.73	4.82	4.71	4.56
沥青质/%	6.2	4.14	2.84	1.81	1.80

沙特常渣经过两台NUEUU®沸腾床加氢反应，劣质常渣馏分在不同的反应温度下的转化率逐步提高，分别为49.33%、50.36%、55.35%、59.83%，同时由表6-31可知，由于原料中氢含量较低，反应的氢耗较高，原料油脱硫脱氮效果较好。

沙特常渣经过两台NUEUU®沸腾床加氢反应，脱硫率、脱氮率和脱金属（Ni+V）率、脱胶质沥青质率均随着反应温度的升高逐步提高，脱硫率可以达到85%（质量分数），脱氮率可以达到72%（质量分数），脱金属（Ni+V）率可以达到90%（质量分数），脱胶质沥青质率可以达到86%（质量分数）。对于沙特常压渣油这样劣质的油品脱杂质效果显著，产品性质良好，可以作为固定床加氢精制裂化、催化裂化等装置的优质原料。

胜利减渣经过两台NUEUU®沸腾床加氢反应，劣质减渣馏分在不同的反应温度下的转化率分别为82.14%、83.91%、86.46%、89.98%，且随温度的提高，转化率提高幅度增大。

通过与表6-31对比发现，加工原料为组成、性质较差的沙特常渣时，氢耗高，但汽油、柴油收率反而较高。

胜利减渣经过两台NUEUU®沸腾床加氢反应，脱硫率、脱氮率和脱金属（Ni+V）率、脱胶质沥青质率均随着反应温度的升高逐步提高，脱硫率可以达到95%（质量分数），脱氮率可以达到77%（质量分数），脱金属（Ni+V）率可以达到90%（质量分数），脱胶质沥青质率可以达到84.5%（质量分数）。对于减压渣油这样劣质的油品脱杂质效果显著，产品性质良好，可以作为固定床加氢精制裂化、催化裂化等装置的优质原料。

通过与表6-32对比发现，经过NUEUU®沸腾床加氢反应，产品中的饱和分含量明显增加，芳香分降低，在加工原料为组成、性质较差的沙特常渣时硫氮脱除率较低，脱金属率相当，脱胶质沥青质率反而较高，这主要是由硫、氮在渣油中的存在状态不同而导致脱除的难易程度不同引起的。

沙特常渣和胜利减渣在不同反应温度下，减压尾油（>540℃）的收率变化如图 6-16 所示，由图 6-16 可看出，以胜利减渣为原料时，在不同反应温度条件下，减压尾油（>540℃）的收率均小于以沙特常渣为原料时的收率；同时，随着反应温度的提高，减压尾油（>540℃）的收率逐步降低，且降低幅度逐渐加大，尤其是以胜利减渣为原料时，这种降低趋势更加明显。这表明在低生焦量的情况下，提高反应温度原料油中的减压馏分油与减压渣油还可以进一步裂化，提高原料油的单程转化率。

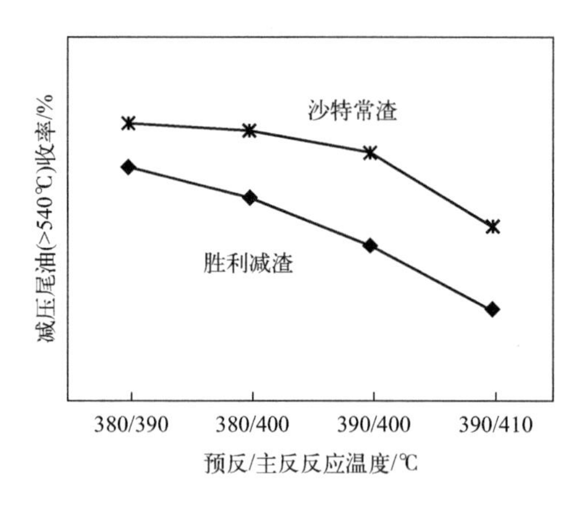

图 6-16　反应温度对减压尾油（>540℃）的影响

加氢反应后渣油中的次生沥青质与原生沥青质相比，其 H/C 原子数比减小，缔合体的平均分子量减小，单元薄片数目减少，单元薄片平均分子质量增大，芳碳率增大，质子芳碳比例增加，取代芳碳比例减小，而沥青质的 H/C 原子数比越低、芳香度越高，越难被胶溶，胶溶所需的胶质也越多，极性高的沥青质亚组分自缔合趋势强且难于在极性溶剂中溶解。因此这些结构的变化导致次生沥青质在渣油胶体体系中容易析出，进而导致设备或者管道的堵塞，影响正常生产的进行。

利用石油胶体组分的组成数据，如（饱和分＋沥青质）/（芳香分＋胶质）的比值，可以预测不同石油体系的稳定性，此比值越大，胶体体系的稳定性越差，即越容易结焦。在原料沙特常渣和胜利减渣中，（饱和分＋沥青质）/（芳香分＋胶质）的比值分别为 0.43 和 0.36，差别不是很大。

沙特常渣和胜利减渣在不同反应温度下，所生成的渣油体系中（饱和分＋沥青质）/（芳香分＋胶质）的比值变化如图 6-17 所示。由图 6-17 可看出，以胜利减渣为原料时，在不同反应温度条件下，（饱和分＋沥青质）/（芳香分＋胶质）的比值均大于以沙特常渣为原料时，这表明以胜利减渣为原料进行渣油加氢反应生成的次生沥青质更容易析出。其次，随着反应温度的升高，（饱和分＋沥青质）/（芳香分＋胶质）的比值逐渐提高，但是以胜利减渣为原料时，提高幅度明显减缓，而以沙特常渣为原料时，提高幅度越来越大，这可能与不同原料的分子组成和结构相关。

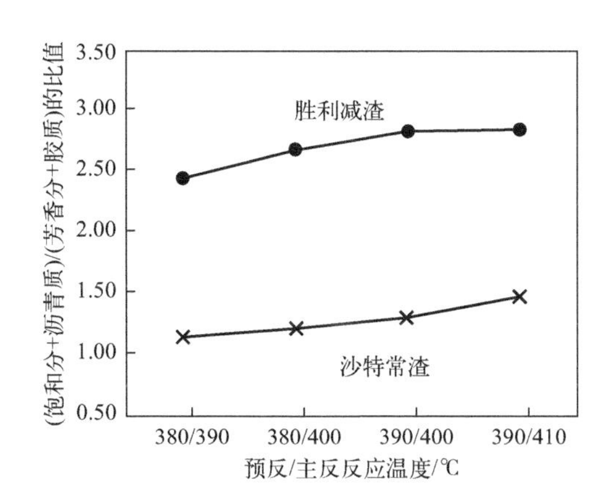

图 6-17 反应温度对渣油胶体稳定性的影响

6.2.3 技术优势分析

国内某炼油厂重油加氢裂化装置沸腾床渣油加氢裂化单元采用 AXENS 公司的 H-Oil 沸腾床渣油加氢技术，一反和二反之间设置级间分离罐。主要加工原料为沙重、沙中和马林原油的减压渣油，经过催化加氢和热裂解，最大化地转化渣油，生产轻质油品，H-Oil 装置主要由反应部分（包含原料部分、脱硫部分、膜分离部分、新氢机部分）、常减压分馏部分和催化剂装卸等部分组成。

该装置加工原料的主要性质见表 6-35，主要操作条件见表 6-36，主要产品性质见表 6-37，物料平衡见表 6-38。

表 6-35 国内某装置沸腾床渣油加氢裂化单元主要原料油性质

物性		减压渣油
相对密度		1.032
馏程/℃	IBP	464
	5%	527
	10%	558

续表

物性		减压渣油
馏程/℃	30%	606
	50%	646
	70%	749
	90%	973
	95%	1025
	FBP	1055
硫含量（质量分数）/%		5.61
总氮/（μg/g）		3842
运动黏度（100℃）/（mm^2/s）		11759
残炭（质量分数）/%		23.12
沥青质（质量分数）/%		14.32
Ni/（μg/g）		56.4
V/（μg/g）		145

表 6-36 国内某装置沸腾床渣油加氢裂化单元反应器主要工艺操作指标

参数	一反	二反
反应总压（G）/MPa	18.3	17.6
沸腾床体积空速/h^{-1}	约 0.6	约 0.6
反应器入口温度/℃	约 326	约 386
反应器出口温度/℃	约 431	约 437

表 6-37 国内某装置沸腾床渣油加氢裂化单元主要产品性质

规格	石脑油	柴油	加氢蜡油	减压塔底油
密度（20℃）/（kg/m^3）	686.4	848.0	946.0	1043
残炭（质量分数）/%				约 35
黏度（100℃）/（mm^2/s）				7445
馏程/℃	D86	D86	TBP	
IBP	−123	113	150	540
10%	46	193	367	
30%	80	228	411	
50%	97	262	447	
70%	111	297	483	

续表

规格	石脑油	柴油	加氢蜡油	减压塔底油
90%	128	342	525	
FBP	147	405	605	
硫含量/（μg/g）	5600	1320	4990	15500
氮含量/（μg/g）		621	2087	5300

表 6-38　国内某装置沸腾床渣油加氢裂化单元物料平衡

序号	物料名称	收率（质量分数）/%
入方	减压渣油	100.00
	氢气	3.00
	进料合计	103.00
出方	气体	7.38
	石脑油	6.84
	柴油	35.85
	混合蜡油（VGO）	27.71
	未转化油（UCO）	21.15
	硫化氢	3.88
	氨	0.19
	出料合计	103.00

从表 6-35 可知，该装置主要加工原料减压渣油的残炭、重金属镍钒含量都比较高，属于比较难于加氢裂化的原料。

通过对比该装置沸腾床渣油加氢裂化与 NUEUU® 沸腾床加氢裂化试验装置的操作条件，发现选用的总空速均为 0.3h^{-1}，但该装置沸腾床渣油加氢裂化单元选用的反应温度和反应压力均明显大于 NUEUU® 沸腾床加氢裂化反应。

从表 6-37 可见，该沸腾床渣油加氢裂化单元渣油加氢反应产物中石脑油、柴油和蜡油的硫氮杂原子含量明显高于 NUEUU® 沸腾床加氢裂化的试验结果，由此会加大下游汽柴油加氢精制的深度以及蜡油催化裂化的难度。减压塔底油的残炭高达 35%（质量分数），黏度大，此股物料的后续加工利用仍然是一个难点，是沸腾床渣油加氢裂化后续改进的一个关键点。

该沸腾床渣油加氢裂化单元渣油转化率为 79%（质量分数），进料中硫的脱除率为 90.15%，氮的脱除率为 49.99%，重金属脱镍率 87.21%、脱钒率 94.88%，总液收率 88.71%，其中转化率、脱硫率和脱氮率、总液收率均明显小于 NUEUU® 沸腾床加氢裂化的试验结果，尤其是脱氮率和总液收率。

根据反应结果分析可以看出，国内该沸腾床渣油加氢裂化单元主要加工原料减压渣油密度与沙特常渣接近，在该沸腾床渣油加氢裂化单元在反应温度和反应压力均比 NUEUU® 沸腾床加氢裂化试验装置苛刻的情况下，由于两套装置所选用的催化剂也有所不同，国内该沸腾床加氢装置的氢耗仍远小于以沙特常渣为原料的 NUEUU® 沸腾床加氢，这也是 NUEUU® 沸腾床加氢硫氮脱除率和目标产物收率均较高的主要原因。

6.3 劣质重油混合加氢

目前常规的劣质重油主要指常压渣油、减压渣油、催化油浆、焦化蜡油等，非常规劣质重油主要指煤焦油、页岩油、油砂油、废旧轮胎油及润滑油等。在此主要介绍 NUEUU® 技术的煤焦油＋页岩油、棕榈油、地沟油、废旧轮胎油的加氢应用。

6.3.1 煤焦油+页岩油的加工

6.3.1.1 原料和产品

新疆某企业加工煤焦油、页岩油原料性质详见表 6-39，其加工比例为 9∶1。

表 6-39 煤焦油＋页岩油性质

项目		中低温煤焦油	页岩油
密度（20℃）/（g/cm^3）		0.9953	0.9034
黏度（50℃）/（mm^2/s）		121.7	7.95
残炭（质量分数）/%		5.49	1.65
硫含量/（μg/g）		1695	2700
氮含量/（μg/g）		4773	13600
C 含量（质量分数）/%		82.65	85.74
H 含量（质量分数）/%		9.6	11.87
灰分（质量分数）/%		0.031	0.0025
四组分/%	饱和烃	46.2	—
	芳烃	24	—
	胶质	16.1	15.9
	沥青质	9.3	0.3

由表6-39可知：页岩油较煤焦油密度低，但其氮含量偏高，对于加氢精制难度增大，否则会导致加氢裂化进料氮含量超标。

以煤焦油+页岩油为原料加工的产品的主要为1号煤基氢化油、2号煤基氢化油及3号煤基氢化油，具体指标能满足《煤基氢化油》（HG/T 5146—2017）标准的要求。

6.3.1.2 工艺流程

在新疆某企业实际加工过程中掺炼页岩油比例为10%（质量分数），主要分为预处理单元、加氢单元、加氢裂化单元、分馏单元。

（1）预处理单元

原料经过超级离心机将原料中≥40μm的机械杂质脱除后，经过换热升温进入脱水塔脱除水分后输送至加氢单元。

（2）加氢单元

① 沸腾床反应 经脱水后的原料油经过滤器过滤，脱除≥25μm的固体颗粒，经加氢进料泵升压再与循环氢混合，经过换热升温后再经过加氢进料加热炉加热升温进入加氢反应器A，反应产物经过降温，进入加氢反应器B，反应产物经加氢热高压分离罐分离，热高分油由阀降压至经热低分罐闪蒸分离，热低分油进减压塔进料闪蒸罐，冷低分油进裂化进料缓冲罐。加氢热高分气经过换热降温，进入在线精制反应器进一步加氢精制，深度脱硫脱氮。在线精制反应产物经过换热冷却再进入在线精制冷高压分离罐进行气液分离。为了避免铵盐结晶腐蚀，在空冷器入口设有除盐水注入。精制冷高压罐顶气相进加氢循环氢缓冲分离，再经加氢循环氢压缩机升压后做加氢系统的循环氢。液相降压后送至在线精制冷低压分离罐进行油气水三相分离，油相经过换热升温直接进入硫化氢汽提塔。

② 减压切割 来自加氢反应部分的热低分油送至减压塔进料闪蒸罐，罐顶气体降压后送至减压塔，罐底油品经进料泵升压后进入减压进料加热炉加热后进入减压塔。减压塔设中段采出，减一中油经减压塔一中油泵升压后一部分降压后返塔，其余油品换热后，一部分进裂化进料缓冲罐，另一部分经一中回流空冷器冷至50℃回流至填料上部。减二中油经减二中油泵升压后，一部分作为内回流直接返塔至下段塔板，剩余部分油品换热冷却后，一部分进裂化进料缓冲罐，另一部分回流返塔至填料上部。减压塔底重油经减压塔底重油泵加压后经换热冷却，然后分两部分，一部分作为循环重油送至加氢进料缓冲罐，另一部分作为重质燃料油副产品（>500℃馏分）送出装置。

本单元仅设置循环氢压缩机，补充的新氢由加氢裂化单元的新氢压缩机提供。

该单元配置催化剂在线装卸系统，保证装置在运行期间的催化剂活性稳定。

(3) 加氢裂化单元

减压塔中段油、加氢单元冷低分油与裂化单元分馏塔底循环尾油混合后进入裂化进料缓冲罐，经裂化进料泵加压后与循环氢混合，与裂化产物换热升温后通过裂化进料加热炉升温依次进入串联的精制反应器和裂化反应器。反应器的各床层温升均通过向床层通入冷氢来控制。

裂化反应产物换热降温后送入热高压分离罐，热高压分离罐顶部气相冷却后送入冷高压分离罐。热高压分离罐底部热高分油降压后送入硫化氢汽提塔，罐顶气相和罐底油相均送至硫化氢汽提塔。冷高压分离罐顶部出来的冷高分气作为循环氢送至裂化循环氢缓冲罐，经循环氢压缩机提压后返回反应部分。冷高压分离罐底部水相送至冷低压分离罐，底部油相经换热升温后送至硫化氢汽提塔。

本单元设置新氢压缩机、循环氢压缩机。

(4) 分馏单元

加氢裂化单元和加氢单元合用一套产品分馏部分。

加氢单元的精制冷低分油和裂化单元的裂化冷低分油以及裂化热低分油进入硫化氢汽提塔。硫化氢汽提塔塔顶回流罐罐顶含硫干气送吸收脱吸塔处理，罐底油相（主要为液化气）经泵升压后一部分回流至硫化氢汽提塔塔顶，一部分送至吸收脱吸塔。硫化氢汽提塔底油换热后进入分馏塔进料闪蒸罐。

硫化氢汽提塔顶气、硫化氢汽提塔顶油送入吸收脱吸塔，与吸收脱吸塔顶部进料的轻质煤焦油逆向吸收，脱除干气中的液化气组分，并解吸出液相中的干气。吸收脱吸塔塔底油送至稳定塔汽提，稳定塔顶回流罐酸性水进酸性水储罐，油相经稳定塔顶回流泵升压后一部分返回塔顶，一部分作为液化气产品送至液化气脱硫塔。稳定塔底采出 1 号煤基氢化油产品。

分馏塔进料闪蒸罐顶部油气直接进入产品分馏塔，底部液体经分馏塔进料泵升压送入分馏进料加热炉升温进入产品分馏塔下部。分馏塔顶回流罐底油相经分馏塔回流泵加压后，一部分作为回流至产品分馏塔顶，一部分作为吸收剂送至吸收脱吸塔塔顶进料。2 号煤基氢化油由产品分馏塔中段采出，最终由各个侧线汽提塔底泵抽出，经换热器冷却后作为产品送出装置。产品分馏塔底的尾油换热冷却后作为循环尾油返回裂化进料缓冲罐。

工艺流程见图 6-18。

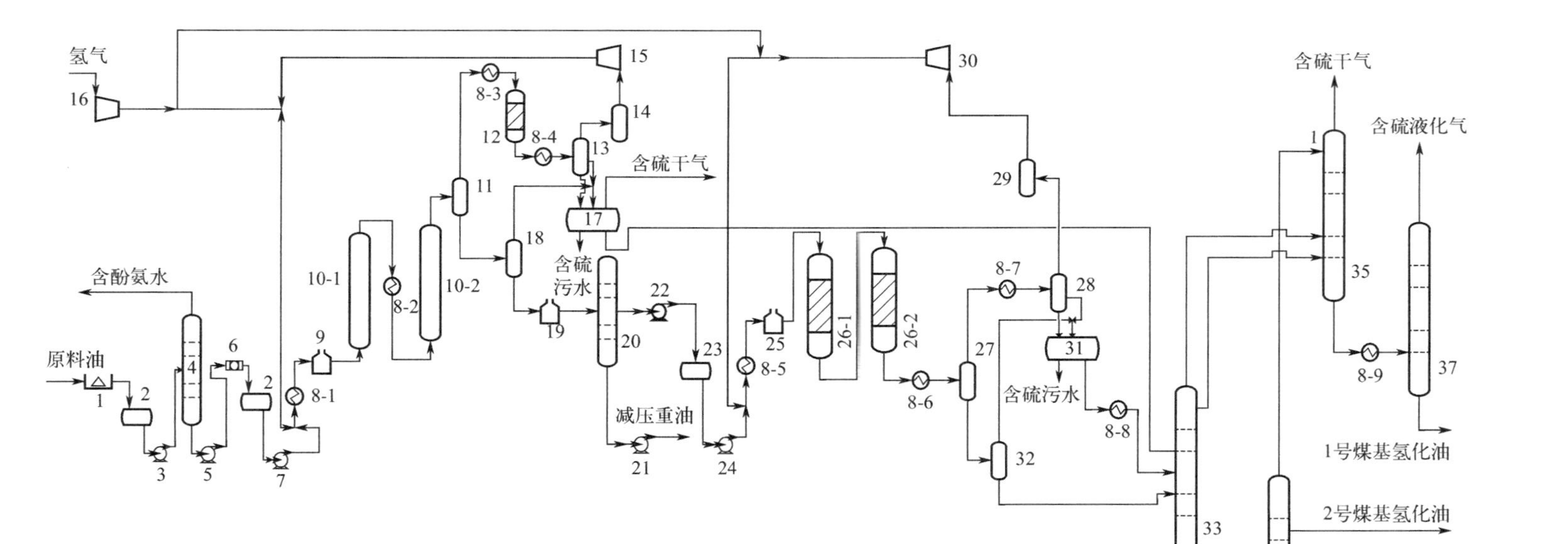

图 6-18 煤焦油＋页岩油工艺流程图

1—离心机；2—原料缓冲罐；3—原料进料泵；4—脱水塔；5—进料泵；6—原料过滤器；7—高压进料泵；8—换热器；9—进料加热炉；10—沸腾床反应器；11，27—热高压分离罐；12—在线精制反应器；13，28—冷高压分离罐；14—循环氢缓冲罐；15—循环氢压缩机；16—新氢压缩机；17，31—冷低压分离罐；18，32—热低压分离罐；19—减压进料加热炉；20—减压塔；21—减压重油泵；22—减压中段油泵；23—加氢裂化缓冲罐；24—加氢裂化高压泵；25—加氢裂化加热炉；26—加氢裂化反应器；29—循环氢缓冲罐；30—循环氢压缩机；33—硫化氢汽提塔；34—分馏塔进料加热炉；35—吸收解吸塔；36，37—产品分馏塔

6.3.1.3 主要操作条件

新疆某公司设计原料为中低温煤焦油，原料中添加了一定比例的页岩油后，操作条件及物料平衡稍有变化，使用的沸腾床催化剂型号为 JMHC-2608B/C。主要操作条件和物料平衡见表 6-40 和表 6-41。

表 6-40 煤焦油+页岩油混合加工主要操作条件

NUEUU®单元	
反应总压（G）/MPa	14.5
沸腾床反应器 A 体积空速/h^{-1}	1.0
沸腾床反应器 B 体积空速/h^{-1}	1.0
反应器入口温度/℃	180～200
沸腾床反应器 A 反应温度/℃	370～380
沸腾床反应器 B 反应温度/℃	380～390
加氢裂化单元	
反应总压（G）/MPa	15.0
精制剂体积空速/h^{-1}	1.0
裂化剂体积空速/h^{-1}	1.1
反应器入口温度/℃	340～350
精制反应器床层温度/℃	360～380
裂化反应器床层温度/℃	370～390

表 6-41 煤焦油+页岩油混合加工物料平衡

项目	物料名称	质量分数/%	备注
入方	煤焦油	90	—
	页岩油	10	—
	氢气	5.05	—
	除盐水（注水）	18.9	—
	硫化剂	0.05	—
	合计	124	—
出方	液化气	1.25	C_3、C_4
	1 号煤基氢化油	18.5	≤165℃
	2 号煤基氢化油（A+B+C）	71.14	165～365℃

续表

项目	物料名称	质量分数/%	备注
出方	3号煤基氢化油	0.5	加氢裂化尾油
	重质燃料油	2.5	减压塔底重油
	酸性气	0.44	H_2S
	干气	1.65	C_1、C_2及H_2
	富氨气	0.67	—
	净化水	27	—
	污水（含油或含酚）及损失	0.35	—
	合计	124	—

由表6-40可见，与常规煤焦油加氢比较，沸腾床反应器A入口温度降低，主要影响因素有页岩油中双烯烃含量增多，温度越高结焦速率加快，因此输送温度降低；同时页岩油总环烷烃含量提高，温度升高腐蚀性增强，因此需要降低原料输送温度。

原料以煤焦油＋页岩油混合组分，经过沸腾床反应器的脱硫率≥85%，脱氮率≥75%，残炭脱除率≥90%，金属脱除率≥90%，因此经过沸腾床加氢后，能为固定床加氢精制裂化提供优质的原料油，保证装置运行稳定。

6.3.2 棕榈油+地沟油的加工

6.3.2.1 原料和产品

河北石家庄某企业加工原料棕榈油和地沟油的性质，如表6-42和表6-43所示。

表6-42 棕榈油性质

项目	棕榈油
密度（20℃）/（kg/m^3）	899.8
水含量（质量分数）/%	0.2
凝点/℃	8
运动黏度/（mm^2/s）	4.74
C含量（质量分数）/%	76.06
H含量（质量分数）/%	12.09
O含量（质量分数）/%	11.77
S含量（质量分数）/%	0.08
N含量（质量分数）/%	<0.1

续表

项目		棕榈油
碘值/（g/100g）		40～60
酸值（以KOH计）/（mg/g）		55.8，≤100
金属含量/（μg/g）	铜Cu	1.98
	镍Ni	0.66
	铁Fe	7.7
	钙Ca	10.3
	钒V	0.024

表6-43　地沟油性质

项目		地沟油
密度（20℃）/（kg/m^3）		811.2
水含量（质量分数）/%		15.58
凝点/℃		15
运动黏度/（mm^2/s）		12.91
C含量（质量分数）/%		64.9
H含量（质量分数）/%		11.82
O含量（质量分数）/%		23.12
S含量（质量分数）/%		0.08
N含量（质量分数）/%		0.08
碘值/（g/100g）		75～100
酸值（以KOH计）/（mg/g）		97.5，≤150
金属含量/（μg/g）	铜Cu	0.97
	镍Ni	0.55
	铁Fe	157
	钙Ca	412
	钒V	0.056

以棕榈油及地沟油为原料主要的产品为生物柴油，具体指标见表6-44。

表6-44　生物柴油性质

项目	生物柴油
密度（20℃）/（kg/m^3）	0.775～0.785
十六烷值	95～100

续表

项目		生物柴油
闪点/℃		≥90
黏度（40℃）/（mm^2/s）		2.85
蒸馏（体积分数）/%	250℃馏出量	5.60
	350℃馏出量	96.20
95%馏出温度/℃		322
S含量（质量分数）/%		<5
O含量/（μg/g）		≤50
N含量/（μg/g）		<10
溴价/（mg/100g）		≤200
芳烃及多环芳烃（质量分数）/%		≤0.6
水分/（μg/g）		≤50
铜片腐蚀（3h，50℃）		1A
污染总量/（μg/g）		2
凝点/℃		≤10
残炭（10%蒸馏残炭）（质量分数）/%		0.008
氧化安定性/（g/m^3）		0.8
酸值（以KOH计）/（mg/g）		≤0.2

6.3.2.2 工艺流程

碳中和是有效控制全球气温快速升高，推动能源利用绿色转型的重要途径，是世界经济发展和增长的新动力，为了减少二氧化碳的排放量，许多国家都在积极发展可再生能源。生物柴油是以油脂为原料，通过一定的物理和化学方法将油脂加工为可替代石化柴油的燃料，具有环境友好和可再生等优点。20世纪90年代以来，生物柴油成为可再生能源的一个重要发展方向。

生物柴油的原料主要是油脂，而油脂主要包括动物油脂、废弃油脂、微生物油脂和农林废弃物等。其中动物油脂包括猪油、牛油、羊油和鱼油等，一些主要发达国家将其作为生物柴油的生产原料。植物油脂既包括大豆、菜籽、棕榈和棉籽等油料作物的油脂，也包括麻风树、黄连木、文冠果、油茶、光皮树和无患子等木本非食用油料作物的油脂。从全球角度讲，植物油脂是目前生物柴油生产的主要原料，如美国使用大豆油，欧盟使用菜籽油和从东南亚进口的棕榈油，中国在使用少量棉籽油的同时，也在开发和使用木本非油料作物油脂。废弃油脂包括废弃食用油脂、油脂生产工业副产的酸化油及粮食加工副产的低品质油脂等，是日本和中国等亚洲国家生物柴油生产的主要原料。微生物油脂是由酵母、霉菌、细菌和藻类等微生物在一定的条件下产生的，与植物油脂一样，微生物油脂也是以甘油三酯的形式储存脂质，含少量的单甘油酯和双甘油酯及游离脂肪酸。微藻是目前生物柴油原料的研究热点之一，但是其工业应用的成本较高。另外，锯末和秸秆等农林废弃物气化后，通过费托合成可生产生物柴油。农林废弃物来源广泛，但由于采收费用高、装置规模受限等因素，目前效益不明显。

由于原料类型不同，生物柴油产品的组成也有所区别，可分为脂类和烃类等，相应的生产技术主要有酯交换法（第一代）、催化加氢法（第二代）、气体合成法（第三代）。

（1）第一代生物柴油生产技术——酯交换法

动植物油脂的主要成分为甘油三酯，酯交换法是利用低碳醇在催化剂作用下与甘油三酯反应生成脂肪酸甲酯和甘油，是第一代生物柴油的主要生产方法。废弃油脂等还含有游离脂肪酸，可以与甲醇发生酯化反应，生成脂肪酸甲酯和水。因此第一代生物柴油产品主要是脂肪酸甲酯的混合物，氧含量高、热值相对较低，其组成化学结构与石化柴油存在较大不同。第一代生物柴油原料及其产品性质见表6-45。

表6-45　第一代生物柴油原料及性质

原料	产品类型	十六烷值	闪点/℃	密度/(g/cm^3)	低热值/(MJ/kg)	高热值/(MJ/kg)	浊点/℃	倾点/℃	40℃黏度/(mm^2/s)
豆油	甲酯	54.0～56.0	110～120	0.88	37.24	40.74	−3～−2	−7～−4	4.08
	乙酯	48.2	160	0.88		40.04	−1	−4	4.41
菜籽油	甲酯	51.0～52.0	150～170	0.88	37.01	40.50	−4	−12～−10	4.83
	乙酯	65.4	185	0.88		40.57	−2	−15	6.17
向日葵油	甲酯	49.0	183	0.88	38.60			−7	
棉籽油	甲酯	51.2	110	0.88	38.96			3	
棕榈油	甲酯	52.0	165	0.87		40.20		16	4.50
麻风树籽油	甲酯	52.0	166	0.88	38.50	40.20			4.06
地沟油	甲酯	68.2	165	0.89	37.60	40.10			8.34（20℃）

根据反应特点，酯交换法可分为酸碱催化法（均相和非均相）、超临界法和生物酶法。由于酸碱均相催化法对于原料要求较高，废液排放较多，不但原料

加工不灵活，同时也不符合环境友好的理念；酸碱非均相催化法由于采用甲醇与油溶相溶性较差，同时存在固液分离的难度，不利于连续生产；超临界法主要是高温高压下进行，能耗较高，不符合节能减排的理念。

(2) 第二代生物柴油生产技术——催化加氢法

第二代生物柴油生产技术主要指甘油三酯在催化加氢条件下发生加氢脱羧基、加氢脱羰基及加氢脱氧反应生成饱和的正构烷烃，正构烷烃再通过临氢异构化转化为异构烷烃的方法。与第一代生物柴油相比，第二代生物柴油的化学结构与石化柴油相同，主要性质也接近，且具有十六烷值高、硫含量低等优点，可在石化柴油中添加较大的比例。第二代生物柴油生产技术主要有油脂直接加氢脱氧、加氢脱氧异构等。

① 直接加氢脱氧　直接加氢脱氧技术是将油脂在高温高压下进行深度加氢，羧基中的氧和氢生成水，自身还原成烃。催化剂主要有Co-Mo和Ni-Mo等加氢催化剂。根据原料不同，操作条件有所差异，一般情况下，反应温度为240～320℃，压力（G）为4～15MPa，空速为0.5～5.0h^{-1}。反应产物主要是长链的正构烷烃，其十六烷值较高，但是，部分工艺生产的生物柴油浊点较高，低温流动性差。

直接加氢脱氧技术中，代表性的工艺是芬兰Nest公司的NExBTL（新一代环保生物柴油）工艺（见图6-19），通过高压加氢将动植物油脂、微藻油脂和废弃餐饮油等油脂转化为丙烷、生物汽油和生物柴油等生物燃料。该工艺生产的生物柴油十六烷值为84～99，凝点为－30～－5℃。

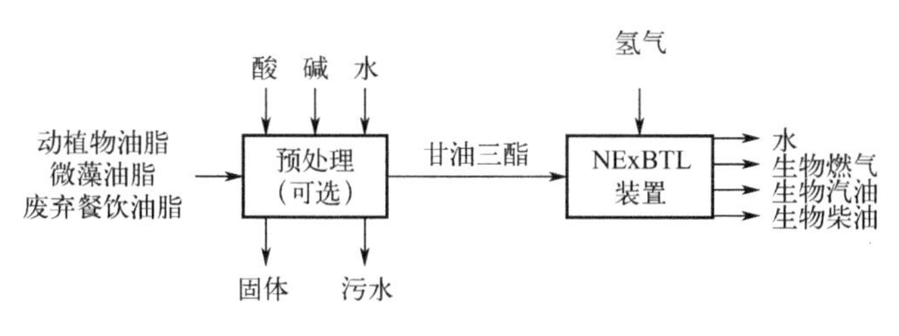

图6-19　NExBTL工艺过程

② 加氢脱氧异构　加氢脱氧异构是油脂经过加氢脱氧和临氢异构化两步来制备生物柴油。加氢脱氧过程与油脂直接加氢脱氧的条件相近，该过程脱除了油脂中的氧、氮、磷和硫等，同时将不饱和双键加氢饱和，原料中的脂肪酸等加氢生成C_6～C_{24}的烃类，其中大多为C_{12}～C_{24}的正构烷烃产品。这些正构烷烃在贵金属Pt等异构催化剂的作用下发生异构化得到异构烷烃，提高产品的低温使用性能。

在加氢脱氧异构技术中，代表性的工艺是美国环球油品公司（UOP）的Eco-fining（绿色柴油）工艺。该工艺是将先进油脂进行加氢处理，脱除甘油三酯中的氧，生成 C_{16}～C_{18} 的直链烷烃，副产丙烷；然后 C_{16}～C_{18} 的直链烷烃异构化，生成带支链的烷烃，以改善冷流动性质并降低浊点。其工艺过程见图 6-20。

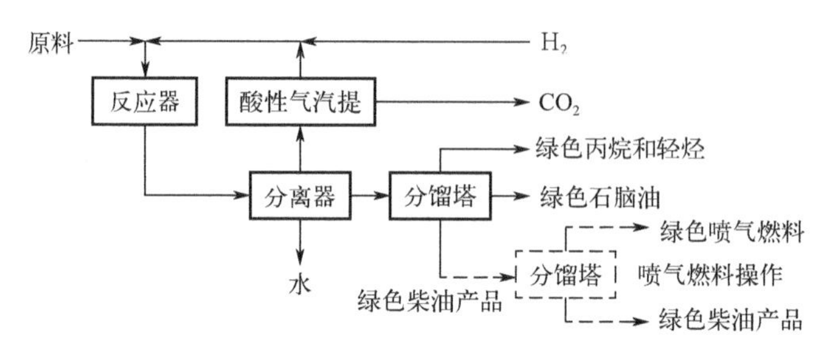

图 6-20　UOP Ecofining 工艺过程

在 Ecofining 工艺中，油脂在加氢催化剂作用下发生加氢饱和、加氢脱氧、加氢脱羧等反应来制备生物柴油中间物料，中间物料采用临氢异构化技术增加柴油中支链烷烃的含量。Ecofining 工艺生产的生物柴油十六烷值为 75～90，高于石化柴油和第一代生物柴油，氧稳定性和低温流动性也优于石化柴油和第一代生物柴油。

UOP 在 Ecofining 工艺基础上开发了生产生物航煤的 Renewable Jet（可再生航煤）工艺，与 Ecofining 工艺不同的是，该工艺在选择性加氢过程中还进行选择性裂化，生成碳链较短的（C_{10}～C_{14}）生物航煤。Renewable Jet 工艺过程见图 6-21。

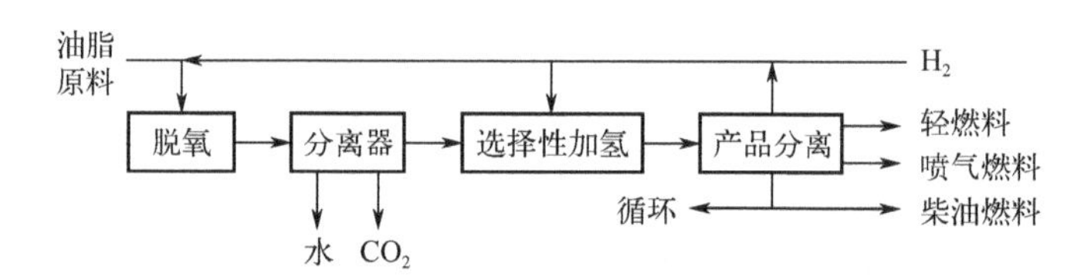

图 6-21　Renewable Jet 工艺流程

（3）第三代生物柴油生产技术——气体合成法

第三代生物柴油生产技术主要是将秸秆类农林废弃物等生物质原料气化后再合成柴油。生物质原料经简单的破碎加工处理后进入气化炉，在空气、氧气或水蒸气等气化介质中发生高温裂解和氧气还原等反应，生成含有 CO 和氢气等物质的合成气，合成气在进行净化处理后，通过催化、加氢等工艺以及费托合成等技术，最终合成生物柴油。

由于我国农作物秸秆种类多、分布广，原料的收储半径较大，因此生物柴油项目的规模和经济性均受到限制。

生物柴油与石化柴油对比，第一代生物柴油的氧含量高，低发热值较低；

第二代和第三代生物柴油具有高的十六烷值，与石化柴油具有相近的黏度、低发热值，更适合作为石化柴油的替代燃料。具体性质对比见表 6-46。

表 6-46 生物柴油和石化柴油的主要性能对比

指标		20℃运动黏度/(mm^2/s)	15℃密度/(g/cm^3)	十六烷值	浊点/℃	低发热值/(MJ/kg)	硫含量/(μg/g)	氧含量/%
生物柴油	第一代(RME)	4.5	0.885	51	−5	38	<10	11
	第二代(NExBTL)	2.9～3.5	0.775～0.785	84～99	−30～−5	44	0	0
	第三代(GTL)	3.2～4.5		73～81	−25～0	43	<10	0
0号柴油(20℃)		3.0～8.0	0.810～0.850	≥49			≤350	

河北 20 万吨/年沸腾床加氢装置采用了 NUEUU® 技术，在装置运行期间加工了棕榈油、地沟油等生物质原料油，生产生物柴油产品。该装置的设计初衷为加工中低温煤焦油全馏分，在企业运行过程中加工了棕榈油生产生物柴油，并实现长周期稳定运行。

该装置主要包括原料预处理单元、加氢单元、加氢裂化单元、产品分馏单元。

预处理单元主要包括离心分离、常压脱水等，加氢单元主要包括沸腾床反应单元、减压切割单元、循环氢压缩机单元及催化剂在线装卸单元，加氢裂化单元主要包括固定床加氢裂化单元、压缩机单元及分馏切割单元，由于厂区配置含硫干气及含硫污水均输送至焦化装置统一处理。

其中预处理单元在原有设计的基础上进行了改造，主要为地沟油、棕榈油，主要酸值较高，通过注入破乳剂、除盐水后进入高压静电设施，再经过液液分离将原料中的盐含量处理至 3.0mg/kg 以下。

其中沸腾床加氢反应器用于饱和原料中的高度不饱和脂肪酸（主要是亚油酸、亚麻酸），以及加氢脱氧反应，经沸腾床加氢预处理后的<160℃馏分油送下游固定床加氢单元，进行深度加氢脱硫脱氮及异构。可以避免脱氧过程中产生的大量水造成固定床加氢催化剂的粉化失活；沸腾床加氢催化剂可以通过专门的催化剂在线装卸系统，实现不停车在线卸出旧催化剂，装入新催化，保证沸腾床反应器的加氢活性稳定。保证装置长周期运行。

工艺流程见图 6-22。

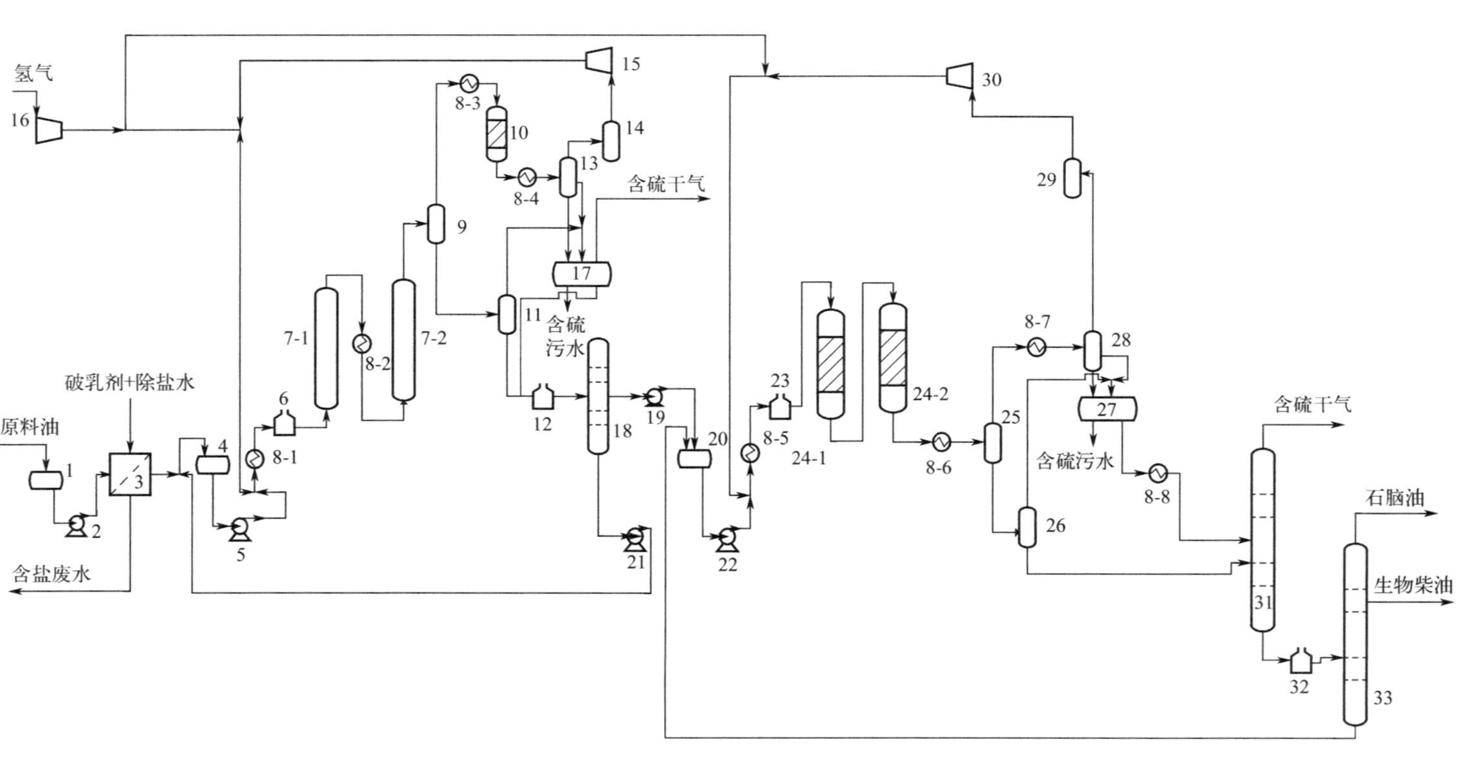

图 6-22　生产生物柴油工艺流程图

1，4—原料缓冲罐；2—原料进料泵；3—静电分离设施；5—高压进料泵；6—进料加热炉；7—沸腾床反应器；8—换热器；
9，25—热高压分离罐；10—在线精制反应器；11，26—热低压分离罐；12—减压进料加热炉；13，28—冷高压分离罐；
14，29—循环氢缓冲罐；15，30—循环氢压缩机；16—新氢压缩机；17，27—冷低压分离罐；18—减压塔；19—减压中段油泵；
20—加氢异构缓冲罐；21—减压重油泵；22—加氢异构高压泵；23—加氢异构加热炉；24—加氢精制异构反应器；25—热高压分离罐；
31—硫化氢汽提塔；32—分馏塔进料加热炉；33—产品分馏塔

6.3.2.3 主要操作条件

以棕榈油＋地沟油为原料，主要操作条件和物料平衡见表6-47和表6-48。

表6-47 棕榈油＋地沟油加工主要操作条件

NUEUU®单元	
反应总压（G）/MPa	6.0
体积空速/h^{-1}	1.0
反应器入口温度/℃	180～200
反应温度/℃	360～380
氢油比（体积比）	400～500
加氢异构单元	
反应总压（G）/MPa	6.0
精制剂体积空速/h^{-1}	2.0
异构剂体积空速/h^{-1}	2.0
反应器入口温度/℃	320～360
反应器床层温度/℃	350～390
氢油比（体积比）	600～800

表6-48 棕榈油＋地沟油混合加工物料平衡表

项目	物料名称	质量分数/%	备注
入方	原料生物油脂	100	棕榈油、地沟油混合
	氢气	6.5	
	合计	106.5	
出方	生物柴油	86.61	
	石脑油	5.53	
	反应生成水	13.24	
	干气	1.12	以丙烷为主
	合计	106.5	

由于棕榈油、地沟油原料中氧含量偏高，因此反应生成的水量偏高。同时测定地沟油中主要为胶质组分，其含量（质量分数）＞90%，棕榈油中芳香分及胶质质量分数各占原料比例的45%以上，因此在输送过程中不宜高温，沸腾床反应器入口温度较低，同时床层温度较高，既能保证低温稳定输送又能保证加氢反应深度。

6.3.3 废旧轮胎油的加工

6.3.3.1 原料和产品

废旧轮胎油采用 NUEUU® 技术，进行实验加工，具体性质见表 6-49。

表 6-49 废旧轮胎油性质

项目	废旧轮胎油
密度（20℃）/（kg/m^3）	943
凝点/℃	−60
闪点（闭口）/℃	95
水含量（质量分数）/%	0.03
残炭（质量分数）/%	2.22
灰分（质量分数）/%	0.03
酸值（以 KOH 计）/（mg/g）	6.24
机械杂质（质量分数）/%	0.55
C 含量（质量分数）/%	85.26
H 含量（质量分数）/%	9.94
O 含量（质量分数）/%	1.74
S 含量（质量分数）/%	0.802
N 含量（质量分数）/%	1.5

由表 6-49 可知，废轮胎热解油的水含量低、闪点较低、硫氮含量相对较高；废轮胎热解油主要由饱和烃、芳香烃、烯烃和一些非烃类化合物组成。

对废轮胎热解油组分进行分析，其轻质馏分中饱和烃含量（质量分数）相对较少，为 1.48%，烯烃含量（质量分数）为 63.98%，芳烃含量（质量分数）为 29.13%，同时还含有醛、醇、酮及氮类（主要为吡啶）等非烃类化合物。

废旧轮胎油的馏程分布如表 6-50。

表 6-50 废旧轮胎油的馏程分布

馏程范围/℃	馏分质量/g	馏分体积/mL	质量收率/%	体积收率/%
<75	259.0	374.0	4.88	6.23
75～100	104.5	135.0	1.97	2.25
100～125	155.1	192.2	2.92	3.20

续表

馏程范围/℃	馏分质量/g	馏分体积/mL	质量收率/%	体积收率/%
125～150	314.9	377.1	5.93	6.29
150～180	135.6	160.4	2.55	2.67
180～200	516.2	595.6	9.72	9.93
200～225	280.2	313.4	5.28	5.22
225～250	434.8	477.2	8.19	7.95
250～275	370.6	405.1	7.00	6.75
275～300	257.7	278.0	4.85	4.63
300～325	690.3	722.1	13.00	12.04
325～350	248.4	274.0	4.68	4.57
>350	1350.0	1498.8	25.42	24.98
全馏分	5120.0	5802.9	96.4	96.7

由表 6-50 可知，初馏点～75℃的质量收率为 4.88%（燃料气），轻质馏分 75～180℃的质量收率为 13.37%（可加工为汽油），中质馏分 180～350℃（可加工为柴油）的质量收率为 52.72%，重质馏分的质量收率为 25.42%（可进一步裂解加工为轻中油）。

以废旧轮胎油为原料生产产品为汽柴油产品，能满足《车用汽油》（GB 17930—2016）与《车用柴油》（GB 19147—2016）的质量指标要求。

6.3.3.2 工艺流程

针对<180℃轻质馏分烯烃（主要是二烯烃）含量高的特点，先进入Ⅰ系列固定床预加氢反应系统，轻质馏分油经过滤升压换热气化后，进上流式固定床加氢反应器进行气-固两相加氢反应，脱除轻质馏分中的大量烯烃（特别是二烯烃）。因轻质馏分中二烯烃含量（质量分数）超过 50%，为了避免反应器内烯烃大量发热造成的催化剂床层结焦堵塞，考虑从后续冷高分底引一股循环稀释油经泵升压后返回至反应系统入口。脱烯烃后的预加氢轻质馏分油经换热冷却分离后，再送至Ⅱ系列固定床深度加氢反应系统，进行深度加氢精制脱硫、脱氮、脱氧等反应。

针对>180℃中质以上馏分中芳烃特别是多环芳烃含量高，烯烃含量也较高，且含有一定胶质、沥青质，残炭也偏高，如果采用常规的固定床加氢技术，存在催化剂失活快、空速低、易结焦、床层压力降增长快、装置运行周期短、原料适应范围相对较窄等弊端。因此采用上海新佑自主研发的 NUEUU® 沸腾床+固定床组合加氢处理技术处理>180℃中质以上馏分。

工艺流程见图 6-23。

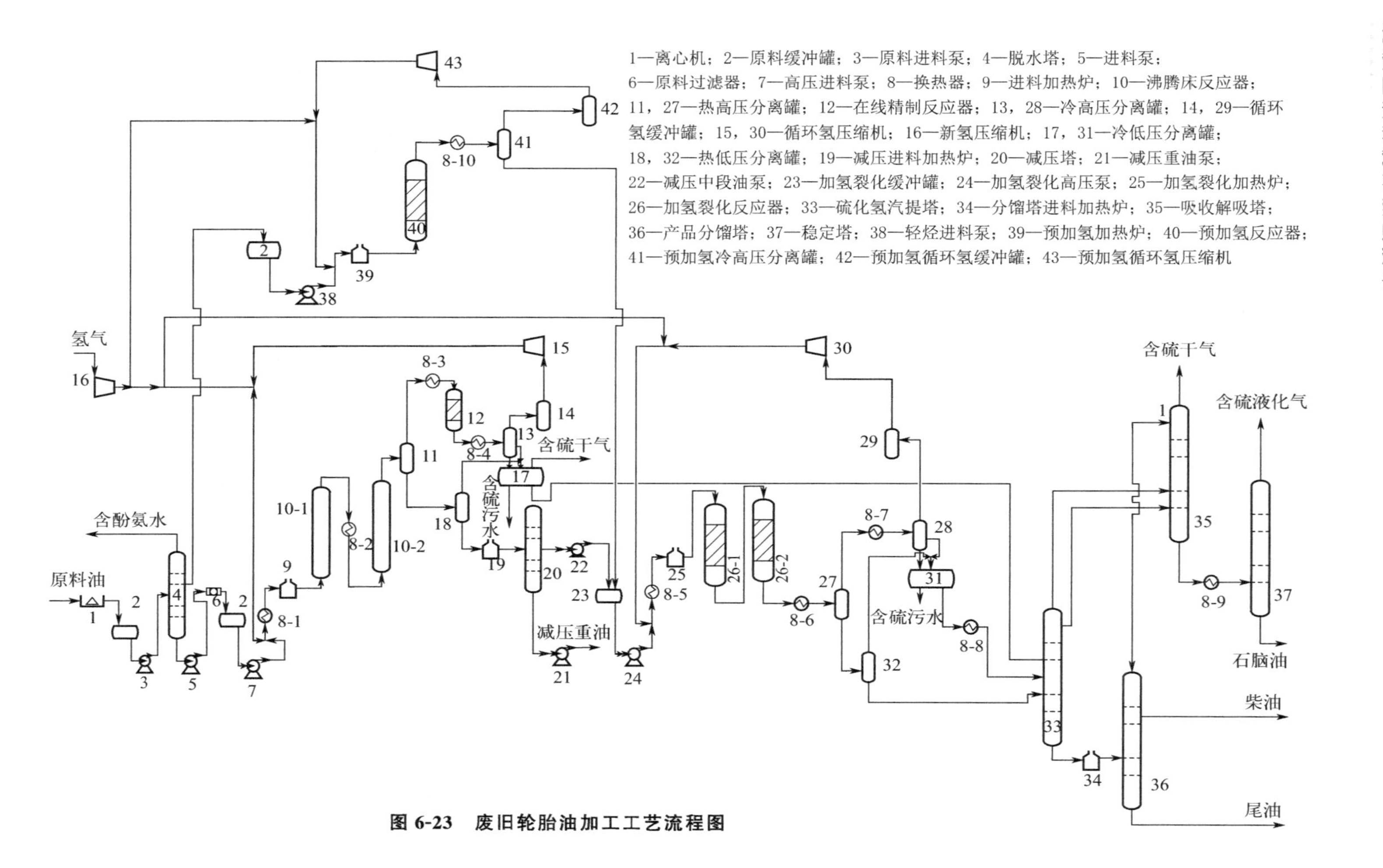

1—离心机；2—原料缓冲罐；3—原料进料泵；4—脱水塔；5—进料泵；6—原料过滤器；7—高压进料泵；8—换热器；9—进料加热炉；10—沸腾床反应器；11，27—热高压分离罐；12—在线精制反应器；13，28—冷高压分离罐；14，29—循环氢缓冲罐；15，30—循环氢压缩机；16—新氢压缩机；17，31—冷低压分离罐；18，32—热低压分离罐；19—减压进料加热炉；20—减压塔；21—减压重油泵；22—减压中段油泵；23—加氢裂化缓冲罐；24—加氢裂化高压泵；25—加氢裂化加热炉；26—加氢裂化反应器；33—硫化氢汽提塔；34—分馏塔进料加热炉；35—吸收解吸塔；36—产品分馏塔；37—稳定塔；38—轻烃进料泵；39—预加氢加热炉；40—预加氢反应器；41—预加氢冷高压分离罐；42—预加氢循环氢缓冲罐；43—预加氢循环氢压缩机

图 6-23　废旧轮胎油加工工艺流程图

6.3.3.3 主要操作条件

用废旧轮胎热解油为原料进行NUEUU®加氢处理试验，新鲜原料油的进料为5.0kg/h，设置一台沸腾床反应器，反应器内装填自主研发的沸腾床渣油加氢催化剂JMHC-2608A，原料性质见表6-49，主要操作条件和物料平衡见表6-51和表6-52。

表6-51 废旧轮胎油加工主要操作条件

NUEUU®单元（≥180℃中质馏分油）	
反应总压（G）/MPa	16.0
沸腾床反应器体积空速/h^{-1}	0.8
反应器入口温度/℃	260～280
沸腾床反应器A反应温度/℃	340～360
Ⅰ系列固定床	
循环稀释油：新鲜原料	5：1
反应总压（G）/MPa	3.0
反应器体积空速/h^{-1}	3.5
入口温度/℃	180～220
出口温度/℃	215～255
氢油比（体积比）	500～600
Ⅱ系列固定床	
反应总压（G）/MPa	16.0
精制剂体积空速/h^{-1}	1.0
裂化剂体积空速/h^{-1}	1.0
反应器入口温度/℃	340～360
精制反应器床层温度/℃	360～380
裂化反应器床层温度/℃	370～400
氢油比（体积比）	800～1000

表6-52 废旧轮胎油加工物料平衡表

项目	物料名称	质量分数/%
入方	废轮胎裂解油	100
	氢气	4
	合计	104

续表

项目	物料名称	质量分数/%
出方	H_2S+NH_3	2.67
	干气	4
	水	2
	石脑油	35.35
	柴油	56.68
	加氢尾油	0.3
	减底未转化油	3
	合计	104

注：物料平衡为多次平行实验的平均结果。

由于裂解油中质馏分油中芳烃含量较高，与催化柴油接近（49%～71%），通过沸腾床加氢将芳烃饱和，油品相对密度大大降低。

6.4 技术工艺的优化

6.4.1 总体流程优化

上海新佑能源研发的 NUEUU® 技术，采用带有外置稳定泵技术，原料油和氢气从反应器底部经分配盘进入，保持一定的气液流速使催化剂处于沸腾状态，通过控制稳定泵的量，达到催化剂床层的膨胀高度，使液体充分返混，整个反应器组成均匀。沸腾床反应器的有效区间是指分配盘到循环杯杯口处的有效区域，可以分为三部分：①密相反应区，在此进行的是加氢反应。②稀相反应区，加氢反应和热裂化反应同步进行，以前者为主。③沉降区，该区域位于稀相反应区以上，占总体积的 20%～30%。该区域以热裂化反应为主。

传统的固定床加氢反应器采用物料上进下出的方式，器内添加固定的催化剂床层，通过采用急冷氢的方式控制反应温度。而沸腾床加氢反应器采用底部进料，顶部出料的方式，器内催化剂采用在线装卸的方式保持其活性，通过底部沸腾泵的方式控制反应器床层保持沸腾全返混状态。

沸腾床对原料氮含量<6500～7500μg/g、（Ni+V）达 700μg/g、康氏残炭可达 20%～25%的要求，比固定床对原料氮含量<1000～2000μg/g、（Ni+V）小于 200μg/g、残炭在 20%以下的原料的要求宽泛得多，由此可使高氮、高重金属含量的煤焦油、渣油经沸腾床工艺进行深加工。

固定床反应器由于颗粒的黏滞曳力，即流体与颗粒表面的摩擦，流体流动过程中孔道截面积突然扩大或缩小，以及流体对颗粒的撞击及流体的再分布而产生反应器压降，且由于结焦、固体物堵塞等因素会导致固定床压降逐渐增加，最终导致系统压降太大而停工。沸腾床催化剂在器内处于流化状态，其不存在压降增加的问题。

沸腾床加氢装置由预处理、反应、分馏、公用工程四部分组成，其中反应部分为沸腾床＋在线加氢精制工艺。反应部分采用炉前混氢方案；分馏部分采用硫化氢汽提塔和常压塔出柴油方案，设分馏进料炉；沸腾床催化剂采用预硫化方案，固定床催化剂采用湿法硫化和器外再生方案；催化剂不需要钝化。

沸腾床反应器杂质脱除效果为，反应温度 350～380℃；反应压力 16～18MPa，重组分转化率为 60%～75%，脱硫率（质量分数）80%～90%，脱氮率（质量分数）50%～60%。而煤焦油中轻组分的硫、氮主要以 RSH、RSR′、RNH_2等形式存在，比较容易脱除，生成对应的饱和烃。重组分（>350℃）的硫、氮等主要分布在芳烃、胶质和沥青质中，较难脱除。而煤焦油的硫、氮等杂质，主要集中在重组分中。

沸腾床反应产物，经过热高压分离罐分离，气相中包含石脑油、柴油组分，经换热后进入在线精制反应器深度脱除硫、氮等杂质，生产出含硫<10μg/g 的合格产品。同时通过设置在线精制反应器，减少加热炉和高压泵，充分利用沸腾床放热量，减少了能耗，降低了投资。

表 6-53 和表 6-54 为装置原料性质和沸腾床主要反应条件。

表 6-53　原料性质

性质		设计值
密度（20℃）/（g/cm^3）		1.04
馏程（ASTM-D1160）/℃	IBP/10%	171/240
	30%/50%	320/382
	70%/90%	432/496
	95%/FBP	524/—
黏度（50℃）/（mm^2/s）		44.5
凝点/℃		19
残炭（质量分数）/%		5.49
机械杂质（质量分数）/%		0.2
灰分（质量分数）/%		0.031
S（质量分数）/%		0.31
N（质量分数）/%		0.86
O（质量分数）/%		7.5%

表 6-54　沸腾床主要反应条件

项目	设计值
沸腾床反应器温度/℃	
入口	260
出口	380
热高分温度/℃	380
冷高分压力（G）/MPa	15.6
催化剂体积空速/h^{-1}	0.3
沸腾床入口氢油比/（m^3/m^3）	600
沸腾床循环油量/（t/h）	80
总化学氢耗/%	8.1

目前新设计的装置，根据以前一代和二代技术设计的装置运行反馈，对反应系统流程做了系统优化和调整，以达到满足装置效益最大化的目的。

（1）将在线精制反应器及高分系统全部取消

原系统的催化剂硫化时提温难度较大，床层温度小于 300℃，硫化不够彻底。装置加工煤焦油时，热高分进入在线精制系统生产的石脑油和轻柴油，硫、氮含量未达到≥10μg/g，未达到国六标准，必须进入到二段固定床加氢精制反应器才能合格。

（2）设置二段精制裂化反应

未通过沸腾床转化的重油，在二段精制裂化部分进行转化，以生产尽可能多的石脑油和柴油。采用固定床反应器，催化剂由脱金属、精制、裂化、后精制四个部分组成，以高活性裂化剂为主。操作条件为：温度 380～410℃；压力 16～18MPa。

在加氢裂化过程中，反应温度较高时裂化产生的烯烃和硫化氢容易反应生成硫醇，增加了反应产物中的硫醇含量，降低了脱硫率，后精制剂的目的，就是针对这部分油品中含量较少而较难脱除的硫化物设置的。

（3）修改未转化油循环流程

NUEUU® 技术的未转化油的收率为 5%（加工煤焦油时），原设计是尽可能循环回沸腾床进料缓冲罐，未转化油经自动反冲洗过滤器后与原料油混合，经高压泵进入反应部分。外排未转化油作重燃料油或作为煤制气-制氢的原料，氢气提供给加氢装置使用。

装置加工的煤焦油，主要有兰炭装置生产的中低温煤焦油和焦化装置生产的高温煤焦油，其杂质含量高于 0.2%，部分大于 0.5%，经加氢生产过程后，绝大部分的杂质沉积到未转化油中，在循环回装置进料时容易堵塞自动反冲洗过滤器，造成生产波动。后调整流程，提高减三线油干点，将减三线油作为循环油，塔底的未转化油外排，彻底解决这一问题。

图 6-24 为调整后的沸腾床装置流程。

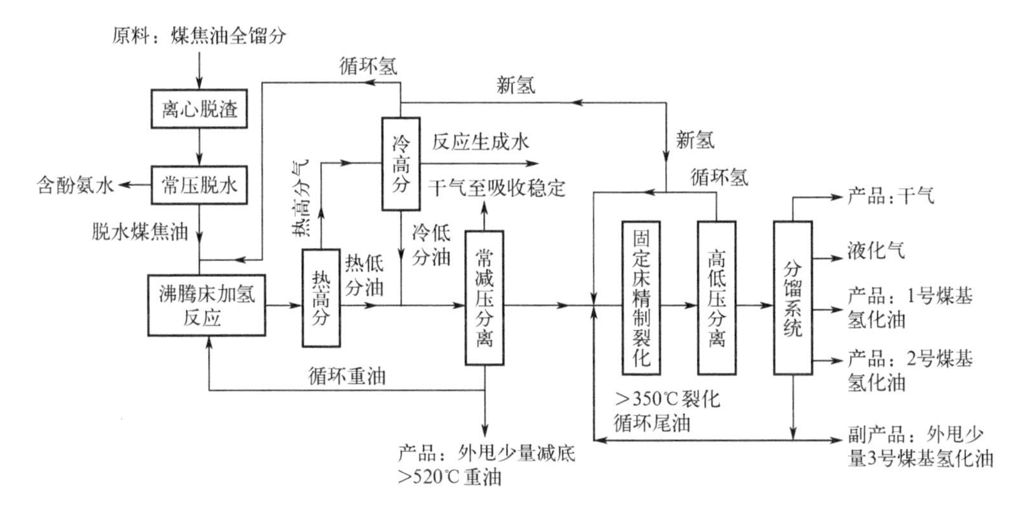

图 6-24 调整后的沸腾床装置流程

由图 6-24 可以看出，新调整后的流程，将沸腾床单元和固定床单元分开，增加了装置的可操作性。沸腾床部分作为重油加氢的预处理单元，重油在此单元深度脱硫脱氮和芳烃饱和后，进入后续的固定床单元，进行再精制和裂化反应，最终得到合格的石脑油和柴油产品。

将沸腾床和固定床分开后，可实现两个单元的单独操作，在沸腾床单元停工检修时，固定床单元仍可加工生产，提高了装置灵活性，提升了经济效益。

6.4.2 部分流程优化

（1）换热部分流程优化

设置两台沸腾床反应器，反应器之间设置换热器，可以取热，也可以走旁路。该流程的设置，在国内属于首次。减压渣油和煤焦油性质差别很大，尤其是煤焦油芳烃含量远比渣油高，其中大部分都是 4～6 环的芳烃，芳烃加氢后放热量大，反应器温升高，因此两种油品的加氢反应条件差别很大，煤焦油单台沸腾床反应器温升可以达到 120～140℃。设置两台反应器，是为了加工兼顾减压渣油和煤焦油，第一台反应器装填脱金属催化剂和精制剂，第二台反应器装填裂化剂。

设置换热器的目的，可以调整反应器的入口温度，达到加工不同原料的目的。

NUEUU®技术采用氢气和原料油混合加热的流程。油和氢气预混合后进入加热炉，加热到反应温度后再送入反应器底部。反应器串联时，第一反应器顶部的油、气出料一起进第二反应器的底部，再由第二反应器顶部进入热高压分离器。油和氢气进入第一反应器后，反应放出大量的热，需要取走其热量后再进入第二反应器。为了尽可能回收热量，降低能耗，采用发生3.5MPa蒸汽的方法，补充入全厂蒸汽管网，协调全厂蒸汽平衡。蒸汽发生器为高低压换热器，管程采用螺纹锁紧环结构，壳程采用带法兰的釜式结构。

蒸汽系统管网压力的稳定，对全厂调度管理的要求高，车间生产人员不易操作。为了合理利用热能，同时满足生产平稳要求，优化后的流程，采用反应级间介质与分馏进料进行换热，提高了分馏进料温度，由230℃提高到320℃，同时分馏进料加热炉负荷由正常生产5.5MW降低到3MW，降低了加热炉炉管面积，节省了投资，降低了燃料气消耗。

(2) 过滤系统优化

沸腾床加氢装置设计自动反冲洗过滤器一台，该过滤器主要的作用是除去原料中大于25μm的颗粒状机械杂质，防止杂质停留在催化剂表面，堵塞催化剂床层，降低床层压降，延长催化剂使用寿命。该自动反冲洗过滤器常规是8h自动反冲洗一次，冲洗方法是用过滤后油冲洗过滤器，然后再使用蒸汽吹扫，冲洗油排污油罐。系统投用后使用频繁，液收损失大，最大到10%以上。造成原料罐液位波动大，反应器床层压降增加快。后期只能付线操作。

出现上述情况的原因是原料杂质多，粒径大于25μm的颗粒大于80%，会堵塞自动反冲洗的滤孔。同时未转化油的循环，加重了过滤器的负担。由于未转化油含有反应产生的焦粒和大部分机杂的沉积，这部分油的回用，加大了自动反冲洗过滤器的负担。

经过流程调整，在自动反冲洗过滤器前增加蓝式过滤器一台，刮板式过滤器一台。其中蓝式过滤器的过滤精度为80μm，刮板式过滤器的过滤精度为25μm，自动反冲洗过滤器的过滤精度为10μm。同时提高减三线油的干点，控制未转化油收率小于5%，未转化油外排至装置外，减三线油作为循环油循环回加氢装置缓冲罐。

(3) 催化剂脱油系统流程优化

催化剂与高温重油接触，沥青质逐渐在催化剂表面产生聚合，形成焦炭，焦炭的沉积会堵塞催化剂孔道，使催化剂失去活性，而再生是恢复催化剂活性的主要方法。常规固定床反应器，催化剂失活后都需要停工再生。而沸腾床反应器可以在不停工的条件下，催化剂随时在线添加和移出，保证催化剂活性恒定和维持稳定的产品质量和收率，避免了固定床反应器所存在的反应初、末期产品收率的变化、目标产品质量逐渐下降和每年停车换剂对全厂生产、物料总平衡的影响问题，延长了装置操作周期。沸腾床加氢装置操作周期一般为2～4年，从而保证了渣油加氢装置能够与全厂检修周期同步。

可以在线卸出和添加催化剂是NUEUU®技术工艺的显著优势，按催化剂活性及原料性质变化，催化剂的置换速率一般控制在0.3～0.5kg/t。通过分析加氢稳定催化剂失活的原因，除了因少量Fe、Ca、Na和Mg等杂质金属沉积外，主要是由于产物重油中大量的大分子多环芳烃在催化剂上发生聚合反应，形成积炭，导致催化剂孔容和比表面的降低。因此，卸出催化剂再生的最佳途径仍是传统的器外烧焦再生方式。

在NUEUU®工艺中，正常运行期间，每天置换卸出的催化剂只能放在催化剂装卸系统的废催化剂储罐内，依靠重力，完成静置脱油，由于无法实现热气体带油，导致卸出剂中携带20%～25%油品。如将含有大量油品的卸出剂直接委托催化剂烧焦再生厂家再生，一则给再生过程温度控制增加了难度，也不利于再生企业的环保排放；二则大量油品被直接烧掉，造成资源浪费。按卸出剂中油质量分数为20%计算，每年因催化剂再生过程损失掉的油品达20～35t。

针对这一情况，沸腾床装置通过技术改造，在现有催化剂卸出/添加系统基础上，新增了催化剂脱油系统，该系统为间歇式操作，通过低压热氮气(250℃)汽提的方式，废催化剂储罐增加4个分布口，增加汽提效果，将废催化剂罐中催化剂所含油品脱除，氮气进至油气吸收塔，将携带油气吸收合格后外排。催化剂含油量直至分析合格，可视为脱油结束，将催化剂从催化剂罐中卸出即可。通过工业运行表明，催化剂脱油率超过了98%，脱油后催化剂含油质量分数<0.5%，也完全能够满足每天最高卸出2t含油催化剂的脱油负荷，达到了预期目标。

(4) 优化注水流程

① 净化水替代除盐水　反应系统注水，是加氢装置的一个重要步骤，注水的目的是溶解在加氢反应中形成的铵盐(NH_4HS和NH_4Cl)，防止铵盐在某一温度下析出，堵塞管道。同时也可以降低系统的H_2S和NH_3浓度。常规注水是除盐水。铵盐的形成机理如下所示：

$$NH_3+H_2O \longrightarrow NH_4OH$$

$$NH_4OH+HCl \longrightarrow NH_4Cl+H_2O$$

$$NH_4OH+H_2S \longrightarrow NH_4HS+H_2O$$

酸性水汽提装置产生的净化水，是装置产生的含硫废水的处理后水。该水回用后，可以降低除盐水的一半量，大大降低厂家用水指标，尤其对缺水地区。对于60万吨处理量的沸腾床装置，每小时可节约除盐水10～15t。

② 增加注水点　对于加氢装置来说，高压空冷器的入口温度通常在150℃左右，在该温度下，NH_4HS一般不会结晶析出。但是对NH_4Cl来说，如果原料中的氯含量高的话，就很有可能会结晶析出。高压空冷器上游的高压换热器的换热管内的低温部位将会出现NH_4Cl结晶析出沉积。由于装置加工原料复杂，因此除了在高压空冷器前注水外，新增注水点在可能出现NH_4Cl结晶沉积的高压换热器前。该注水点可采取间断注水的方式，根据换热器压降的变化和换热效果的变化，来决定注水的时间和注入量。

6.4.3　反应器及内构件的优化

加氢过程的主要因素除了原料油质量、反应压力、反应温度、氢油比、空速、加氢催化剂（保护剂）的性能外，还取决于加氢催化剂床层内气液两相流分布的均匀性。而气液分布的均匀程度则取决于加氢反应器内件性能。

加氢反应器内除了要求催化剂装填原则上孔道和颗粒度由大逐级变小，反应活性由小逐级变大外，还要求催化剂床层内部气液两相流高度分散性和分布均匀性，即气相流对液相流的雾化的程度越高，雾滴尺寸越小，液滴单位体积的比表面积越大，这不仅有利于提高氢气向液滴中的溶解速度和增加氢气在液相油品的溶解度，而且液相流还容易被均匀地喷洒到整个催化剂床层上，可以有效避免局部出现热点和“局部轴向沟流”现象，确保反应器径向温差最小，减轻局部缺氢造成的有害反应发生，达到有利于提高加氢反应质量、延长催化剂使用寿命和减少高压设备投资三个主要目的。

（1）更换积垢篮结构和位置

在反应器顶部设置积垢篮的目的是过滤加氢原料油中大于1.5mm的颗粒杂质和污垢。原有设计都是下置式积垢篮，即积垢篮放置在顶部分配器下部。经过多次流体力学软件模拟和现场测试，最终设置为上设置约翰逊网形积垢篮，其结构由过滤筒、密封盘板、支撑梁、卡子等构件组成。其中过滤筒有约翰逊网形和筛网两种形式，因后者过滤面积比前者小40%，目前基本被淘汰掉。其优点是由于设置在气液顶分配盘板上部，故不影响气液分配器喷洒的均匀性。

（2）分配盘增加新型碎流板

分配盘分别安装在每个催化剂床层的上门。它的主要作用是使反应物料在下一层催化剂床层上能均匀分布，实现与催化剂的良好接触。改善流动状态，以便更好地发挥催化剂的作用，进而达到径向和轴向的均匀分布。每层分配盘上均布泡罩分配器，分配器由内罩、溢流管和外罩三部分组成。

新型分配盘针对其固有的下降管“中心会流”现象，在下降管下部设置新型气液碎流板以使汇集的气、液重新分散；改变泡沫结构尺寸，增大喷淋密度；结构简单，安装拆卸方便，对传统的气液分配盘不需要做大的改动。

(3) 采用新型冷氢箱

冷氢箱实为混合箱和分配盘的组合套。冷氢盘是加氢反应器内热反应物与冷氢气进行热量交换的场所，其作用是使上床层流下来的热反应物流与由冷氢管注入的冷氢进行充分的混合，以吸收反应热，降低反应物温度，满足下一催化剂床层的反应要求，保证反应顺利进行。冷氢盘中的气液流动状况：从上部流下来的气液两相流在进入混合孔前，大部分聚积在集液板上，形成厚厚一层液体。当冷氢从冷氢管内喷出时，将集液板上的液层吹散，一部分液体沿水平方向推向筒壁，起到预混作用。气液经混合孔射出后，冲至旋流通道底板上，液体扰动被强化，产生了飞溅与漩涡，然后进入旋流通道中，产生旋流，延长了混合时间。在旋流中混合，然后进入中间孔，流入分布器上，使气液进一步接触，达到热量交换的目的。最后气液通过分布器到下层催化剂。

冷氢环管结构（见图 6-25）由插入式接头、入口管、吊架、带孔环管、法兰、紧固件等构件组成。其特点是带孔环管上分布有不同方向的喷射孔，由喷射孔喷射出的高速冷氢流具有很强的抽吸作用，将高温反应物流吸进喷射流之中，达到一定预混合的目的，其阻力降≤4kPa。

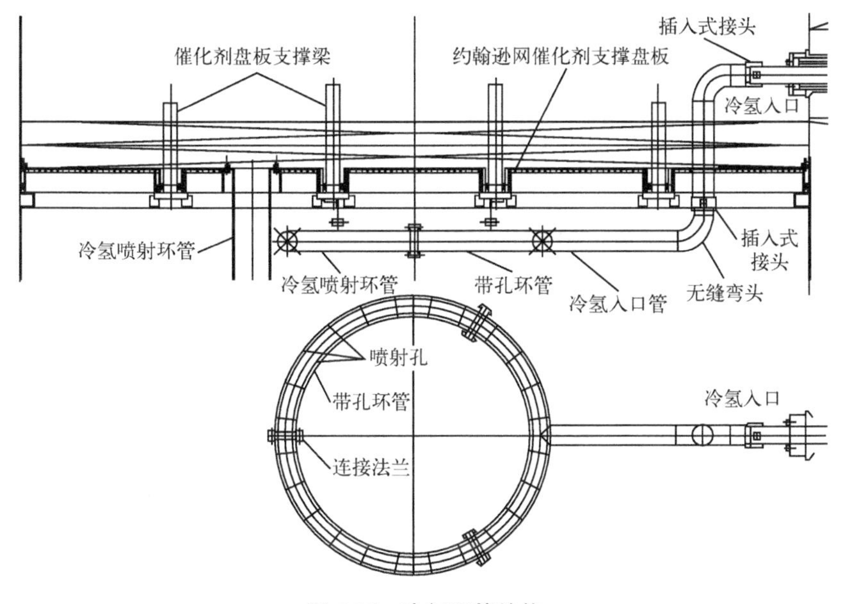

图 6-25 冷氢环管结构

缺点如下：

① 气相流对液相流的扩散性只达到 40%～48%，新注入的冷氢混合后的温差范围在 12～17℃之间；

② 不论反应器直径大小，偏流现象严重，尤其是大型反应器。

新型冷氢箱结构（见图 6-26）由上层为气液预分配（收集）盘板（包括旋流混合箱）、中层为筛孔滴流盘板、下层为粗分配盘板等组成。结构原理：气液两相流先进入旋流混合箱的旋流通道内进行旋流扩散，然后再由盘板设置的中心下降管进入到筛孔滴流盘板上，由分液伞锥体向四周放射形分散，最后由各个筛孔滴流下降到气液再分配盘板上。优点如下：

① 增加了气液两相流的停留时间；

② 节省反应器和反应器内件投资；

③ 停留时间加长，气相流对液相流的扩散性达到 70%～80%，新注入的冷氢混合后的温差范围在 8～11℃之间。

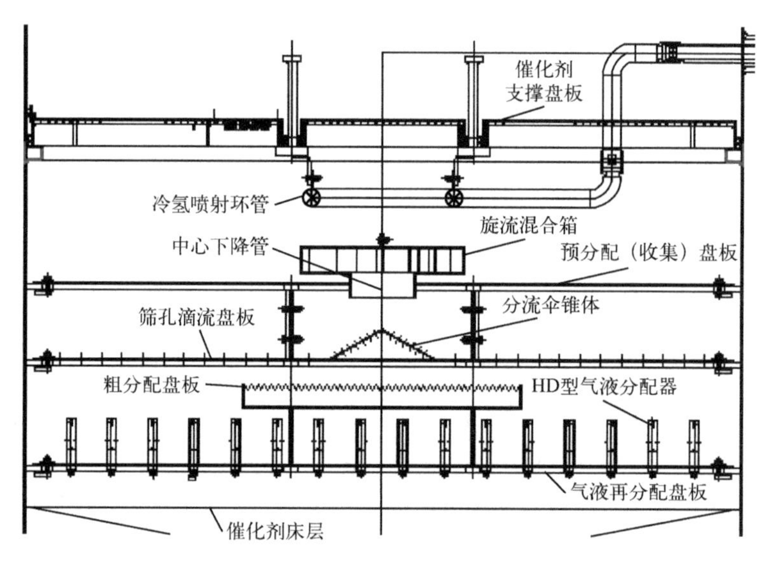

图 6-26　新型冷氢箱结构

（4）增设沸腾床反应器料位计测量口

由原有的 4 个增加到 6 个。由于沸腾状态的油和氢气，处于反应器的密相和稀相间运动。随着循环氢量和加工进料量的变化，油品中气含量增加或降低，其料位指示密度值也在波动。为了减少高密度值在稀相空间的出现，减轻升气管中固体含量，减少沸腾床热高分的含固量，增加测量口的数量，以便于操作。

（5）增加进料分配盘下部卸剂口和分配盘上下压差指示

在固定床加氢中，由于原料中金属会造成反应器内催化剂永久失活、催化剂表面结焦等原因会导致催化剂活性随着运行周期增长而下降。为了获得相同质量的产品，反应温度必须提高以弥补催化剂活性的损失。沸腾床加氢在正常生产时可在线装卸少量催化剂，使催化剂活性长期保持较高活性，从而获得质量较为稳定的产品，因此在线装卸是沸腾床技术的优点之一。由于反应物料在分配盘上部与催化剂接触后反应，常规的沸腾床催化剂装卸剂口都在分配盘上部，考虑到加工重油原料的多样性，反应条件变化较大，劣质重油在高温高压下容易结焦，考虑到结焦程度对反应器的反应效果和床层压降影响较大，增设分配盘上下压差指示。同时通过在线装卸催化剂，使装置的生产周期延长至2～3年，提高了装置的整体经济效益。但在生产过程中随着操作过程的不平稳，料位波动大，可能从中心管带催化剂进入分配盘底部，与油品接触后也容易引起结焦。因此增设底部卸剂口，便于卸出催化剂。

6.5 NUEUU® 配套设备

6.5.1 沸腾床反应器

6.5.1.1 沸腾床反应器原理

国内众多劣质重油加工企业，均采用加氢工艺得到液体燃料，包括石脑油、柴油。但不同工艺相对操作费用、装置投资费用及装置效益均不同。劣质重油沸腾床加氢工艺与劣质重油固定床加氢工艺技术相比，具有原料适应范围广泛、反应转化率高、空速高、氢油比低、热能利用效率高、装置易于大型化、投资少等特点，同时实现了催化剂的在线卸出与补充，维持催化剂的平衡活性，保证装置“安、稳、长、满、优”地连续运行。

在加氢体系中，沸腾床反应器是由气、液、固三相构成的全返混恒温反应系统，其中气相主要为氢气和部分烃蒸气；液相为烃原料油未蒸发的重组分；固相为设计独特的可显著降低扩散限制的小粒径催化剂，其在反应时处于硫化态。工艺过程为富氢气体和液体原料分别或混合后进入位于沸腾床反应器底部的高压室，然后沿着反应器轴线向上流动经气液分配盘进入沸腾床反应器的有效反应区。反应器床层中的固定床催化剂颗粒由向上的气液流速提升，维持催化剂颗粒处于随机的沸腾状态，沸腾状态下催化剂床层比静止时大30%～50%。沸腾状态的操作方式不仅可以保证反应物与催化剂接触良好，利于传质和传热，使反应器内任何两点的温度差低于5℃，近似等温操作，可以避免局部过热；还可以避免由原料夹带或反应过程产生的固体微粒在穿越床层过程中产生累积、催化剂颗粒间结焦堵塞床层等引起压降升高的问题。同时工作过程中可根据情况利用催化剂在线装卸系统向反应器补充新鲜的催化剂，并排出部分已减活的催化剂，以保持器内催化剂有较高和稳定的平均反应活性，使产品质量保持均衡，装置达到长周期运转。

虽然沸腾床反应器因其独特的结构和操作模式使得其拥有以上诸多优点，但是其在工业化过程中存在的问题不可忽略。问题主要表现在以下几个方面：①催化剂易发生磨损，所以要求催化剂必须具有较强的机械稳定性和抗磨损能力；②由于沸腾床使用较小尺寸的催化剂颗粒，并且反应器中催化剂的固含率较低，使得沸腾床反应器的体积大于固定床和移动床的反应器；③催化剂消耗量较大；④需要密切监测反应器停滞区域，阻止该区域的扩大，它会导致操作不稳定；⑤沸腾床反应通常在高温下操作，所以容易形成沉积物；⑥沸腾床反应器的设计和工业放大要比其他反应器更加困难，因为这涉及多种因素如原料组成、催化剂性质、催化作用和反应动力学、流体力学、催化剂小球与床层之间的热量和质量传递等。

6.5.1.2 工艺性能参数及反应器主体结构

沸腾床加氢反应器的操作介质为烃类油、H_2O、C_1～C_4、H_2S、NH_3、H_2，最高设计温度和最高设计压力分别为450℃、17MPa。根据API RP 941—2016临氢设备选材标准的规定，考虑到国内加氢反应器的设计、制造、使用经验，壳体材料一般选用优于其他常规反应器材质的2.25Cr-1.0Mo-0.25V或12Cr2Mo1VR，内壁堆焊双层不锈钢E309L＋E347共6.5mm厚，内件则选用S32168不锈钢。反应器由球形封头、筒体和裙座组成。

（1）主体材料

加氢反应器主体材料（指用于筒体、封头、弯头、开口接管、法兰等的材料）选用2.25Cr-1.0Mo-0.25V或12Cr2Mo1VR，该铬钼钢是在具有多年使用2.25Cr-1.0Mo(12Cr2Mo1R）的基础上，开发研制出的改进型铬钼钢，与2.25Cr-1.0Mo(12Cr2Mo1R）相比具有强度高、抗氢性能大幅度提高、抗回火脆化能力显著改善、减缓或避免氢致堆焊层剥离现象等优点，在国内已有成熟使用经验。

（2）开口与接管

一般的压力容器开口，通常采用补强圈、接管与器壁角接和厚壁管翻边与器壁对接等方式来补强。但由于铬钼钢淬硬倾向大，在补强圈与器壁连接的角焊缝交界处，易出现裂纹，而且只能用磁粉或渗透方法检测焊缝表面，无法检测内部缺陷，给使用造成了潜在的隐患，《压力容器 第3部分：设计》（GB 150.3—2011）的第6.3.2条也规定了补强圈的使用范围，因而此类容器不允许使用补强圈补强。如图6-27的焊接结构，它不但可以采用射线或超声检测来检测缺陷，保证质量，而且焊接残余应力与受压产生的最大应力集中分离而减轻连接处的应力水平，因而它是高温高压厚壁铬钼钢制压力容器一种较理想的补强结构型式。

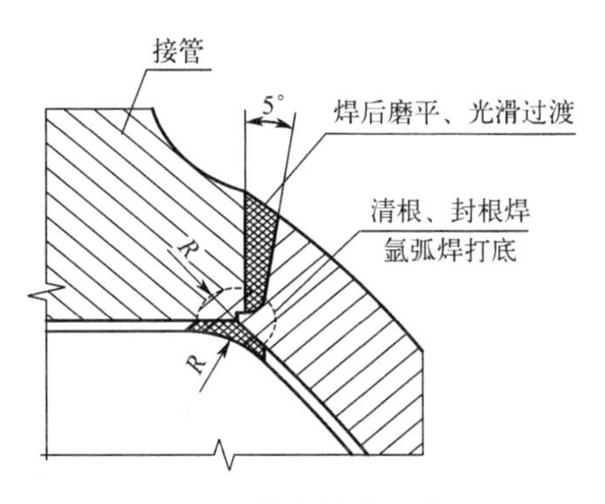

图6-27 焊接结构示意图

（3）附件连接

所有与器壁相焊的附件（受压件与非受压件），均希望采用双面全焊透结构，并要求焊完一面后，从另一面清除焊根，经磁粉检测合格后再完成另一面焊接，并对焊缝进行超声或磁粉检测。而像贴补强板那样在容器壁上贴一块钢板，周边采用角焊缝连接的结构，是不可取的。

（4）裙座与器壁连接结构

在下封头处通常采用H型锻件，H型锻件上部连接筒体，下部连接封头及裙座。H型锻件的三个基本厚度一般设计为分别等同于筒体、封头及裙座的厚度。但由于加氢反应器主体所承受的压力较高，裙座与加氢反应器主体连接存在边缘应力，而且在一定的压力范围内，这种边缘应力会很大，同时温度应力的存在使连接区的应力状况更为复杂。因此，应当以根据NB/T 47041计算确定的裙座厚度为参考，对该部位进行详细的应力分析，按分析设计的方法进行应力评定，以便合理地确定H型锻件裙座连接侧厚度。

6.5.1.3 内件结构设计介绍

沸腾床加氢反应器内件是劣质油加氢的重要核心组成部分。反应器内件主要保证反应器内催化剂不被油气携带出反应器，同时要保证进入顶部分离器中的油品能气液有效分离，不带催化剂颗粒。上述方案一方面保证下游设备无催化剂，同时保证下方稳定泵内液体的固体含量尽量小，满足该泵的连续稳定运转需要。因此沸腾床反应器内件的设计质量尤为重要。

沸腾床反应器主要包括流体分布系统、分离稳定系统、催化剂在线添加/卸料系统。以上系统都需要相应的内件来实现，反应器及内件的结构分布型式见图 6-28。

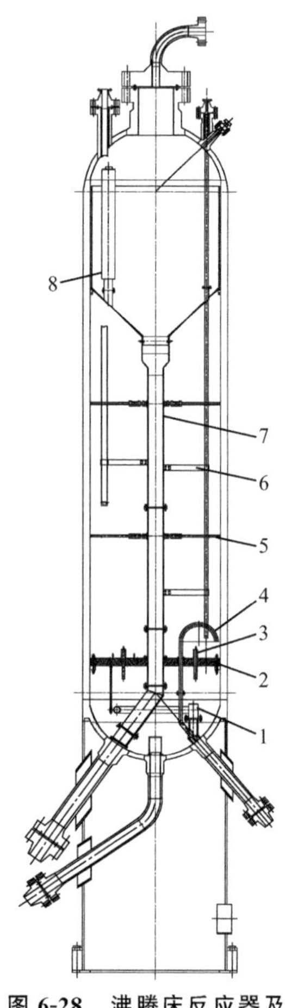

图 6-28 沸腾床反应器及内件的结构分布型式

1—进料分布器；2—分布盘；3—泡罩；4—催化剂添加/卸料管；5—导向杆；6—支座；7—中心管；8—三相分离器

（1）流体分布系统

主要包括流体进料分布器和分布盘，压降一般为 20～30kPa。进料分布器采用环管结构，为了方便安装均匀分段采用法兰连接，管子上开有圆孔，开孔朝下，开孔面积大概是分布管流通面积的 60%。分布盘不但能保证贯穿整个反应器的横截面的油和气分布均匀，也可以防止催化剂落入反应器底部的高压区；分布盘上均布等边三角形排列的孔，开孔应严格垂直于分布盘密封面，孔表面不允许存在贯通的纵向条痕。孔中插入并焊接上专用的泡罩。

分布盘与沸腾床反应器凸台采用螺栓连接，周边考虑采用增强柔性石墨板垫片密封。分布盘上开有检查孔，用于分配盘底部中心管安装及检修用。检查孔采用孔盖密封，孔盖上也均布泡罩，尽量减少泡罩的损失，使进料分布均匀。

（2）分离稳定系统

主要有三相分离器、中心管和稳定泵构成，用于气液分离和提供床层沸腾的循环液体。反应器内的催化剂处于一种运动状态，床层不存在堵塞问题，从而床层压降不会升高；同时催化剂、油和气这三者之间连续高效地接触。

三相分离器上部为直筒结构，下部为锥筒结构，两者组焊成整体后分块，分块尺寸不仅要考虑能从人孔进出，还需要考虑三相分离管的数量。三相分离管沿三相分离器圆周均匀分布。本设计的三相分离器结构简单，气、液、固三相分离均匀，分离效果显著；制造、检修方便，使用寿命长，保证了装置的平稳运行，降低了装置的停工检修频率。

与催化剂充分接触的气、液、固混合物沿反应器轴向上升通过三相分离管时，流通面积减小，流速瞬间上升，再经过内部螺旋块从三相分离管顶部流出后，由于流体流通面积突然增大，气体与液体的流速产生差异，从而使气体与液体产生分离。分离的气体通过三相分离器从顶部气体出口管线进入高分罐，而分离后的液体通过三相分离器锥筒进入下部中心管内，经由反应器底部的稳定泵循环进入泵返回口扩散器返回反应器进料区与新的原料混合重新进行沸腾反应。泵返回口扩散器筒体上开条缝，上部用盖板封严。中心管是反应器内的流体返回管线，它上部与三相分离器锥筒采用螺栓连接，下部穿过分配盘出反应器与外部稳定泵相接。沸腾床反应器由于需要足够的沸腾空间，筒体都比较长，相应的中心管也会很长，考虑运输和现场安装的问题，一般将中心管分段，各部件之间采用法兰连接。在每部分合适位置均布四个导向杆，保证中心管的垂直度及密封性。

(3) 催化剂在线添加/卸料系统

主要由催化剂添加/卸料口内件来实现旧剂的卸出和新剂的添加，从而可以在不停工的情况下保持催化剂的活性。

随着装置处理规模的变化，反应器内催化剂的一次装填量也会不同，为保证所装填的催化剂在一年的时间内置换一次，催化剂添加/卸料口的尺寸会随之变化。催化剂添加/卸料管从分配盘处插入与反应器催化剂添加/卸料口连接，催化剂通过反应器与外部催化剂装卸系统的压差控制，直接流向压力低的一方从催化剂添加/卸料管添加或卸出。

6.5.2 稳定泵

6.5.2.1 稳定泵的作用

反应器底部稳定泵的作用是将反应器中的油循环起来，保证催化剂床层成沸腾床，并保证了反应器内部物料的一致性。反应生成油一部分通过沸腾床反应器顶部循环杯进入热高压分离器，另一部分物料通过循环杯的降液管进入循环泵入口，循环泵的顶端是一个单级叶轮，叶轮与电机紧密连接，直接安装在电动机的转子轴上，叶轮对流体介质施加能量，并排至扩散器，扩散器再将流体导入泵体，经叶轮旋转打入泵体出口进入反应器内，为沸腾催化剂床层和维持反应器内物料反应环境均一提供动力，实现反应器内物料的循环返混。

稳定泵在反应器底部输送部分反应的物料来进行循环，操作压力和操作温度与反应器完全相同。泵的流量较大，又含有固体颗粒，需要采用一种闭合连接的无密封的屏蔽泵，采用注油的方法使液体不会与电动机接触。

6.5.2.2 稳定泵的结构

选用屏蔽泵，其结构主要由泵壳、浸油式电机、密封组件、液压组件、冷却和润滑冲洗系统、电机变频控制系统及仪表组成（见图 6-29）。

图 6-29 屏蔽泵

① 外壳将电动机组件封闭起来，泵壳与电动机外壳采用自紧式密封通过高强螺栓连接，可以实现泵体介质的完全无外泄漏。

② 浸油式电动机由轴、转子、定子、径向轴承、止推轴承等组成。绕组、转子和泵电动机装置的所有部件均浸没在注入的润滑油中。

③ 单独的油站系统，通过柱塞计量泵提供循环泵所需的润滑油量。

6.5.2.3 稳定泵的工作原理

稳定泵是一种立式、屏蔽离心泵。电机转子和泵的叶轮固定在同一根轴上，利用屏蔽套将电机的转子和定子隔开，转子在润滑油介质中运转，其动力通过定子磁场传给转子，转子通过轴带动叶轮旋转。液体由叶轮中心被抛向叶轮外缘获得能量，进入泵的蜗形壳体，在蜗壳中液体由于流道逐渐扩大而减速，又将部分动能转变为静压能，最后以较高的压力排放至出口管道进入反应器中。

6.5.2.4 稳定泵的主要参数

以某 60 万吨/年煤焦油加氢为例，稳定泵的主要参数如表 6-55。

表 6-55 稳定泵主要参数

操作介质	正常温度下密度/(kg/m^3)	正常温度下黏度/(mPa·s)	温度(正常/最高)/℃	流量(正常/额定)/(m^3/h)	压力（进口/出口）(G)/MPa	扬程/m	必须汽蚀余量/m	轴功率(额定/最大)/kW
煤焦油、H_2、H_2S	668	0.027	300/430	300/450	15.96/16.06	15	7.7	46.3/—

参考文献

[1] 梁文杰．重质油化学［M］．东营：石油大学出版社，2000.

[2] 徐春明，杨朝合．石油炼制工程［M］．4版．北京：石油工业出版社，2009.

[3] 孙昱东．原料组成对渣油加氢转化性能及催化剂性质的影响［D］．上海：华东理工大学，2011.

[4] 李大东．加氢处理工艺与工程［M］．北京：中国石化出版社，2004.

[5] 李春年．渣油加工工艺［M］．北京：中国石化出版社，2002.

[6] 李力权．大型加氢反应器内构件的研究及工业应用［D］．洛阳：中石化洛阳工程有限公司，2012.

[7] 于双林．渣油加氢体系胶体性质的研究［D］．青岛：中国石油大学（华东），2010.

[8] 王英杰，张忠洋，张玉．我国渣油加氢处理技术分析［J］．当代化工，2007，36（3）：221-223.

[9] 林世雄．石油炼制工程［M］．3版．北京：石油工业出版社，2000.

[10] 梁文杰．重质油化学［M］．东营：石油大学出版社，2000.

[11] 于双林，张龙力，山红红．不同性质油品对渣油胶体稳定性的影响［J］．石油炼制与化工，2009，40（12）：43-47.

[12] 李春年．渣油加工工艺［M］．北京：中国石化出版社，2002.

[13] 辛靖，高杨，张海洪．劣质重油沸腾床加氢技术现状及研究进展［J］．无机盐工业，2018，50（6）：6-11.

[14] 宋官龙，赵德智，张志伟，等．渣油加氢工艺的现状及研究前景［J］．石化技术，2017（7）：1-3.

[15] 孙昱东．原料组成对渣油加氢转化性能及催化剂性质的影响［D］．上海：华东理工大学，2011.

7 环境保护

7.1 污染来源及防治要求

7.1.1 污染来源

劣质重油沸腾床加氢装置污染源来源、种类、形成过程、排出部位与其他加氢工艺过程基本相同。

加氢工艺污染源形成的典型过程为：原料中含硫化合物和含氮化合物，在加氢反应过程中被转化为 H_2S 和 NH_3，并随着反应流出物进入下游分离系统。在反应产物空冷器的操作温度下，一部分 H_2S 和 NH_3 化合为硫氢化铵，并被注入的脱氧水所溶解，在高、低压分离器底部以含硫含氨废水排出；气体中剩余的硫含在分离器分出的含氢气体中；生成油中残留的硫和氨在后续分馏塔或汽提塔顶回流罐分别随不凝气和含硫污水排出。原料中的重金属则沉积在催化剂上，随废催化剂排出。其他污染物为：加热炉排出的燃烧烟气，机泵冷却产生的含油污水，压缩机、空冷器、机泵等产生的噪声。图 7-1 显示了典型劣质重油沸腾床加氢工艺的污染源部位。

7.1.1.1 废气

加氢工艺在生产过程中产生的废气主要可分为三类：一是生产过程中的工艺废气；二是加热炉烟气；三是正常生产运行时的设备逸散气。

（1）工艺废气

工艺废气主要是生产过程中产生的废气，通常包括：

① 正常生产工况下，冷低压分离罐顶和硫化氢汽提塔回流罐顶排放出的含硫气体（通常称为酸性气）；

② 正常生产工况下，为提高循环氢浓度，而从循环氢分液罐顶，高分罐顶等位置排放出的废氢；

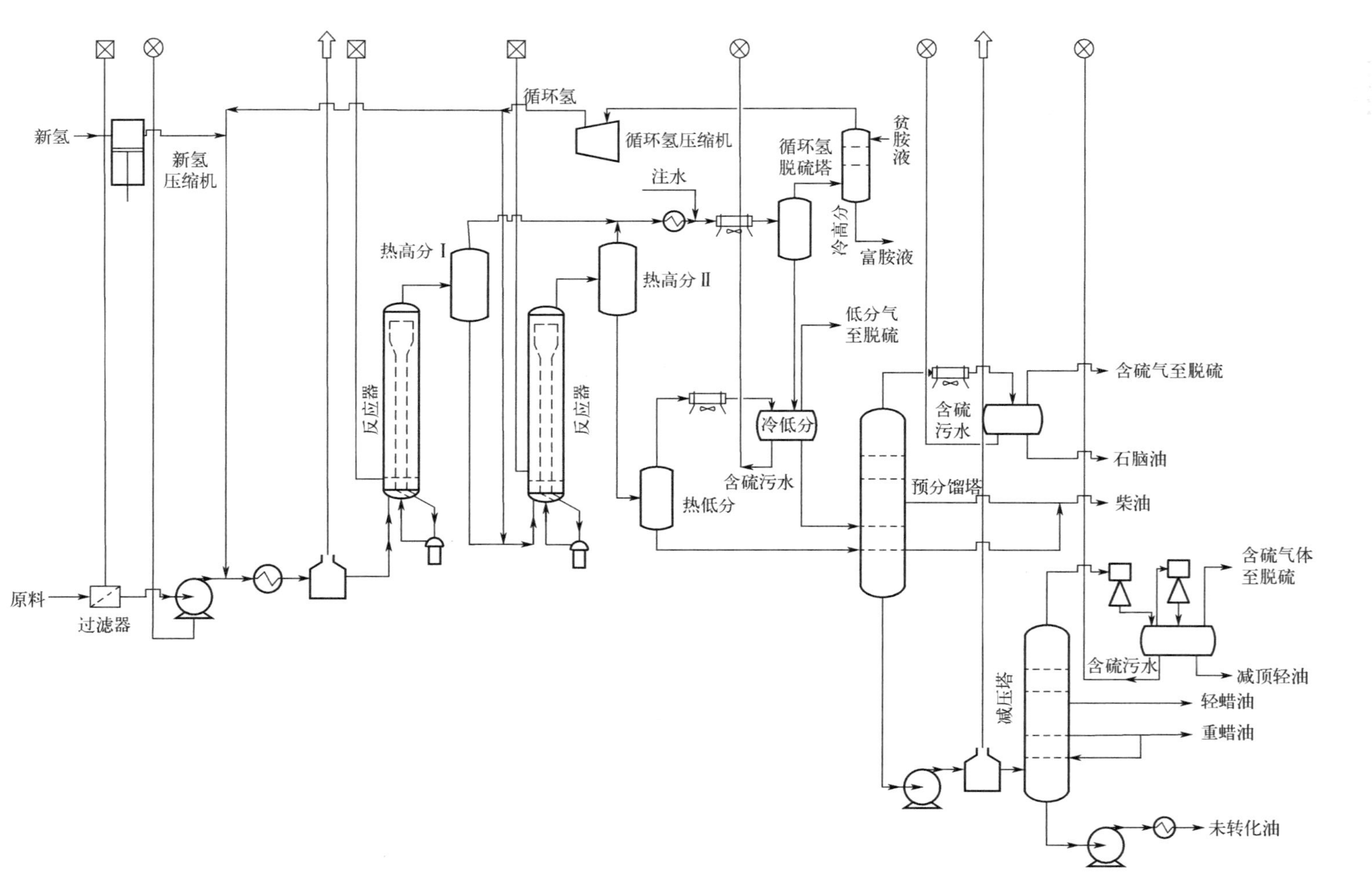

图7-1 劣质重油沸腾床加氢装置简易工艺流程及主要污染源示意图

☒—废固；⊗—废水；⇧—废气

③ 事故工况下，从设备安全阀、爆破片等保护措施泄放出来的烃类气体与紧急放空气。

酸性气中含有硫化氢、氨气、氢气及烃类等多种污染物，主要以含硫化合物为主，约占装置总硫的 80%。该部分废气通常排放至酸性气管网，再根据其组成不同，分离出其中的有价值组分（如干气等）或直接送至硫黄回收装置。高分系统的含硫氢气通常经过循环氢压缩机升压后循环使用，该部分循环氢中硫化氢的含量通常存在上限要求（一般≤0.1%），为维持循环氢中硫含量和氢纯度的稳定，有时会将一部分废氢降压后外排至酸性气管网，当加工高硫原料油时，为避免氢气的浪费，一般需配置循环氢脱硫系统，分离出循环氢中的硫化氢。对于安全阀泄放气和紧急放空气，其组成、排放量、排放时间都具有较大的不确定性，且通常需要快速处理掉，对于这部分气体，一般是经火炬气分液罐分液后，直接送至火炬燃烧。

（2）烟气

加氢装置排放的烟气主要是加热炉在燃烧过程中产生的废气，通常加热炉使用的燃料有脱硫干气、液化气、天然气等，也有些使用荒煤气和燃料油等。燃烧产生的废气一般经处理后通过烟囱排放至大气，烟气中主要是二氧化碳，可能含有硫化物、氮氧化物和粉尘。这部分废气的组成相对单一，但是总排放量大，排放污染物的绝对量大，是加氢装置主要的碳排放源。烟气中的硫主要以 SO_2 的形式存在，其含量主要取决于燃料的硫含量，一般可使用石灰石/石膏、氨/硫酸铵法及钠碱法等工艺进行脱除；烟气中的氮氧化物（NO_x）来自含氮化合物的燃烧，主要以 NO 和 NO_2 形式存在，目前成熟的脱硝工艺有选择性催化还原（SCR）、选择性非催化还原（SNCR）等。

（3）设备逸散气

劣质重油沸腾床加氢装置相对复杂，设备较多，在某些部位或工况下可能会产生逸散性气体对大气造成污染。如：

① 机泵、压缩机和管件连接处逸散的气体；

② 中间罐、成品罐逸散的气体；

③ 用惰性气体置换或吹扫设备和容器时排出的含烃气体；

④ 从积聚在装置泄漏现场和易泄漏部位的土壤和地下水中散发的气体。

（4）排放特点

国内某些劣质重油沸腾床加氢装置的废气排放数据见表 7-1。

表 7-1　烟气（高架源废气）排放数据

装置名称	燃料种类	耗量/(m^3/h)	烟气					排气筒		备注
			排放规律	排放量/(m^3/h)		温度/℃	主要污染物及含量/(mg/m^3) 烟色：林格曼黑度	高度/m	直径/m	
煤焦油沸腾床加氢	脱硫燃料气	647	连续	脱酚炉、减压炉、反应炉	3776	140	烟尘 29.0 NO_x 70 SO_2 7 烟色 0级	56	1.7	某石化60万吨/年煤焦油沸腾床加氢装置
沸腾床加氢稳定装置	脱硫燃料气	—	连续	反应炉、分馏炉	79458	175	烟尘 40.9 NO_x 71.6 SO_2 30.3 烟色 0级	—	—	某石化330万吨/年煤液化油沸腾床加氢稳定装置

7.1.1.2　废水

劣质重油沸腾床加氢装置产生的污水主要为两类，一类为含硫污水（也称为酸性水），另一类为含油污水。

（1）含硫污水

加氢原料中的硫和氮在加氢过程中生成硫化氢和氨，为了避免硫氢化铵在后续反应产物冷却过程中产生结晶堵塞相应的换热器和空冷器管束，一般在反应产物空冷器入口连续注水冲洗并溶解氨盐结晶，从而产生含硫污水，最终从冷高分、冷低分底部排出。高、低压分离器外排的含硫污水量取决于注水量，而注水量又取决于原料中的氮含量和硫含量，含量越高，注水量也越大，当空冷器采用碳钢时，为了防止铵盐结晶堵塞及腐蚀空冷管束，需要控制冷高低分底部外排含硫污水中硫氢化铵浓度（质量分数）小于5%，注水量一般为原料量的5%～25%，目前较多装置空冷器管束材质已采用Incoloy825，含硫污水中允许的硫氢化铵含量大幅增加，意味注水量可以减少，但实际操作中往往并没有减少。为了节水和减少排水量，在满足工艺条件要求以及设备防结盐腐蚀要求的前提下，无论在设计上还是实际操作中，都应尽可能减少注水量，使含硫污水中硫化氢和氨的浓度趋于最大化。

同时一部分硫化氢和氨溶解在反应油中，随着反应油进入后续沸腾床加氢产物的常减压分馏塔，最终从常压分馏塔顶罐以及减压塔顶抽真空系统冷凝水中排出，这部分含硫污水量与塔底汽提蒸汽量、减压塔顶抽真空喷射蒸汽量有关。通常，常减压塔底汽提蒸汽量为塔底油量的2%～4%，减压塔顶按三级蒸汽喷射抽真空考虑的蒸汽量为11～12kg/t原料。

(2) 含油污水

含油污水包括机泵冷却排水、地面冲洗排水、设备放空、泄漏和清洗排水、采样器排水等。正常情况下，含油污水中污染物的浓度较低，COD为500～800mg/L，氨氮为30～50mg/L，硫化物为5～10mg/L，挥发酚为10～40mg/L，石油类为50～600mg/L。

(3) 排放特点

国内某些劣质重油沸腾床加氢装置的废水排放数据见表7-2、表7-3。

表7-2 劣质重油沸腾床加氢装置废水排放①（一）

排放源	污水种类	排放规律	排放量/(t/h)		pH	主要污染物/(mg/L)					排放去向
			正常	最大		COD	石油类	硫化物	氨氮	酚	
冷中压分离器	含硫污水	连续	132	—	8～9	50000	200	39160	13134	100	酸性水汽提装置
常压分馏塔顶罐、减压塔顶抽真空系统冷凝水	含硫污水	连续	75	—	7～9	4000	200	2433	481	—	酸性水汽提装置
机泵、冲洗	含油污水	间断	—	40	7～8	600	200	—	—	—	污水处理场

① 加工原料为减压渣油，含硫量（质量分数）为5.61%，含氮量（质量分数）为0.38%；处理量为2×320万吨/年。

表 7-3　劣质重油沸腾床加氢装置废水排放① (二)

排放源	污水种类	排放规律	排放量/(t/h)		pH	主要污染物/(mg/L)					排放去向
			正常	最大		COD	石油类	硫化物	氨氮	酚	
沸腾床预加氢冷低压分离器、固定床加氢裂化冷低压分离器、硫化氢汽提塔顶罐、减压塔顶罐	含硫污水	连续	23	—	9～10	50000～60000	150	14120	23684	200	酸性水汽提装置
原料预处理脱水塔顶罐	含酚废水	连续	3.5	4.2	9～10	50000～65000	2512	4480	8761	12512	污水处理场
机泵、冲洗	含油污水	间断	—	10	7～8	900	300	—	—	—	污水处理场

① 加工原料为中低温煤焦油，含硫量（质量分数）为 0.17%，含氮量（质量分数）为 0.8%；处理量为 60 万吨/年。

7.1.1.3　废固

劣质重油沸腾床加氢生产过程中产生的固体废弃物主要可分为两类：一类为生产过程中的废固，另一类为废催化剂。

(1) 生产过程中的废固

加氢装置根据其加工原料不同，携带的固相也存在差异。以煤焦油为例，其组成中可能含有 0.4%～1%（质量分数）左右的固相，该部分杂质可通过离心、过滤等工序予以分离；该部分废固主要是重质油与机械杂质的混合体，可通过焚烧或作为危废处理。

此外，加氢装置处理的原料（特别是减压渣油）中通常含有 C_{16} 以上的正构烷烃以及某些分子量较大的异构烷烃、环烷烃及芳香烃，这些烃类通常处于溶解状态，当温度降低时便会结晶析出；即便是较轻的原料，在加热时也会发生裂解和缩合反应，裂解方向产生较小分子，而缩合方向则会生产分子越来越大的稠环芳香烃，高度缩合的结果会产生胶质、沥青质，最后产生碳氢比很高的焦炭。该部分胶质、沥青质及焦炭等会逐渐沉积，造成加热炉管结焦和换热器堵塞，通常在停工时通过蒸汽吹扫、高压水枪冲刷等方式清除。

(2) 废催化剂

催化剂在生产过程中，为了确保所催化剂反应的活性、选择性、耐毒性和一定的强度及寿命，常需使用一些有色金属甚至贵金属作为其主要成分。如石油炼制过程中的原料通常含有硫醇、硫醚、噻吩等有机硫化物需要脱硫处理，通过氢解反应转化为 H_2S 脱除，保护下游催化剂不受毒害，此类催化剂多以 γ-Al_2O_3 为载体，一般含有 Co、Mo、Ni 等活性金属，对于富硫重油的加氢脱硫脱氮，除上述金属外，通常还含有 V。

虽然催化剂本身在化学反应前后基本不发生变化，但随着装置的连续运转，催化剂会因过热而导致活性组分晶粒的长大，甚至发生烧结导致催化剂活性下降；也会因为遭受某些毒物的毒害而部分或完全丧失活性；因污染物（油污、焦炭等）积聚在催化剂活性表面上或堵塞催化剂孔道而降低活性；或因冲刷磨损造成强度下降、颗粒破碎而引起系统阻力升高，最终导致无法继续使用。

（3）排放特点

国内某些劣质重油沸腾床加氢装置的废催化剂排放数据见表 7-4。

表 7-4 加氢用废催化剂排放数据

装置名称	催化剂名称、型号	可再生次数	设计排放量/（t/a）	处理办法		回收厂家
				回收	填埋	
某石化 60 万吨/年煤焦油沸腾床加氢装置	JMHC-2608B JMHC-2608C	不可 1～2 次	82.8 30.6	回收	—	生产厂家或相应危废处理资质单位
某石化 330 万吨/年煤液化油沸腾床加氢稳定装置	HTS-358	不可	396	回收	—	生产厂家或相应危废处理资质单位
某石化 2×320 万吨/年渣油沸腾床加氢裂化装置	TEX-2910	不可	2535	回收	—	生产厂家或相应危废处理资质单位

7.1.2 防治要求

7.1.2.1 废气防治要求

在劣质重油加氢过程中，原料油中的硫 90%以上最终会进入气态产物中，该部分含硫气体通常对设备和环境均具有较大的危害性，对该部分气体的处理是生产过程中不可缺少的部分。目前国内外企业普遍采取的措施是气体脱硫和硫黄回收。这些措施不仅为企业生产提供清洁的燃料气，还能回收并产出具有较高经济价值、可作为化工原料的硫黄，通过与加氢工艺的组合，可将原料油中携带的硫予以回收，避免其成为废气污染物排入环境，提高经济性的同时也保证了这部分气体能够满足环保法规的排放要求。

7.1.2.2 废水防治要求

含硫污水和含油污水应遵循“清污分流、集中处理”的原则。

(1) 含硫污水的防治要求

含硫污水的处理是生产企业污水处理的重要环节。含硫污水虽然只占全厂需处理污水量的几分之一，但因其污染物浓度高，对其处理的效果直接影响到净化水回用，以及后继的污水处理场的处理水平。某调查研究表明，含硫污水汽提后的净化水氨氮含量占污水处理场总进水氨氮的50%以上，COD占总进水COD的35%以上。提高含硫污水的处理效果，有利于净化污水的再处理或回用，可以减少氨氮和COD负荷，是保证污水处理实现达标排放的关键。

含硫污水含有高浓度的硫、氮化合物，而且处理后可以部分回用，因此不能直接进入常规的污水处理场处理，应单独处理。含硫污水的收集和输送应遵循以下原则：

① 从设备、装置排放的含硫污水应设独立的系统收集，不应进入一般含油污水系统。

② 含硫污水应用密闭管道输送，不得采用明渠排放，以防止硫化氢、氨等毒害气体从污水中释放，污染周围环境；存放含硫污水的储罐罐顶放空应有处理设施。

③ 含硫化氢污水的采样，应用密闭循环系统。

④ 含硫污水管道，不得埋地敷设，不得穿越居住区或人员集中的生产管理区。

⑤ 在含硫污水的排放口、采样口、罐区附近和容易泄漏的场所，应用不易渗漏的建筑材料铺设地面，并设围堰，防止有毒液体渗入土壤中。

含硫污水汽提处理后的净化水，一般要求硫化物小于50mg/L，氨氮小于100mg/L，部分净化水回用作为加氢装置高压空冷注水，同时为了避免氯化物等杂质在加氢反应系统累积，净化水回用量一般不超总注水量的50%；剩余部分净化水排至污水处理场进一步处理。

(2) 含油污水的防治要求

含油污水与含硫污水应分系统收集处理，其他废水也应根据水质分别处理。

如把装置内油罐污水、采样口污水、装置围堰内受污染地面冲洗水、初期雨水等普通含油污水统一引入地下隔油罐进行预处理。装置围堰内未受污染的雨水引入雨水系统，减少含油污水的排放，节省处理费用。含油污水相对污染物浓度低，COD小于800 mg/L，可以统一收集后直接送污水处理场处理。

7.1.2.3 固废防治要求

劣质重油加氢工艺过程产生的废渣主要是装置更换的废催化剂。由于加氢处理过程的装置数量多，催化剂使用量大且性能各异，所以催化剂的使用、再生和废弃处理尤为重要。

从催化剂的制造、使用、再生到报废的整个生命周期中，要经历装剂、卸剂、转移、再生与重用、回收和废弃处理等步骤。对每一个步骤都要采取措施，防止污染。

（1）装剂

装剂前应筛除去碎粒和细粉，并注意不使催化剂破损，同时捕集较小的颗粒和粉尘，并使其在床层上均匀分布。

（2）卸剂

由于废催化剂有较高的活性和硫化状态的金属，卸剂时硫化铁和沉积的焦炭于空气中可发生自燃，故必须在氮气保护下操作。卸出的催化剂装入密封桶中运走。如果废剂需在现场过筛分离瓷球和过滤细粉，也需在氮气保护下进行。

（3）转移

由于废催化剂遇空气的自燃性，须按危险品要求转移。

（4）再生与重用

由于废催化剂再生时释放 SO_x 及其他影响大气环境的污染物，器内再生还存在烧毁催化剂和腐蚀设备的风险，故一般不主张在生产装置内器内再生，而在装置外进行器外再生。再生过程产生的废物应经过洗涤以减少污染物扩散至大气。器外再生的再生剂活性恢复均匀，再生后的催化剂一般装入装置生产条件要求不太苛刻的反应器。采用器外再生还可同期安排压力容器定期检查，减少生产停工时间。

（5）回收

对于贵金属废催化剂一般都要回收贵金属。而对于非贵金属废催化剂中的金属回收，由于经济上的原因，目前国内外尚未引起重视。但出于保护环境的需要，凡是具有回收价值的非贵金属，应尽可能回收利用，以减少固体废物填埋量。

7.2 大气污染及防治措施

7.2.1 大气污染防治措施

随着我国劣质重油加氢技术产业化的快速发展，废气的治理问题也越来越受到重视。对于催化加氢装置而言，其生产过程中通常包含脱硫、脱氮反应，这使得无论是工艺废气、烟气还是设备逸散气中都不同程度地含有硫化氢。当前生产过程中的普遍做法是将其中的硫化氢分离出来，作为生产硫黄和硫酸的原料，减少废气污染的同时也可提高其经济价值。

7.2.1.1 废气脱硫工艺

脱硫工艺分类方法很多，可根据脱硫剂相态的不同，废气脱硫工艺可分为干法、半干法和湿法；也可根据脱硫剂组成不同分为钙法、氨法、钠碱法等；抑或根据分离原理不同，分为物理吸附法、化学吸收法等。

(1) 干法、半干法脱硫

干法脱硫技术最早应用于20世纪80年代，是继石灰石法脱硫技术之后的第二代烟气脱硫技术，主要代表工艺有喷雾干燥法、炉内喷钙加炉后增湿活化(LIFAC)、烟气循环流化床(CFB)、循环半干法脱硫工艺(NID)等。这些脱硫技术基本上都采用钙基吸收剂，如石灰或消石灰等。随着对工艺的不断改良和发展，设备可靠性提高，系统可用率达到97%，脱硫率一般为70%～95%。

(2) 湿法脱硫

由于技术和经济上的原因，一些烟气脱硫工艺已被淘汰，而主流工艺，如石灰石-石膏法、氨-硫酸铵法、钠碱法、醇胺法、烟气循环流化床以及改进后的循环半干法脱硫工艺却得到了进一步的发展，并趋于成熟。这些烟气脱硫工艺的优点是：脱硫率高(可达95%以上)、系统可利用率高、工艺流程简化、系统电耗低、投资和运行费用低。

湿法脱硫工艺虽精制效果不如干法，但其处理能力大、设备布置紧凑、投资和操作费用都较低，广泛地应用于石油工业中，我国炼油厂中气体脱硫装置用的吸收剂一般是乙醇胺类，其具有使用范围广、反应能力强、稳定性好且容易回收等特点，目前使用较多的是N-甲基二乙醇胺，其具有对硫化氢脱除选择性高(仅吸收部分CO_2)、对装置腐蚀性小等优点，其化学反应如下：

$$CO_2+H_2O \rightleftharpoons H^+ + HCO_3^-$$

$$(CH_2CH_2OH)_2NCH_3+H^+ \rightleftharpoons (CH_2CH_2OH)_2NCH_3H$$

该反应为可逆反应，在25～45℃时，反应正向进行，醇胺溶液吸收废气中的硫化氢，而当温度超过105℃时，反应逆向进行，吸收反应生成的胺的硫化物分解出吸收的硫化氢，即解吸，通过对温度的合理控制，可使醇胺溶液循环使用，典型的气体脱硫流程如图7-2所示。

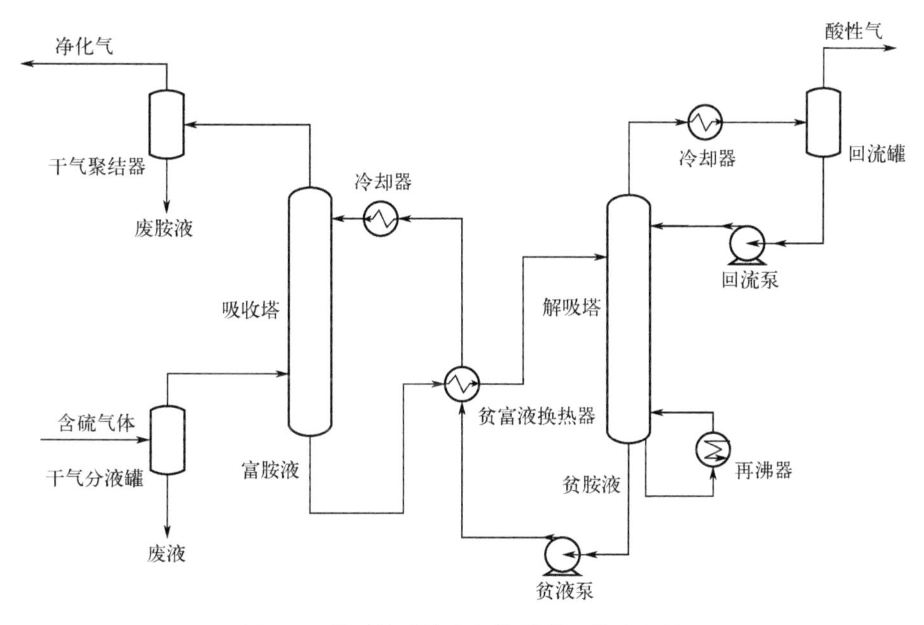

图7-2　典型的醇胺法气体脱硫工艺流程图

含硫气体冷却至约40℃经分液罐分离出水和杂质后进入吸收塔底部，与来自塔顶约45℃的贫胺液逆向接触，吸收其中的硫化氢和部分CO_2，净化后的气体经聚结器除沫后送出装置。塔底富胺液经换热、过滤后进入解吸塔顶部，与塔底再沸器产生的蒸汽逆向接触升温，解吸出其中的酸性气，经冷却后进入回流罐，液相返回塔内回流，气相送至硫黄回收装置。塔底贫液经换热、降温后返回吸收塔循环。

气体脱硫装置所用的吸收、解吸塔一般是填料塔，液相脱硫（如液化气等）则多用板式塔。醇胺溶液的浓度视其组成不同而不同，一般一乙醇胺溶液浓度约15%～20%，二乙醇胺溶液约15%～25%，*N*-甲基二乙醇胺溶液浓度约15%～30%。吸收塔底富液中酸性气体（H_2S+CO_2）的物质的量与溶液中乙醇胺的物质的量的比值称为溶液负荷（或酸性气体负荷），它是决定气体脱硫装置技术经济指标的重要因素。溶液负荷的选择主要依据对装置腐蚀的影响。在用碳钢制造换热器、解吸塔和重沸器时，溶液负荷应限制在0.35以下；在使用合金钢（如1Cr18Ni9Ti）制造设备时，溶液负荷可限制在0.70以下。

乙醇胺吸收是化学吸收，因而吸收塔压力主要取决于原料气体的压力和净化后气体输出的压力。例如，加氢装置的循环氢脱硫压力高达8～16MPa，而炼厂气脱硫压力则为0.8～1.0 MPa。解吸塔顶压力取决于产品要求的贫液解吸温度下的饱和蒸气压，一般为0.135～0.215MPa。该压力通常还需要保证有足够的压力使塔顶解吸出来的酸性气体能通过换热器冷凝分液后进入硫黄回收装置。

乙醇胺易变质，尤其是一乙醇胺。由于存在氧，气体中的硫化氢被氧化生成游离的硫，在加热的条件下与一乙醇胺反应生成二硫化碳和硫脲，还会生成能氧化分解的酸、甲酰胺和高分子化合物。此外，乙醇胺还会与CO_2经多步反应最终生成N-2-羟乙基乙二胺（$HOCH_2CH_2NHCH_2CH_2NH_2$）、与二硫化碳反应生产生成N,N'-二-2-羟乙基硫代脲［$(HOC_2H_4NH)_2CS$］、与氢氰酸（HCN）反应生成甲酰胺和甲酸等。这些生成物的热稳定性都很高，在解吸塔中不能用加热的方法来再生。

在装置实际运行中，乙醇胺溶液容易出现“发泡”现象，这是由新设备中残留的润滑脂、进入吸收塔的气体携带的烃类凝液和液体雾沫以及硫化氢腐蚀设备所生成的硫化铁（作为泡沫稳定剂）等引起的。为减轻溶液的“发泡”现象，除了使用分离器或吸附器等除去烃类凝液和采用较低浓度的乙醇胺溶液外，还可以加入消泡剂（如聚硅酮类的破泡剂、高级醇类的泡沫抑制剂）。

7.2.1.2 硫黄回收装置

无论是气体脱硫还是液体脱硫，最终得到的高纯度硫化氢都需要进行妥善处理，硫黄回收是国内外炼油厂普遍采取的措施，该技术可将酸性气中的硫回收，制成化工原料硫黄。作为处理含硫气体，减少污染的主要装置，其重要性不言而喻。根据《石油炼制工业污染物排放标准》（GB 31570—2015）5.4.5条规定：“酸性气回收装置的加工能力应保证在加工最大硫含量原油及加工装置最大负荷情况下，能完全处理产生的酸性气。脱硫溶剂再生系统、酸性水处理系统和硫黄回收装置的能力配置应保证在一套硫黄回收装置出现故障时不向酸性气火炬排放酸性气。”为避免硫黄回收装置不正常运行甚至停运导致含硫气体短路排放，造成环境污染事故，减少运行风险，目前应用较多的做法为设计过量的生产能力，并按$N+1$模式多套并列配置。

（1）常规克劳斯工艺

硫黄回收装置的基本原理是将来自气体脱硫或者含硫污水汽提装置分出的酸性气贫氧燃烧，保持H_2S与SO_2分子比为2∶1，可使H_2S转化为单质硫，该反应被称为克劳斯反应，分为高温热反应与低温催化反应两种：

① 在燃烧反应炉内的高温热反应　该反应是在高温，无催化剂条件下，酸性

气燃烧，发生高温克劳斯反应。反应理论转化率可达 60% ～ 70%。反应式如下。

$$3H_2S+3/2O_2 \rightleftharpoons 3S+3H_2O,\ Q=-665.7\ kJ/mol \tag{7-1}$$

$$H_2S+3/2O_2 \rightleftharpoons SO_2+H_2O,\ Q=-519.2\ kJ/mol \tag{7-2}$$

$$2H_2S+SO_2 \rightleftharpoons 3S+2H_2O,\ Q=-146.5\ kJ/mol \tag{7-3}$$

② 在转化器内的低温催化反应　在转化器内含硫气体通过催化剂床层时，在 140 ～ 150℃范围内即可进行克劳斯反应，并获得较高的转化率。从理论上讲，反应温度越低，转化率越高，甚至能获得 100% 的转化率。实际上温度低到一定限度后，由于液硫沉积在催化剂表面，使其失去活性，影响催化作用，从而降低转化率。故一般工业上使用的催化转化温度为 220 ～ 350℃。

根据酸性气中 H_2S 含量的高低，硫回收工艺大致有三种，即部分燃烧法、分流法和直接氧化法。

当酸性气中 H_2S 浓度在 50% ～ 100% 时，推荐采用部分燃烧法工艺。全部酸性气体进入燃烧炉与适量空气在炉内进行部分燃烧，空气量可供酸性气中 1/3 的 H_2S 燃烧生成 SO_2，并保证气流中 H_2S 和 SO_2 物质的量比为 2∶1，以达到高温克劳斯反应要求的条件。虽然不存在催化剂，但 H_2S 仍能有效地转化成硫蒸气，其转化率随温度和压力的不同而异。实践经验表明，在高温燃烧炉内，H_2S 部分燃烧的实际转化率大于热力学计算值，一般炉转化率的设计值可取 60% ～ 70% 。其余的 H_2S 将在转化器内进行低温催化反应。一般情况，二级后转化器的转化率可达 20% ～30%。

当酸性气中 H_2S 含量为 15%～50% 时，推荐选用分流法工艺。这是由于 H_2S 浓度较低，反应热量不足，难以维持燃烧炉内高温克劳斯反应所要求的温度。在分流法工艺中将 1/3 的酸性气送入燃烧炉，与适量空气混合燃烧生成 SO_2。生成的 SO_2 气流，与未进入燃烧炉的其余酸性气一同进入转化器内，进行低温催化反应。分流法一般设计成二级催化反应器的工艺，其 H_2S 总转化率可达 89% ～92%。对于装置规模较小（日产硫黄不足 10t），或酸性气组成变化较大的装置，为简化操作条件，可采用分流法。

当酸性气中 H_2S 浓度在 2%～15% 时，应采用直接氧化法工艺。在此工艺中将酸性气和空气分别通过预热炉，预热到要求温度后，进入转化器内进行催化低温反应，空气量可供 1/3 的 H_2S 转化成 SO_2，在转化器内催化剂上进行式（7-2）和式（7-3）反应。该工艺采用二级催化转化反应器，H_2S 总转化率可达 50% ～ 70%。

当采用常规克劳斯法从酸性气中回收硫黄时，由于克劳斯反应是可逆反应，受到热力学和动力学的限制，以及存在其他硫损失等原因，常规克劳斯法的硫收率一般只能达到 92%～95%，即使将催化转化段由两级增加至三级甚至四级，也难以超过97%。尾气中残余的硫通常经焚烧后以毒性较小的SO_2形态排放至大气。当排放气体不能满足当地排放指标时，则需配备尾气处理装置处理后再经焚烧使排放气体中的SO_2量和浓度符合排放要求。

(2) 尾气处理工艺

从硫黄回收装置排出的尾气中还含有一定量的硫化物，如H_2S、SO_2、COS、CS_2等，其总量可达8000～28000mg/m^3，远远超过排放标准《石油炼制工业污染物排放标准》(GB 31570—2015) 规定硫黄生产过程的SO_2最高允许排放浓度400mg/m^3（特殊地区特别排放限值为100mg/m^3），必须进行处理。尾气处理的方法有低温克劳斯工艺、选择性催化氧化工艺、氧化-吸收工艺和还原-吸收工艺等。

① 低温克劳斯工艺：工艺原理是在液相或固体催化剂上进行低温克劳斯反应。前者是在加有特殊催化剂的有机溶剂中，在略高于硫熔点的温度下，使尾气中的H_2S和SO_2继续进行克劳斯反应生成硫黄以提高硫转化率；后者是在低于硫露点温度下，在固体催化剂上发生克劳斯反应，利用低温和催化剂吸附反应生成的硫，降低硫蒸气压，进一步提高平衡转化率，而由于生成的部分液硫沉积在低温转化固体催化剂上，低温转化器需周期性再生，循环使用。

无论反应是在液相还是固体催化剂上进行，根据克劳斯反应式，可以看出，控制过程气中H_2S/SO_2的比例是这类工艺提高硫回收率的关键，该工艺不能降低尾气中COS和CS_2含量，故必须在克劳斯装置内控制其生成并使之在一级转化器内有效转化。此法包括克劳斯装置在内的总硫回收率接近99%，但尾气中的SO_2浓度约为1500～3000 mg/m^3，仍不能满足国内目前的排放标准要求。Sulfreen法、MCRC法、CBA法和Clauspol法都属于低温克劳斯工艺。

② 选择性催化氧化工艺：该工艺的基本原理是利用选择性氧化催化剂将尾气中的H_2S直接催化氧化为硫单质，以提高硫回收率。反应式如下：

$$H_2S + 1/2O_2 \longrightarrow 1/2S + H_2O \tag{7-4}$$

属于该工艺的有BSR-Selectox工艺、Modop工艺、BSR/Hi-Activity工艺、Clinsulf-DO工艺、超级克劳斯（Super Claus）工艺和超优克劳斯（EURO Claus）工艺等，其中以超级克劳斯（Super Claus）工艺发展最迅速。

由荷兰Comprimo（现在的Jacobs公司）公司、VEG气体研究所、Utrecht大学和催化剂制造商Engelhard联合开发的Super Claus专利技术于1988年首次在德国工业化，自工业化后一直发展迅速。此法包括Super Claus 99和Super Claus 99.5两种类型，前者总硫收率为99%左右，后者总硫收率可达99.5%。

Super Claus 99工艺的特点是将两级常规克劳斯法催化反应器维持在富H_2S条件下（即H_2S/SO_2大于2）进行，以保证进入选择性氧化反应器的过程气中H_2S/SO_2的比值大于10，并配入适当高于化学计量的空气使H_2S在催化剂上氧化为单质硫。

由于 Super Claus 99 工艺中进入选择性氧化反应器的过程气中 SO_2、COS、CS_2不能转化，故总硫收率在 99%左右。为此，又开发了 Super Claus 99.5 工艺，即在选择性氧化反应段前增加了加氢反应段，使过程气中的 SO_2、COS、CS_2先转化为 H_2S 再经选择性氧化反应器直接氧化为单质硫，从而使总硫收率提高至 99.5%。

常规的三级克劳斯装置很容易改造为 Super Claus 装置，总硫回收率可达 99%～99.5%，而投资仅比三级克劳斯装置增加 15% ～ 25%，该投资已包括专利使用费和催化剂费用。Super Claus 工艺由于流程简单，投资较低、硫回收率适中，特别适合于中、小规模装置。目前采用 Super Claus 工艺的工业装置已超过 110 套，其中多为 Super Claus 99 工艺。

此外，荷兰 Jacobs 公司近年来又开发了超优克劳斯（EURO Claus）工艺。该法是在 Super Claus 工艺的基础上在末级克劳斯转化器（反应器）下部装入加氢催化剂，用过程气中的 H_2、CO 作为加氢还原气，使 SO_2转化为 H_2S，同时又采用深冷器代替末级硫冷凝器，降低尾气出口温度（110～115℃）以减少硫蒸气损失，因而其总硫收率可达 99.5%～99.7%。目前，全球已有 20 多套采用该法的装置在运行。

Super Claus 工艺的出现被称为是克劳斯技术问世以来最显著的技术进步之一，超优克劳斯工艺是在 Super Claus 工艺基础上的又一大进步，由于工艺流程简单，投资较低、硫回收率适中，特别适合于中、小规模装置，为此上述两种工艺在国外得到迅速发展。由于上述两种工艺排放尾气中 SO_2指标仍然不能满足国家石油炼制工业污染物排放标准的要求，限制了上述两种工艺在国内的应用。

选择性催化氧化工艺的技术关键是催化剂，由于开发了对水蒸气不敏感的 Super Claus 催化剂，流程中就不需要急冷和再热等过程，使流程更简单，投资更节省，由于 Super Claus 催化剂的不断更新换代，反应器入口温度虽然降低，能耗也随之减少，总硫回收率却提高了。由于开发了超优克劳斯工艺中选择性加氢催化剂，才有可能不需要单独设置加氢反应器，流程中也无需过程气加热和冷却过程，流程简化、设备减少，在不增加投资和总工程消耗基础上，硫回收率比 Super Claus 工艺可提高约 0.5%。

20 世纪 90 年代中国已开始研制选择性氧化催化剂，并已完成实验室工作，后因氧化工艺受排放标准限制，炼厂新建装置基本不再采用氧化工艺，已建采用氧化工艺装置也被改造，氧化催化剂的研制工作也相应停滞。但由于 Super Claus 工艺和超优克劳斯工艺具有巨大优势，天然气净化厂和煤化工行业仍不断引进氧化工艺专利技术，为此研究单位应恢复氧化催化剂的研制并进一步进行工业化试验，同时要开展选择性加氢催化剂的研制和开发工作，尽早实现中国制硫催化剂的系列化和国产化。

③ 氧化-吸收工艺：氧化-吸收法是将尾气中各种形态的硫氧化为SO_2，然后将SO_2吸收并采用不同方法转化为不同产品，例如单质硫、液体SO_2、焦亚硫酸钠或其他产品。原则上，脱除烟道气SO_2的方法均可用于处理克劳斯尾气，但目前克劳斯法尾气很少采用此类方法处理。

属于此类方法的有焦亚硫酸钠法、Wellmann-Lord 法、Elsorb 法、柠檬酸盐法、Comin-codeSO_2法等。

④ 还原-吸收工艺：还原-吸收工艺是用H_2或H_2和 CO 混合气体作还原气体，将尾气中的SO_2和单质硫加氢还原生成H_2S，尾气中的 COS 和CS_2等有机硫化物水解为H_2S，再通过选择性脱硫溶剂进行化学吸收，通过加热和汽提使溶剂得到再生并解析出酸性气，解析出的酸性气返回至硫黄回收装置继续回收单质硫。主要反应式如下：

$$SO_2+3H_2 \longrightarrow H_2S+2H_2O \tag{7-5}$$

$$S_n+nH_2 \longrightarrow nH_2S \tag{7-6}$$

$$COS+H_2O \longrightarrow H_2S+CO_2 \tag{7-7}$$

$$CS_2+2H_2O \longrightarrow 2H_2S+CO_2 \tag{7-8}$$

还原-吸收工艺对克劳斯硫回收装置的适应性强，净化度高，总硫回收率达99.8%，甚至更高，因此应用越来越广泛。该工艺以 SCOT 法为代表。还原-吸收工艺的主要缺点是装置投资、操作费用和能耗都较高。为此，近年来 SCOT 法工艺的技术进步，总体上围绕提高硫黄回收率和节能降耗等两个目标，开发出了低温 SCOT（LT-SCOT）、超级 SCOT（Super SCOT）、低硫 SCOT（LS-SCOT）等工艺。与常规 SCOT 工艺相比，应用这些新工艺所需增加的投资费用并不太多，但总硫回收率和尾气净化度又有了进一步的提高，而且装置能耗也明显降低。常规 SCOT 与 SCOT 新工艺的比较见表 7-5。

表 7-5　常规 SCOT 工艺与 SCOT 新工艺的比较

工艺名称	常规 SCOT	LT-SCOT	Super-SCOT	LS-SCOT
技术特点	工艺成熟、运转可靠，故障率低于1%，操作弹性大，抗干扰能力强，进料气组成略有变化对装置总硫回收率没有影响	使用性能优异的低温加氢催化剂，克劳斯尾气的预热温度降低约60℃，装置能耗和投资费用低	采用分段二次吸收的方法，二段汽提，贫液温度较低，节省了约30%用于再生的蒸汽消耗量	采用廉价的添加剂，溶液再生过程有所改善，由于溶液更贫，排出吸收塔时H_2S的含量$<10\times10^{-6}$

续表

工艺名称	常规 SCOT	LT-SCOT	Super-SCOT	LS-SCOT
总硫回收率/%	99.8～99.9	99.96	99.95	99.95
尾气净化度（H_2S 浓度）/$\times10^{-6}$	<250	<20～30	<50	<50

目前，国外采用的还原-吸收法还有 BSR/MDEA、Resulf、Suflcycle、HCR、RAR、LTGT 及 AGF/Dual-Solve 等。

采用还原-吸收尾气处理工艺的克劳斯装置，总硫回收可达到 99.8%～99.96%，焚烧后尾气中的 SO_2 含量<300×10^{-6}甚至更低。

（3）烟气脱硫工艺

根据目前国内《石油炼制工业污染物排放标准》（GB 31570—2015）规定硫黄生产过程的 SO_2 最高允许排放浓度 400mg/m³，特别是特殊地区特别排放限值为 100mg/m³ 的要求，硫回收装置采用硫回收较高的两级克劳斯＋加氢还原吸收＋尾气焚烧工艺，硫回收达到 99.9%以上，烟气中 SO_2 的排放浓度一般在 80～400mg/m³ 之间，可以满足一般地区 SO_2 最高允许排放浓度 400mg/m³ 的要求，但无法满足特殊地区特别排放限值为 100mg/m³ 的要求。对于环境敏感地区的项目，硫黄回收装置需要考虑进一步的烟气脱硫措施，来确保尾气中 SO_2 浓度<100 mg/m³。常用的烟气处理措施包括钠法脱硫工艺、氨法脱硫工艺和 SO_2 回收工艺。

① 钠法脱硫工艺：克劳斯尾气经加氢还原吸收、焚烧后的烟气进入复合相变换热器换热后进入脱硫塔。尾气在脱硫塔入口处经洗涤液急冷后进入脱硫塔喷淋段、填料段，在喷淋段、填料段与 NaOH 洗涤液接触，脱除烟气中的 SO_2。脱后烟气高空排放。空气风机鼓入的空气经复合相变换热器换热后与脱后烟气混合后放空，消除白雾现象。脱硫产生的含盐废水经过氧化后达标排放。

② 氨法脱硫工艺：氨法脱硫采用氨作为脱硫剂，克劳斯尾气不经过加氢还原吸收，直接经过焚烧炉、蒸汽过热器和蒸汽发生器回收热量后进入脱硫塔。烟气进入脱硫塔进行洗涤、降温，再经过除雾器净化后达标排放。脱硫产生的亚硫酸铵溶液氧化反应后生成硫酸铵溶液。硫酸铵溶液再经过蒸发结晶后，得到硫酸铵浆液，硫酸铵浆液经浓缩后，进入离心机，浆液经离心机分离后再经干燥后得到含水≤1.0%的商品硫酸铵。分离母液进入料液槽重复使用。

③ SO_2 回收工艺：SO_2 回收工艺采用胺作为吸收剂，克劳斯尾气不经过加

氢还原吸收，直接经过焚烧炉、蒸汽过热器和蒸汽发生器回收热量后进入脱硫塔。烟气在预洗涤塔经洗涤液急冷后进入脱硫塔填料段，在填料段与贫液逆向接触，脱除尾气中的SO_2。净化后的尾气高空排放。预洗涤塔底的酸性水通过碱液中和后达标排放。脱硫塔吸收产生的富液通过泵增压后去贫富液换热器。换热后的富液进入再生塔，再生塔底的贫液经增压、换热和冷却后返回脱硫塔。再生塔顶的SO_2经冷却后返回至克劳斯反应炉回收利用。

从投资角度考虑，上述三种烟气脱硫工艺，因氨法脱硫工艺和SO_2回收工艺可以不需要加氢还原吸收系统，投资较钠法脱硫工艺稍低。

从吨硫黄产品收益和能耗角度考虑，三者相差不大。

从技术风险和运行稳定性角度考虑，钠法脱硫工艺只是在常规的克劳斯＋加氢还原吸收＋尾气焚烧基础上增加脱除SO_2碱洗流程，增加了氢氧化钠，风险较小。同时硫回收装置有钠法脱硫作为保安措施，能够实现操作波动和开停工全过程条件下烟气中的SO_2达标排放，缺点是产生的含盐废水量较大。而氨法脱硫工艺增加了中毒危害介质NH_3，产品硫酸铵有粉尘泄漏风险，销售困难的风险。硫酸铵浆液和溶液有腐蚀管道和设备的风险。氨法脱硫工艺有氨逃逸和形成气溶胶的风险。另外氨法脱硫工艺需保证烟气中的NH_3和SO_2同时达标。因此，脱硫塔的pH值控制稳定非常重要。需要精细操作才能满足烟气中的NH_3和SO_2同时达标排放。另外，在装置首次开工过程中，很难达标。SO_2回收工艺预洗涤塔循环稀硫酸有腐蚀管道和设备风险。100kV的电除雾器有操作风险。SO_2回收工艺流程在正常操作情况下能够满足达标排放的要求。在精心操作情况下，能满足开停工过程烟气中的SO_2达标排放。

7.2.1.3 二氧化碳捕集工艺

石油化工行业属于高能耗、高排放的传统能源行业，采取切实有效的节能减排手段已经势在必行。根据碳捕集原理的不同，目前工业上分离提纯CO_2的方法有物理吸附法、膜分离法、吸收法（物理吸收法和化学吸收法）等。

(1) 物理吸附法

该法利用吸附剂对混合气中的CO_2的选择性可逆吸附作用来分离回收CO_2，分为变温吸附法（TSA）和变压吸附法（PSA），常用的吸附剂有分子筛、活性氧化铝、硅胶、天然沸石和活性炭等。该法是干法体系，可以不考虑腐蚀问题。工艺过程简单、能耗低、适应能力强。具有技术先进、易实现自动化、经济合理等优点。但是CO_2的回收率偏低，一般只有50%～60%，而且由于吸附剂容量有限，需要频繁进行吸附和解吸、要求自动化程度较高。

（2）膜分离法

膜分离法是一种以压力为驱动力的过程。各个组分有不同的渗透速率，从而实现分离。工业上常见的分离CO_2的膜有：醋酸纤维膜、乙基纤维素膜、聚苯醚及聚砜膜、聚酞亚胺膜、聚苯氧改性膜、二胺基聚砜复合膜、含二胺的聚碳酸酯复合膜、丙烯酸酯的低分子含浸膜等，均表现出优异的CO_2渗透性。该法工艺较简单、操作方便、能耗低、投资费用比溶剂吸收法低、经济合理，广泛应用于工业中，膜分离法的缺点是需要前期处理、脱水和过滤，且很难得到高纯度的CO_2。

（3）物理吸收法

该法利用在各组分在溶剂中的溶解度随着压力、温度变化的原理来进行分离。常用吸收剂有丙烯酸酯，*N*-甲基吡咯烷酮、甲醇、二甲醚、乙醇、聚乙二醇以及噻吩烷等高沸点溶剂。可对烟气进行多级压缩和冷却使CO_2液化实现分离。典型的物理吸收法有环丁砜法、加压水洗法、*N*-甲基吡咯烷酮法、Selexol法、低温甲醇法（Rectisol 法）、碳酸丙烯酯法（Flour 法）等。该法消耗热能比化学吸收法小，不易腐蚀，但吸收剂会因硫化物劣化而减少再生次数、运行成本和能耗都比较高。

（4）化学吸收法

烟气和吸收液在吸收塔内发生化学反应，CO_2被吸收至溶剂中，贫液成为富液，富液进入脱析塔加热分解出CO_2从而达到分离回收CO_2的目的。常用的吸收剂有碳酸盐溶液、碱液及醇胺溶液等。较常用的乙醇胺法腐蚀性强，故目前工厂中多采用甲基二乙醇胺（MDEA）作为吸收剂，添加了活性胺、抗氧剂和防腐剂，组成适于回收低分压二氧化碳的优良复合吸收剂，吸收速度快，吸收能力大，再生能耗低，胺氧化降解损耗小，无腐蚀，复合吸收剂无毒、无污染。

7.2.2 废气治理评价

为贯彻《中华人民共和国环境保护法》《中华人民共和国水污染防治法》《中华人民共和国大气污染防治法》等法律、法规。保护环境，防治污染，促进石油化学工业的技术进步和可持续发展，石油化学工业企业及其生产设施应当严格遵守水污染物和大气污染物排放限值、监测和监督管理要求。配套的动力锅炉执行《锅炉大气污染物排放标准》或《火电厂大气污染物排放标准》。

7.2.2.1 大气污染物排放控制要求

根据《石油炼制工业污染物排放标准》（GB 31570—2015）的要求，各石油化工生产企业应执行表 7-6 所列的大气污染物排放限值。

表 7-6　大气污染物排放限值

单位（标准状况）：mg/m^3

序号	污染物项目	工艺加热炉	催化裂化催化剂再生烟气①	重整催化剂再生烟气	酸性气回收装置	氧化沥青装置	废水处理有机废气处理装置	有机废气排放口②	污染物排放监控位置
1	颗粒物	20	50	—	—	—	—	—	车间或生产设施排气筒
2	镍及其化合物	—	0.5	—	—	—	—	—	
3	二氧化硫	100	100	—	400	—	—	—	
4	氮氧化物	150 180③	200	—	—	—	—	—	
5	硫酸雾	—	—	—	30④	—	—	—	
6	氯化氢	—	—	30	—	—	—	—	
7	沥青烟	—	—	—	—	20	—	—	
8	苯并[*a*]芘	—	—	—	—	0.0003	—	—	
9	苯	—	—	—	—	—	4	—	
10	甲苯	—	—	—	—	—	15	—	
11	二甲苯	—	—	—	—	—	20	—	
12	非甲烷总烃	—	—	60	—	—	120	去除效率≥95%	

① 催化裂化余热锅炉吹灰时再生烟气污染物浓度最大值不应超过表中限值的 2 倍，且每次持续时间不应大于 1 小时。

② 有机废气中若含有颗粒物、二氧化硫或氮氧化物，执行工艺加热炉相应污染物控制要求。

③ 炉膛温度≥850℃的工艺加热炉执行该限值。

④ 酸性气回收装置生产硫酸时执行该限值。

根据环境保护工作的要求，在国土开发密度已经较高、环境承载能力开始减弱，或大气环境容量较小、生态环境脆弱，容易发生严重大气环境污染问题而需要采取特别保护措施的地区，应严格控制企业的污染排放行为，在上述地区的企业需执行表 7-7 规定的大气污染物特别排放限值。

表 7-7 大气污染物特别排放限值

单位（标准状况）：mg/m^3

序号	污染物项目	工艺加热炉	催化裂化催化剂再生烟气[①]	重整催化剂再生烟气	酸性气回收装置	氧化沥青装置	废水处理有机废气处理装置	有机废气排放口[②]	污染物排放监控位置
1	颗粒物	20	30	—	—	—	—	—	车间或生产设施排气筒
2	镍及其化合物	—	0.3	—	—	—	—	—	
3	二氧化硫	50	50	—	100	—	—	—	
4	氮氧化物	100	100	—	—	—	—	—	
5	硫酸雾	—	—	—	5[③]	—	—	—	
6	氯化氢	—	—	10	—	—	—	—	
7	沥青烟	—	—	—	—	10	—	—	
8	苯并[a]芘	—	—	—	—	0.0003	—	—	
9	苯	—	—	—	—	—	4	—	
10	甲苯	—	—	—	—	—	15	—	
11	二甲苯	—	—	—	—	—	20	—	
12	非甲烷总烃	—	—	30	—	—	120	去除效率≥97%	

① 催化裂化余热锅炉吹灰时再生烟气污染物浓度最大值不应超过表中限值的 2 倍，且每次持续时间不应大于 1 小时。

② 有机废气中若含有颗粒物、二氧化硫或氮氧化物，执行工艺加热炉相应污染物控制要求。

③ 酸性气回收装置生产硫酸时执行该限值。

此外，企业应根据使用的原料，生产工艺过程，生产的产品、副产品，根据《石油炼制工业污染物排放标准》（GB 31570—2015）的要求，筛选并上报需要控制的废气中有机特征污染物的种类及排放浓度限值，经环境保护主管部门确认执行。

7.2.2.2 设备与管线组件泄漏污染控制要求

根据现行的环保法律、法规要求，石油化工生产企业须执行下列设备与管线组件泄漏污染控制要求。

① 当挥发性有机物流经泵、压缩机、阀门、开口阀或开口管线、法兰及其

他连接件、泄压设备、取样连接系统等密封设备时，应进行泄漏检测与控制。

② 泄漏检测周期。根据设备与管线组件的类型，采用不同的泄漏检测周期：

a. 泵、压缩机、阀门、开口阀或开口管线、气体/蒸气泄压设备、取样连接系统每 3 个月检测一次。

b. 法兰及其他连接件、其他密封设备每 6 个月检测一次。

c. 对于挥发性有机物流经的初次开工开始运转的设备和管线组件，应在开工后 30 日内对其进行第一次检测。

d. 挥发性有机液体流经的设备和管线组件每周应进行目视观察，检查其密封处是否出现滴液迹象。

③ 泄漏的认定。出现以下情况，则可认定发生了泄漏：

a. 有机气体和挥发性有机液体流经的设备与管线组件，采用氢火焰离子化检测仪（以甲烷或丙烷为校正气体），泄漏检测值大于等于 2000 μmol/mol。

b. 其他挥发性有机物流经的设备与管线组件，采用氢火焰离子化检测仪（以甲烷或丙烷为校正气体），泄漏检测值大于等于 500 μmol/mol。

④ 泄漏修复。

a. 当检测到泄漏时，在可行条件下应尽快维修，一般不晚于发现泄漏后 15 日。

b. 首次（尝试）维修不应晚于检测到泄漏后 5 日。首次尝试维修应当包括（但不限于）以下描述的相关措施：拧紧密封螺母或压盖、在设计压力及温度下密封冲洗。

c. 若检测到泄漏后，在不关闭工艺单元的条件下，在 15 日内进行维修，技术上不可行，则可以延迟维修，但不应晚于最近一个停工期。

⑤ 记录要求。泄漏检测应记录检测时间、检测仪器读数：修复时应记录修复时间和确认已完成修复的时间，记录修复后检测仪器读数，记录应保存 1 年以上。

7.2.2.3 厂界及周边污染控制要求

在现有企业生产、建设项目竣工环保验收后的生产过程中，负责监管的环境保护主管部门应对周围居住、教学、医疗等用途的敏感区域环境质量进行监控。建设项目的具体监控范围为环境影响评价确定的周围敏感区域。未进行过环境影响评价的现有企业，监控范围由负责监管的环境保护主管部门，根据企业排污特点和规律及当地自然、气象条件等因素，参照相关环境影响评价技术导则确定。地方政府应对本辖区环境质量负责，采取措施确保环境状况符合环境质量标准要求。

7.3 废水污染及防治措施

7.3.1 含硫污水汽提处理

含硫污水（酸性水）处理方法有空气氧化法和水蒸气汽提法。采用水蒸气汽提工艺处理炼油含硫污水是普遍而有效的方法。经汽提处理后的净化水中硫化物小于50mg/L，氨氮小于100mg/L，满足加氢装置高压空冷注水回用或直接排放至污水处理场。

酸性水是一种含有 H_2S 和 NH_3 等挥发性弱电解质的水溶液。H_2S 和 NH_3 等在水中以 NH_4HS、$(NH_4)_2S$ 等铵盐形式存在，这些弱酸弱碱的盐在水中电离，同时又水解形成 H_2S 和 NH_3 分子。上述分子除与离子存在电离平衡外，还与气相中的分子呈相平衡，该体系是化学平衡、电离平衡和相平衡共存的复杂体系。因此控制化学、电离和相平衡的适宜条件是处理酸性水和选择适宜操作条件的关键。

由于电离和水解都是可逆过程，各种物质在液相中同时存在离子态和分子态两种形式。离子不能从液相进入气相，故称“固定态”，分子可从液相进入气相，称为“游离态”。各种物质在水中离子态和分子态的数量与操作温度、操作压力及它们在水中的浓度有关。

根据 H_2S-NH_3-H_2O 三元体系性质，NH_4HS 等在水中的水解反应常数 K_H 随温度升高而升高，即水中游离态的 H_2S 和 NH_3 分子随温度升高而增加。根据实验数据，当温度高于110℃以后，水解反应常数 K_H 随温度升高而迅速增加，因此汽提塔的温度应高于110℃。

相平衡与各组分在液相中的浓度、溶解度、挥发度以及与溶液中其他分子或离子能否发生反应有关。如 H_2S 在水中的溶解度很小，相对挥发度很大，与其他分子或离子的反应平衡常数很小，因而最容易从液相转入气相，而 NH_3 却不同，它不仅在水中的溶解度很大，而且与 H_2S 的反应平衡常数也大，只有当它在一定条件下达到饱和时，才能使游离的氨分子从液相转入气相。

显然，通入水蒸气起到了加热和降低气相中 H_2S 和 NH_3 分压的双重作用，促进它们从液相转为气相，从而达到净化酸性水的目的。

各种 H_2S 和 NH_3 浓度的酸性水都可通过水蒸气汽提，得到符合排放标准或回用水质要求的净化水，并能根据需要，回收 H_2S 和 NH_3。

根据硫化氢和氨的回收要求，水蒸气汽提工艺可分为回收硫化氢而不回收氨的汽提工艺及分别回收硫化氢和氨的汽提工艺。

7.3.1.1 回收硫化氢而不回收氨的汽提工艺

属于这类工艺的有单塔低压汽提和双塔高、低压汽提工艺。

(1) 单塔低压汽提工艺

低压汽提是指在尽可能低的汽提塔操作压力（只要能满足塔顶酸性气自压排至硫黄回收装置或焚烧炉的最低压力）下，一般为 0.05～0.07MPa，将酸性水中的硫化氢和氨全部汽提出去，塔顶含氨酸性气排至硫黄回收装置的烧氨喷嘴或焚烧炉，塔底净化水可回用。其工艺流程见图 7-3。

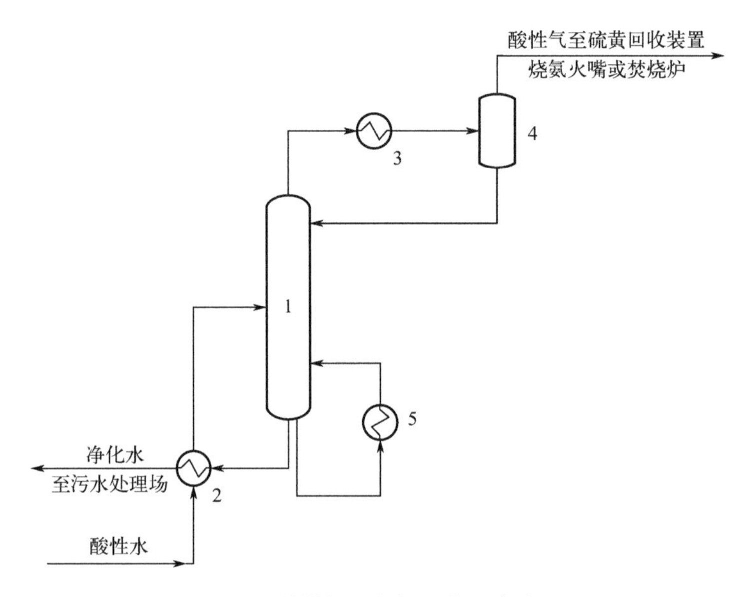

图 7-3 单塔低压汽提工艺示意流程

1—汽提塔；2—换热器；3—冷凝器；4—回流罐；5—重沸器

单塔低压汽提工艺流程简单、操作方便、投资和占地面积少、净化水质好，国外广泛采用这种流程，国内以前采用较少，其原因是：

① 根据中国国情，对氨浓度较高的酸性水，若采用只回收硫化氢而不回收氨的汽提工艺，必然降低装置的经济效益。

② 塔顶含氨酸性气必须排至硫黄回收装置的烧氨喷嘴，将氨焚烧为氮气，由于烧氨喷嘴技术要求较高，影响了这种流程的应用。

随着烧氨技术及烧氨喷嘴在硫黄回收装置的应用和推广，酸性水采用单塔低压汽提工艺正在越来越广泛地被采用。

蒸汽是汽提工艺的主要能量消耗，根据净化水水质要求，可采用 1.0MPa 蒸汽或低压蒸汽，单塔低压汽提工艺蒸汽单耗为 150～200kg/t（原料水）。

(2) 双塔高、低压汽提工艺

双塔高、低压汽提工艺设有硫化氢汽提塔和总汽提塔两个塔。硫化氢汽提塔操作压力为0.7～1.0MPa，塔顶酸性气几乎不含氨，酸性气送至硫黄回收装置回收硫黄，总汽提塔操作压力为0.05～0.07MPa，汽提出氨及剩余硫化氢，塔顶富氨酸性气送至硫黄回收装置的烧氨喷嘴，将氨焚烧为氮气，并回收硫黄。其工艺流程见图7-4。

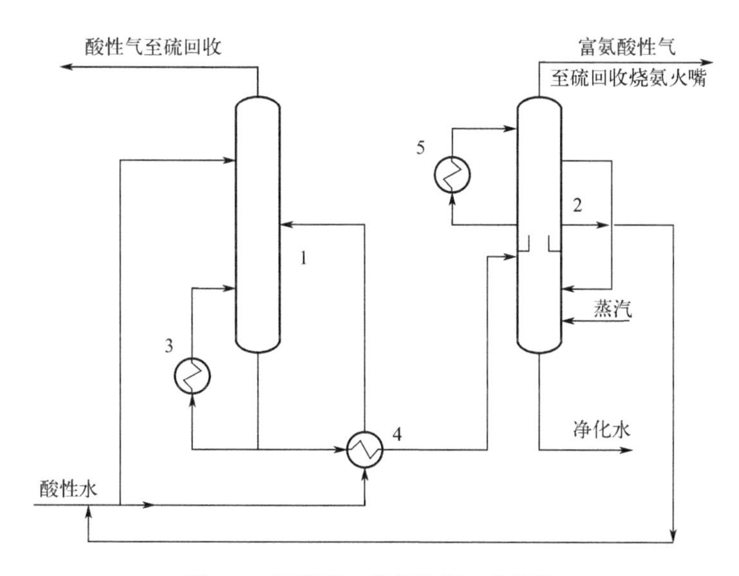

图7-4 双塔高、低压汽提工艺流程

1—硫化氢汽提塔；2—总汽提塔；3—重沸器；4—换热器；5—冷却器

和单塔低压汽提一样，由于受到烧氨喷嘴的限制及希望通过回收酸性水中的氨作为副产品来提高装置的经济效益，国内除了在20世纪80年代末引进的两套装置外，再没有新建采用这种流程的装置。

双塔高、低压汽提工艺操作可靠，净化水质好（引进装置净化水指标为：NH_3< 50mg/L，H_2S<25mg/L），但流程和设备较复杂，蒸汽单耗高，引进装置的蒸汽单耗为430kg/t（原料水）（其中中压蒸汽为160kg/t，低压蒸汽为270kg/t）。

7.3.1.2 分别回收硫化氢和氨的汽提工艺

属于这类工艺的有双塔加压汽提和单塔加压侧线抽出汽提两种方法。

(1) 双塔加压汽提工艺

双塔加压汽提工艺设有硫化氢汽提塔和氨汽提塔两个塔，酸性水可先进硫化氢汽提塔，后进氨汽提塔，也可先进氨汽提塔，后进硫化氢汽提塔。为减少蒸汽耗量，以采用先进硫化氢汽提塔，后进氨汽提塔居多，见工艺流程图 7-5。

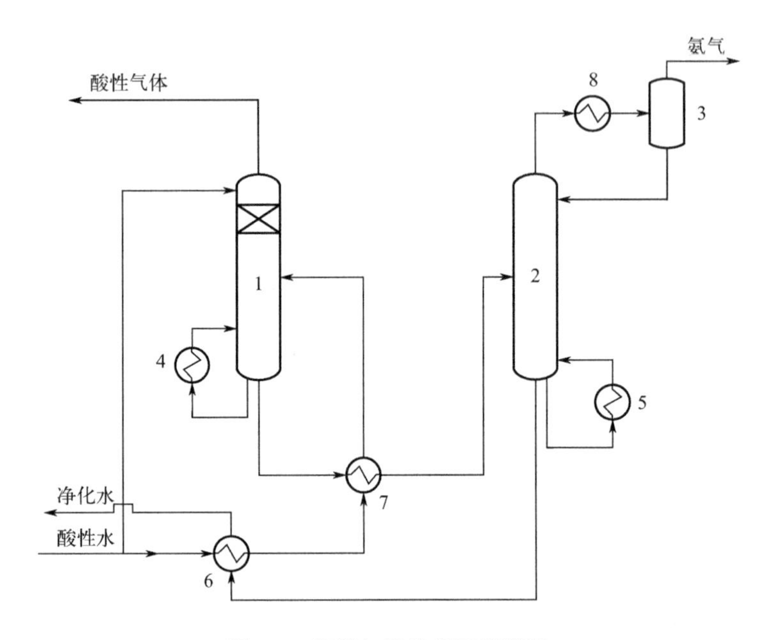

图 7-5　双塔加压汽提工艺流程

1—硫化氢汽提塔；2—氨汽提塔；3—回流罐；4，5—重沸器；6，7—换热器；8—冷凝冷却器

一般硫化氢汽提塔操作压力 0.5～0.7MPa(G)，氨汽提塔操作压力 0.1～0.3MPa(G)，硫化氢汽提塔塔顶的酸性气可送至硫黄回收装置回收硫黄，氨汽提塔塔顶的富氨气体经二级降温降压，进行分凝，精制脱除硫化氢后压缩、冷凝制成液氨，回用于炼油装置或作为化工原料。

双塔加压汽提工艺操作平稳可靠，但流程和设备较复杂，投资也较高，适用于硫化氢和氨浓度较高的酸性水，国内已处理硫化氢和氨总浓度最高达 120000mg/L 的酸性水，净化水质可通过调整工艺参数或设备结构来满足要求。蒸汽单耗约 230～280kg/t（原料水）。

(2) 单塔加压侧线抽出汽提工艺

单塔加压侧线抽出汽提工艺是中国自行开发的专利技术，用一个塔完成酸性水的净化、硫化氢及氨的分离回收。一般可处理硫化氢、氨和二氧化碳的综合浓度为 5000～55000mg/L 的酸性水。

单塔加压侧线抽出汽提工艺利用硫化氢的相对挥发度比氨高的特性，首先将硫化氢从汽提塔的上部汽提出去，塔顶酸性气送至硫黄回收装置回收硫黄，液相中的氨及剩余的硫化氢在汽提蒸汽作用下，在汽提塔下部被驱除到气相，使净化水质满足要求，并在塔中部形成 A/S（即氨与硫化氢的摩尔比）较高的富氨气体，抽出富氨气体，采用三级降温降压，进行分凝，获得高纯度氨气，并经精制、冷凝和压缩制成液氨。其工艺流程见图 7-6。

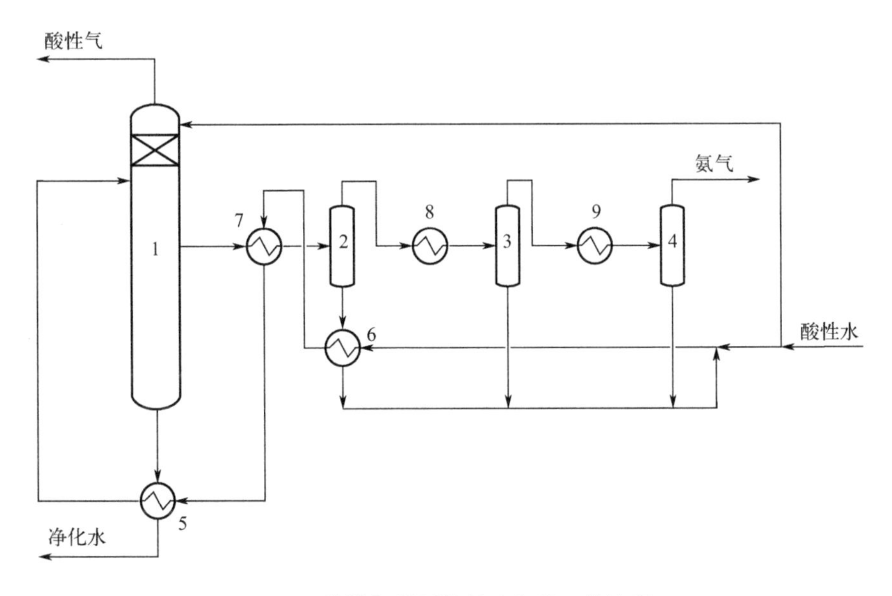

图 7-6 单塔加压侧线抽出汽提工艺流程

1—汽提塔；2～4——一级、二级、三级分凝器；5，6—换热器；
7～9——一级、二级、三级冷凝冷却器

单塔加压侧线抽出汽提工艺流程和设备较简单，操作平稳，投资和操作费用较低，蒸汽单耗为 130～200kg/t（原料水）。与双塔加压汽提比较，投资减少 20%～30%，蒸汽节约 35%～45% 。

7.3.2 含硫污水汽提工艺流程的选择原则

目前，国内采用的含硫污水汽提工艺主要有双塔加压汽提、单塔加压侧线抽出汽提和单塔低压汽提三种工艺流程。前两种流程可分别回收 H_2S 和 NH_3，最后一种流程不能分别回收 H_2S 和 NH_3 的混合气体至硫黄回收装置的烧氨喷嘴。三种工艺流程的比较见表 7-8。

表 7-8 三种酸性水汽提工艺对比

汽提技术	单塔加压侧线抽出汽提	双塔加压汽提	单塔低压汽提
技术成熟可靠程度	可靠	可靠	可靠
工艺流程	较复杂	复杂	简单

续表

汽提技术	单塔加压侧线抽出汽提	双塔加压汽提	单塔低压汽提
回收液氨	回收	回收	不回收
相对投资	约1.0	约1.2	约0.6
占地面积	较大	大	小
蒸汽单耗/[kg/t（酸性水）]	150～200	230～280	130～180
酸性气质量及输送	酸性气不含氨，酸性气压力高可满足远距离输送	酸性气不含氨，酸性气压力高可满足远距离输送	酸性气为硫化氢和氨的混合物，不宜远距离输送
净化水质量	较好	好	好
原料浓度适应范围/（mg/L）	≤50000	＞50000	任意
回收液氨的利润	有	有	无
工艺流程特点	工艺流程和设备较简单，操作平稳，投资和操作费用较低	工艺流程复杂，投资和操作费用均最高，适用于H_2S和NH_3浓度较高的酸性水	工艺流程简单、操作方便、投资和占地面积少、净化水质好，国外广泛采用该流程，近年来国内采用也较多

由于劣质重油沸腾床加氢装置排出的含硫污水都富含H_2S和NH_3，浓度较高，所以其他配套的酸性水汽提装置大多选用单塔加压汽提和双塔汽提工艺。

7.3.3 氨精制工艺

双塔加压汽提工艺中氨汽提塔顶回流罐和单塔加压侧线抽出汽提工艺三级分凝器顶的富氨气中杂质含量约为1000～10000μg/g，其成分也较复杂，除硫化氢外，还含有二氧化硫、硫醇、酚、烃及水分等，因此必须经过精制才能得到可回用于炼油装置或作为化工原料的气氨或液氨产品。

汽提装置副产的液氨，可用于炼厂注氨、作冷冻剂、生产尿素、生产一般复合化肥、碳酸氢铵、造纸用的漂白剂、催化剂生产、农业氨水和市场销售等，不同的用途有不同的质量要求，因此需要根据不同的用途，采用不同的精制方法。

7.3.3.1 氨精制的基本原理

氨精制工艺较多，现以浓氨水洗涤工艺为例说明氨精制原理。当富氨气体与高浓度氨水接触时，气相中的硫化氢被高浓度氨水中的氨固定，生成硫氢化铵，即：

$$NH_3 + H_2S \longrightarrow NH_4^+ + HS^-$$

显然，高浓度氨水中 NH_3 与 H_2S 的分子数比越大，气相中的 H_2S 越容易被固定，脱除率也越高，通常氨水中的 NH_3/H_2S（分子数比）需保持大于 20，为此需连续或间断排放高浓度氨水，并根据液位高低补充软化水。

由于温度越低，硫氢化铵等在水中的水解反应常数 K_H 越小，意味着越容易生成硫氢化铵，精制效果越好。工业上一般控制温度在－10～0℃，可利用调节外补液氨蒸发量维持上述温度。

7.3.3.2 氨精制工艺方法

目前国内主要有 3 种氨精制工艺。

（1）浓氨水洗涤工艺

气氨在精制塔内自下而上与浓氨水逆流接触，精制塔通过液氨蒸发控制操作温度为－10～0℃。气氨中的水蒸气因低温而冷凝，部分氨溶解于冷凝液中，同时吸收了硫化氢。浓氨水用泵进行循环，为控制浓氨水中氨与硫化氢的分子数比，吸收了硫化氢的浓氨水连续或间断排至原料酸性水罐再处理，并根据液面补充软化水。该流程的操作关键是温度和氨水中氨与硫化氢的分子数比，温度越低、氨与硫化氢的分子数比越大，精制效果越好。

浓氨水洗涤工艺流程简单，操作方便，脱硫负荷大，但对 RSH 等有机硫脱除效果差，液氨中硫含量较高，精制后的气氨中硫化氢含量为 10～100μg/g。

（2）结晶-吸附工艺和吸收-吸附工艺

NH_3 和 H_2S 反应会生成 NH_4HS、$(NH_4)_2S$ 两种主要产物，产物的比例因原料气组成而异。一般生成物主要是 NH_4HS。

结晶工艺是利用 H_2S 和 NH_3 在低温下形成 NH_4HS、$(NH_4)_2S$ 结晶的原理脱除气氨中的 H_2S，结晶器内设有结晶板，运转一段时间后，板上的结晶需定期用水冲洗，冲洗水至原料酸性水罐进一步处理；结晶器顶的气氨再经吸附剂吸附，脱除残留的微量硫。

上述因素中最容易调节的参数是温度，脱除率随温度降低而增加，但当温度低于 5℃后，再继续降低温度，脱除率提高并不明显，反而会使能耗增加。此外脱除率与结晶环境也有一定的关系，结晶器内结晶板的粗糙而又较大的表面有利于形成结晶并使结晶长大。

工业生产中，为确保气氨质量，结晶温度往往低于 5℃。结晶精制效果见表 7-9。

表 7-9　结晶精制效果

结晶器温度/℃	进口气体中 H_2S 含量/（μg/g）	出口气体中 H_2S 含量/（μg/g）	H_2S 脱除率/%
2	7240	23.37	99.68
1.8	5934	18.03	99.70

工业上原采用活性炭作为吸附剂，但由于活性炭在使用过程中较快会被穿透，又容易堵塞管道和过滤器，因此大部分装置都已改用脱硫剂，如采用北京三聚环保新材料有限公司的 JX-1 脱硫剂、天然气研究院的 CT8-6D 脱硫剂等，此时严格地说原有的结晶-吸附工艺应该是结晶-脱硫工艺。经结晶-吸附（脱硫）后气氨中 H_2S 含量小于 1μg/g。

由于结晶-吸附工艺设备结构和操作较复杂，当酸性水中硫含量较低或精制深度要求不高时，也可采用吸收-吸附工艺。

吸收-吸附工艺是利用气氨鼓泡通过吸收器内的高浓度氨水，使氨气中 H_2S 与液相中 NH_3 发生反应，生成溶于水的 NH_4HS，以脱除气氨中的 H_2S，显然吸收器内就不需要设置结晶板，也不需定期用水冲洗，但需定期排放浓氨水，同时补充软化水。

该工艺和结晶-吸附工艺相比，由于吸收器内液层处于静止状态，液氨不易气化，塔的低温较难维持，而且气液接触不良，精制深度也较差。

无论是结晶-吸附工艺还是吸收-吸附工艺，都需要两台结晶器（或吸收器）和两台吸附器（或脱硫器），根据出口气氨的硫化氢含量切换操作，吸附剂可用蒸汽再生，冷凝液返回原料水罐再处理。脱硫剂不需再生，饱和后更换。上述两种工艺流程虽较复杂，但没有动设备，维修工程量减少，排放浓氨水或补充软化水都是间断操作，不需自动控制，操作简单、可靠。

（3）气氨精脱硫工艺

由于上述两种氨精制工艺脱硫平衡级数少，都只有一个平衡级，不能满足脱硫精度的要求，为此开发了精脱硫工艺。它是在上述两种氨精制基础上，再在氨压缩机前后经过两级精脱硫，氨压缩机前设置一台吸附器，当采用结晶-吸附或吸收-吸附氨精制工艺时，仅设置一台吸附器即可，不必设置两台吸附器；氨压缩机后的脱硫反应器装有固体脱硫剂，脱硫剂不进行再生，饱和后需要更换。若有脱氯要求，则可在脱硫反应器后再设脱氯反应器。气氨经精脱硫后，硫化氢含量小于 1μg/g。

7.3.3.3　氨水精馏法制液氨工艺

通常气氨转变为液氨的过程都是气氨经氨压机压缩、再经冷却为液氨，但该过程因气氨中硫化氢等杂质含量较高，易使氨压机频繁损坏，造成维修周期短；同时因氨压机润滑油进入液氨，致使液氨中油含量较高，影响氨纯度。为此，1996 年，金陵石化分公司首先采用了氨水精馏法制液氨工艺，以替代氨压机制液氨工艺。

精制后的气氨用换热后的精馏氨水塔塔底的 10%（质量分数）稀氨水吸收，并经氨水冷却器冷却制成浓度为 20%的浓氨水，经泵升压和换热器换热至 150℃进入氨水精馏塔中部，塔顶 99.9%的气氨经氨冷凝器冷凝为液氨进入液氨储罐，塔底的稀氨水经换热，温度由约 170℃降为约 45℃后再次吸收气氨。

精馏氨水塔热源由塔底重沸器供给。

利用氨水精馏法制取液氨工艺的使用效果如下：

① 液氨中氨纯度高于 99.6%。

② 由动设备转变为静设备，极大地提高了运行可靠性。

③ 操作方便，控制手段灵活。

但由于氨水精馏法制液氨工艺流程仍较复杂，能耗较高，而且氨压机的频繁损坏和检修问题，也因气氨精制工艺的不断完善和氨压机结构改进，附属设备的优化，操作周期延长，因此目前只有少数装置采用氨水精馏法制液氨工艺。

7.3.4 废水治理评价

劣质重油沸腾床加氢装置含硫污水经成熟的酸性水汽提工艺汽提处理后，净化水一般硫化物少于 50mg/L，氨氮小于 100mg/L。净化水属于软化水质，几乎不含氧，比一般软化水好，应尽量回用于炼厂作加氢注水、电脱盐注水和富气洗涤水等，剩余部分可以直接排入全厂污水场再处理。

某工厂 60 万吨/年煤焦油沸腾床加氢装置含硫污水汽提效果见表 7-10。

表 7-10 某工厂（60 万吨/年）含硫污水汽提效果

项目	H_2S 含量/（mg/L）	NH_3 含量/（mg/L）
原料污水水质	15260～25520	20684～35650
净化水出水水质	27～49	42～96
净化效率	99.7%～99.9%	99.6%～99.8%

某工厂 2×320 万吨/年渣油沸腾床加氢装置含硫污水汽提效果见表 7-11。

表 7-11 某工厂（2×320 万吨/年）含硫污水汽提效果

项目	H_2S 含量/（mg/L）	NH_3 含量/（mg/L）
原料污水水质	25853～29423	8549～11652
净化水出水水质	1.71～43.1	11.3～46
净化效率	99.8%～99.9%	99.7%～99.8%

为保证含硫污水汽提的效率，近年来许多企业已在这方面积累了丰富的经验，取得了良好的效果，所采取的措施分别如下。

（1）注碱降低净化水氨氮

实际操作中，净化水质量出现不合格现象，表现在氨氮含量超标，经过分析测定净化水中部分氨氮以固定铵形式存在，这是引起净化水氨氮超标的主要原因。

由生产过程分析可知，氨在水中发生电离分解，如果同时存在酸，酸也会发生电离分解，酸电离分解后释放的 H^+ 与氨电离分解后释放的 OH^- 结合成 H_2O，促使氨的电离分解平衡向生成 NH_4^+ 的方向进行。由于这部分氨氮不能通过加热过程除去，存在于溶液中，称为固定铵。反之，如果溶液中加入碱解离出的 OH^-，促使平衡向形成游离氨的方向进行，就可以通过加热的方法将这部分氨氮除去。注碱量越大，则越有利于游离氨的生成，但是注碱量过大，不仅会使生产成本上升，而且容易造成塔盘堵塞，同时增加设备的腐蚀，影响出水的pH值，增加后续装置处理难度。因此，应保证出水氨氮达标（50～80mg/L）的前提下，尽量减少注碱量。

（2）强化酸性水除油措施

过多的烃类随酸性水进入汽提塔容易导致发泡，造成塔板堵塞，影响塔板效率和汽提效果。同时，轻烃与硫化氢等酸性气一起进入硫黄回收装置容易造成烧嘴积炭，影响烧嘴使用寿命；由于烃类物质热值高，会造成反应炉超温，增加副反应，甚至会产生“黑硫黄”。故酸性水汽提装置一般都设有原料水预处理工序，将酸性水与颗粒杂质（焦粉等）、烃类（油）分离。

油在酸性水中存在形态可分为游离态（≥150μm）、分散态或悬浮态（20～150μm）、乳化态（5～20μm）和溶解态（≤5μm）。经济有效的分离方法：游离态采用重力沉降分离；分散态采用旋流分离；乳化态采用聚结、电场分离；溶解态采用吸附、膜、化学法分离。

常规的两级原料水罐串联及罐中罐辅助重力沉降除油，在保证沉降停留时间不小于35h，水中油含量便可降到100mg/L以下。为了进一步提高汽提效果，并保证下游净化水的使用，酸性水需进一步脱油至30mg/L，可以考虑在重力沉降罐后，再设置组合式聚结除油器进行进一步精脱油，其包括入口分布部分、粗聚结部分、流体分布沉降部分和精聚结部分。

粗聚结部分：一般来说油滴越大，越容易除油，效果越好，粗聚结部分就是让小油滴聚结长大实现油水初步分离。含油污水进入由亲油疏水的物质组成粗聚结部分，油滴在聚结床层表面吸附积累，慢慢长大变成大油滴。因为聚结床层的亲油疏水性水相加速穿过聚结床层实现油水的初步分离。

流体分布沉降部分：采用下表面亲油、上表面亲水的波纹折流板，流体分布沉降部分是组合式高效聚结除油器的核心部分，采用 PP、尼龙等材料，再经特殊表面处理，亲油疏水性极好，同时兼顾酸碱腐蚀，适应于各种复杂工况。

精聚结部分：表面改性纤维聚结模块的材料主要是特氟龙或者金属拉丝。精聚结部分相对于粗聚结部分，有着更大的比表面积，适用于精密除油，经精聚结部分分离后酸性水中油含量可达到 10μg/g 以内。

（3）塔底再沸器蒸汽疏水器改汽水分液罐

脱硫化氢汽提塔、脱氨汽提塔塔底再沸器的蒸汽不设疏水器，改设置汽水分液罐。如设置疏水器，再沸器蒸汽凝结水是间断排放，从而导致蒸汽流量和压力不规则波动。尽管装置系统中各项操作参数均可稳定在规定的范围内，但再沸器的汽化状态随蒸汽流量和压力波动而变化，导致处理的净化水质不稳定。对此齐鲁石化公司胜利炼油厂将其第三含硫污水汽提装置的两个汽提塔再沸器的蒸汽凝结水疏水器全部拆除，增加了两个蒸汽凝结水分离罐。改进后再沸器加热蒸汽流量稳定，两汽提塔底温度稳定在正常的操作范围内。

（4）酸性水罐恶臭气体的治理

酸性水原料罐常设计为拱顶罐。罐的操作压力一般在－50～200mm 水柱，故罐顶有与大气连通（或经过水封连通）的呼吸口，因而当酸性水中的污染物如 H_2S、挥发性有机化合物等恶臭介质含量过多时，这些介质就会从酸性水原料罐中逸出并排放到大气中。

目前工业上酸性水罐恶臭气体的治理方法以采用吸附法和吸收法居多。吸附法脱硫精度高，工艺及设备简单，操作弹性大，维护工作量少，基本不消耗动力，但压降较大。为延长吸附剂的使用寿命，要求原料气中杂质含量不能太高。吸附法适合于处理量较小、压降要求不高的精脱硫场合。吸收法适合于处理量较大、恶臭组分浓度较高的气体，但该法工艺较复杂，设备投资和操作费用较高，脱硫精度较低，通常只适用于粗脱硫。

随着环保要求的提高，酸性水罐顶恶臭气体的治理正越来越受到重视。目前虽然处理方法较多，但大部分存在不同的缺点，还需要科研人员不断改进和创新，开发出净化效果好，投资及运行费用低，操作及维护简单，没有二次污染的新工艺。

7.4 固废污染及防治措施

7.4.1 固废治理防治措施

劣质重油加氢装置生产过程中产生的固体废弃物可分为两类。一类是原料中携带的机械杂质以及缩合反应产生的焦炭，该部分杂质可通过离心、过滤或高压水枪冲刷等工序予以分离或清除，分离得到的固废可通过焚烧或作为危废处理；另一类为失效的催化剂。

催化剂的失活按照可逆性可分为两类，暂时性失活的催化剂可以在一定温度下通过烧除积炭而再生。而永久性失活的催化剂因其活性中心中毒、催化剂上金属晶态发生变化、聚集以及载体孔结构坍塌等原因，几乎无法再生。尽管如此，失活后的催化剂中仍含有大量有价值的成分，直接填埋或者焚烧不仅造成了资源的浪费，也会对环境产生污染，故应对其中的金属元素进行回收利用。

7.4.1.1 暂时性失活催化剂的再生

（1）再生反应机理

失活催化剂的再生基本原理是将催化剂上的积炭和硫与氧发生的氧化反应生成气体，同时去除硫化态的活性金属，使其被氧化为氧化态。可能存在的反应如下：

$$C+O_2 = CO_2$$

$$S+O_2 = SO_2$$

$$2Co_9S_8+25O_2 = 18CoO+16SO_2$$

$$2MoS_2+7O_2 = 2MoO_3+4SO_2$$

$$2Ni_3S_2+7O_2 = 6NiO+4SO_2$$

$$2WS_2+7O_2 = 2WO_3+4SO_2$$

（2）再生技术

失活加氢剂的再生根据其反应进行的场所不同，主要分为器内再生和器外再生两大类。器内再生是指装置停工后，催化剂在反应器内直接进行原位再生。而器外再生是指装置停工后，将积炭失活的催化剂从反应器中卸出，送往专门的催化剂再生公司进行再生。

在20世纪70年代中期以前，大部分炼厂在固定床加氢反应器中对失活催化剂进行原位再生。包括氮气-空气再生法和水蒸气-空气再生法等，我国主要使用水蒸气-空气再生法。器内再生的优点是工艺流程简单，但是存在着烧焦时间长、能耗高、催化剂活性恢复程度低等缺点，同时若操作不当，易发生飞温现象，并且催化剂未经过过筛，使床层中的催化剂粉末在再次开工后易引起反应器堵塞和热量分布不均。因此从20世纪的70年代后期开始，器外再生成为各大催化剂生产公司研究的主要方向，并逐步推广。

目前，国外90%以上的炼厂采用器外再生的方法，我国的加氢催化剂器外再生技术的研究起步较晚，但经过近十年来的飞速发展，也取得了长足的进步。与器内再生技术相比，催化剂器外再生技术的主要优点是催化剂再生过程中不易产生局部过热，催化剂活性程度恢复有了很大的提高。同时卸出的催化剂经过过筛处理，剔除了催化剂粉末碎片，有效避免了再次开工后产生高压降和径向温差，减少装置的开停工时间。表7-12为器内再生和器外再生的催化剂活性恢复率对比。

表7-12　器内再生和器外再生的催化剂活性恢复率对比

再生方法	器内再生	器外再生
相对于新鲜催化剂的活性恢复率/%	75～90	95～98

在国外，目前主要有Tricat、Porocel和Eurecat三大公司提供器外再生设备和工艺流程，且都有各自的专利技术，分别为Tricat公司的流动床技术、Porocel公司的流动床-移动带联合技术和Eurecat公司的回转窑技术。

工业生产中应用最多的是Eurecat公司的回转窑技术，该技术拥有使气体、固体充分混合的优点，热空气充入回转窑炉中，同时催化剂薄层在回转炉壳层中缓慢旋转，从而达到物料和温度梯度的高度均匀。具体过程是含有烃类的待生催化剂首先进入汽提炉，与高速通过炉内的空气接触，使催化剂表面的烃类受热后被空气带走，烟气进入焚烧炉高温燃烧后再进洗涤塔洗涤后排入大气。汽提温度为180～200℃，脱油后的待生催化剂经过筛后进入再生炉，首先在200～250℃下进行烧硫，然后在400～480℃下完成烧炭再生。

美国CRI公司开发的传送带式器外再生技术，采用含氧气的惰性气体进行再生，待生催化剂首先进入汽提炉的传送带上，用350℃的热空气将催化剂上的烃类脱除，经过筛除瓷球和粉末，进入再生炉。再生炉炉膛分四段，一段用于烧硫，温度控制在350～400℃；二段用于烧炭，温度控制在400～450℃；三段用于恒温烧炭，温度控制在450℃；四段用于烧残炭，温度控制在450～400℃。

美国Tricat公司开发的沸腾床器外再生技术，催化剂与空气在环形通道内呈流化态接触，混合均匀，一次通过可实现完全再生。但该技术采用多环通道，并采用X形挡板将床层分为体积大致相同的4个独立的部分，每个环的周长大致是床层垂直高度的2倍，从起点到末端其方向的改变至少为540℃，因此内部构件复杂，不利于安装与检修。

在国内，也有多家企业参照国外先进经验技术，开发了自己独特的器外再生工艺流程。有文献报道3963催化剂在山东恒基化工有限公司器外再生后，经活性评价及工业运转证实活性良好。洛阳石化工程公司在大量研究的基础上，针对国内外加氢催化剂器外再生技术存在的问题，该公司开发了一种立式移动床加氢催化剂器外再生技术，小试试验表明其再生催化剂活性恢复率为97.0%。此外，中石化催化剂长岭分公司采用网带焙烧方式对加氢剂进行器外再生。此工艺过程也包括预热（脱油）、烧硫、烧炭、冷却4段，待生的催化剂均匀地铺在网带上，靠电机传动带动网带进入窑内进行再生处理。催化剂在网带上铺的厚度为3～5cm，网带的运行速度为5～8m/h。此技术的优点是设备简单、操作方便、温度控制稳定、生产成本低，但对设备的腐蚀及环境污染较大。

(3) 传统再生后的重生新工艺

失活催化剂的重生处理不仅仅包括烧除积炭，还有其他的工艺步骤。如在烧除积炭后加入特别的添加剂来提高再生催化剂的活性，通常把这一过程叫作“活性恢复”。这种技术对于再生的催化剂，特别是新一代加氢催化剂的活性恢复，有着良好的应用结果。一种解释是新鲜催化剂制备温度低于失活催化剂的再生温度，高温处理导致催化剂活性的衰退。“活性恢复”处理通常是在烧除积炭后的催化剂中加入一些化学物质，比如一些有机化合物。这种物质能够起到螯合物的作用，促进了金属的再分散，有助于提高催化剂活性。另一个除碳后的处理例子是在渣油加氢领域，特别是沸腾床工艺。失活的渣油加氢处理催化剂不仅仅是由于积炭，还有重金属沉积的原因，尤其是金属钒。新研究的办法是在最少萃取活性金属的条件下脱除中毒金属。主要路线是在第一步脱除烃类后，加入稀释的酸溶液萃取重金属毒物，然后再通过传统的方案烧除积炭。恢复部分活性的催化剂可以重新使用，由此可减少新鲜催化剂的使用量。

7.4.1.2 永久性失活催化剂的处理

目前国内外的催化剂回收技术已经相对成熟，国外早已形成了完整的催化剂回收体系和产业。我国对于废催化剂的回收研究工作虽起步较晚，但也进行了大量的系统研究和工业化应用。根据回收方法的不同，催化剂回收技术可以分为干法、湿法、干湿结合法和离子交换法等。

(1) 干法

干法通常是将废催化剂与还原剂及助熔剂一起，通过高温加热炉加热（通常1200～1500℃）熔融，使废催化剂中的活性金属组分经还原熔融成金属或合金状回收，再作为合金或合金钢原材料。而废催化剂中的载体则与助熔剂形成炉渣，废弃处理。干法通常包括：氧化焙烧法、升华法和氯化挥发法。由于此法不用水，一般谓之干法。如 $CoO\text{-}MoO_3/Al_2O_3$、$NiO\text{-}MoO_3/Al_2O_3$ 和 W-Ni 等催化剂均可用此法回收。干法回收的耗能相对较高，在焙烧和熔炼过程中，会释放出 SO_2 等气体，需设置烟气处理系统，典型的催化剂干法回收工艺如图 7-7 所示。

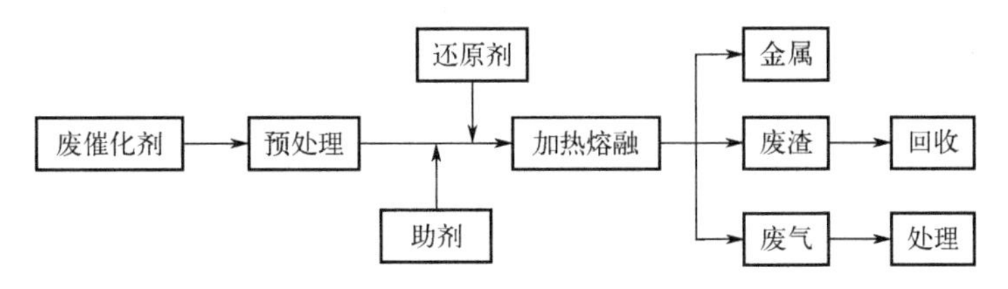

图 7-7 典型的干法废催化剂回收工艺过程

(2) 湿法

湿法是用强酸、强碱或其他溶剂对废催化剂的主要金属组成溶解；再经过滤、分离、干燥等工序，进一步加工成所需产品。采用湿法处理废催化剂，其优点在于避免了催化剂高温焙烧脱硫脱碳过程中产生的大量 SO_2 和烟尘，可降低过程能耗，且无需配备相应的除烟除尘设备。缺点在于其载体基本上是以不溶残渣形式存在，在无适当的处理方法时，这些大量固体不溶残渣会对环境造成二次污染。若固体不溶残渣中仍含有废催化剂活性金属组分，也可以再用干法还原残渣。而若载体随金属一起溶解，金属和载体的分离会产生大量废液，易造成二次污染。近年来也有研究通过萃取和反萃取或阴阳离子交换树脂吸附法的方法，将浸取液中含有的不同的活性金属组分分离和提纯。

湿法回收废催化剂，一般需要对催化剂先进行抽提或干馏去油脂处理，再将主要加氢废催化剂中活性金属组分溶解。分离出来的滤液及滤渣经干燥、还原等操作后可以得到对应的产品。典型的催化剂湿法回收工艺如图 7-8 所示。

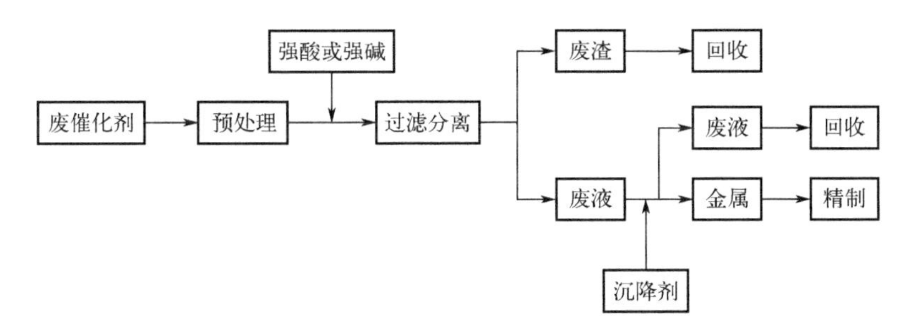

图 7-8 典型的湿法废催化剂回收工艺过程

（3）干湿结合法

劣质重油加氢废催化剂通常含两种或两种以上活性金属组分，单独采用干法或湿法很难达到处理目的，且会产生大量残渣或废液。例如 Mo、Co、Ni 系列催化剂，常见方法为先进行焙烧或与某些助剂一起熔融后再用酸或碱溶解，然后再进一步提纯出金属。而有些是在精炼过程中需要采用焙烧或者熔融。而对于 Pt、Re 系列废催化剂在回收时，浸去铼后的含铂残渣须经干法焙烧后再次浸渍才能将铂浸出。干湿结合法广泛地用于加氢废催化剂回收处理的精制过程，以 Mo-Co 系催化剂为例的干湿结合法回收工艺如图 7-9 所示。

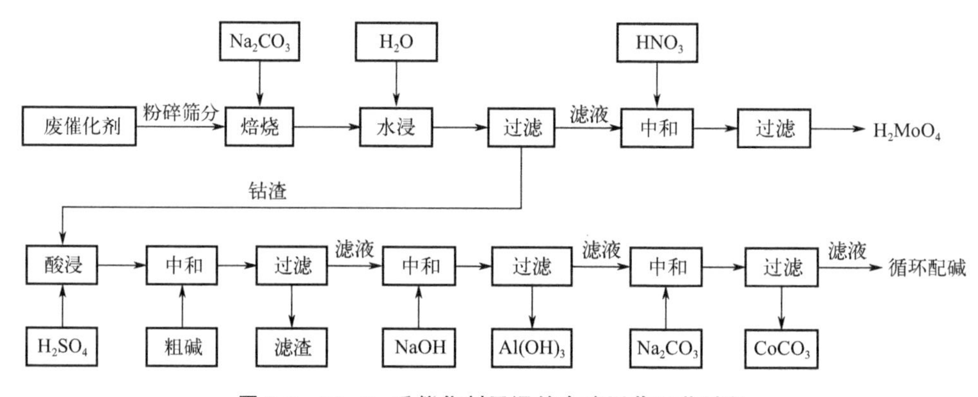

图 7-9　Mo-Co 系催化剂干湿结合法回收工艺过程

（4）离子交换法

在加氢催化剂中，钼、镍和钴等活性金属主要用于石油炼制的 Co-Mo-Ni/Al_2O_3系加氢脱硫催化剂和加氢脱氮催化剂等。日本伊努化学公司宫崎工厂采用离子交换与溶剂萃取相结合，从废催化剂中分离出 Al_2O_3，然后以氧化钼和氯化钴形式回收钴钼。该法工艺较复杂但回收的产品纯度较高可作化学试剂原料，见图 7-10。

废催化剂的回收方法种类繁多，上述四种方法仅是依据回收过程是否使用液体进行区分，同一回收方法因其目标产品和所含金属元素特性不同又可再细分。一般来说，高品位比低品位的易于回收，组分单一的催化剂要比组分复杂的易于回收。对于组分相同或类似者、品位相近的废催化剂可归属于同一类处理。

7.4.1.3　沸腾床加氢催化剂金属回收技术

劣质重油沸腾床加氢技术使用以 γ-Al_2O_3 为载体的 Ni-Mo 系催化剂，目前较为成熟的回收工艺为有硫化物沉淀法、还原法、分步浸取法、碱浸法、氨浸

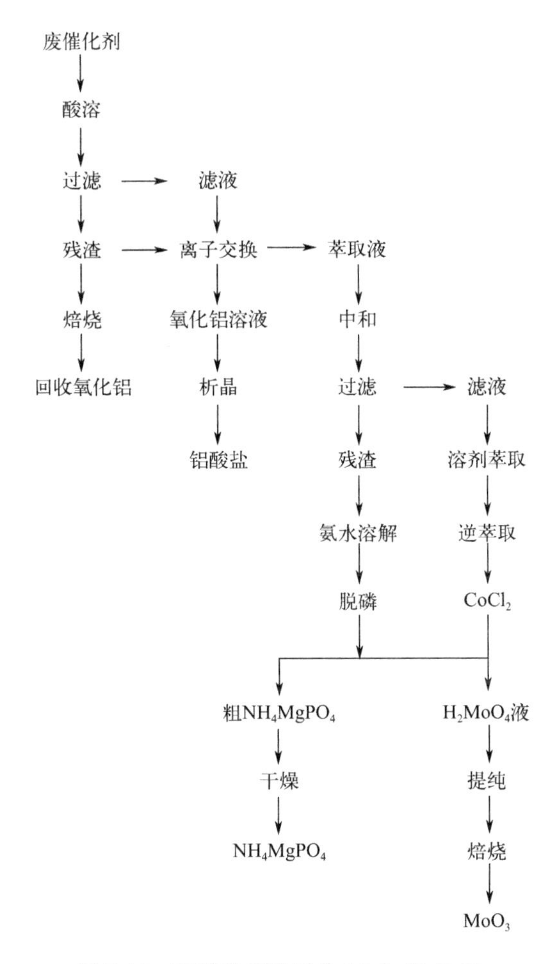

图 7-10　离子交换法回收 MoO_3 和 $CoCl_2$

法、氯化挥发法及加碱焙烧法等。

沸腾床加氢反应过程中催化剂与反应油气是气液固三相混合沸腾状态，通常卸出的催化剂含油量较高，在回收金属之前，首先需将卸出的催化剂进行预脱油处理。目前国内废催化剂的脱油技术已经较为成熟，如中国神华煤制油化工有限公司的热氮循环吹扫技术和华东理工大学的旋流自转除油技术等，除油后的废催化剂经粉碎后即可开始对金属进行分离回收。

金属分离的本质是根据其理化性质不同分别将其回收，废催化剂中 Ni 可能会以硫化态（Ni_3S_2、NiS）和氧化态（NiO、Ni_2O_3）存在，氧化镍为碱性氧化物，化学性质稳定，不溶于水和碱液。Mo 可能会以硫化态（MoS_2、MoS_3）、氧化态（MoO_3）和其金属盐（Na_2MoO_4）形式存在，其中金属盐形式易溶于水，氧化钼为酸性氧化物，可溶于碱液，可通过碱浸转换为对应的易溶于水的正金属酸盐或偏金属酸盐浸出，硫化态的钼因难溶于非氧化性酸、碱和水，则可先将其变成氧化态后，再经碱液浸出。载体 γ-Al_2O_3 为两性氧化物，可溶于酸液和碱液。根据上述各金属化合物的性质，先将废催化剂中硫化态的金属转为氧化态，利用碱液浸出铝和钼，过滤得钼渣，滤液可先沉出钼酸，再回收铝，其过程如下：

硫化物的氧化有多种方法，湿法浸出一般使用 $NaOH$-H_2O_2 两段碱浸，先在95℃下使用 NaOH 碱浸 2h，NaOH 用量约为 Mo 的 2.5 倍，此过程亦会将载体 Al_2O_3 溶解，冷却后再分批次添加 H_2O_2，在35℃下浸出 2h，H_2O_2 体积与废催化剂质量比满足 0.8∶1，在该过程中维持液固比约 2∶1 较为合适，该过程可能存在的化学反应如下：

$$MoS_2 + 9H_2O_2 + 6NaOH = Na_2MoO_4 + 2Na_2SO_4 + 12H_2O$$

$$MoS_3 + 12H_2O_2 + 8NaOH = Na_2MoO_4 + 3Na_2SO_4 + 16H_2O$$

$$Ni_3S_2 + 9H_2O_2 = 3NiO + 2H_2SO_4 + 7H_2O$$

$$NiS + 4H_2O_2 = NiO + H_2SO_4 + 3H_2O$$

$$Al_2O_3 + 2NaOH = 2NaAlO_2 + H_2O$$

干湿结合法则是将破碎的催化剂与 Na_2CO_3 混合，Na_2CO_3 的用量以 30%（质量分数）为佳。在750℃（超过795℃氧化钼会出现明显升华现象）焙烧 2h 以上，此过程会将载体 Al_2O_3 溶解，冷却后按照 3∶1 的液固比加入水，并恒温90℃，搅拌 2h 过滤浸出，该过程可能存在的化学反应如下：

$$2MoS_2 + 7O_2 + 2Na_2CO_3 = 2Na_2MoO_4 + 4SO_2 + 2CO_2\uparrow$$

$$2MoS_3 + 9O_2 + 2Na_2CO_3 = 2Na_2MoO_4 + 6SO_2 + 2CO_2\uparrow$$

$$2Ni_3S_2 + 7O_2 = 6NiO + 4SO_2\uparrow$$

$$2NiS + 3O_2 = 2NiO + 2SO_2\uparrow$$

$$4NiO + O_2 = 2Ni_2O_3$$

$$Al_2O_3 + Na_2CO_3 = 2NaAlO_2 + CO_2\uparrow$$

对上述过程得到的浆液进行过滤，充分洗涤滤渣，得到富含铝酸根和钼酸根的溶液，滤渣则是未溶解的镍渣。根据其目标产品不同可以使用对应的方法制备产品，比如在滤液加入浓硝酸，得到粗钼酸沉淀滤出，粗钼酸可根据需要加热制备钼酸或加浓氨水精制钼酸铵。过滤钼酸所得滤液主要含铝，可按需去制铝产品。镍渣则可直接煅烧作为氧化镍或者加硫酸溶解制备硫酸镍。可能存在的化学反应如下：

制备钼酸：

$$Na_2MoO_4 + 2HNO_3 + H_2O = H_2MoO_4 \cdot H_2O\downarrow + 2NaNO_3$$

制备钼酸铵：

$$7H_2MoO_4+6NH_3\cdot H_2O = (NH_4)_6Mo_7O_{24}\cdot 4H_2O\downarrow +6H_2O$$

制备硫酸镍：

$$NiO+H_2SO_4 = NiSO_4+H_2O$$

7.4.2 固废治理评价

为贯彻《中华人民共和国固体废物污染环境防治法》，生态环境部、国家市场监督管理总局批准实施了《一般工业固体废物贮存和填埋污染控制标准》（GB 18599—2020）和《危险废物贮存污染控制标准》（GB 18597—2023），规定了一般工业废物和危险废物的贮存、处置场的选址、设计、运行管理、关闭与封场一级污染与检测等内容。

固体废弃物根据其是否列入《国家危险废物名录》可以分为一般工业废弃物和危险废物，根据《国家危险废物名录（2021 版）》，本章所述的固体废物包括“石油炼制换热器管束清洗过程中产生的含油污泥（废物代码 251-006-08）”“石油炼制过程中进油管路过滤或分离装置产生的残渣（废物代码 251-011-08）”“石油产品加氢精制过程中产生的废催化剂（废物代码 251-016-50）”“石油产品加氢裂化过程中产生的废催化剂（废物代码 251-018-50）”等均属于危险废物，其治理及评价原则如下：

（1）贮存要求

所有危险废物产生者和危险废物经营者应建造专用的危险废物贮存设施，也可利用原有构筑物改建成危险废物贮存设施。在常温常压下易爆、易燃及排出有毒气体的危险废物必须进行预处理，使之稳定后贮存，否则，按易爆、易燃危险品贮存。

在常温常压下不水解、不挥发的固体危险废物可在贮存设施内分别堆放。其余废物必须将危险废物装入容器内，不可将不相容（相互反应）的危险废物在同一容器内混装，无法装入常用容器的危险废物可用防漏胶袋等盛装。

装载液体、半固体危险废物的容器内须留足够空间，危险废物贮存设施在施工前应做环境影响评价。

（2）危险废物贮存设施的选址与设计原则

危险废物集中贮存设施的选址须满足如下要求：

贮存设施应选在地质结构稳定，地震烈度不超过 7 度的区域内。避免建在溶洞区或易遭受严重自然灾害如洪水、滑坡，泥石流、潮汐等影响的地区。建设位置应在易燃、易爆等危险品仓库、高压输电线路防护区域以外，位于居民中心区常年最大风频的下风向，且设施底部应高于地下水最高水位。

贮存设施在建设前应依据环境影响评价结论确定危险废物集中贮存设施的

位置及其与周围人群的距离，并经具有审批权的环境保护行政主管部门批准，并可作为规划控制的依据。

此外，在对危险废物集中贮存设施场址进行环境影响评价时，应重点考虑危险废物集中贮存设施可能产生的有害物质泄漏、大气污染物（含恶臭物质）的产生与扩散以及可能的事故风险等因素，根据其所在地区的环境功能区类别，综合评价其对周围环境、居住人群的身体健康、日常生活和生产活动的影响，确定危险废物集中贮存设施与常住居民居住场所、农用地、地表水体以及其他敏感对象之间合理的位置关系。

危险废物贮存设施（仓库式）的设计应满足如下要求：

地面与裙脚要用坚固、防渗的材料建造，建筑材料必须与危险废物相容，必须有泄漏液体收集装置、气体导出口及气体净化装置。设施内要有安全照明设施和观察窗口。用以存放装载液体、半固体危险废物容器的地方，必须有耐腐蚀的硬化地面，且表面无裂隙。

此外，应设计堵截泄漏的裙脚，地面与裙脚所围建的容积不低于堵截最大容器的最大储量或总储量的五分之一。不相容的危险废物必须分开存放，并设有隔离间隔断。

(3) 危险废物贮存设施的运行与管理

从事危险废物贮存的单位，必须得到有资质单位出具的该危险废物样品物理和化学性质的分析报告，认定可以贮存后，方可接收。危险废物贮存前应进行检验，确保同预定接收的危险废物一致，并登记注册。不得接收未粘贴符合规定的标签或标签没按规定填写的危险废物。盛装在容器内的同类危险废物可以堆叠存放，但不相容的废物不允许混合或合并存放，且每个堆间应留有搬运通道。

危险废物产生者和危险废物贮存设施经营者均须作好危险废物情况的记录，记录上须注明危险废物的名称、来源、数量、特性和包装容器的类别、入库日期、存放库位、废物出库日期及接收单位名称，危险废物的记录和货单在危险废物回收后应继续保留三年。

此外，危险废物贮存的单位必须定期对所贮存的危险废物包装容器及贮存设施进行检查，发现破损，应及时采取措施清理更换。

(4) 危险废物贮存设施的安全防护与监测

危险废物贮存设施都必须按 GB 15562.2—1995 的规定设置警示标志，周围应设置围墙或其他防护栅栏，配备通信设备、照明设施、安全防护服装及工具，并设有应急防护设施。

危险废物贮存设施内清理出来的泄漏物，一律按危险废物处理。且应按国家污染源管理要求对危险废物贮存设施进行监测。

参考文献

[1] 李大东．加氢处理工艺与工程 [D]．北京：中国石化出版社，2011.

[2] 侯芙生．炼油工程师手册 [D]．北京：石油工业出版社，1995.

[3] 林世雄．石油炼制工程 [D]．北京：石油工业出版社，2000.

[4] 石油炼制工业污染物排放标准：GB 31570—2015 [S]．

[5] 王斌业，晋润国，张帆．酸性水汽提装置注碱降低净化水氨氮工艺探讨 [J]．广州化工，2015，43 (13)：176-177.

[6] 姚炳．酸性水汽提装置脱气除油措施 [J]．中国科技期刊数据库工业 A，2020，5 (1)：267-268.

[7] 李菁菁．炼油厂酸性水罐恶臭气体的治理 [J]．中外能源，2007，12 (6)：91-95.

[8] 王丽娟．失活加氢处理催化剂的再生与金属回收综合利用发展趋势 [J]．当代化工，2012，41 (4)：387-390.

[9] 孙锦宜．废催化剂回收利用 [D]．北京：化学工业出版社，2001.

[10] 刘欣，王学军，徐盛明，等．废催化剂回收工艺研究进展 [C] //第六届全国化学工程与生物化工年会．中国化工学会，2010：1-8.

[11] 李治华，张贵清，关文娟，等．从 HDS 废催化剂中湿法提取 Mo 和 V 的研究 [J]．稀有金属与硬质合金，2016，44 (3)：12-16.

[12] 阮志农，陈加山，傅晓桦，等．从废催化剂中湿法回收 Mo 和 Co 的工艺研究 [J]．福州大学学报（自然科学版），2005，33 (1)：116-120.

[13] 颜姝丽，李永丹，梁斌．高 Co 含量的 Co-Mo 系列催化剂甲烷裂解制备单壁纳米碳管 [J]．分子催化，2003，17 (3)：161-167.

[14] GB 18597—2023. 危险废物贮存污染控制标准．

[15] GB 18599—2020. 一般工业固体废物贮存和填埋污染控制标准．

[16] 李菁菁，闫振乾．硫黄回收技术与工程 [D]．北京：石油工业出版社，2010.

[17] 王遇冬，郑欣．天然气处理原理与工艺 [D]．3 版．北京：中国石化出版社，2016.

[18] 黄卫存，朱元彪，杨相益．硫磺回收烟气超低排放工艺技术比较 [J]．能源环保与安全，2020，02 (11)：46-47.

[19] 李一鸣，刘思思，张健，等．氨法烟气脱硫塔外氧化技术的模拟与优化 [J]．化学工程，2019，47 (03)：7-11，44.

[20] 杨新茹，史雪磊，李一鸣，等．含硫工业废气的深度脱硫工艺模拟 [J]．化学反应工程与工艺，2018，34 (06)：543-547.

[21] 赵晓青，朱豫飞，宋文模．立式移动床加氢催化剂器外再生技术的开发 [J]．炼油技术与工程，2003，33 (2)：32-35.

8 NUEUU® 装置开停工规程

装置的顺利开工和顺利运行取决于多种因素：装置技术的可靠性、设计方案的合理性、人员培训、公用工程条件的落实、良好的开车计划等。而开停工流程作为详细设计的一部分，所需要的措施应在设计中得以贯彻实施。

8.1 开工总则

本方案适用于装置全面开工，要求对装置内的管线、保温等进行检查确认良好可用，对装置特种设备进行检查确认达到使用条件，对装置内大型设备、机泵进行检查确认良好备用。保证开工生产中原料、助剂需求和性质，确认罐区流程。

（1）检查确认装置流程

对装置开工流程进行检查，装置内和界区盲板检查，确认抽堵到位。装置流程必须检查确认通畅后，方可引入工艺介质（除水、风、蒸汽以外的其他介质）开工。

（2）装置热紧准备

按要求对高温部位进行热紧，对每个高温法兰的热紧都要统计检查确认。

（3）加热炉检查

开工对加热炉各连接部分进行检查，尤其是应对燃烧器进行检查，确认反应炉、分馏炉、预处理加热炉各进出口管线无变形；对加热炉炉膛进行检查，检查内衬无脱落，炉管完好。

（4）装置联锁调试

对装置联锁及仪表检查和调试，确保生产情况下能够正常投用，实现安全保障。

（5）操作风险分析

根据操作要求进行开工操作期间的操作风险分析，对于风险较大的操作制定好补充措施，确保操作安全。事故发生时按照预案进行操作。

8.1.1 反应系统氮气置换

（1）目的

对反应系统氮气置换，主要是将系统内的氧置换干净，防止可燃气体达到爆炸极限，保证系统开工安全。

（2）氮气置换步骤

确认高压系统流程畅通，自新氢分液罐入口补入氮气，将沸腾床循环氢压缩机及裂化循环氢压缩机出口阀关闭，氮气通过反应系统后自沸腾床循环氢缓冲罐排放氢，裂化循环氢缓冲罐排放氢线放空至火炬线（压缩机出口进行放空防止盲区），反复进行几次，取样化验氧含量<0.5%合格。

注意：要将系统各个死角置换到位，包括导淋阀，高分到低分的管线，各反应器冷氢线等。

8.1.2 反应系统氮气气密

（1）气密的目的

对反应系统密封点进行压力和泄漏试验，检查法兰、阀门的密封情况和仪表情况，尽可能发现系统存在的问题并及时处理。

（2）气密前准备工作

① 确认高压气密流程畅通，与低压系统隔离，高压串低压部位的低压部分要后路流程畅通，防止憋压；火炬系统正常投用，保证火炬线畅通、酸性水解区后路流程畅通。

② 检查并关闭高压系统所有导淋阀（有盲盖的必须将盲盖紧固到位）。

③ 关闭高分至低分的液控阀或者界位控制阀下游手阀、导淋阀及副线阀，隔离高分与低分系统。

④ 高压氮气气密前重点检查排污及盲板状态防止串压。

⑤ 相关仪表全部投用正常。

⑥ 确认所有工艺、仪表高压放空阀已加高压丝堵或者盲盖，压力表根部阀稍开过量即可。

⑦ 气密时需注意的地方：沸腾床进料缓冲罐、裂化进料缓冲罐必须将高压泵出口阀以及返回线阀门关闭，防止高压泵出口单向阀内漏串压，硫化剂罐、注水罐、钝化剂罐三种注剂泵均为停止状态，故必须将泵出口手阀、反应器手阀、高压换热器处手阀关闭。观察热低压分离罐压力、冷低压分离罐压力、新氢分液罐压力，防止超压，并且安全阀正常投用。

⑧ 氮气置换过程中可以提前准备压缩机开机流程以及开机准备工作，在系统置换合格后可启动。

（3）系统气密

气密介质：氮气。

检测方法：采用电子监漏仪进行气密检查。

气密等级：1.0MPa、2.0MPa、3.0MPa、4.0MPa（以新氢压缩机氮气工况最高出口压力为准）。

气密注意事项：高压系统内的阀门阀杆、前后法兰、控制仪表前后阀门、法兰、切断阀调节阀丝堵、热电偶法兰在充压到位后都要试漏，检查是否有泄漏（包括高处死角法兰必须检测到位）。

4.0MPa 氮气气密结束后，开始升温进行反应系统和催化剂的干燥。

8.1.3 催化剂干燥

（1）目的

将催化剂内的自然水和结合水干燥脱出，保持催化剂的正常活性和强度。

进一步检验加热炉和高压空冷器等关键设备是否符合生产要求。

（2）干燥的条件

① 反应系统压力 4.0MPa 恒压。

② 循环氢压缩机以最大循环量进行氮气循环，但要注意循环氢压缩机排气温度不能超过 65℃，注意此时系统压力 4.0MPa。

③ 氮气置换过程中可以提前准备压缩机开机流程以及开机准备工作，系统置换合格后启动沸腾床循环氢压缩机、裂化循环氢压缩机，进行循环升温，若因系统压力过低向系统补氮气时，有可能会出现出口温度高，可先停压缩机后再重新启动压缩机以此调整转速。

④ 打开反应器冷氢线阀门，确认冷氢线畅通。

（3）干燥步骤

① 点燃沸腾床进料加热炉及裂化进料加热炉长明灯，控制加热炉出口以（15～20℃/h）的升温速度将沸腾床反应器入口温度提高到 200℃，确认沸腾床冷高压分离罐及裂化冷高压分离罐内有水生成。当液位达到 60%时，将生成的水分别送入沸腾床冷低分罐、裂化冷低分罐并进入酸性水储罐，并绘制一条生成水量曲线图，当高分液位连续 2h 不上涨时开始升温。

② 以 30℃/h 速度提高加热炉出口温度至 250℃，然后恒温，当高分液位连续 2h 不上涨时催化剂干燥结束。

③ 在反应器床层温度达到 200℃时进行临氢管线法兰的热紧工作。

④ 在反应器床层温度达到250℃时进行临氢管线法兰的热紧工作。

⑤ 干燥结束后系统开始以30℃/h速度降温至150℃，保证反应器床层任意一点温度不高于170℃，防止引入氢气后还原催化剂。

⑥ 催化剂干燥结束后，进行高压氢气气密。

8.1.4 反应系统氢气气密

（1）气密条件

在反应系统高压氮气气密和催化剂氮气干燥结束后，将反应器入口温度降至150℃，各床层温度不超过170℃，在高压系统引氢气之前，必须保证反应器器壁温度≮93℃时，否则系统压力不得大于4.2MPa。同时沸腾床反应器床层温度不得超过200℃，否则会使沸腾床催化剂的预载的硫化物发生分解容易造成局部过热，严重时将催化剂还原。

（2）氢气置换及气密

将高压系统通过0.7MPa/min紧急泄压阀泄压至系统压力0.5MPa，然后从制氢引入氢气进行系统置换。系统氢气浓度达到90%以上时停止置换，开始系统氢气气密。

控制升压速度不大于2.0MPa/h，将反应系统压力升至16.0MPa，反应系统恒压气密，检查处理漏点。

漏点处理完毕后，按自下而上的顺序逐个试验冷氢阀，使之全部灵活好用，并且做好各个冷氢阀开度与降温速度的记录。

急冷氢试验完成后进行紧急泄压试验，通过0.7MPa/min和1.4MPa/min紧急泄压阀进行泄压，将沸腾床系统压力降至8.0MPa，裂化系统降至12.0MPa。

注意：装置经过检查后，若开工过程中出现泄漏进行处理前应把压力降低2.0MPa进行，待漏点处理完毕后再进行升压操作。

8.1.5 催化剂预硫化

（1）目的

新鲜加氢催化剂的活性金属组分（W、Mo、Ni）是以氧化态形态存在的，这些氧化态的金属组分在加氢精制和加氢裂化过程中的活性较低，只有当其转化为硫化态时才有较高的活性。催化剂硫化的目的就是把活性金属由氧化态转化为硫化态。在此硫化使用的硫化剂为$C_2H_6S_2$(DMDS)。

（2）原理

预硫化时，硫化反应极其复杂。在反应器内会发生两个主要反应：

① 硫化剂（DMDS）和氢气反应，产生硫化氢和甲烷，反应会放出热量。预硫化时该反应一般在反应器入口发生，反应速度较快。

反应方程式：　$(CH_3)_2S_2+3H_2 \longrightarrow 2CH_4+2H_2S$

② 氧化态的催化剂活性组分（氧化镍、氧化钼等）和硫化氢反应变成硫化态的催化剂活性组分，反应会放出热量。预硫化时该反应发生在各个床层。其余化学反应方程式如下：

$$C_2H_6S_2+3H_2 = 2H_2S+2CH_4$$

$$WO_3+2H_2S+H_2 = WS_2+3H_2O$$

$$MoO_3+2H_2S+H_2 = MoS_2+3H_2O$$

$$3NiO+2H_2S+H_2 = Ni_3S_2+3H_2O$$

根据上述化学反应方程式和催化剂中活性金属组分含量可计算出每种催化剂单硫化完全所需硫化剂的理论量，从而计算得到硫化过程理论需硫量。

③ 副反应：在有氢气存在、无硫化氢的条件下，氧化态的催化剂活性组分（氧化镍、氧化钼等）被氢气还原，生成金属镍、钼和水，导致催化剂活性损失。温度越高（>230℃），反应越严重；在循环气中的硫化氢含量过高时，会生成金属的多硫化物，降低了催化剂活性，易造成产品腐蚀不合格。

（3）预硫化应具备的条件

① 反应系统催化剂干燥、高压气密结束，紧急泄压和急冷氢试验问题整改完成。

② 分馏热油运、短循环运转正常，具备接收生成油条件。

③ 高压注水等其他系统试运正常。

④ 新氢系统具备正常供氢条件。

⑤ 注硫系统试运正常，DMDS装罐储备充足。

循环氢量：沸腾床反应系统保持氢油比在600～1000；裂化反应系统氢油比≮1000。

沸腾床反应器入口温度：175℃（注硫温度可根据反应器温度缓慢达到190℃）。

裂化反应器入口温度：175℃（注硫温度可以根据反应器温度缓慢达到190℃）。

高分压力：操作压力13.0MPa。

循环氢浓度（体积分数）：>90%。

沸腾床反应系统进低氮柴油，沸腾床反应器底部稳定泵正常运转，沸腾床催化剂料位控制稳定。

8.1.5.1 沸腾床预硫化步骤

① 沸腾床反应器湿法硫化。系统硫化剂注入点为沸腾床反应器入口。

② 维持沸腾床反应系统循环氢氢油比在600～1000，维持沸腾床催化剂料位稳定，控制系统压力至12.0MPa，并逐渐开始升温。沸腾床反应器入口温度达到175℃，开始向系统内注入硫化剂，整个硫化时间按48h考虑。

关键硫化参数：

① 进料量：沸腾床进料泵按60%流量向反应系统进硫化柴油。

② 系统压力：系统压力控制在12.0MPa。

③ 氢油比：沸腾床循环氢压缩机按进料的氢油比600∶1～1000∶1循环到反应器中，其余循环氢从压缩机出口，经过空冷器冷却后直接回到入口。

④ 注硫温度：沸腾床反应器入口温度175℃左右开始注硫。

反应式如下：

$$CH_3—S—S—CH_3+3H_2 \longrightarrow 2H_2S+2CH_4$$

$$Mo_2O_3+3H_2S \longrightarrow 3H_2O+Mo_2S_3$$

$$NiO+H_2S \longrightarrow H_2O+NiS$$

$$W_2O_3+3H_2S \longrightarrow 3H_2O+W_2S_3$$

硫化阶段会生成水和CH_4，CH_4会在循环氢中出现，水会在冷高分罐里出现。可以观察冷高分界位不再上涨时，表明硫化完全，反应结束。可以通过理论计算生成水量，和现场测量得到的水量进行对比，判断催化剂的硫化程度。

硫化剂注入一定时间后，对循环氢进行取样分析，待循环氢中检测到硫化氢后开始对系统进行升温。整个硫化阶段各技术指标如表8-1所示，分析采样点为循环氢缓冲罐出口循环氢采样点。

表8-1 硫化阶段技术指标

硫化阶段	入口升温速度及技术指标	循环氢中硫化氢浓度（体积分数）/%
190～230℃升温	≤5℃/h，在硫化氢未穿透之前，任一点床层温度不得超过230℃	0.1～0.6
230℃恒温	恒温硫化时间≮8h	0.1～0.6
230～290℃升温	≤6℃/h	0.5～1
290～370℃升温阶段	≤8℃/h	0.5～1
370℃恒温	恒温硫化时间≮8h水液位不再上升。	1～2

表8-1中的温度理论上是指反应器的入口温度，但由于系统热量由沸腾床进料加热炉提供，在加热炉与反应器之间仍有较多设备和较长管线，所以会存在一定的热量损失，因此如果条件允许，应尽量提高反应器入口温度至表8-1中理论值。在整个硫化过程中，系统压力不应低于12.0MPa，并且必须严格控制升温速度，同时尽量减少系统排放或泄漏以保持硫化氢浓度。循环氢中硫化氢含量每1h分析一次。在硫化到250℃时，系统可以进行检查和热紧。

硫化结束后将沸腾床反应器入口降低到240℃，准备引入新鲜原料油。

8.1.5.2 固定床催化剂预硫化

（1）裂化催化剂预硫化的工艺条件

① 精制、裂化反应器采用干法硫化，冷高分压力控制在12.0MPa；

② 精制反应器入口温度为175℃（根据床层温度可逐渐提高注硫温度至190℃）；

③ 循环氢流量循环；

④ 循环氢浓度不小于90%；

⑤ 循环氢露点不大于－19℃。

（2）引硫化剂进入系统

启动注硫泵向系统进行注硫，硫化物加入量应根据循环氢量确定。每次提高注硫量的间隔应大于15min，按照整个硫化时间72h考虑，后续注入量根据循环氢中的硫化氢浓度调整。硫化过程中需控制各床层温升≤30℃，温升过高时需考虑注入冷氢，必要时降低硫化剂注入量。

观察催化剂床层温升情况，大约会有15～30℃的温升，这个温波通过反应器大约用1～2 h，温波通过后方可按≤3℃/h的速度升温硫化；随着硫化的进行会不断有CH_4生成，为了保持循环氢中氢浓度大于85%（体积分数），需通过排放氢排部分循环氢入火炬系统并补充新氢；开始注硫2h后，每半小时分析一次循环氢中硫化氢浓度。

（3）230℃恒温硫化阶段

在循环氢中测出硫化氢之前，不允许任何床层温度点超过230℃。若超过230℃，则应降低硫化剂注入量或适当降低炉出口温度，同时维持反应器入口温度不上升，直到温度在控制值范围之内为止。

确认硫化氢穿透反应器各床层之后，调整硫化剂的注入速度，维持循环氢中硫化氢的浓度均在0.1%～0.6%（体积分数），并继续以≤3℃/h的速度将反应器入口温度平稳升至230℃。

当反应器入口温度达到230℃，保持恒温至少8h，并视催化剂床层温升情况决定是否延长恒温时间。

硫化开始后，会不断有水生成，要设专人负责生成水量的记录工作。

完成230℃恒温硫化，调整硫化剂注入速度，使循环氢缓冲罐出口测得的硫化氢浓度在0.5%～1.0%（体积分数），并继续保持此范围。

以≤6℃/h的速度将反应器入口温度升至290℃，升温过程中每30min测一次循环氢缓冲罐循环氢中硫化氢浓度。若硫化氢浓度低于0.5%（体积分数），则停止升温。

当温度达到290℃时，控制注硫速度，保持循环氢缓冲罐出口的硫化氢浓度在0.5%～1.0%（体积分数）。

（4）290～370℃升温阶段

反应器入口温度达到290℃后，以≤8℃/h的速度继续升温至370℃，维持裂化反应器出口流出物中硫化氢浓度为0.5%～1.0%（体积分数）。若硫化氢含量下降到0.5%（体积分数）以下时，停止升温。

控制反应器内任一点温度不超过400℃，否则启动0.7MPa/min泄压系统，并将加热炉熄火。

（5）370℃恒温硫化阶段

当反应器入口温度达到370℃后，保持硫化氢浓度在1.0%～2.0%（体积分数），同时尽量使各反应器床层温度均接近370℃，然后在上述条件下至少恒温8h。

270～310℃升温过程中，需要注意裂化反应器各裂化剂床层温升≤5℃，必要时降低反应器入口最终硫化温度。

（6）硫化结束判定

在反应器入口温度为370℃条件下至少恒温8h。

循环氢中硫化氢浓度为1.0%～2.0%（体积分数），且至少连续4 h硫化氢浓度>1.0%（体积分数）。

高分基本无水继续生成。

达到以上条件即认为硫化结束。

裂化气路循环流程：

循氢缓冲罐→循氢机→裂化产物/混氢原料→裂化加热炉→ 精制反应器→裂化反应器→裂化产物/混氢原料→裂化热高分→热高分气/冷低分油→热高分气/循环氢换热器→裂化产物空冷器→裂化冷高分→循环氢缓冲罐。

根据情况排高分的生成水，逐步降低直至停止注入硫化剂，并保持系统内硫化氢浓度不小于0.1%（体积分数）。

进行急冷氢系统试验。

试验各阀门的开关、准确性。

检验阀位与控制信号是否一致。

检验控温效果：记录温度变化幅度及滞后时间，要求从裂化反应器最后一床层开始逐个向上试验，记录全部过程中各床层温度变化情况，当阀开度为50%时，床层温降大于15℃/min，即认为合格。

硫化结束后维持反应器入口温度在370℃，并使各催化剂床层温度稳定，准备将减一、减二并入裂化进料。

（7）硫化过程控制指标（见表8-2）

表8-2 催化剂硫化阶段的技术指标

硫化阶段	升温速度及技术指标	循环氢中硫化氢浓度（体积分数）/%
190～230℃升温阶段	≤5℃/h，在裂化反应器出口硫化氢未穿透之前，任一点床层温度不得超过230℃	0.1～0.6
230℃恒温	恒温硫化时间≮8h	0.1～0.6
230～290℃升温阶段	≤6℃/h	0.5～1.0
290～370℃升温阶段	≤8℃/h	0.5～1.0
370℃恒温	恒温硫化时间≮8 h高压分离器水液位不再上升	1.0～2.0

8.1.5.3 预硫化期间的事故处理

（1）事故处理原则

预硫化期间，由于催化剂具有一定活性，遇紧急事故时，若温度控制不当，可能发生超温，因此要严格遵守预硫化过程中有关温度限制，并且密切监视催化剂床层温度，防止发生超温。

预硫化期间，催化剂上的氧化态金属组分易被氢气还原成金属，造成催化剂损坏，活性损失。在较高温度和预硫化还未产生更多硫化氢时，还原发生得更快。因此，硫化期间催化剂的安全温度是在205℃或更低。装置恢复开工时，温度升到原先温度，注意控制硫化氢浓度，有助于硫化反应，减少氢还原的发生。

（2）预硫化期间新氢中断事故的处理

预硫化期间如果新氢中断，必须降低温度以防止催化剂被还原，并且尽可能降低排放速度。当氢气恢复之后，立即恢复预硫化。

① 系统继续氢气循环，将床层平均温度降低50℃或降到205℃，采用两个

温度中较高一个。如果温度低于205℃，当新氢中断时应把温度降到190℃。维持或降低DMDS注入量，保持硫化氢含量在浓度范围内。

② 如果系统压力下降至10.0MPa，将床层温度降至205℃，维持氢气循环。

③ 如果预计氢气不能在24h内恢复，把温度降至160℃，并继续维持氢气循环。

④ 当新氢恢复时，沸腾床反应器恢复入口压力13.5MPa，裂化反应器恢复入口压力至13.5MPa（或回升至接近冷高压分离器的压力），恢复温度至新氢中断时的温度，恢复注硫。

⑤ 继续正常的预硫化步骤。

（3）预硫化期间循环氢压缩机事故的处理

循环氢吸收预硫化反应放出的反应热量，如果没有压缩机循环气体时，催化剂有可能发生超温现象。

① 如果预硫化期间循环氢压缩机发生故障，首先停止注硫，系统降温降压，新氢压缩机继续运转维持新氢补入，反应器应冷却到大约205℃，直到压缩机恢复为止。

② 当压缩机重新启动时，密切地观察催化剂的温度，必要时用冷氢控制任何热点。当反应器温度稳定后，重新开始注入DMDS，恢复预硫化。

③ 重新启动循环氢压缩机时须将高分液位降低，防止启动压缩机后高分液位快速上涨。

（4）预硫化期间进料泵中断事故的处理

如果预硫化期间进料泵中断并且备用泵也不能启动时，反应系统应降温，硫化循环油外甩，预硫化推迟至进料泵恢复时为止。

① 停止注硫，加热炉降燃料气量，火焰关至最小，反应器降温。

② 系统维持氢气循环，停止氢气外排。

③ 将温度降低并稳定在205℃以下，直至进料泵恢复。

④ 当进料流量低于低流量停工设定值时，应关闭进料控制阀，防止串压。

⑤ 进料泵恢复后，恢复预硫化。

（5）DMDS注入中断事故的处理

中断DMDS会导致催化剂缺少硫化氢，从而导致催化剂活性金属的还原和活性损失，较好的处理方法是降低催化剂的温度直到恢复DMDS注入。DMDS注入中断时，按以下步骤处理：

① 降低反应温度。

② 如果硫化氢穿透反应器床层之前发生DMDS注入中断，把反应器温度冷却到205℃。如果穿透之后发生DMDS注入中断时，温度降到比DMDS注入中

断时的温度低20℃，定期检查循环氢中硫化氢的含量。如果循环氢中的硫化氢含量开始明显减少时，继续把温度降低到205℃时为止。

③ 当DMDS恢复时，把温度升到DMDS中断时的温度，继续正常的硫化步骤。

(6) 预硫化期间的注意事项

在催化剂预硫化期间，应注意进行现场检查，发现漏点及时汇报和处理。由于循环氢中过高的硫化氢含量，操作、采样时要防止硫化氢中毒。

预硫化期间要及时通知所有现场施工人员及仪表、化验、电气等相关部门，加强注意和防范。

在排放生成水时，预防高压串低压。投用冷高压分离器低液位自保系统。

预硫化期间化验分析内容及频率如表8-3所示。

表8-3 预硫化期间化验分析内容及频率

分析内容	分析频率	采样地点	备注
循环氢中硫化氢	1次/15min 1次/30min 1次/1h	循环气	硫化氢穿透反应器前 硫化氢穿透后 硫化氢浓度>1%（体积分数）后
循环氢浓度、组成	1次/4h	循环气	
含硫污水总硫含量	4个阶段恒温结束后各分析一次	冷高分水	200℃、230℃、290℃、360℃四个阶段
硫化油中总硫含量	注硫前、注硫结束后各分析一次		

8.1.6 切换原料和调整操作

8.1.6.1 沸腾床引油

(1) 准备工作

① 在沸腾床催化剂进行硫化结束后，反应系统可以直接100%切入新鲜原料，改内循环至沸腾床供料。

② 反应系统引新鲜原料前，系统压力不应超过13.0MPa，要求系统压力最高不要超过14.5MPa，否则应泄压，高压进料泵的流量按40%负荷。

③ 硫化后的沸腾床反应器需要将温度降低到240℃，然后再引入新鲜原料油。

④ 引新鲜原料前，要保证稳定泵运行正常。稳定泵的循环量通过调节频率控制在新鲜原料的2～4倍流量左右。

（2）系统进油后稳定泵调频运转

测试稳定泵出口蝶阀。在稳定泵满频操作情况下，通过蝶阀的开度依次调整为25%、50%、75%、100%，并分别记录催化剂料位的变化情况。最终稳定泵出口蝶阀维持在100%开度，避免磨损，稳定泵流量主要通过变频调节。

注意：在调整稳定泵的变频或者出口蝶阀时，要保证循环氢气量不变。

（3）系统进油后升温控压

在系统稳定泵运转正常后，维持系统压力在正常操作压力12.0MPa左右，维持进料量稳定，才可以逐渐调整沸腾床反应器入口的温度。逐渐提高沸腾床反应器入口温度至反应温度。

待系统反应发生，有氢气消耗时，开启新氢补入阀，维持系统压力12.0MPa。

升温升压过程中应密切关注沸腾床反应器催化剂料位变化情况。

（4）调整操作

当进料达到100%煤焦油时，以≤3℃/h升温速度逐渐调整沸腾床反应器入口的温度（不超过270℃）。反应器出现温升后，入口升温速度控制在≤1℃/h，控制沸腾床反应器内温升≤30℃/h。正常进油后，要求每小时检测循环氢中的硫化氢含量，要求该值不低于0.03%（体积分数），同时循环氢的浓度大于90%。若硫化氢含量低，需要往系统补充硫化剂，如果循环氢的氢浓度低，需要排放废氢。废氢排放阀为间断排放。

进油穿透反应器，并出现反应温升后，高压空冷入口开始注水，初始注水量按50%正常注水量，控制酸性水中NH_3浓度小于2%～3%（质量分数）。

反应温度正常后，进行分馏部分的调整操作。油品从反应输送到分馏需要的时间约8h，所以分馏的调整可能需要滞后一段时间，同时进行分馏产品的分析化验。

8.1.6.2 加氢裂化段的进油

（1）准备工作

① 裂化段入口温度为300℃。

② 裂化段的循环氢流量达到设计值。

③ 开工柴油［氮含量<0.01%（体积分数）、干点＜350℃、含水量＜0.03%（质量分数）的直馏轻柴油或煤油馏分］准备就绪。

（2）引入原料油调整比例

预硫化结束后，引开工柴油进行热油运，同时缓慢升温将精制反应器入口升至330℃准备切换原料，引入沸腾床低分油，减一、减二油及循环尾油，最终逐渐切换达到100%［切入前所有进料提前做样，裂化进料油要求水含量

<0.03%（质量分数），金属含量<1 μg/g，氮含量<0.05%（体积分数），残碳<0.1%（质量分数）]。

（3）调整操作

① 以3℃/h的升温速度，把精制反应器入口温度提高至330℃。系统进油逐渐按由低到高的比例切换为沸腾床低分油，预处理减一、减二油及循环尾油，逐渐替代低氮开工柴油。要密切关注裂化催化剂床层的温升控制在10℃以下，短时间内温升不能超过15℃。

② 全部切换沸腾床低分油，预处理减一、减二油及循环尾油后，稳定运行8h后，可根据产品的收率和质量，适当调整提高裂化段反应器入口温度。反应温度的调整应特别小心，每次的提温幅度不应太大，一般维持在0.5～1℃/h（可先切低分油、切尾油、切减一，最后切减二）。

③ 精制/裂化反应器催化剂的活性高，有可能会发生催化剂床层温升过高的现象，如果处理不当，极易造成催化剂表面活性金属元素颗粒快速聚集、催化剂表面结炭等导致催化剂活性快速降低的不利因素发生。裂化催化剂各床层温升应控制在10℃以内，温升最高不能超过15℃。加氢裂化催化剂使用温度最高不能超过390℃。

④ 应合理分配各催化剂床层的工作负荷，使各床层的温升基本相当。尽量避免精制反应器床层温升过高，裂化反应器催化剂床层温升低运行状态，确保催化剂的活性稳定。

⑤ 在升温过程中，应密切注意各床层温度变化情况，若出现异常，应降低升温速度或停止升温。根据产品情况调整裂化段入口温度和各床层温度。逐渐提高进料量，转入正常生产运行。

⑥ 据新氢压缩机，裂化循环氢压缩机，沸腾床循环氢压缩机的运转情况调整循环气量，保证反应器沸腾床反应器A，精制反应器入口的氢油比不低于（550∶1～1000∶1），分析沸腾床反应器B出口氮含量，并根据需要调整沸腾床反应器进出口温度合理调整反应深度，使总氮含量≤0.01%（体积分数）。

⑦ 裂化反应器调整操作时，需要注意裂化流出物（或分馏塔底尾油）中的氮含量<0.001%（体积分数），避免裂化催化剂失活。必要时提高反应器温度来保证脱氮效果。

8.1.7 低压系统开工

（1）低压系统气密

对低压系统密封点进行压力和泄漏试验，检查法兰、阀门的密封情况和仪表情况，尽可能发现系统存在的问题并及时处理。

（2）气密前准备工作

① 确认低压各系统气密流程畅通，火炬系统正常投用，保证火炬线畅通。

② 检查并关闭低压系统所有导淋阀（有盲盖的必须将盲盖紧固到位）。

③ 相关仪表全部投用正常。

（3）系统气密

气密介质：氮气。

检测方法：采用电子监漏仪进行气密检查。

气密等级：0.25MPa。

气密注意事项：低压系统内的阀门阀杆、前后法兰，控制仪表前后阀门、法兰，切断阀调节阀丝堵，热电偶法兰在充压到位后都要试漏，检查是否有泄漏。

① 分馏气密流程：硫化氢汽提塔→精制产物/硫化氢汽提塔底油换热器→沸腾床热高分气/硫化氢汽提塔底油换热器→分馏进料闪蒸罐→分馏塔进料泵→分馏进料加热炉→产品分馏塔→分馏塔底泵→稳定塔底再沸器→脱硫化氢塔底重沸器→循环尾油蒸汽发生器→循环尾油空冷器→硫化氢汽提塔。

② 吸收稳定气密流程：吸收脱吸塔→吸收脱吸塔底泵→稳定塔→开工垫油线→分馏塔顶回流泵→分馏塔顶回流泵→吸收脱吸塔。

③ 减压系统气密流程：减压进料缓冲罐→减压炉→减压塔→减压塔底泵→沥青/蒸汽发生器管程→沥青空冷器→减压进料缓冲罐。

④ 酸性水气密流程：酸性水储罐→酸性水泵→酸性水/气氨换热器→酸性水/净化水→酸性水/凝结水→脱硫化氢塔→脱氨塔→酸性水/净化水→净化水水冷器→脱氨塔底泵→酸性水储罐。

（4）油联运的目的

① 对原料预处理、分馏系统进行脱水，并借助于柴油渗透力强的特点，及时发现漏点，进行处理。

② 热油运时进一步校核各仪表、控制阀的使用性能，在热态环境下考验设备、自控流程及仪表性能。建立稳定的油循环，能在反应系统达到开工条件时迅速进油，缩短开工时间，操作人员进一步掌握和熟悉工艺流程、自控流程及仪表作用。

（5）油联运前准备工作

① 系统气密完成。

② 准备好直馏柴油。

③ 加热炉、机泵等设备随时备用。

④ 水、电、汽、风、天然气、放空系统等供应到位好用。

⑤ 准备好消防用具。

⑥ 校验好各种仪表。

⑦ 水联运期间暴露的问题已处理。

⑧ 冷油运的流程已改好，需要关闭的阀门已关闭，应加的盲板已加上，8字盲板符合冷油运的流程。

⑨ 系统氮气置换合格，O_2含量<0.5%。

(6) 冷油运步骤

注意：油运时如反应系统进行预硫化，应严格隔离反应、分馏两部分，确认每台进料/反应产物换热器旁路上游和高压分离器的液位调节阀已被关闭。

① 油运建立后系统检查，活动各控制阀及置换各换热器副线，采样口放空脱水，各罐底、塔底、各放空低点脱水；检查管线、阀门、法兰有无泄漏；联系仪表根据现场玻璃板、压力表校表，对查出问题进行处理。

② 注意在引油过程中要人随油走，防止出现跑油、漏油现象，严禁随地放油。冷油运从尾油出装置取样口取样，化验水含量小于2%时冷油运结束。

(7) 分馏热油运

在系统冷油运循环正常后，按以下步骤进行系统热油运，其目的是检验低压系统是否能达到正常操作温度的要求，并对低压系统进行恒温脱水及管道连接件热紧。热油运从循环尾油取样口和沥青出装置取样口取样，化验水含量小于0.1%时热油运结束。

① 分馏进料加热炉点火升温，使出口温度以30℃/h升温至150℃。

② 当分馏塔顶回流罐液位达60%后，启动回流泵。

③ 当分馏塔塔底温度达150℃时，控制系统恒温，通知外操进行恒温脱水。

④ 调节燃料气流量，控制以30℃/h提高加热炉出口温度到250℃并维持恒温，系统进行热紧。

⑤ 热油运脱水小于0.1%时结束。

⑥ 热油运时分馏进料加热炉对流段达到150℃时要投用对流段过热蒸汽，并且硫化氢汽提塔开始缓慢注蒸汽。

⑦ 分馏部分热油运流程与气密流程一致。

8.1.8 调整操作

分馏接收反应生成油，分馏调整操作步骤如下：

① 沸腾床热高分见油后，控制液位维持在20%～80%，开液位减压阀，热高分油向热低分切油，同时确认热低分液位升高。

② 沸腾床冷高分见油后，控制液位维持在20%～80%，开液位减压阀，冷高分油向冷低分切油，同时确认冷低分液位升高。

③ 当裂化热高分见油后，控制液位维持在20%～80%，开液位减压阀。

④ 当裂化冷高分见油后，控制液位维持在20%～80%，开液位减压阀，裂化冷高分油向冷低分切油。

⑤ 控制热低分顶压在0.9～1.2MPa，控制冷低分顶压在0.9～1.2MPa。

⑥ 控制硫化氢汽提塔顶压在0.65～0.7MPa，硫化氢汽提塔顶温在80～120℃，硫化氢汽提塔底温在140～200℃，硫化氢汽提塔液位在20%～80%。

⑦ 控制产品分馏塔顶压在0.02～0.1MPa，产品分馏塔顶温在110～130℃，产品分馏塔液位在20%～80%。

⑧ 控制吸收脱吸塔塔顶温度在20～60℃，塔顶压力在0.6～0.65MPa，塔底温度110～150℃，液位在20%～70%。

⑨ 控制稳定塔塔顶温度在55～70℃，塔顶压力在0.75～0.92MPa，塔底温度190～200℃，液位在20%～80%。

8.1.8.1 吸收脱吸、稳定系统调整操作

（1）吸收脱吸、稳定系统准备工作

① 确保开工流程畅通。

② 系统进行氮气气密、置换合格，O_2含量<0.5%（体积分数）。

③ 自控仪表系统调试合格。

④ 待分馏系统开工正常后，向吸收脱吸塔切进料。

（2）调整操作

① 硫化氢汽提塔顶回流罐、硫化氢汽提塔顶回流泵、分馏塔顶回流泵、三路进料分先后进入吸收脱吸塔，注意刚开工时硫化氢汽提塔顶回流罐气相含硫干气最先进入塔内，注意塔顶压力及时联系酸性水岗位接收含硫干气。

② 分馏岗位待硫化氢汽提塔顶回流泵、分馏塔顶回流泵两路进料能够向吸收脱吸塔切原料时注意塔底液位，调整塔底重沸器副线调节阀，调整塔底温度。

③ 根据吸收脱吸塔实际液位（20%～70%），启动吸收脱吸塔底泵向稳定塔送料。

④ 待稳定塔塔底液位（20%～80%）建立，调整塔底重沸器管程副线调节阀，控制塔底温度。

⑤ 根据分馏进料量情况，调整两塔各项工艺指标，使产品合格。

8.1.8.2 干气、液化气脱硫系统开工

（1）干气、液化气脱硫系统准备工作

① 系统进行氮气气密、置换合格。

② 自控仪表系统调试合格。

③ 确保开工流程畅通。

④ 确认胺液配比合适待投用（胺液浓度：10%～20%）。

⑤ 系统置换完毕后，确保流程畅通，启泵富氨液泵、贫氨液泵在塔内建立液位（20%～80%），再生塔底泵，系统打循环。做好接收分馏产得干气、液化气的准备。

（2）调整操作

① 待反应系统、吸收稳定系统开工正常后，且有原料进入干气、液化气脱硫系统，调整干气脱硫塔、液化气脱硫塔的塔顶压力分别在0.3～0.5MPa、0.5～0.7MP，确保硫化氢脱除效果。

② 投用溶剂再生塔塔底重沸器调节蒸汽用量，控制塔底温度110～121℃，塔顶压力在0.06～0.1MPa，达到贫胺液再生的目的。

③ 根据进料量调整胺液循环量及胺液补充量，确保产品质量合格。

8.1.8.3 酸性水汽提进料及调整操作

（1）酸性水汽提系统进料

① 自控仪表系统调试合格。

② 确保开工流程畅通。

③ 待反应系统开工正常有酸性水生成后，向酸性水储罐进料。

（2）调整操作

① 从酸性水泵进口引除盐水进酸性水系统。

② 脱硫化氢塔、脱氨塔建立液位（40%～60%）。

③ 开启净化水泵打内循环。

④ 投用脱硫化氢塔底重沸器和脱氨塔底重沸器，调节蒸汽量，控制两塔底温度分别为155～160℃、140～150℃，塔顶压力分别为0.55～0.6MPa、0.2～0.3MPa。

⑤ 关闭除盐水补水线，缓慢切换为酸性水进料。

⑥ 调节冷热进料比（热进料∶冷进料＝4∶1）。

⑦ 待系统操作平稳后，可将脱硫化氢塔底重沸器投入，投入时切忌入口手阀一次性开度过大需要缓慢投入。

⑧ 根据实际操作调整进料量，调节两塔工艺参数，控制产品指标合格。

8.2 停工总则

本方案用于装置全面停工，要求高压临氢系统氮气置换合格，管线置换彻底，达到反应器进入条件；分馏系统轻油置换合格，退油后将管线内存油吹扫干净；重油部分用轻油置换合格后将管线内存油吹扫干净，酸性水装置将酸性水储罐内存水处理完，引除盐水置换蒸塔后停工处理。

停工应注意事项如下：

① 遵循先降温后降量的原则，防止床层超温。

② 反应系统降温、降压过程中，严格遵守有关反应器降温、降压的限制条件，以减少对加氢用钢的影响。

③ 反应系统降温、降压过程中，严格按方案进行操作，以免出现大幅度波动，避免造成设备、法兰等泄漏。

④ 停工过程中，高温法兰有固定蒸汽保护环管的，应对其进行检查，处于待用状态。

⑤ 停工过程中，密切注意床层压降和床层温升的变化情况。室外操作人员加强巡检，发现泄漏等情况及时汇报处理。

⑥ 停工过程吹扫严格按要求进行，必须保证吹扫达到预期效果。

⑦ 停工期间，氮气线保持供氮。系统用氮气扫线时，做好隔离流程，防止氮气乱窜。

⑧ 停工吹扫过程中严禁向地漏、明沟排油。

8.2.1 裂化系统

(1) 裂化系统轻油置换、系统降温

① 系统压力维持 12.0MPa。

② 减一、减二、冷低分油、尾油进料改外甩，开工柴油进缓冲罐线引轻油维持裂化系统进料量。

③ 控制裂化加热炉出口 320℃（注意炉管是否偏流，注意炉膛温度不超600℃，若出现偏流现象及时进行调整，若调整困难偏流严重，可根据情况降低炉出口温度，裂化系统引轻油后氢耗减少可根据情况通知制氢降量）。轻油置换16h后从裂化热高分油相取样（调节阀前后手阀关闭，从导淋阀取样），若密度与柴油密度接近，并且颜色接近柴油颜色，则说明轻油置换合格，如不合格可适当延长置换时间。

(2) 停止进料、系统热氢吹扫带油

① 裂化系统轻油置换合格。

② 控制裂化加热炉出口 300℃，停裂化进料泵，关闭泵出口手阀，将出口调节阀及切断阀打开，打通泵出口吹扫氢线流程，系统进行热氢吹扫带油，吹扫过程中各换热器副线调节阀及手阀流程打通微开，各反应器冷氢阀微开，以

便于将系统存油吹净。

③ 热氢带油过程中每小时化验一次循环氢中硫化氢含量，保证硫化氢浓度0.02%～0.04%（体积分数），如低于0.02%可开启注硫泵注入硫化剂，防止催化剂中的硫化态金属被还原成金属单质。

④ 热氢吹扫过程中注意观察高分液位变化，并将系统循环氢量调至最大，当高分液位不再上涨且持续8h，热氢带油结束。

⑤ 热氢吹扫带油过程中，间断将裂化热高分、裂化冷高分内油退至低分及分馏系统，注意维持好高分液面，控制各液位在20%～30%，防止高压串低压（热氢带油期间裂化热高分、裂化冷高分SIS联锁不允许切除）。

⑥ 在高分液位不再上涨之前注水泵不准停用，保持注水量，高分液位不再上涨时停注水泵并关闭各注水点手阀（靠近注水点的手阀），然后系统继续循环带油2h，将空冷处存水带出。

（3）反应系统脱氢，系统排油、氢气降温、氮气置换

① 裂化系统热氢带油结束。

② 控制裂化加热炉出口300℃系统。

③ 系统降压。降压速度为1.0MPa/30min通过排放氢缓慢将反应系统压力降压至4.0MPa，此缓慢泄压过程即为脱氢过程，脱氢8h，循环氢压缩机降量。

④ 控制加热炉出口以20℃/h速度降温至100℃，熄灭加热炉炉火，关闭现场燃料气手阀，关闭长明灯手阀，全开烟道挡板、风门，进行自然冷却降温，全开所有高压空冷，待床层温度降至45℃，再继续泄压至2.0MPa停循环氢压缩机。

⑤ 脱氢、降温完成后，将冷热高分液位联锁切除，用调节阀控制高分液位，使高分内存油排入低分，同时注意低分压力，当低分压力开始上涨时关闭调节阀及切断阀，进行该项操作时，2个高分罐排液要单独进行，避免低分压力上涨无法判断哪个高分罐内存液排净。

⑥ 利用排放氢将系统压力卸至0.5MPa后，分析氮气合格（氧含量<0.5%），确认并打通补氮气流程，由新氢压缩机出口补入氮气，排放氢放空置换。

⑦ 向系统充氮气至2.0MPa，然后将高分油排至低分内（此时低分压力尽量控制在0.2MPa以下），排净存油后系统压力放空至火炬线，取样化验，氢+烃含量≤0.5%合格，否则重复置换。

⑧ 注意事项如下：

a. 氮气置换前所有与火炬相连接的阀门全部关闭，防止火炬气倒串，并做好记录。

b. 系统泄压置换时，当高分压力≤低分压力时，要将高分与低分间角阀及手阀关闭，充压至高分压力≥低分压力时将手阀打开，防止低分油气在泄压过程中串入高压系统，造成置换不合格。

c. 各罐、塔排污油手阀及调节阀全部关闭，防止气体倒串。

d. 系统氮气置换合格后，将高压注水线内存水反吹出。

e. 系统在进行泄压过程中注意注硫、注氨流程手阀都已经关闭与系统切断。

(4) 裂化系统泄压

将裂化系统压力通过放火炬线泄压至 0.3MPa，然后通过压缩机放空线将压力泄压至微正压。

8.2.2 沸腾床系统

(1) 系统降温降量

① 系统压力控制在 12.0MPa。

② 裂化系统引轻油置换合格热氢带油时，沸腾床系统引罐区轻油通过开工柴油线至系统。

③ 轻油引入后以≤10℃/h 的速度，将两台沸腾床反应器的反应平均温度降至 290℃以下。

④ 随着系统的降温降量，氢气的消耗量也在逐渐减少，应及时调整新氢补充阀的开度从而维持系统压力 12.0MPa，并保证循环氢中氢气浓度（>85%）和硫化氢浓度（≥0.02%）（氢耗减少及时通知制氢降量）。

⑤ 在降温降量过程中，应根据稳定泵出入口压差表的读数、出口流量计及进出口温度情况及时调整频率和出口调节阀的开度，在保证稳定泵不发生抽空现象的前提下，尽量维持反应器内催化剂的沸腾状态。

⑥ 在此阶段，应注意高分罐的液位，防止发生高压串低压。

⑦ 轻油进入系统 16h 后从冷低分罐取油样化验，若密度与柴油密度接近，并且颜色接近柴油颜色，则说明轻油置换合格，如不合格可适当延长置换时间。系统进行轻油置换时，各换热器副线调节阀及手阀流程打通微开，以便于将系统存重油置换干净。

(2) 停止进料、系统脱氢、热氢吹扫带油及排油

① 系统压力 12.0MPa。

② 控制沸腾床进料加热炉出口 250℃，停沸腾床进料泵，停泵后关闭出口手阀，将出口调节阀及切断阀打开，打通泵出口吹扫氢线流程，系统进行热氢吹扫带油，吹扫过程中各换热器副线调节阀及手阀流程打通微开，各反应器冷氢阀微开，以便于将系统存油吹净。

③ 热氢吹扫过程中注意观察高分液位变化，并将系统循环氢量调至最大，当高分液位不再上涨时，且持续 8h，热氢带油结束，热氢吹扫带油过程中，间断将高分液位排至后走减压，注意维持好高分液面，控制各液位在 20%～30%，防止高压串低压（热氢带油期 SIS 联锁不允许切除）。

④ 在高分液位不再上涨之前注水泵不准停用，保持注水量，高分液位不再上涨时停注水泵并关闭各注水点手阀（靠近主管的手阀）。

（3）系统排油、氮气置换、氮气降温

① 沸腾床系统热氢带油结束后，全开沸腾床产物空冷器电机及百叶窗，熄灭加热炉炉火，系统进行全量循环降温，当沸腾床反应器床层温度降至 45℃以下时，停止降温，停循环氢压缩机，在沸腾床系统排油期间新氢压缩机随时进行补压以保证排油正常进行。

② 现场排查是否关闭注硫、注氨阀门防止串压。利用稳定泵进出口及泵体排污管线，在 3.5MPa 压力作用下，将反应器、稳定泵及二者间管线内存油压至停工排油线送罐区。

③ 在进行排油结束后确认并打通补氮气流程，开启新氢压缩机，在保证压缩机排气温度不高于 65℃的前提下尽量提高系统循环量，做到全量循环。

④ 从新氢分液罐入口补入氮气，经压缩机升压至 2.0MPa 进入沸腾床系统，沸腾床系统压力升至 2.0MPa 时开始泄压置换，每次泄压前取样系统循环气中氢＋烃含量＜0.5%即为合格，否则继续置换直至合格。

注意：a. 氮气置换前所有与火炬相连接的阀门全部关闭，防止火炬气倒串，并做好记录。b. 系统泄压置换时，当高分压力≤低分压力时，要将高分与低分间角阀及手阀关闭，充压至高分压力≥低分压力时将手阀打开，防止低分油气在泄压过程中串入高压系统，造成置换不合格。c. 系统氮气置换合格后，将高压注水线内存水反吹出。d. 各罐、塔排污油手阀及调节阀全部关闭，防止气体倒串。

（4）反应系统泄压

将反应系统压力通过放火炬线泄压至 0.3MPa，然后通过压缩机高点放空线将压力泄压至微正压。

8.2.3 低压、分馏系统停工

（1）常减压系统

① 常减压系统切换原料。

② 常压正常向沸腾床系统进行输送轻油，同时也在轻油置换，切换轻油两小时后，常压塔底取样若置换合格，停常压塔系统供料，走开工油线给沸腾床

供油，若未置换合格继续置换。

③ 减压系统正常接收热低分油，进行轻油置换。反应置换合格减压系统也置换合格。沸腾床切轻油后，沥青改外甩至沥青罐，两个小时减压塔底取样，若减底油较轻改走不合格线至原料油罐。沸腾床系统轻油置换合格后，停止向减压排油，减压系统甩油，吹扫置换。

④ 存油用泵打出，抽空即停泵。（减压系统需等待沸腾床系统热氢带油快结束时拉空液位）

⑤ 减一、减二外送，减一、减二至裂化进料线、沥青外送线，均轻油置换合格后进行氮气吹扫至罐区，界区外送手阀关闭。

（2）分馏系统

① 裂化系统进行引轻油置换时分馏系统进行调整，分馏进行降量调整。

② 当沸腾床进行引轻油置换时分馏及时调整，当产品不合格时改至不合格罐。

③ 反应系统退油完成后分馏系统控制分馏炉出口以 20℃/h 降温至 100℃后熄灭炉火，将各塔液位拉空。

④ 将分馏塔内的存油送至罐区，控制分馏进料闪蒸罐、分馏塔液位拉空，分馏塔顶回流罐界位排净，2 号产品汽提塔液位排净。

⑤ 各工艺管线用氮气吹扫干净。各外送线吹扫干净后界区阀均关闭。

8.2.4 干气脱硫及酸性水汽提系统

① 保持系统正压。

② 0.3MPa 蒸汽线停用。

③ 干气、液化气脱硫系统充氮气置换合格后，将溶剂再生塔液位拉空至胺液储罐，为蒸塔做准备。

④ 自稳定塔顶回流泵来的液化气管线用氮气吹扫干净。

⑤ 在沸腾床系统停工轻油置换时，酸性水装置将酸性水储罐内存水处理完，进料泵入口引除盐水进行置换，装置置换合格后水排净。在沸腾床氮气置换完成后停干气、液化气脱硫系统，液化气、气氨、酸性气出装置管线引氮气、蒸汽置换合格。